大学计算机基础教程

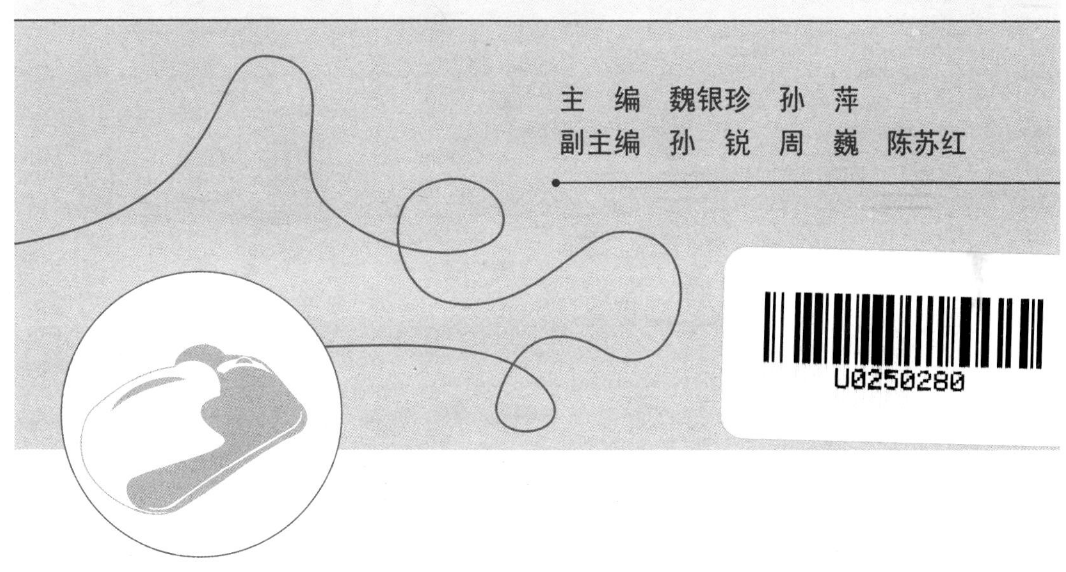

主　编　魏银珍　孙　萍

副主编　孙　锐　周　巍　陈苏红

WUHAN UNIVERSITY PRESS

武汉大学出版社

图书在版编目(CIP)数据

大学计算机基础教程/魏银珍,孙萍主编;孙锐,周巍,陈苏红副主编.—武汉:武汉大学出版社,2012.8

ISBN 978-7-307-10050-3

Ⅰ.①大… Ⅱ.①魏… ②孙… ③孙… ④周… ⑤陈… Ⅲ.电子计算机—高等学校—教材 Ⅳ.①TP3

中国版本图书馆 CIP 数据核字(2012)第 175122 号

责任编辑:任仕元　　责任校对:黄添生　　版式设计:韩闻锦

出版发行:**武汉大学出版社**　(430072 武昌 珞珈山)

(电子邮件:cbs22@ whu. edu. cn 网址:www. wdp. com. cn)

印刷:黄石市华光彩色印务有限公司

开本:787×1092 1/16 印张:21.5 字数:505 千字 插页:1

版次:2012 年 8 月第 1 版　2012 年 8 月第 1 次印刷

ISBN 978-7-307-10050-3/TP·442　定价:40.00 元

前　言

计算机和互联网的广泛应用对当今人类社会的政治、经济、科研、教育与文化发展都产生了重大的影响。与此同时，大学计算机教学已经进入一个新的发展阶段，教育部高教司提出：以计算思维培养为切入点是今后大学计算机课程深化改革的重要方向，要合理地定位大学计算机教学的内容，形成科学的知识体系，使之成为重要的通识类课程之一。根据这一精神，我们精心组织策划编写了本教材。

依照教育部计算机基础课程教学指导分委员会颁布的《大学计算机基础课程教学大纲》，本书力求层次清晰、通俗易懂，以图文并茂的方式，深入浅出、简洁明了地介绍计算机基础知识和基本操作技能。在强调基本理论、基本方法的同时，特别注重计算思维和应用能力的培养，并尽量反映计算机发展的最新技术。我们在编写过程中，尽量将自己多年的教学经验融入进去，力求让学生学习起来更容易。具体来说，本教材具有如下特点：

(1)目的明确。通过该课程的教学与实践，培养学生的计算思维、应用能力以及创新能力。

(2)内容精练。精心选择了学习内容，并仔细斟酌各章节的前后衔接关系和内容取舍，力争使学生能够举一反三。

(3)结构合理。尽管本教材由不同的部分组成，但我们尽量使之成为一个有机的系统，而不是单纯地灌输知识。

(4)讲练结合。不仅在每章后面都精心安排了丰富的习题，还专门编写了实训教程，以任务驱动的方式推进教学。

全书共9章。第1章简要介绍计算机发展和应用，重要介绍计算机的软硬件、计算机系统的组成、信息在计算机中的表示、计算机的工作原理、多媒体技术在计算机中的应用等内容；第2章介绍 Windows XP 操作系统基础知识和基本操作、系统资源及应用程序的管理和运用、系统设置等；第3、4、5、6章分别介绍 Microsoft Office 2003 的4个主要的应用软件包，即文字处理软件 Word、电子表格软件 Excel、演示文稿软件 PowerPoint、数据库管理软件 Access 的使用方法和数据库的基本概念；第7章介绍计算机网络基本概念、网络的体系结构、局域网技术、Internet 基础知识与应用；第8章介绍计算机使用和维护知识、计算机及信息安全；第9章介绍日常工作中的常用工具软件，包括文件压缩软件 WinRAR、文件传输软件 CuteFTP、邮件收发软件 Foxmail、翻译阅读软件和工程制图软件等。为了教学方便，我们还编写了与本教材配套的实训指导。

本书由魏银珍、孙萍担任主编，孙锐、周巍、陈苏红担任副主编。编写过程中，得到了吴健学教授和任海兰博士的大力支持和悉心指导，还得到了杨玉蓓、王助娟等多位老师的关心和帮助。借此机会向所有关心本书出版的朋友表示衷心的感谢！

书中错误与不妥之处，恳请读者批评指正。

编　者

2012年6月

目　录

第 1 章　计算机基础知识

【学习目标】

计算机是 20 世纪人类最伟大的科学技术发明创造之一，它的出现大大推动了科学技术的发展，同时也给人类社会带来了日新月异的变化。本章将介绍计算机的产生和发展、计算机的分类和应用。通过本章学习应掌握：

① 计算机软件系统和硬件系统的基本概念；

② 不同数制之间的转换和基本运算；

③ 不同数据在计算机中的表示方法。

1.1　计算机概述

电子计算机是一种能够对信息自动高速存储并且加工的电子设备。电子计算机的发展是当代科学技术最伟大的成就之一，它的出现强有力地推动了其他科学技术的发展。

1.1.1　计算机的发展

1. 计算机的发展简史

第一台电子计算机 ENIAC(Electronic Numerical Integrator and Calculator——电子数字积分机和计算器)于 1946 年在美国宾夕法尼亚大学研制成功，如图 1.1 所示。它是当时数学、物理等理论研究成果同电子管等电子器件相结合的结果。这台电子计算机由 18 000 多个电子管、1 500 多个继电器、10 000 多只电容器和 7 000 多只电阻构成，占地 170 多平方米，功耗为 150 千瓦，重量约 30 吨，采用电子管作为计算机的逻辑元件，每秒能进行 5 000 次加法运算。这台计算机的功能虽然无法与今天的计算机相比，但它的诞生却是科学技术发展史上的一次意义重大的事件，是人类计算技术发展历程的一个新的起点。

随着计算机的功能越来越强，技术越来越完善，计算机的应用范围也越来越广，而价格却越来越低。如今的计算机在体积、运算速度、功耗等各个方面与当年的 ENIAC 相比，都不可同日而语。从 1946 年世界上第一台计算机诞生到目前为止，计算机的发展历程大致可以划分为四代。

① 第一代(约 1946—1957 年)是电子管计算机时代。在此期间，计算机采用电子管作为基本器件，以汞延迟线及磁鼓、小磁芯作为存储器，输入输出用读卡机和纸带机，主要用机器语言编写程序。这一阶段计算机的特点是体积庞大、运算速度慢、制造成本高、可

图 1.1　世界上第一台数字计算机

靠性低、内存容量小，主要用于军事和科学计算。

② 第二代(约 1958—1964 年)是晶体管计算机时代(见图 1.2)。晶体管的发明使计算机技术取得了飞跃的发展。第二代计算机采用晶体管作为基本器件，普遍采用磁芯作为内存储器、磁盘磁带作为外存储器，用汇编语言和高级语言(例如 BASIC、C、FORTRAN、ALGOL、COBOL 等)编写程序，并且提出了操作系统的概念。这一阶段计算机的特点是体积减小、运算速度提高、能耗降低、可靠性和内存容量也有较大提高，价格不断下降，应用范围进一步扩大，从军事与尖端技术领域延伸到气象、工程设计、数据处理以及其他科学研究领域。

图 1.2　电子管、晶体管和集成电路

③ 第三代(约 1965—1972 年)是中小规模集成电路计算机时代。这一代计算机采用中、小规模集成电路作为基本器件，内存储器采用半导体存储器、磁带作为外存储器，外部设备种类繁多，高级语言数量增多，出现了操作系统以及结构化、模块化程序设计方法。这一阶段计算机的特点是体积更小、速度更快、可靠性和存储容量进一步提高，价格更便宜，计算机和通信密切结合起来，广泛应用到科学计算、数据处理、事务管理和工业控制等领域。

④ 第四代(1972 年至今)是大规模集成电路和超大规模集成电路计算机时代。第四代计算机采用大规模和超大规模集成电路作为基本器件，内存储器采用半导体存储器，外存储器采用磁盘和光盘，操作系统不断发展和完善，而且发展了数据库管理系统和通信软件等。这一阶段计算机的特点是体积更小，运行速度可达每秒上千万次甚至上亿次，存储容量和可靠性又有了很大提高，造价更低，在办公自动化、数据库管理、图像处理、语音识别和专家系统等各个领域大显身手。

四代计算机发展历程见表 1.1。

表 1.1　　计算机发展历程简表

计算机时代	起止时间	物理器件	主存储器	软　　件	应用范围
第一代	1946—1957 年	电子管	磁芯、磁鼓	机器语言	科学计算
第二代	1958—1964 年	晶体管	磁芯、磁带	程序设计语言 管理程序	科学计算 数据处理
第三代	1965—1972 年	中、小规模 集成电路	磁芯、磁盘	操作系统 高级语言	逐步广泛应用
第四代	1972 年至今	大规模、超大 规模集成电路	半导体、磁盘	数据库 网络软件	普及到社会 生活各方面

计算机研制的脚步始终没有停歇。从 20 世纪 90 年代开始，日本、美国和欧洲国家纷纷着手研制第五代计算机。新一代计算机的发展方向和前面四代计算机有本质的区别：计算机的主要功能从对信息处理上升为对知识处理，使计算机变得更加智能化，因此又称为人工智能计算机。新一代计算机大致有这样一些特点：

- 具有处理各种类型信息的能力。目前的计算机主要用来处理离散数据，而新一代计算机还能对声音、文字和图像等信息进行识别和处理。
- 具有学习、联想、推理和解释问题的能力。
- 具有对人的自然语言的理解能力。现在我们需要用专门的计算机语言把处理过程与数据描述出来，才能交给计算机处理。而对于新一代计算机而言，我们只需把要处理或计算的问题，用自然语言写出要求及说明，计算机就能理解其含义，并按照要求进行处理。也就是说，对新一代计算机，我们只需告诉它“做什么”，而不必告诉它“怎么做”。

从理论上和工艺技术上看，第五代计算机的体系结构应该与前四代计算机有根本的不同，需要摆脱传统计算机的技术限制。这对研究者们提出了很高的要求，当然也为我们计算机用户展现了一个美好的信息世界的未来。

2. 计算机的发展趋势

计算机作为计算、控制和管理的有力工具，极大地推动了科研、国防、工业、交通、电力、通信等各行各业的发展。目前，计算机的发展表现为 5 种趋向：巨型化、微型化、多媒体化、网络化和智能化。

① 巨型化，是指发展高速、大存储容量和强功能的巨型计算机，这既是为了满足天文、气象、宇航、核反应等尖端科学以及基因工程、生物工程等新兴科学发展的需要，也是为了使计算机具有学习、推理、记忆等功能。巨型机的研制反映了一个国家科学技术的发展水平。

② 微型化，是指利用微电子技术和超大规模集成电路技术，研制出的体积小、重量轻、耗电少、可靠性高的微型计算机。如各种笔记本计算机、PDA(掌上计算机)等，都是在向微型化方向发展。

③ 多媒体化，是指计算机不仅具有处理文本信息的能力，而且具有处理声音、图像、动画、影像(视频)等多种媒体的能力。正是由于多媒体计算机技术的发展，计算机与人的交互界面越来越友好，使人能以接近自然的方式与计算机交换媒体信息。

④ 网络化，是指利用现代通信技术和计算机技术，把分布在不同地点的计算机互联起来，组成一个规模大、功能强的计算机网络。网络化的目的是使网络内众多的计算机系统共享相互的硬件、软件、数据等计算机资源。

⑤ 智能化，是指使计算机能够模拟人的感觉、行为、思维过程，具备"视觉"、"听觉"、"语言"、"行为"、"思维"、"逻辑推理"、"学习"、"证明"等能力。智能化使计算机突破了"计算"这一初级含义，从本质上扩充了计算机的能力，因此，也有人称智能计算机为新一代计算机。

1.1.2 计算机的分类

按照不同角度，计算机有以下几种分类的方式。

1. 根据计算机所处理数据的类型划分

根据计算机所处理数据的类型，可将计算机分为数字电子计算机、模拟电子计算机。

数字电子计算机所处理的数据是在时间和幅度上离散的、不连续变化的数字量，一般为由"0"和"1"两个数字构成的二进制数("0"表示低电平，"1"表示高电平)。通常所说的电子计算机就是指数字电子计算机。

模拟电子计算机所处理的数据是在时间和幅度上连续变化的模拟量，即用连续变化的电压表示数据信息。

2. 根据计算机的用途划分

根据计算机的用途，可将计算机分为通用计算机和专用计算机。

通用计算机能解决多种类型的问题，通用性强，一般的数字电子计算机都属于通用计算机。专用计算机是为解决某个特定问题而专门设计的，它对某类问题能显示出最有效、最快速和最经济的特性。

3. 根据计算机的规模和处理能力划分

根据计算机的规模和处理能力，可将计算机分为五大类，即巨型机、大型机、小型机、工作站和微型计算机。

① 巨型机。巨型机(Super Computer)也称超级计算机。巨型计算机数据存储量很大、规模大、结构复杂、价格昂贵。它采用大规模并行处理的体系结构，CPU 由数以万计的处理器组成(如图 1.3 所示)，有极强的运算处理能力，运算速度达每秒 1 000 万次以上，

对国民经济、社会发展、国家安全，尤其是国防现代化建设起着极其重要的作用，在密码分析、核能工程、航空航天、基因研究、气象预报、石油勘探等领域有着广阔的应用前景。如我国研制成功的“银河”计算机，就属于巨型机。

图 1.3　巨型计算机

② 大型机。大型机(Main Frame)也称主干机。它指运算速度快、处理能力强、存储容量大、可扩充性好、通信联网功能完善、有丰富的系统软件和应用软件、规模较大的计算机，通常用于大型企事业单位，在信息系统中起着核心作用，承担主服务器功能。和巨型机相比，它运行速度和规模都不如巨型机，结构上也较为简单(如图 1.4 所示)，而且价格便宜很多，因此使用的范围更为普遍。

③ 小型机。小型机(Minicomputer)是运行原理上类似于微型机，但性能及用途又与微型机截然不同的一种高性能计算机(如图 1.5 所示)。它们比大型机的价格低，却拥有几乎相同的处理能力。现在生产小型机的厂商主要有 IBM 和 HP 及国内的浪潮、曙光等。小型机曾经对计算机的应用普及起了很大的推动作用，但后来受到微型机的严重挑战，市场大为缩水，现在主要作为小型服务器使用。

图 1.4　大型机　　　　图 1.5　小型机

④ 工作站。工作站(Workstation)是指有高速运算能力、大存储容量、较强的网络通

信功能及很强的图像处理功能的计算机(如图 1.6 所示)。它的专用性较强、兼容性较差,主要用于特殊的专业应用领域,如图像处理、计算机辅助设计等。

⑤ 微型计算机。微型计算机(Microcomputer)也称微机或个人计算机(PC),它是大规模集成电路发展的产物。微型计算机体积小、功耗低、可靠性高、灵活性和适用性强,而且价格便宜、产量大,是当今使用最为广泛的计算机类型。微型计算机还分台式机和便携机两类(如图 1.7 所示),后者体积小、重量轻,可以不使用交流电源,便于外出使用。

图 1.6　某品牌图形工作站

图 1.7　台式机和笔记本电脑

随着计算机技术和微电子技术的飞速发展,上述五类机型的划分界限已越来越不明显,并且更多新类型的计算机不断出现。如嵌入式计算机,它是以应用为中心,软硬件可裁减的,适应应用系统对功能、可靠性、成本、体积、功耗等综合性严格要求的专用计算机系统。嵌入式计算机早已走进了我们的生活和生产,如 PDA、移动计算设备、数字电视机顶盒、手机、汽车导航仪、家庭自动化系统、住宅安全系统、自动售货机、工业自动化仪表与医疗仪器等。图 1.8 列出了几种常见的嵌入式计算机设备。

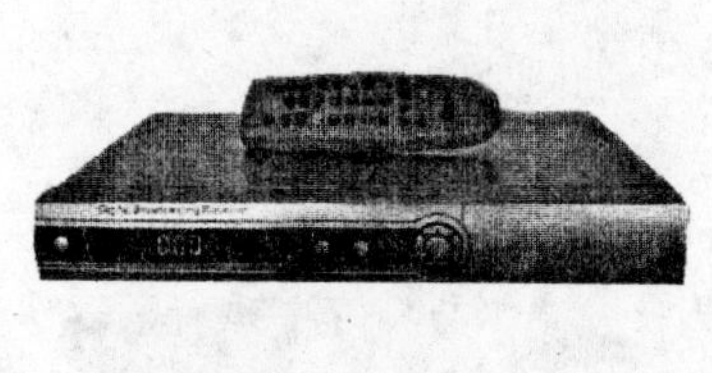

图 1.8　数字电视机顶盒、PDA、汽车导航仪

1.1.3　计算机的特点

计算机是一种能存储程序,能自动连续地对各种数字化信息进行算术、逻辑运算的电子设备。基于数字化的信息表示方式与存储程序工作方式,计算机具有许多突出的特点。

1. 自动化程度高

由于采用存储程序的工作方法，一旦输入所编制好的程序，只要给定运行程序的条件，计算机即开始工作，直到得到处理结果。整个工作过程都可以在程序控制下自动进行，一般在运算处理过程中不需要人的直接干预。对工作过程中出现的故障，计算机还可以自动进行“诊断”、“隔离”等处理。这是计算机的一个基本特点，也是它和其他计算工具最本质的区别所在。

2. 运算速度快

计算机的运算速度通常是指每秒钟所执行的指令条数。一般计算机的运算速度可以达到每秒上百万次，目前世界上最快的计算机运算速度甚至可达每秒 1 000 万亿次以上。计算机的高速运算能力为完成那些计算量大、时间性要求强的工作提供了保证。例如天气预报、大地测量中的高阶线性代数方程的求解，导弹或其他发射装置运行参数的计算，情报、人口普查等超大量数据的检索处理等。

3. 数据存储容量大

计算机能够存储大量数据和资料，而且可以长期保留，还能根据需要随时存取、删除和修改其中的数据。计算机的大容量存储使得情报检索、事务处理、卫星图像处理等需要进行大量数据处理的工作可以通过计算机来实现。

4. 通用性强

计算机采用数字化信息来表示数值与其他各种类型的信息(如文字、图形、声音等)，采用逻辑代数作为硬件设计的基本数学工具，因此，计算机不仅可以用于数值计算，而且还广泛应用于数据处理、自动控制、辅助设计、逻辑关系加工与人工智能等非数值计算性质的处理。一般来说，只要能将信息用数字化形式表示，就能归结为算术运算或逻辑运算的计算，由计算机来处理。因此，计算机具有极强的通用性，能应用于科学技术的各个领域，并已渗透到社会生活的各个方面。

正是由于以上特点，使计算机能够模仿人的运算、判断、记忆等某些思维能力，代替人的一部分脑力劳动，按照人的意愿自动地工作，因此，计算机也被称为“电脑”。但计算机本身又是人类智慧所创造的，计算机的一切活动又要受到人的控制，它只是人脑的补充和延伸，利用计算机可以辅助和提高人的思维能力。

1.1.4　计算机的应用

计算机的应用十分广泛，目前已渗透到人类活动的各个领域，国防、科技、工业、农业、商业、交通运输、文化教育、政府部门、服务行业等各行各业都在广泛地应用计算机解决各种实际问题。归纳起来，目前计算机主要应用在以下几个方面：

1. 科学计算

科学计算又称数值计算。在近代科学和工程技术中常常会遇到大量复杂的科学问题，因此，科学研究、工程技术的计算是计算机应用的一个基本方面，也是计算机最早应用的领域。

科学计算的特点是计算公式复杂，计算量大和数值变化范围大，原始数据相应较少。这类问题只有具有高速运算和信息存储能力以及高精度的计算机系统才能完成。例如数学、物理、化学、天文学、地学、生物学等基础科学的研究以及飞船设计、飞机设计、船舶设计、建筑设计、水力发电、天气预报、地质探矿等方面的大量计算都可以用计算机来完成。

2. 数据处理

数据处理又称信息处理。据统计，世界上的计算机 80% 以上主要用于数据处理。数据处理是对数值、文字、图表等信息数据及时地加以记录、整理、检索、分类、统计、综合和传递，得出人们所要求的有关信息。数据处理是目前计算机最广泛的应用领域。

数据处理的特点是原始数据多，时间性强，计算公式相应比较简单。例如财贸、交通运输、石油勘探、电报电话、医疗卫生等方面的计划统计，以及财务管理、物资管理、人事管理、行政管理、项目管理、购销管理、情况分析、市场预测等工作。目前，在数据处理方面已进一步形成事务处理系统(TPS)、办公自动化系统(OAS)、电子数据交换系统(EDI)、管理信息系统(MIS)、决策支持系统(DSS)等应用系统。这类应用的共同特点是数据量大，而且要经常更新数据。

3. 过程控制

过程控制又称实时控制，是指利用计算机进行生产过程、实时过程的控制，它要求很快的反应速度和很高的可靠性，以提高产量和质量，节约原料消耗，降低成本，达到过程的最优控制。

过程控制的特点是要求实时性强，即计算机做出反应的时间必须与被控过程的实际时间相适应。因此，计算机广泛应用于石油化工、水电、冶金、机械加工、交通运输及其他国民经济部门中生产过程的控制以及导弹、火箭和航天飞船等的自动控制。尤其是导弹的拦截、人造卫星的发射及回收等需要精确控制的各种任务中，没有计算机的快速反应和调整，是无法成功的。

4. 计算机辅助系统

计算机辅助系统是指用计算机帮助工程技术人员进行设计工作，使设计工作半自动化甚至全自动化，不仅大大缩短设计周期、降低生产成本、节省人力物力，而且保证产品质量。

目前，计算机辅助系统已被广泛应用在大规模集成电路、计算机、建筑、船舶、飞机、机床、机械，甚至服装的设计上。如计算机辅助设计(CAD)、计算机辅助制造(CAM)、计算机辅助测试(CAT)、计算机辅助教学(CAI)等。

5. 人工智能

人工智能(Artificial Intelligence，AI)使计算机能模拟人类的感知、推理、学习和理解等某些智能行为，实现自然语言理解与生成、定理机器证明、自动程序设计、自动翻译、图像识别、声音识别、疾病诊断，并能用于各种专家系统和机器人构造等。近年来人工智能的研究开始走向实用化。人工智能是计算机应用研究的前沿学科。

6. 网络通信

网络通信是利用通信设备和线路将地理位置不同的、功能独立的多个计算机系统连接起来，形成一个计算机网络。利用计算机网络，可以使一个地区、一个国家，甚至全世界范围内的计算机与计算机之间实现软件、硬件和信息资源共享，这样可以大大促进地区间以及国际的通信与各种数据的传递和处理，同时也改变了人们的时空概念。计算机网络的应用已渗透到社会生活的各个方面。目前，Internet 已成为全球性的互联网络。

7. 仿真

仿真是对设想的或实际的系统建立模型，并对模型进行实验及观察它的行为的一个过程。仿真用于了解一个系统的行为，或评估不同参数、运行策略的效果，是解决设计问题的一个有效手段。

比如设计一座大桥，用计算机建立起大桥模型后，通过计算机仿真，可以模拟不同车流情况下大桥的承受能力，观察大桥受到重压和震动时开裂的情况，甚至可以判断大桥抵御战争攻击和自然灾害的能力等。这样就为设计人员提供了很多有价值的参数，同时也可以节省一笔实际测试的费用。

1.2　计算机系统

1.2.1　计算机系统的组成

计算机系统是一个整体概念，包括硬件系统和软件系统两大部分，如图 1.9 所示。计算机工作时软硬件协同工作，二者缺一不可。

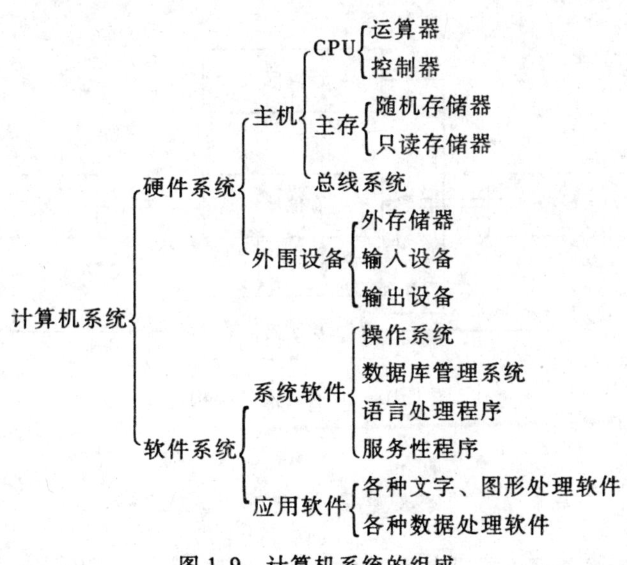

图 1.9　计算机系统的组成

计算机硬件是指有形的物理设备，是构成计算机的物理装置或物理实体。

计算机软件是为运行、维护、管理及应用计算机所编制的所有程序及文档资料的总和，是计算机系统的“灵魂”。

只有硬件而没有软件的计算机称为裸机，在裸机上只能运行机器语言程序，使用很不方便，效率很低。计算机软件只能在一定的硬件环境下运行，没有硬件基础的支持，软件根本毫无用处；同样，硬件设计得再好，如果没有合适的软件，也不能发挥出最佳的性能。可见，计算机硬件系统与计算机软件系统是相互依存、相互促进的关系。硬件和软件是不可分割的整体，它们的协调工作实现了计算机系统的各种功能。

1.2.2 计算机的硬件系统

发明计算机的最初目的，是代替人来完成一些复杂的数值计算工作。因此，为了帮助大家理解计算机的组成，我们用另一个数值计算工具——算盘来做个比较。算盘是一个“运算器”，但它没有思维，不能自己运算；人的大脑和手相当于一个“控制器”，指挥和操作算盘，使它完成数值运算；最后，还需要一张纸，用来记录计算的题目、解题步骤、原始数据和最终结果，我们可以把它当成是存储信息的“存储器”。

同样，一台完整的计算机也是由运算器(Arithmetic Unit)、控制器(Control Unit)、存储器(Memory)这几个部分组成的。此外，为了实现信息的输入和输出，计算机还必须包含输入和输出设备。这5个部分共同组成了计算机的硬件系统。目前大多数计算机都是沿用这种结构，由于这种结构是美籍匈牙利科学家冯·诺依曼提出来的，所以我们又称这种结构为冯·诺依曼结构，如图1.10所示。图中，细线箭头表示由控制器发出的控制信息流向，空心箭头为数据信息流向。各种各样的原始数据，通过输入设备进入计算机的存储器，然后送到运算器，运算完毕把结果送到存储器存储，最后通过输出设备显示或打印出来。整个过程由控制器进行控制。

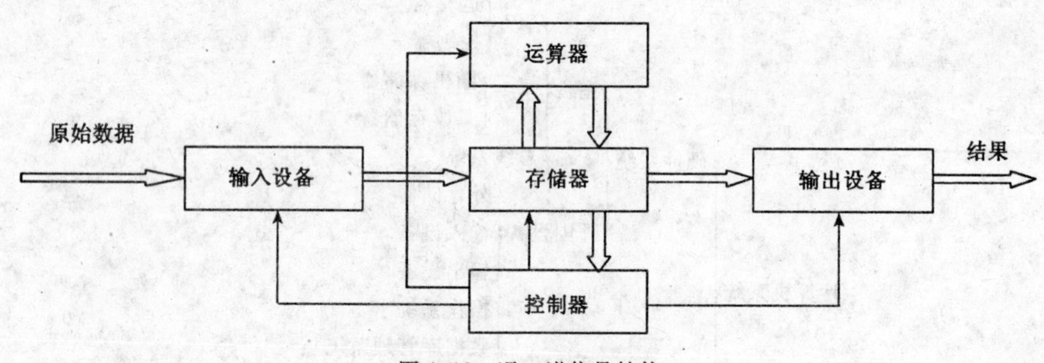

图1.10 冯·诺依曼结构

冯·诺依曼——“计算机之父”

说到计算机的发展，就不能不提到科学家冯·诺依曼。从20世纪初，物理学和电子学科学家们就在争论制造可以进行数值计算的机器应该采用什么样的结构。人们被十进制这个人类习惯的计数方法所困扰，所以，那时以研制模拟计算机的呼声最为响亮和有力。20世纪30年代中期，德国科学家冯·诺依曼大胆地提出，抛弃十进制，采用二进制作为数字计算机的数制基础。同时，他还提出预先编制计算程序，然后由计算机按照人们事前制定的计算顺序来执行数值计算工作。

冯·诺依曼理论的要点是：数字计算机的数制采用二进制；计算机应该按照程序顺序执行。冯·诺依曼成功地将其理论运用在计算机的设计之中，根据这一原理制造的计算机被称为冯·诺依曼结构计算机，人们把冯·诺依曼的这个理论称为冯·诺依曼体系结构。目前最先进的计算机仍采用冯·诺依曼体系结构。

由于冯·诺依曼对现代计算机技术的突出贡献，冯·诺依曼当之无愧地被称为“计算机之父”。

约翰·冯·诺依曼（John Von Nouma，1903—1957 年），美籍匈牙利人，1903 年 12 月 28 日出生于匈牙利的布达佩斯。他的父亲是一位银行家，家境富裕，十分注重对孩子的教育。冯·诺依曼从小聪颖过人，兴趣广泛，读书过目不忘。据说他 6 岁时就能用古希腊语同父亲闲谈，一生掌握了 7 种语言，最擅长德语，在他用德语思考种种设想时，还能以阅读的速度译成英语。他对读过的书籍和论文，能很快一句不差地将内容复述出来，而且若干年之后，仍可如此。

1911—1921 年，冯·诺依曼在布达佩斯的卢瑟伦中学读书期间，就崭露头角而深受老师的器重。在费克特老师的个别指导下合作发表了第一篇数学论文，此时冯·诺依曼还不到 18 岁。1921—1923 年，冯·诺依曼在苏黎世大学学习，很快又在 1926 年以优异的成绩获得布达佩斯大学数学博士学位，此时他年仅 22 岁。1927—1929 年，冯·诺依曼相继在柏林大学和汉堡大学担任数学讲师。1930 年，冯·诺依曼接受了普林斯顿大学客座教授的职位，西渡美国。1931 年，他成为美国普林斯顿大学的第一批终身教授，那时，他还不到 30 岁。1933 年，冯·诺依曼转到该校的高级研究所，成为最初六位教授之一，并在那里工作了一生。冯·诺依曼是普林斯顿大学、宾夕法尼亚大学、哈佛大学、伊斯坦堡大学、马里兰大学、哥伦比亚大学和慕尼黑高等技术学院等校的荣誉博士。他是美国国家科学院、秘鲁国立自然科学院和意大利国立林且学院等院的院士，1954 年担任美国原子能委员会委员，1951—1953 年担任美国数学会主席。

1954 年夏，冯·诺依曼被发现患有癌症。1957 年 2 月 8 日，冯·诺依曼在华盛顿去世，终年 54 岁。

1. 中央处理器

中央处理器 CPU（Central Processing Unit）是计算机的核心部件（如图 1.11 所示），它主要由运算器和控制器组成。计算机中所有操作都由 CPU 负责读取指令，对指令译码并执行指令。

图 1.11　CPU

(1)运算器

运算器又称算术逻辑部件 ALU（Arithmetical Logic Unit），是执行算术运算和逻辑运算的功能部件。算术、逻辑运算包括加、减、乘、除四则运算，与、或、非等逻辑运算以及数据的传送、移位等操作。

(2)控制器

控制器(Controller)是整个计算机系统的控制中心，它指挥计算机各部分协调地工作，保证计算机按照预先规定的目标和步骤有条不紊地进行操作及处理。

控制器从内存中逐条取出指令，分析每条指令规定的是什么操作(操作码)，以及进行该操作的数据在存储器中的位置(地址码)。然后，根据分析结果，向计算机其他部分发出控制信号。控制过程为：根据地址码从存储器中取出数据，对这些数据进行操作码规定的操作。根据操作的结果，运算器及其他部件要向控制器反馈信息，以便控制器决定下一步的工作。

因此，计算机执行由人编制的程序，就是执行一系列有序的指令。计算机自动工作的过程，实质上是自动执行程序的过程。

2. 存储器

存储器(Memory)的主要功能是用来存储程序和各种数据信息，并能在计算机运行中高速自动完成指令和数据的存取。

存储器按其在计算机中的作用可分为内存储器(Internal Memory，简称内存、主存)、辅助存储器(Auxiliary Memory，Secondary Memory，简称辅存)和高速缓冲存储器(Cache，简称快存)。

(1)内存储器

中央处理器能直接访问的存储器称为内存储器。

内存储器按其功能的不同，可分为随机存取存储器(Random Access Memory，RAM)和只读存储器(Read Only Memory，ROM)。

随机存取存储器(RAM)中的信息可随机地存入(写)或取出(读)，但计算机断电后，RAM 中的内容随之丢失。RAM 通常用于存放用户输入的程序和数据。我们常说的计算机的内存条(如图 1.12 所示)，就是 RAM。

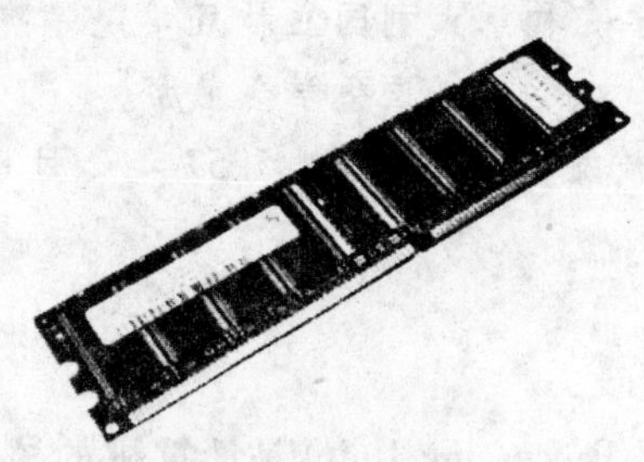

图 1.12　内存条

只读存储器(ROM)中的信息只可读出而不能写入，计算机断电后，ROM 中的内容保持不变，ROM 通常用于存放固定不变的程序和数据。一般固化在 ROM 中的是机器的自检程序、初始化程序、基本输入输出设备的驱动程序等。

为了便于对存储器中存放的信息进行管理，将计算机中的内存划分为许多存储单元，每一个存储单元可以存放一个字节的数据。对每个存储单元进行编号，此编号称为地址，CPU 对存储器的读写操作都是通过地址进行的。

CPU 与内存储器组合在一起称为计算机主机，外存储器通过专门的输入输出接口与主机相连。外存储器及其他的输入输出设备称为外部设备。

(2)辅助存储器

辅助存储器又称外部存储器，它是内存的扩充。外部存储器的存储容量大、价格低，但存储速度较慢，一般用来存放大量暂时不用的程序、数据和中间结果。常用的辅助存储器主要有磁盘、光盘和闪盘等。

① 磁盘分软盘和硬盘两种，如图 1.13 所示。常用的软盘是 3.5 英寸软盘，内部是一张圆形薄膜片，表面沉积有磁性介质，被封装在方形的硬质保护套中。软盘的存储表面划分为许多同心圆，称之为磁道(Track)，每一磁道又分为若干扇区(Sector)，每个扇区可存放几百字节的信息。一张 3.5 英寸双面高密度软盘的存储容量为 1.44 MB。硬盘由若干个涂有磁性材料的铝合金或玻璃薄圆片组成，所有圆盘片位于同一个轴上，盘片的两面均可存储信息。硬盘一般固定在计算机内，硬盘容量很大，存取速度相对较快，是目前计算机系统中最主要的外存设备。

图 1.13　3.5 英寸软盘和硬盘

② 光盘是一种利用光学方式读写信息的辅助存储器，盘片为圆形，需要通过光盘驱动器来读，如图 1.14 所示。用于计算机系统的 CD 光盘，根据读写功能的不同分为三种：只读型光盘、一次性写入型光盘和可擦写型光盘。DVD 光盘与 CD 光盘的直径、厚度相同，但是存储密度要远远高于 CD 光盘。与 CD 光盘类似，DVD 光盘根据读写功能的不同也分为三种：DVD-ROM、DVD-R 和 DVD-RW。DVD 光盘信息的读取必须通过 DVD 驱动器进行。随着 DVD 驱动器价格的降低，目前 DVD 光盘正逐渐取代 CD 光盘。

磁盘和光盘必须通过机电装置才能存取信息，这些机电装置称为驱动器。

③ 闪盘(Flash Memory)又称优盘，是一种体积很小的移动存储装置，如图 1.15 所示。闪盘采用 Flash Memory(闪存)为存储介质，通过 USB(通用串行总线)接口与主机相连，即插即用，断电后存储的数据不会丢失。

图 1.14　CD 光盘　　　　图 1.15　闪存

中央处理器不能直接访问外存储器，外存储器中的信息必须调入内存储器后才能由中央处理器进行处理。所以，内存存取速度比外存快。相对于外存而言，内存的存取速度快，但容量较小，且价格较高。

辅存的特点是存储容量大、价格低，但存取速度较慢。由于辅存设置在主机外部，故又称为外存储器(External Memory)，简称外存。

④ 移动硬盘(Mobile Hard Disk)是以硬盘为存储介质，供计算机之间交换大容量数据，强调便携性的存储产品。

目前市场上绝大多数的移动硬盘都是以标准硬盘为基础的，而只有很少部分是微型硬盘(1.8 英寸硬盘等)，但价格因素决定着主流移动硬盘还是以标准笔记本硬盘为基础。因为采用硬盘为存储介质，因此移动硬盘的数据读写模式与标准 IDE 硬盘是相同的。移动硬盘多采用 USB、IEEE1394 等传输速度较快的接口，可以较高的速度与系统进行数据传输。

(3)高速缓冲存储器

高速缓冲存储器(Cache，简称快存)是为了解决 CPU 和内存之间速度匹配问题而设置的。它是介于 CPU 与内存之间的小容量存储器，但存取速度比主存快。

CPU 与几种存储器的关系如图 1.16 所示。

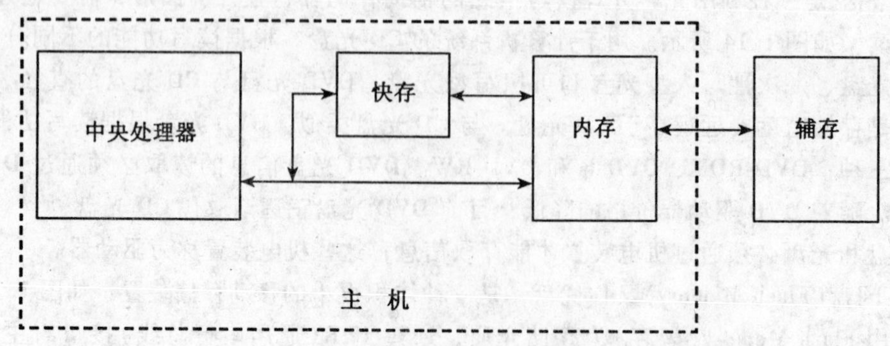

图 1.16　CPU 与几种存储器的关系

3. 输入输出设备

(1)输入设备

输入设备可以让我们将外部信息(如文字、数字、声音、图像、程序、指令等)转变为数据输入到计算机中，以便加工、处理。输入设备是人们和计算机系统之间进行信息交换的主要装置之一。键盘、鼠标、扫描仪、光笔、手写输入板、游戏杆、语音输入装置等都属于输入设备，如图 1.17 所示。

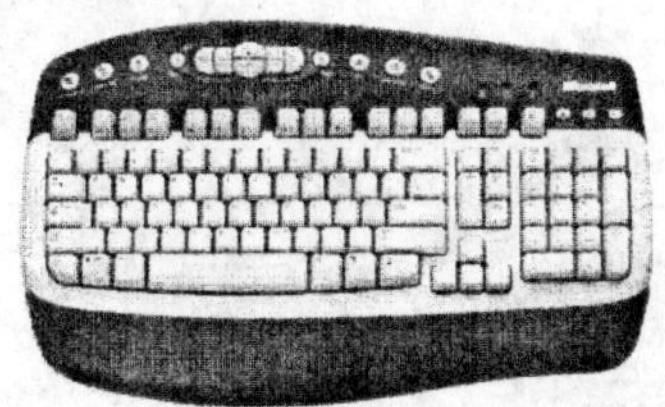
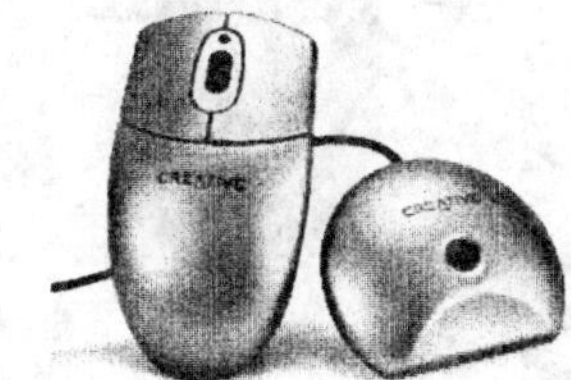

图 1.17　输入设备

(2)输出设备

输出设备的作用是把计算机对信息加工的结果输出给用户。所以，输出设备是计算机实用价值的生动体现。输出设备分为显示输出、打印输出、绘图输出、影像输出以及语音输出 5 大类，如图 1.18 所示。

图 1.18　输出设备

4. 微型计算机的硬件配置

微型计算机的硬件系统由主机箱和外部设备两大部分组成。图 1.19 是从外部看到的典型微型计算机系统的组成。

(1)主机箱

主机箱包含外部的机箱和内部各部件，注意不要和前面介绍的“主机”混淆了。主机箱内主要装有电源、主板、总线、各种驱动卡(又称适配器)、各种驱动器等。图 1.20 是从主机箱内部看到的微型计算机的各个部件。

① 电源：作用是将供电线路送来的 220 V 交流电压变成微型计算机所需要的±5 V、±12 V 直流电压。5 V 电压用于微型计算机电路工作，12 V 电压用于驱动磁盘驱动器

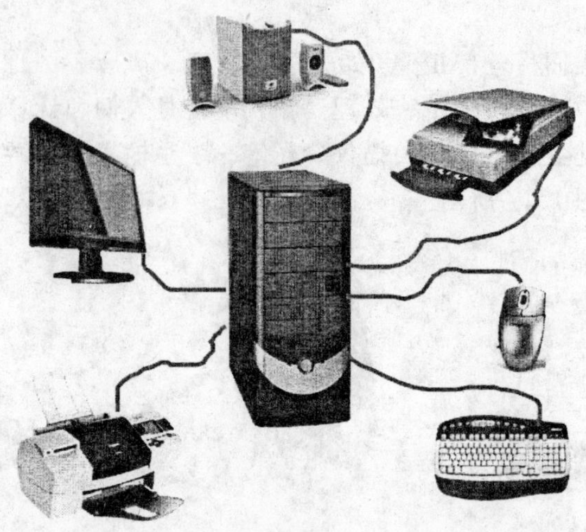

图 1.19　微型计算机硬件系统的外部组成

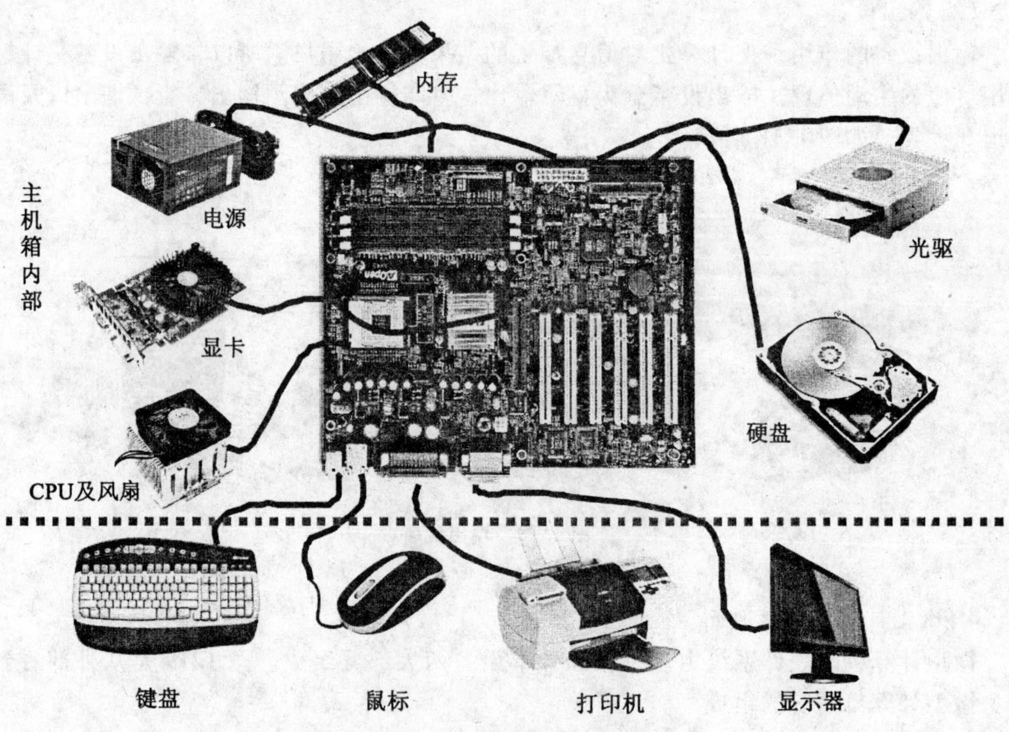

图 1.20　微型计算机主机箱的内部结构

工作。

② 主板(Mother Board)：是计算机系统中最大的一块电路板，主板上布满各种电子元件、插槽、接口等。这些器件各司其职，并将所有周边设备紧密联系在一起。如果把

CPU 比做人的心脏，那么主板可比做血管和神经。有了主板，CPU 才可以控制硬盘、光驱、鼠标、键盘等设备。

主板上有 CPU、只读存储器 ROM、系统内存(RAM)、PCI 扩充插槽(目前大部分显卡、网卡、声卡、内置 Modem 都采用了 PCI 总线接口)、AGP 扩充插槽、I/O 接口(如 COM1 或 PS/2 通常连接鼠标、COM2 通常连接外置 Modem、LPT1 通常连接打印机)。

③ 总线(Bus)：是计算机各种功能部件之间传送信息的公共通信干线，它是由导线组成的传输线束。按照所传输的信息种类，微型计算机的总线可以划分为数据总线(DataBus)、地址总线(AddressBus)和控制总线(ControlBus)，分别用来传输数据、数据地址和控制信号，如图 1.21 所示。

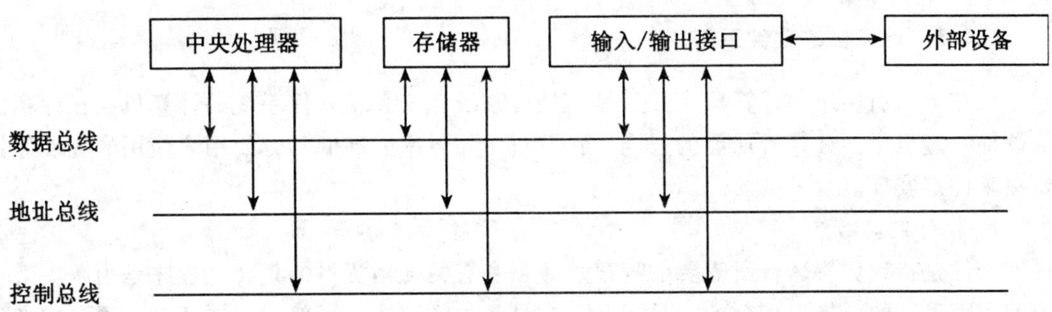

图 1.21　微型计算机的三种总线

总线是一种内部结构，它是 CPU、内存、输入/输出设备传递信息的公用通道。微型计算机的各个部件与总线相连接，外部设备通过相应的接口电路再与总线相连接，从而形成了计算机硬件系统。

④ 驱动卡：又称为适配器、输入/输出接口，它是外部设备与 CPU 连接的纽带。CPU 将外设要执行的命令发送给驱动卡，驱动卡负责将 CPU 的命令进行解释，并转换成外部设备所能识别的控制信号，来控制外部设备的机电装置进行工作。

驱动卡通过主板上的扩展槽与 CPU 连接，以接收 CPU 的控制命令，外部设备通过外接电缆与驱动卡连接。主板上的扩展槽一般有 4 ~ 8 个，上面可以接插显卡、声卡、防病毒卡、网卡、视频卡等各种驱动卡，如图 1.22 所示。

⑤ 驱动器：常用的驱动器有软盘驱动器(软驱)、硬盘驱动器(硬盘)和光盘驱动器(光驱)。软盘驱动器和光盘驱动器的作用是读取放入驱动器内的软盘或光盘，供计算机处理。而硬盘和硬盘驱动器是一体的，计算机可以随时读取。

(2)外部设备

这里的外部设备指的是微型计算机的输入设备和输出设备。各种外部设备都是通过主板上扩展槽中的驱动卡连接的，正是因为这样，硬盘驱动器虽然位于主机箱内部，但却也属于外部设备。

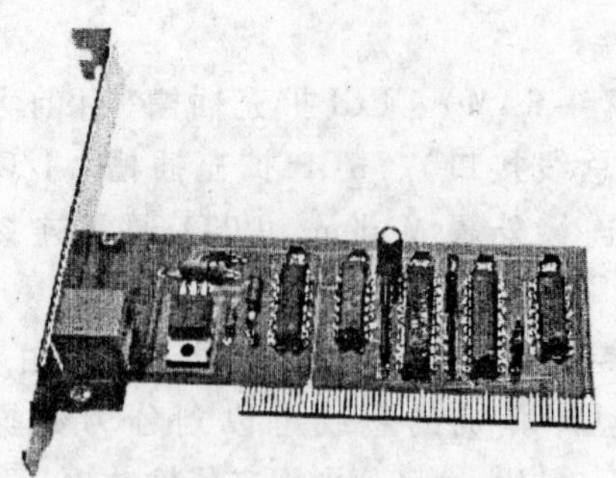
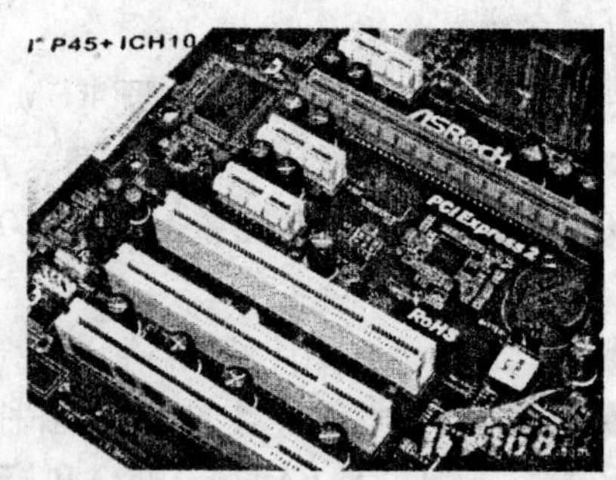

图 1.22 驱动卡和扩展槽

1.2.3 计算机的软件系统

现在大家所使用的计算机实际上是在硬件系统上安装了软件系统的计算机。在计算机的硬件确定以后，计算机功能的强弱、计算机工作效率的高低和方便用户使用的程度等就要由软件来实现。

1. 软件及其功能

软件是指计算机运行所需要的程序、数据和有关文档资料的集合。程序是为解决某一个问题而设计的一连串指令的符号表示，它是软件的主体，一般保存在软盘、硬盘或光盘上。文档资料是在软件开发过程中建立的技术资料，为软件的使用和维护提供依据。随软件产品发布的文档资料主要是使用手册。使用手册中包括该软件产品的功能介绍、运行环境要求、安装方法、操作说明和错误信息说明等。软件的运行环境是指运行该软件所需要的硬件和软件的配置。

作为用户与计算机硬件之间的桥梁，软件的主要功能是：

① 实现对计算机硬件资源的控制与管理，协调计算机各组成部分的工作；

② 在硬件提供的基本功能的基础上，扩大计算机的功能；

③ 向用户提供方便灵活的计算机操作界面；

④ 为专业人员提供开发计算机软件的工具和环境等。

软件按照其功能划分，通常分为系统软件和应用软件两大类。在计算机硬件系统(裸机)上，首先需要加载操作系统，其他软件都加载在操作系统上，在它的管理下运行。如图 1.23 所示。

2. 系统软件

系统软件是指管理、控制和维护计算机硬件和软件资源的软件，它介于硬件和应用软件之间。它一般是由计算机生产厂家或软件公司提供的使用和管理计算机的通用软件。系统软件包括操作系统、语言处理程序、数据库管理软件、常用服务程序等。

(1)操作系统

操作系统(Operating System，OS)是系统软件的核心。它直接运行在裸机之上，负责管理计算机系统的全部软件资源和硬件资源。常用的操作系统有：MS-DOS 操作系统、

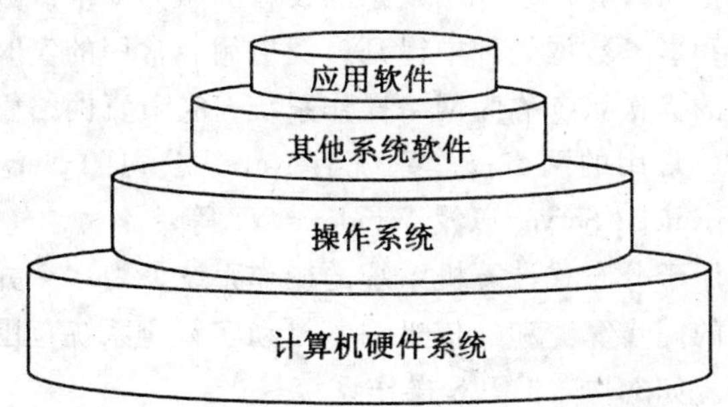

图 1.23　计算机软件系统层次示意图

Windows 操作系统、Unix 操作系统、Linux 操作系统、OS/2 操作系统等。

① 操作系统的功能。操作系统通常具有进程管理、存储管理、设备管理、文件系统和作业管理五大功能。

- 进程管理主要解决 CPU 的分配策略，即实施方法及资源的回收等问题。进程是指程序由开始到结束的执行过程。
- 存储管理主要是指对内存储器的管理，是对内存储器中用户区域的管理，包括存储分配、存储共享、存储扩充、存储保护和地址映射等。
- 设备管理是指操作系统对外部设备(即外部存储器和输入/输出设备)进行全面的管理，实现对设备的分配，启动指定的设备进行实际的输入/输出操作，并在操作完成后进行善后处理。
- 文件系统对计算机的软件资源进行管理，实现文件的存储和检索，为用户提供方便灵活的文件操作以及实现文件共享并提供安全、保密等措施。
- 作业是指每个用户请求计算机系统完成的一个独立任务。作业管理是指按照一定的原则完成用户提交作业的调入、执行和撤离，并向用户提供用于作业控制的接口。

② 操作系统的分类。操作系统按照功能的不同，大致可分为七类：单用户操作系统、多用户操作系统、批处理操作系统、分时操作系统、实时操作系统、网络操作系统和分布式操作系统。

单用户操作系统是微型计算机中广泛使用的操作系统，它又分单任务和多任务两类。例如 DOS 操作系统属于单用户单任务操作系统，Windows 属于单用户多任务操作系统。

与单用户操作系统相反，多用户操作系统同时面向多个用户，使系统资源为多个用户所共享，Unix 操作系统就是多用户操作系统。

批处理操作系统是以作业为处理对象，连续处理在计算机系统运行的作业流，这类操作系统的特点是作业的运行完全由系统自动控制，系统的吞吐量大，资源的利用率高。

分时操作系统使多个用户得以同时在各自的终端上联机使用同一台计算机，CPU 按优先级别给各个终端分配时间，轮流为各个终端服务。分时操作系统侧重于及时性和交互性，使用户的请求尽量在较短的时间内得到响应。由于计算机具有高速运算能力，能使每个用户都感觉自己在独占这台计算机。常用的分时操作系统有 Unix、Xenix 和 Linux 等。

实时操作系统可以对随机发生的外部事件在限定的时间内做出响应，进而对该事件进行处理。外部事件一般指与计算机系统相联系的设备的服务要求或数据采集。实时操作系统在工业生产过程控制和事务数据处理中得到广泛应用。常用的实时操作系统有 RDOS。

为计算机网络配置的操作系统称为网络操作系统，它负责网络管理、网络通信、资源共享和系统安全等工作。常用的网络操作系统有 Novell 公司的 Netware、Microsoft 公司的 Windows 2000 Server/Advanced Server 以及 Windows NT 等。

分布式操作系统是用于分布式计算机系统的操作系统，由多个并行的处理机组成，提供高度的并行性及有效的同步算法和通信机制，自动实行全系统范围的任务分配并自动调节各处理机的工作负载。如 MDS、CDCS 操作系统等。

③ 常见的操作系统。

- DOS 操作系统。DOS 是英文 Disk Operating System 的缩写，意思是"磁盘操作系统"。顾名思义，DOS 是一种面向磁盘的系统软件，通过一些接近于自然语言的 DOS 命令，可以完成大多数的日常操作。另外，DOS 系统还能有效地管理各种软硬件资源。

DOS 操作系统从 1981 年问世至今，经历了 7 次大的版本升级，从 1.0 版到 8.0 版，DOS 操作系统不断地被改进和完善，但它的单用户、单任务、字符界面和适应 16 位硬件系统的基本特点没有改变，它对于内存的管理也局限在 640 KB 的范围内。

常用的 DOS 有三种不同的品牌，它们是 Microsoft 公司的 MS-DOS、IBM 公司的 PC-DOS 以及 Novell 公司的 DR-DOS。这三种 DOS 是兼容的，但仍有一些区别。三种 DOS 中使用最多的是 MS-DOS。

DOS 系统一个最大的优势是它支持众多的通用软件，如各种语言处理程序、数据库管理程序、文字处理软件和电子表格等。尽管 DOS 已经不能适应 32 位的硬件系统，但是在未来的一段时间内也不会被淘汰。特别是在安装新计算机时，通常都是在 DOS 环境下进行硬盘的分区和格式化的。

- Windows 操作系统。Microsoft 公司在 1985 年 11 月发布了第一代窗口式操作系统，即 Windows 操作系统，它是一个基于图形用户界面(Graphic User Interface，GUI)的多任务操作系统。在图形用户界面中，每一种应用软件(即由 Windows 支持的软件)都用一个图标代替，用户只要将鼠标指针移到某个图标上，双击图标即可运行该应用软件。图形用户界面为用户提供了直观、方便的方式来管理计算机的各种资源。

1995 年，Microsoft 公司推出了 Windows 95，它是一个完全独立的 32 位的操作系统，在很多方面做了进一步的改进，还集成了网络功能和即插即用(Plug and Play)功能。

1998 年，Microsoft 公司推出了 Windows 95 的改进版 Windows 98，Windows 98 的最大特点是集成了 Microsoft 公司的因特网(Internet)浏览器技术，更好地满足了人们访问因特网资源的需要。

2000 年，Microsoft 公司推出了 Windows 2000 版本，它是 Windows 98 和 Windows NT 的更新换代产品，增添了许多新功能，特别是在因特网和安全设置方面做了进一步的加强。

2001 年，Microsoft 公司又推出了 Windows XP。Windows XP 采用了全新的用户界面，桌面简洁、色彩艳丽、操作简便，整体功能在精心安排之下显得更加合理。

2005 年，Microsoft 公司推出了新一代的操作系统 Windows Vista。和 Windows XP 系统

相比，这一代系统在安全性、可靠性及互动体验方面显得尤为出色。此外，该系统在界面设计方面也有很大创新，给用户带来了全新的体验。

- Unix 操作系统。Unix 操作系统于 20 世纪 70 年代初诞生于著名的 AT&T 贝尔实验室，是供 PDP 系列小型计算机使用的操作系统，可以算得上是小型计算机操作系统的元老。

Unix 操作系统是一个通用的、多用户、交互式的分时操作系统，可以安装在不同的计算机系统上。Unix 的特点是具有开放性，用户可以方便地向 Unix 系统中逐步添加新的功能与工具，这样可使 Unix 系统功能越来越完善。

Unix 系统的结构大体可以分为两部分：Unix 核心部分和应用子系统。核心部分的功能是利用最底层硬件提供的各种基本服务，向外层提供全部应用程序所需要的服务。应用子系统由许多程序和若干服务组成，这是用户可见到的部分，这些外层程序需要通过引用一组已明确定义过的系统调用去利用 Unix 系统核心部分所提供的服务。

目前 Unix 是大中小型计算机主流操作系统之一，是适用机型最广泛、应用最普遍的通用操作系统。Unix 具有强大的网络通信与网络服务功能，因此它也是很多分布式系统中服务器上广泛使用的一种网络操作系统。

- Linux 操作系统。Linux 操作系统是目前全球最大的自由免费软件，是一个功能可与 Unix 和 Windows 相媲美的操作系统，具有完备的网络功能。

Linux 最初由芬兰人 Linus Torvalds 开发，其源程序在因特网上公开发布，由此引发了全球计算机爱好者的开发热情，许多人下载该源程序并按自己的意愿完善某一方面的功能发回网上。另外，还有一些公司和组织有计划地收集有关 Linux 的软件，组合成一套完整的 Linux 发布版本上市，比较著名的有 RedHat 和 Slackware 等公司，Linux 因此被发展成一个全球最稳定、最有发展前景的操作系统。

Linux 操作系统具有如下特点：它是一个免费软件，用户可以自由安装并自由修改源代码；Linux 操作系统与 Unix 操作系统兼容；支持几乎所有的硬件平台。

- Macintosh 操作系统。1986 年美国 Apple 公司推出的 Macintosh 图形化的操作系统，第一次把图形用户界面带到了用户面前，该操作系统拥有全新的窗口系统、强有力的多媒体开发工具和操作简便的网络结构，比 DOS 系统更容易学习。

Macintosh 操作系统在许多方面都超越了 Windows 操作系统，尤其是在图形处理和内置网络支持等方面。在桌面彩色印刷系统、科学和工程可视化计算、广告和市场营销、教育、财会、出版、多媒体开发、图形艺术等方面，Macintosh 仍然是首选操作系统。但 Macintosh 操作系统的兼容性不强，只能在 Apple 系列机上使用。

- 嵌入式操作系统。嵌入式操作系统是一种支持嵌入式系统应用的操作系统软件，通常包括与硬件有关的底层驱动软件、系统内核、设备驱动接口、通信协议、图形界面、标准化浏览器等。它具有通用操作系统的基本特点，如能够有效管理越来越复杂的系统资源，能够把硬件虚拟化，能够提供库函数、驱动程序、工具集以及应用程序等。

与其他计算机操作系统相比，嵌入式操作系统在系统实时性、硬件的相关依赖性、软件固态化以及专用性等方面具有较为突出的特点。

一般情况下，嵌入式操作系统可以分为两类，一类是面向控制、通信等领域的实时操作系统；另一类是面向消费电子产品的非实时操作系统，这类产品包括个人数字助理(PDA)、移动电话、机顶盒等。

(2)语言处理程序

计算机语言是人和计算机交换信息的一种工具，它不是自然语言，而是人们根据描述问题的需要设计出来的。用计算机解决实际问题时，人们必须首先将解决该问题的方法和步骤按一定规则用计算机语言描述出来，形成计算机程序，之后将程序输入计算机内，计算机就可以按照人们事先设定的步骤自动地执行了。随着计算机技术的发展，计算机语言经历了由低级向高级发展的历程，不同风格的语言不断出现，逐步形成了计算机语言的体系。

按照计算机语言接近人类自然语言的程度，可将计算机语言分为三类：机器语言、汇编语言和高级语言。

① 机器语言。机器语言是直接用计算机指令作为语句与计算机交换信息的语言。计算机指令是一串由“0”和“1”组成的二进制代码，指令的格式和含义是设计者规定的，它能被计算机硬件直接理解和执行。它与计算机硬件的逻辑电路有关，不同类型的计算机，指令的编码不同，拥有的指令条数也不同。

用机器语言编写的程序，计算机能识别，可直接运行。但由于机器语言很难记忆，编写程序很困难，效率低且容易发生差错，而且它与硬件有关，程序的可移植性差。

② 汇编语言。汇编语言是一种与计算机机器语言很接近的符号语言，它采用有意义的符号来代替二进制的计算机指令，这些符号称为助记符，例如用 add 表示加法，用 sub 表示减法，以方便人们编写程序。然而，汇编语言依赖于特定计算机的指令集，与计算机硬件有关，程序的可移植性差，因此，汇编语言与机器语言一样，也是一种低级语言。

计算机只能识别用机器语言编写的程序，而不能直接执行用汇编语言编写的程序，所以必须将汇编语言程序翻译成机器语言程序才能被计算机执行。翻译工作一般由计算机完成，用来翻译汇编语言程序的翻译程序称为汇编程序。用汇编语言编写的程序称为汇编语言源程序，经汇编程序翻译后得到的机器语言程序称为目标程序。

③ 高级语言。由于机器语言和汇编语言与计算机硬件直接相关，用这两种语言编写的程序可移植性差，编程也很困难，因此，人们创造出与计算机指令无关、表达方式更接近于被描述的问题、更易于被人们掌握和书写的语言，这就是高级程序设计语言，简称高级语言。

常用的高级语言有以下几种：

BASIC：是一种简单易学的计算机高级语言。尤其是 Visual Basic 语言，具有很强的可视化设计功能，给用户在 Windows 环境下开发软件带来了方便，是重要的多媒体编程工具语言。

FORTRAN：是科学和工程计算领域中的传统编程语言，它首先引入了变量、表达式语句、子程序等概念，成为以后出现的其他高级程序设计语言的重要基础，且至今在科学计算领域充满着生命力。

COBOL：是通用的面向商业语言，主要用于数据处理和商业管理。其特点是语法结构与英语类似。

C：具有灵活的数据结构和控制结构，表达力强，可移植性好。用 C 语言编写的程序兼有高级语言和低级语言两者的优点，表达清楚且效率高。C 语言主要用于系统软件的编写，也适用于科学计算等应用软件的编制。

PASCAL：是一种描述算法的结构化程序设计语言，适用于教学、科学计算、数据处理和系统软件的开发。

SQL：即结构化的查询语言，是一种关系数据库的标准语言，主要用于对数据库中的数据进行查询和其他相关操作。上面提到的几种语言，解决问题时必须详细描述问题的解法和处理过程。然而，用 SQL 语言解决问题，只需要提出需要完成的工作目标就行了。因此前面几种语言我们称为“过程语言”，而 SQL 语言我们称为“目标语言”。

C++：是在 C 语言基础上发展起来的。C++保留了结构化语言 C 的特征，同时融合了面向对象的能力，是一种有广泛发展前景的语言。

JAVA：是近几年比较流行的高级语言。它是一种面向对象的编程语言，并且简单、安全、可移植性强。适用于网络环境的编程，多用于交互式多媒体应用。

LISP：是 20 世纪 60 年代开发的一种表处理语言，适用于人工智能程序设计，具有较强的表达能力，可以进行符号演算、公式推导及其他各种非数值处理。

Prolog：是一种逻辑程序设计语言，广泛应用于人工智能领域。

用高级语言编写的程序与汇编语言程序一样，不能被计算机识别，必须先将它们翻译成机器语言程序，才能由计算机执行。翻译高级语言的方式有两种：编译方式和解释方式。编译方式是先由编译程序将高级语言编写的源程序翻译成机器语言程序，生成目标代码，再将目标代码与子程序库相连接，生成可执行程序，由计算机来执行；解释方式是由解释程序对高级语言源程序逐句进行分析，边翻译边执行，直至程序结束。解释方式不生成目标程序。

与解释方式相比，采用编译方式，程序执行的速度快，而且一旦编译完成后，生成的可执行程序可以脱离编译程序而独立运行，所以大多数高级语言采用编译方式，如 C 语言、FORTRAN 语言等，而 BASIC 语言、LISP 语言等则采用解释方式。

(3)数据库管理软件

数据库(Data Base，DB)是以一定的组织方式存储起来的、具有相关性的数据的集合。数据库管理系统(Data Base Management System，DBMS)是帮助用户建立、管理、维护和使用数据库，从而对数据进行管理的软件，它是用户和数据库之间的接口。常用的数据库管理系统软件有 Visual Foxpro、PowerBuilder、SQL Server 等。

(4)常用服务程序

现代计算机系统提供多种服务程序，这些服务程序方便用户管理和使用计算机，例如能提供方便的编辑环境的编辑程序、能检测计算机硬件故障并对故障定位的诊断程序、能检查出程序中的某些错误的测试程序等。

3. 应用软件

应用软件是为解决现实生活中的各类问题而编写的计算机软件。应用软件又分应用软件包和用户程序。用户程序是为了解决特定的具体问题而开发的软件，如火车站、长途汽车站的票务管理系统，人事部门的人事管理系统，财务部门的财务管理系统等。应用软件包是指解决某类典型问题的较通用的软件。目前常用的应用软件包有：字处理软件(如Word)、表处理软件(如Excel)、绘图软件(如CorelDraw)、图像处理软件(如Photoshop)等。

1.3 计算机中的数据表示

日常生活中人们所说的"数据"，大多是指可以比较大小的一些数值。但在计算机中，数据不仅仅是数值。国际标准化组织(ISO)对数据所下的定义是："数据是对事实、概念或指令的一种特殊的表达形式，这种特殊的表达形式可以用人工的方式或自动化的装置进行通信、翻译和转换或者进行加工处理。"因此，通常意义下的数字、文字、图像、声音、动画、视频等都可以认为是数据。

计算机内部数据可以分为数值型数据和非数值型数据。数值型数据是指用来表示数量多少和数值大小的数据，对它们可以进行各种数学运算和处理；其他的数据统称为非数值型数据，包括其他所有类型的数据，如文字、图像、声音、动画、视频等。对非数值型数据一般不进行数学运算，而是进行其他更复杂的操作。

计算机要处理各种信息，首先要将信息表示成具体的数据形式。计算机内的信息都以二进制数的形式表示，这是因为二进制数具有在电路上容易实现、可靠性高、运算规则简单、可直接进行逻辑运算等优点。因此，我们对各种形式的信息的存储、处理和传输，在计算机中最终都转化为对二进制编码的存储、处理和传输。

1.3.1 数制及运算

1. 数制的概念

数制是人们用一组特定符号和统一运算规则来计数的方法。在人类历史发展过程中，人们创造并使用过多种不同的数制。如我国古代的重量单位是十六进制，以十六两为一斤；时间单位中的分、秒采用六十进制，小时采用二十四进制等，六十秒为一分钟，六十分钟为一小时，二十四小时为一天，等等。在计算机的设计与使用上常常使用的是十进制、二进制、八进制、十六进制，下面我们分别加以介绍。

(1)十进制数

生活中我们习惯使用的是十进位计数制，简称十进制。十进制数中有10个不同的数字符号：0、1、2、3、4、5、6、7、8、9，按照一定顺序排列起来表示数值的大小。

任意一个十进制数都有特定的表示形式，如十进制数527可表示为$(527)_{10}$、$[527]_{10}$或527D。有时十进制数后的下标10或D也可以省略。

例 十进制数2042可以写成：

$$(2042)_{10}=2\times10^3+0\times10^2+4\times10^1+2\times10^0$$

从这个十进制数的表达式中，可以得到十进制数的特点：

① 每一个位置(数位)只能出现10个数字符号0~9中的其中一个。通常把这些符号的个数称为基数，十进制数的基数为10。

② 同一个数字符号在不同的位置代表的数值是不同的。上例中第一位和第四位的数字都是 2，但右边第一位数表示 2，而第四位数表示 2000。

③ 十进制的基本运算规则是“逢十进一”。上例中右边第一位为个位，记做 10^0；第二位为十位，记做 10^1；第三、四位分别为百位和千位，记做 10^2 和 10^3。通常把 10^0、10^1、10^2、10^3 等称为对应数位的权，各数位的权都是基数的幂。每个数位对应的数字符号称为系数。显然，某数位的数值等于该位的系数和权的乘积。

一般来说，n 位十进制正整数 $[X]_{10}=a_{n-1}a_{n-2}\cdots a_1a_0$ 可表达为以下形式：

$$[X]_{10}=a_{n-1}\times 10^{n-1}+a_{n-2}\times 10^{n-2}+\cdots+a_1\times 10^1+a_0\times 10^0$$

式中，a_0，a_1，…，a_{n-1} 为各数位的系数（a_{i-1} 是第 i 位的系数），它可以取 0～9 十个数字符号中任意一个；10^0，10^1，…，10^{n-1} 为各数位的权；$[X]_{10}$ 中下标 10 表示 X 是十进制数，十进制数的括号也经常被省略。

(2)二进制数

十进制数是人们最熟悉、最常用的一种数制，但在计算机中使用的是二进制数。这是因为计算机中的成千上万个电子元件（如电容、电感、三极管等）一般只有两种稳定的工作状态，用二进制的“0”和“1”来表示这两种稳定的工作状态是最容易实现的。

二进制数中只有两个数字符号（“0”和“1”），它的基数是 2，基本运算规则是“逢二进一”，各位的权为 2 的幂。

例 二进制数 $(110.11)_2$ 代表的实际值是：

$$(110.11)_2=1\times 2^2+1\times 2^1+0\times 2^0+1\times 2^{-1}+1\times 2^{-2}=(6.75)_{10}$$

在二进制数的右下方注上基数 2 来表示二进制数，如 $(110.11)_2$，或用大写字母 B 作后缀表示，如 110.11B。

一般来说，n 位二进制正整数 $[X]_2=a_{n-1}a_{n-2}\cdots a_1a_0$ 表达式可以写成：

$$[X]_2=a_{n-1}\times 2^{n-1}+a_{n-2}\times 2^{n-2}+\cdots+a_1\times 2^1+a_0\times 2^0$$

式中，a_0，a_1，…，a_{n-1} 为系数，可取 0 或 1 两种值；2^0，2^1，…，2^{n-1} 为各数位的权。

(3)八进制数

由于二进制数的书写一般比较长，容易出错，为了便于书写，在编写计算机程序时常常用八进制数和十六进制数等价地表示二进制数，再由计算机将这些数自动地转换成二进制数。

在八进制中，基数为 8，它有 0、1、2、3、4、5、6、7 八个数字符号，八进制的基本运算规则是“逢八进一”，各数位的权是 8 的幂。

任意一个八进制数也有特定的表示形式，如八进制数 425 可表示为 $[425]_8$、$(425)_8$ 或 425O（英文字母 O）。

n 位八进制正整数的表达式可写成：

$$[X]_8=a_{n-1}\times 8^{n-1}+a_{n-2}\times 8^{n-2}+\cdots+a_1\times 8^1+a_0\times 8^0$$

例 求三位八进制数 $[X]_8=[212]_8$ 所对应的十进制数的值。

$$[X]_8=[212]_8=[2\times 8^2+1\times 8^1+2\times 8^0]_{10}=[128+8+2]_{10}=[138]_{10}$$

所以，$[212]_8=[138]_{10}$

(4)十六进制数

十六进制数由0、1、2、3、4、5、6、7、8、9、A、B、C、D、E、F十六个数字符号组成，A、B、C、D、E、F相当于十进制数中的10、11、12、13、14、15的值。十六进制数的基数是16，进位方法是“逢十六进一”，权为16的幂。

例 十六进制数$(3C5.4)_{16}$代表的实际值是：

$$(3C5.4)_{16}=3\times16^2+12\times16^1+5\times16^0+4\times16^{-1}=(965.25)_{10}$$

任意一个十六进制数，如7B5可表示为$(7B5)_{16}$，或$[7B5]_{16}$，或7B5H。

n位十六进制正整数的一般表达式为：

$$[X]_{16}=a_{n-1}\times16^{n-1}+a_{n-2}\times16^{n-2}+\cdots+a_1\times16^1+a_0\times16^0$$

2. 二进制数的运算

对二进制数的运算有两种：算术运算和逻辑运算。由于二进制中只有0和1两个数码，所以运算规则简单。

(1)算术运算

二进制加法运算的规则是：

0+0=0　　0+1=1　　1+0=1　　1+1=10(逢二进一)

二进制减法运算的规则是：

0-0=0　　1-1=0　　1-0=1　　0-1=1（借一当二）

例 计算$(101101)_2+(1011.01)_2$

```
   101101
+   1011.01
-----------
   111000.01
```

所以　$(101101)_2+(1011.01)_2=(111000.01)_2$

例 计算$(1011011)_2-(1101.01)_2$

```
   1011011
-     1101.01
-------------
   1001101.11
```

所以　$(1011011)_2-(1101.01)_2=(1001101.11)_2$

二进制乘法运算的规则是：

0×0=0　　0×1=0　　1×0=0　　1×1=1

二进制除法运算的规则是：

0÷1=0　　1÷1=1

例 计算$(1011.11)_2\times(101)_2$

```
     1011.11
×        101
------------
      101111
    101111
------------
    111010.11
```

所以　$(1011.11)_2\times(101)_2=(111010.11)_2$

例　计算 $(100100.01)_2 \div (101)_2$

$$
\begin{array}{r}
111.01 \\
101\overline{)100100.01} \\
\underline{101} \\
1000 \\
\underline{101} \\
110 \\
\underline{101} \\
101 \\
\underline{101} \\
0
\end{array}
$$

所以　$(100100.01)_2 \div (101)_2 = (111.01)_2$

(2)逻辑运算

二进制常用的逻辑运算主要包括“逻辑或”、“逻辑与”、“逻辑非”三种。

或运算的运算规则是(或运算用“+”表示)：

0+0=0　　0+1=1　　1+0=1　　1+1=1

与运算的运算规则是(与运算用“·”表示)：

0·0=0　　0·1=0　　1·0=0　　1·1=1

非运算的运算规则是(非运算用数字上加横杠表示)：

$\overline{0}=1$　　$\overline{1}=0$

需要注意的是，算术运算会发生进位和借位处理，而逻辑运算则按位独立进行，位与位之间不发生进(借)位。

例　计算 $(10011)_2$ 和 $(10101)_2$ 进行或运算的值。

$$
\begin{array}{r}
10011 \\
+\quad 10101 \\
\hline
10111
\end{array}
$$

所以　$(10011)_2$ 和 $(10101)_2$ 进行或运算的值为 $(10111)_2$

例　计算 $(10011)_2$ 和 $(10101)_2$ 进行与运算的值。

$$
\begin{array}{r}
10011 \\
.\quad 10101 \\
\hline
10001
\end{array}
$$

所以　$(10011)_2$ 和 $(10101)_2$ 进行与运算的值为 $(10001)_2$

例　计算 $(10111)_2$ 进行非运算的值。

$(10111)_2$ 进行非运算的值为 $(01000)_2$

1.3.2　不同数制之间的转换

1. 二进制数转换成十进制数

二进制数转换为十进制数只需将二进制数按权展开求和，即将二进制数的各位数码乘以该位的权值(基数为2)再求和。

例 求与$(11011.11)_2$等值的十进制数。

$$(11011.11)_2=1\times2^4+1\times2^3+0\times2^2+1\times2^1+1\times2^0+1\times2^{-1}+1\times2^{-2}=(27.75)_{10}$$

2. 十进制数转换成二进制数

十进制数转换为二进制数时，需要将整数部分采用“除2取余法”转换为二进制整数，小数部分采用乘2取整法转换成二进制小数，再将两部分结果合并在一起。

例 将$(57.875)_{10}$转换为二进制数。

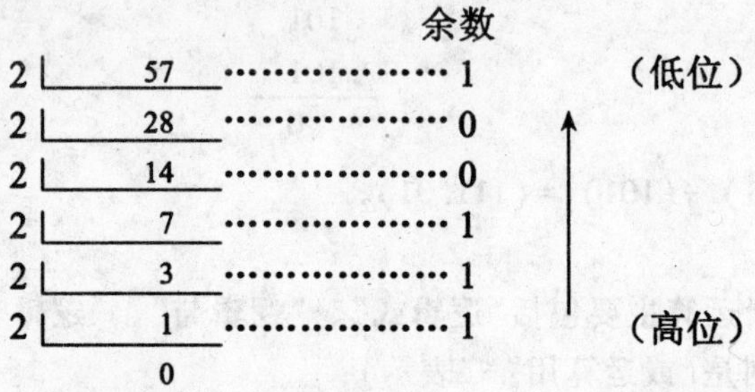

除数	被除数	余数	
2	57	1	(低位)
2	28	0	↑
2	14	0	↑
2	7	1	↑
2	3	1	↑
2	1	1	(高位)
	0		

先将十进制整数部分57转换成二进制整数：将57逐次除以2，除到商为0时为止，将每次得到的余数从下往上读取，即为对应二进制整数的高位到低位。

所以 $(57)_{10}=(111001)_2$

再将十进制小数部分0.875转换成二进制小数：将0.875逐次乘以2，将每次乘得的积的整数部分取出，小数部分继续乘以2，乘到积为0或达到所要求的精度为止，将每次得到的整数从上往下读取，即为对应二进制小数的高位到低位。

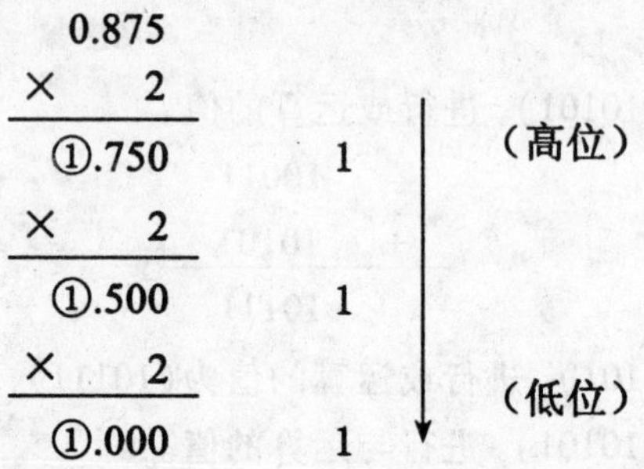

运算	整数	
0.875 × 2 = ①.750	1	(高位)
0.750 × 2 = ①.500	1	↓
0.500 × 2 = ①.000	1	(低位)

所以 $(0.875)_{10}=(0.111)_2$

最后将转换得到的二进制整数与二进制小数合并在一起得：

$$(57.875)_{10}=(111001.111)_2$$

3. 八进制数与十进制数的相互转换

八进制数转换为十进制数只需将八进制数的各位数码乘以该位的权值(基数为8)再求和即可。

十进制数转换为八进制数时，整数部分采用“除8取余法”，小数部分采用“乘8取整法”，再将两部分结果合并在一起。

4. 十六进制数与十进制数的相互转换

十六进制数转换为十进制数只需将十六进制数的各位数码乘以该位的权值(基数为

16)再求和即可。

十进制数转换为十六进制数时，整数部分采用“除 16 取余法”，小数部分采用“乘 16 取整法”，再将两部分结果合并在一起。

例　将$(314)_{10}$转换为十六进制数。

		余数		
16	314	……………… A	↑	（低位）
16	19	……………… 3		
16	1	……………… 1		（高位）
	0			

所以　$(314)_{10}=(13A)_{16}$

5. 二进制数与八进制数之间的转换

因为二进制数的基数是 2，八进制数的基数是 8，而 $2^3=8$，所以 3 位二进制数与 1 位八进制数相对应，这样，二进制数与八进制数之间的相互转换是非常方便的。

二进制数转换为八进制数的方法是：整数部分从低位到高位，每 3 位为一组，至最高位不足 3 位时，高位补 0；小数部分从高位到低位每 3 位为一组，至最低位不足 3 位时，低位补 0，然后将每组二进制数用一位等值的八进制数代替即可。

例　将$(10110.1011)_2$转换成八进制数。

$$\underline{010}\ \underline{110}.\underline{101}\ \underline{100}$$
$$2\quad 6.\ 5\quad 4$$

所以　$(10110.1011)_2=(26.54)_8$

八进制数转换为二进制数的方法是：将每一位八进制数用三位等值的二进制数代替即可。

例　将$(35.26)_8$转换成二进制数。

$$3\quad 5\ .\ 2\quad 6$$
$$\underline{011}\ \underline{101}.\underline{010}\ \underline{110}$$

所以　$(35.26)_8=(11101.01011)_2$

6. 二进制数与十六进制数之间的转换

因为二进制数的基数是 2，十六进制数的基数是 16，而 $2^4=16$。类似地，按照二进制与八进制的转换方法，以 4 位为一组，来实现二进制与十六进制数的转换。

例　将$(111010.11011)_2$转换成十六进制数。

$$\underline{0011}\ \underline{1010}.\underline{1101}\ \underline{1000}$$
$$3\quad A.\quad D\quad 8$$

所以　$(111010.11011)_2=(3A.D8)_{16}$

十六进制数转换为二进制数的方法是：将每一位十六进制数用四位等值的二进制数代替即可。

例　将$(4C.8E)_{16}$转换成二进制数。

$$4\quad C\ .\ 8\quad E$$
$$\underline{0100}\ \underline{1100}.\underline{1000}\ \underline{1110}$$

所以　$(4C.8E)_{16}=(1001100.1000111)_2$

表1.2列出了十进制数0～15与二进制数、八进制数、十六进制数之间的对应关系。

表1.2　　常用各种进制数的对应关系

十进制	二进制	八进制	十六进制	十进制	二进制	八进制	十六进制
0	0000	0	0	8	1000	10	8
1	0001	1	1	9	1001	11	9
2	0010	2	2	10	1010	12	A
3	0011	3	3	11	1011	13	B
4	0100	4	4	12	1100	14	C
5	0101	5	5	13	1101	15	D
6	0110	6	6	14	1110	16	E
7	0111	7	7	15	1111	17	F

1.3.3　二进制信息的计量单位

在计算机内部，各种信息都是以二进制编码的形式存储的。信息的计量单位常采用位、字节、字等几种。

① 位(bit，缩写为b)。表示一位二进制信息("0"或"1")，是二进制信息的最小计量单位。

② 字节(Byte，缩写为B)。一个字节由8位二进制位组成，通常用 $b_7\ b_6\ b_5\ b_4\ b_3\ b_2\ b_1\ b_0$ 来表示。其中，b_7 是最高位，b_0 是最低位。

字节是计算机信息的基本计量单位。通常一个英文字母需要用1个字节的二进制编码表示，一个汉字需要用2个字节的二进制编码表示。

③ 字(Word)。是计算机信息交换、加工、存储的基本单元，其包含的二进制位的个数称为字长。字长是计算机能并行处理的数据长度，是计算机性能的一个重要指标。不同计算机系统的字长不同，计算机发展过程中曾出现的计算机字长有8位、16位、32位、64位等。目前主流的计算机都是64位的，也就是说它一次可以处理64 bit的数据。

为了表示计算机的巨大存储容量，在实际应用中，常采用K、M、G、T来表示其计量单位：

$1\ K=2^{10}=1024$

$1\ M=2^{20}=1024\ K=1024\times1024$

$1\ G=2^{30}=1024\ M=1024\times1024\ K=1024\times1024\times1024$

$1\ T=2^{40}=1024\ G=1024\times1024\ M=1024\times1024\times1024\ K=1024\times1024\times1024\times1024$

1.3.4　数据编码

计算机不仅能处理数值型数据，还可以处理字符、文字、图形等非数值型数据，但这些数据必须按照一定的信息编码标准表示成二进制编码形式才能由计算机存储和处理，常用的信息编码标准有BCD码、ASCII码和汉字编码。

1. 十进制数的 BCD 码

将十进制数表示为二进制编码形式，称为十进制数的二进制编码，简称 BCD(Binary-Coded Decimal)码。十进制数有 0 ~ 9 十个数字，需要用四位二进制数的编码表示。BCD 码分很多种，最常用的是 8421 码，它是从 4 位二进制数组成的 16 个编码中选取前 10 个码代表 0 ~ 9。表 1.3 是十进制数 0 ~ 9 的 8421 编码表。

表 1.3　**8421 编码表**

十进制数	0	1	2	3	4	5	6	7	8	9
8421 码	0000	0001	0010	0011	0100	0101	0110	0111	1000	1001

8421 码各位的位权值分别为 2^3、2^2、2^1、2^0，即 8、4、2、1，8421 码因此得名。

例　$(2005)_{10}=(0010\ 0000\ 0000\ 0101)_{8421}$

注意　8421 码与二进制数不同，例如十进制数 2005 的 8421 码为 0010 0000 0000 0101，而其等值的二进制数是 11111010101。

2. 字符 ASCII 码

计算机在对字母、数字和其他符号进行处理时，需要将这些非数值型信息用二进制编码表示。目前存在着多种字符集和字符编码方式，使用最多的是 1963 年美国标准学会 ANSI 制定的美国标准信息交换码(American Standard Code for Information Interchange, ASCII)。

ASCII 码是用 7 位二进制数表示一个字符，7 位二进制数可表示 2^7 共 128 个字符，其中包括：数字 0 ~ 9、26 个大写英文字母、26 个小写英文字母、各种运算符(如+、-、*、/、=等)以及各种控制符。

虽然 ASCII 码是 7 位的编码，但由于字节是计算机中的基本处理单位，一般仍以一个字节(8 位)存放一个 ASCII 码，其最高位一般置 0。

ASCII 码的规律是：编码值 0 ~ 31 及 127 为控制符，控制符是不可显示和打印的。ASCII 码表中，前面 32 个字符和最后一个字符 DEL 合起来，总共有 33 个控制符。常用的控制符有换行符 LF 和回车符 CR 等。除控制符外，其余均为可印刷字符。由于 ASCII 码中的英文字母及数字都是按顺序排列的，只要记住字母“A”、“a”及数字“0”的 ASCII 码，就能推出所有英文大小写字母和数字的 ASCII 码值。

为了书写方便，常把 ASCII 码写成两位十六进制数。例如，S 的 ASCII 码值是 01010011，也可以写成 53H。ASCII 码表如表 1.4 所示。

3. 汉字编码

对于英文，大小写字母总计只有 52 个，加上数字、标点符号和其他常用符号，128 个编码基本够用，所以 ASCII 码基本上满足了英语信息处理的需要。我国使用的汉字不是拼音文字，而是象形文字。与西文字符相比，汉字的数量巨大，总数超过 6 万字，常用的汉字也有 6 000 多个，因此使用 7 位二进制编码是不够的，必须使用更多的二进制位。

1981 年我国国家标准局颁布的《信息交换用汉字编码字符集 · 基本集》，收录了 6 763

个汉字和 619 个图形符号。在 GB2312-80 中，根据汉字使用频率分为两级，第一级有 3 755 个，按汉语拼音字母的顺序排列，第二级有 3 008 个，按部首排列。在 GB2312-80 中规定用 2 个连续字节，即 16 位二进制代码表示一个汉字。由于每个字节的高位规定为 1，这样就可以表示 128 × 128 = 16 384 个汉字。

表 1.4 **ASCII 码表**

低4位 \ 高4位	0000	0001	0010	0011	0100	0101	0110	0111
0000	NUL	DLE	SP	0	@	P	`	p
0001	SOH	DC1	!	1	A	Q	a	q
0010	STX	DC2	“	2	B	R	b	r
0011	ETX	DC3	#	3	C	S	c	s
0100	EOT	DC4	$	4	D	T	d	t
0101	ENQ	NAK	%	5	E	U	e	u
0110	ACK	SYN	&	6	F	V	f	v
0111	BEL	ETB	‘	7	G	W	g	w
1000	BS	CAN	(	8	H	X	h	x
1001	HT	EM	)	9	I	Y	i	y
1010	LF	SUB	*	:	J	Z	j	z
1011	VT	ESC	+	;	K	[	k	{
1100	FF	FS	,	<	L	\	l	|
1101	CR	GS	–	=	M	]	m	}
1110	SO	RS	.	>	N	^	n	~
1111	SI	US	/	?	O	_	o	DEL

英文是拼音文字，基本符号比较少，编码比较容易，而且在计算机系统中，输入、内部处理、存储和输出都可以使用同一代码。汉字种类繁多，编码比西文要困难得多，而且在一个汉字处理系统中，输入、内部处理、输出对汉字代码要求不尽相同，所以用的代码也不尽相同。汉字信息处理系统在处理汉字和词语时，要进行一系列的汉字编码转换。下面介绍主要的汉字编码。

(1)输入码(外码)

由于汉字的输入需要依靠键盘来完成，而标准的键盘不具备直接输入汉字的功能，为此，必须对汉字进行编码，即利用几个英文字母或数字的组合来表示一个汉字，这样的汉字编码称为汉字输入码。

目前，已有的汉字输入法有几百种，常用的有拼音输入法和五笔字型输入法等。五笔字型码是以字形为输入依据，将汉字分为 5 种字根，记忆熟练后输入汉字的速度较快。拼音输入码是以字音为输入依据，输入汉语拼音，目前主流的拼音输入法还增加了自动组词和词组记忆的功能，大大提高了拼音输入的效率。

每一种输入法对同一汉字的编码各不相同，但输入计算机后经过转换，都变成统一的机内码，即内码。

(2)机内码(内码)

汉字机内码是计算机系统内部存储、处理和传输汉字所使用的代码。一般用两个字节来存放汉字的内码，两个字节共有 16 位，可以表示 65 536 个可区别的码，如果两个字节各用 7 位，则可表示 16 384 个可区别的码，这已经够用了。另外，汉字字符必须和英文字符能相互区别开，以免造成混淆。英文字符的机内代码是 7 位 ASCII 码，最高位为“0”，汉字机内代码中两个字节的最高位均为“1”。将汉字国标码前后两个字节的最高位置 1，即为该汉字的机内码。例如“啊”字的国标码为 $(3021)_{16}$，对应的二进制数为 00110000 00100001，将前后两个字节的最高位置 1 得 1011000010100001，即十六进制数 $(B0A1)_{16}$ 是它的机内码。

(3)字形码(输出码)

字形码是汉字笔画构成的图形编码，是为实现汉字输出而制定的。每一个汉字的字形都必须预先存放在计算机内，一套汉字(如 GB2312 国标汉字字符集)的所有字符的形状描述信息集合在一起称为字形信息库，简称字库。不同的字体，如宋体、仿宋体、楷体、黑体等对应不同的字库。

目前普遍使用的汉字字形码是用点阵方式表示的，常用的汉字点阵字形有 16×16 点阵、24×24 点阵、32×32 点阵和 48×48 点阵等。汉字字形点阵中，每个点的信息用 1 位二进制数表示，“1”表示对应位置处是黑点，“0”表示对应位置处是空白。图 1.24 所示为汉字“大”的 16×16 点阵字形及编码。

	0	1	2	3	4	5	6	7	8	9	10	11	12	13	14	15	十六进制数			
0							●	●									0	3	0	0
1							●	●									0	3	0	0
2							●	●									0	3	0	0
3							●	●						●			0	3	0	4
4	●	●	●	●	●	●	●	●	●	●	●	●	●	●	●	●	F	F	F	F
5							●	●									0	3	0	0
6							●	●									0	3	0	0
7							●	●									0	3	0	0
8							●	●									0	3	0	0
9							●	●	●								0	3	8	0
10						●	●			●							0	6	4	0
11					●	●					●						0	C	2	0
12				●	●						●	●					1	8	3	0
13				●								●	●				1	0	1	8
14			●										●	●	●		2	0	0	E
15	●	●												●			C	0	0	4

图 1.24　“大”字的 16×16 点阵字形及编码

一个汉字16×16点阵字形码需要占用2字节×16=32字节的内存容量，24×24点阵字形码需要占用72字节的内存容量，32×32点阵字形码需要占用128字节的内存容量，48×48点阵字形码需要占用288字节的内存容量。点阵越大，输出的字形越美观。

注意 一个完整的汉字信息处理都离不开从输入码到机内码，由机内码到字形码的转换。虽然汉字输入码、机内码、字形码目前并不统一，但是只要在信息交换时，使用统一的国家标准，就可以达到信息交换的目的。

4. 图形、图像、声音编码

对于文字可以使用二进制代码编码，对于图形、图像和声音也可以使用二进制代码编码。例如，一幅图像是由像素阵列构成的，每个像素点的颜色值可以用二进制代码表示：二进制的1位可以表示黑白二色，2位可以表示4种颜色，24位可以表示真色彩(即$2^{24}\approx$1600万种颜色)。声音信号是一种连续变化的波形，可以将它分割成离散的数字信号，将其幅值划分为$2^8=256$个等级值或$2^{16}=65536$个等级值加以表示。

通过上述方式得到的编码是非常大的。例如，一幅具有中等分辨率(640×480)的彩色(24 bit/像素)数字视频图像的数据量约为737万bit/帧，一个1亿Byte的硬盘只能存放约100帧静止图像画面。如果是运动图像，以每秒30帧或25帧的速度播放，如果存放在6亿Byte光盘中，只能播放20秒。对于音频信号，采样频率44.1 kHz，每个采样点量化为16 bit，二通道立体声，1亿Byte的硬盘也只能存储10分钟的录音。因此，图像和声音编码总是同数据压缩技术密切联系在一起的。目前公认的压缩编码的国际标准有JPEG，MPEG，CCITTH.261等。

1.3.5 数的机器码表示

前面介绍了数的进位计数值表示，下面还需要解决数的机器码表示。

在计算机中对数据进行运算操作时，符号位如何表示呢？是否也同数值位一道参加运算操作呢？如参加，会给运算操作带来什么影响呢？为了妥善处理好这些问题，就产生了把符号位和数值位一起编码来表示相应的数的各种表示方法，如原码、补码、反码等。为了区别一般书写表示的数和机器中这些编码表示的数，通常将前者称为真值，后者称为机器数或机器码。

1. 真值与机器数

前面我们都没有涉及数的符号，可以认为是正数。但在算术运算中总会出现负数，通常我们都是在数值(绝对值)左边加上“+”(正号，可省略)或“-”(负号)。

以定点纯小数为例，如：

二进制正数0.10011可写为+0.10011或0.10011

二进制负数0.10011可写为-0.10011

这种直接用正号“+”和负号“-”表示的二进制数，称为“带符号数的真值”，简称“真值”。那么计算机中是如何表示数的真值的呢？

在计算机中，数字是存放在由存储元件构成的寄存器和存储器中的，二进制的数字符号1和0用两种不同稳定状态(如高、低电平)来表示，数的符号“+”或“-”也是用这两种状态来区别的。比如，正数的符号用“0”表示，负数的符号用“1”表示。

例如：二进制正数+0.10011 在机器中的表示如下：

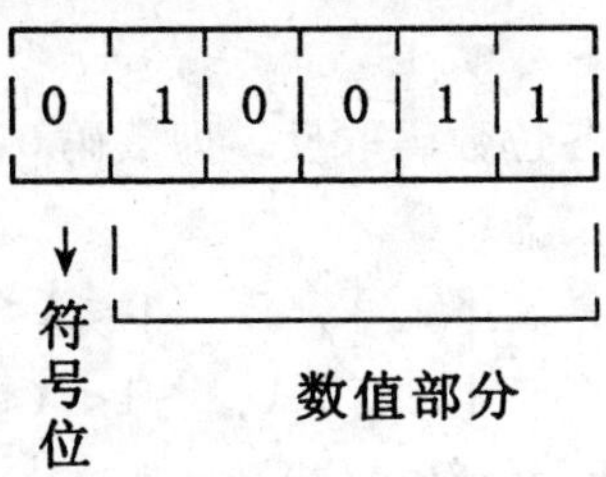

二进制负数-0.10011 在机器中的表示如下：

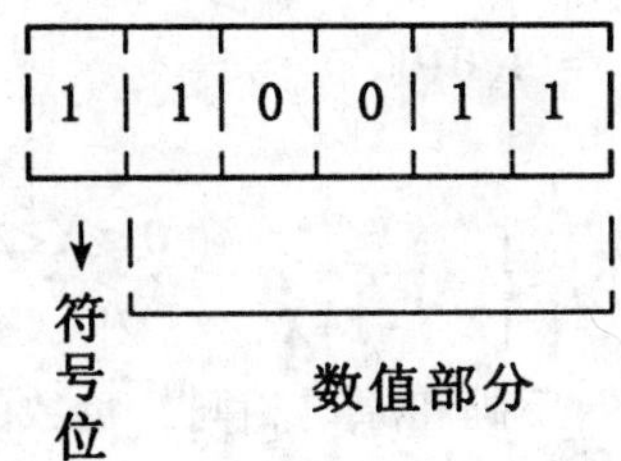

这样就使数的符号也“数码化”了。我们将符号数码化的数称为机器数。

在计算机中，机器数的表示常见的有三种，即：原码、补码、反码。

2. 原码(True Form)

原码就是将这个数用二进制定点数来表示，其符号在最高位，最高位为“1”表示负数，最高位为“0”表示正数。

定点纯小数点原码定义如下：

$$[X]_{原}=\begin{cases}X, & 0\leqslant X<1\\ 1-X, & -1<X\leqslant 0\end{cases}$$

例如：$X=+0.10011$，$[X]_{原}=010011$

$X=-0.10011$，$[X]_{原}=110011$

由原码定义可知：

① 当 X 为正数时，$[X]_{原}$就是 X 本身。

② 当 X 为负数时，$[X]_{原}$与 X 的区别仅在数值部分左边加上符号位“1”。

③ 在原码中，0 有两种形式：$[+0]_{原}=0.00\cdots0$；$[-0]_{原}=1.00\cdots0$。

对于二进制整数，它的原码表示与二进制小数的原码表示类似。

二进制整数 N 的原码一般表示形式为：

$$[N]_{原}=\begin{cases}N, & 0\leqslant N<2^n\\ 2^n-N, & -2^n<N\leqslant 0\end{cases}$$

其中：n 表示正数 N 的位数(包括一位符号位)。

例如：若 $N=+10011$，则$[N]_{原}=010011$

若 $N=-10011$，则$[N]_{原}=110011$

又例如：$[-1]_{原}=10000001$，$[-127]_{原}=11111111$

用二进制原码表示的数中，所用的二进制位数越多，所能表示的数的范围就越大。例如，8 位二进制原码表示的范围是 $-127\sim+127$；16 位二进制原码表示的范围是-32767～32767。

3. 反码(One's Complement)

所谓反码，就是二进制数的各位数码取反，即数码0变为1，1变为0。

对定点小数，反码表示的定义为：

$$[X]_{反}=\begin{cases}X, & 0\leqslant X<1\\2-2^{-n}+X, & -1<X\leqslant 0\end{cases}$$

其中：n 表示正数 X 的位数(包括一位符号位)。

例如：$X=+0.1011$　　$[X]_{反}=0.1011$

　　　$X=-0.1011$　　$[X]_{反}=1.0100$

整数反码的定义为：

$$[X]_{反}=\begin{cases}X, & 0\leqslant X<2^{n}\\2^{n+1}-1+X, & -2^{n}<X\leqslant 0\end{cases}$$

反码的表示方法规定：正数的反码和原码相同，负数的反码就是将其对应的正数的原码按位取反。例如：

$[+1]_{反}=00000001$　　$[+127]_{反}=01111111$

$[-1]_{反}=11111110$　　$[-127]_{反}=10000000$

4. 补码(Two's Complement)

小数补码的定义为：

$$[X]_{补}=\begin{cases}X, & 0\leqslant X<1\\2+X, & -1\leqslant X<0\end{cases}$$

例如：$X=+0.1011$，$[X]_{补}=0.1011$

　　　$X=-0.1011$，$[X]_{补}=1.0101$

整数补码的定义为：

$$[X]_{补}=\begin{cases}X, & 0\leqslant X<2^{n}\\2^{n+1}+X, & -2^{n}\leqslant X<0\end{cases}$$

由补码定义我们可知道：

对于正数：正数的补码和原码相同。

对于负数：负数的补码则是符号位为“1”，数值部分按位取反后再在末位(最低位)加1。也就是“反码+1”。

例如：符号位　数值位

$[+7]_{补}=$ 0　　0000111 B

$[-7]_{补}=$ 1　　1111001 B

补码在微型机中是一种重要的编码形式，请注意：

① 采用补码后，可以方便地将减法运算转化成加法运算，运算过程得到简化。正数的补码即是它所表示的数的真值，而负数的补码的数值部分却不是它所表示的数的真值。采用补码进行运算，所得结果仍为补码。

② 与原码、反码不同，数值0的补码只有一个，即 $[0]_{补}=00000000$B。

③ 若字长为8位，则补码所表示的范围为-128～+127；进行补码运算时，应注意所

得结果不应超过补码所能表示的数的范围。

1.4　多媒体计算机

自然界的实物是丰富多彩、变化多样的。为了充分发挥计算机的强大功能，多媒体技术应运而生。多媒体技术使计算机将文字、音频、图形、动画和视频图像等多种技术集于一身，并采用了图形界面、窗口操作、触摸屏等技术，使计算机兼具了电视机、录像机、录音机和游戏机的功能。多媒体技术的出现，极大地改善了人机界面，也改变了计算机的使用方式，给人类的工作、生活和娱乐带来了深刻的变化。

1.4.1　多媒体计算机概述

1. 多媒体技术的概念

媒体(Media)就是人与人之间实现信息交流的中介，简单地说，就是信息的载体，也称为媒介。多媒体就是多重媒体的意思，可以理解为直接作用于人感官的文字、图形图像、动画、声音和视频等各种媒体的统称，即多种信息载体的表现形式和传递方式。

计算机的多媒体技术是指计算机综合处理多种媒体信息，构造一个具有集成性和交互性系统的技术。多媒体技术的主要特性如下。

① 多样性，一方面体现在信息采集、生成、传输、存储、处理和显现的方式多样，另一方面也指所处理的信息从最初的数值、文字、图形扩展到音频、视频等多样的形式。

② 集成性，是指对文字、图形、图像、声音、视频、动画等信息进行综合处理，达到各种媒体的协调一致。

③ 交互性，是指计算机提供给用户多种交互控制能力，使人机之间交流的方式更加智能和方便，使计算机更好、更快地响应人们的需求。

④ 实时性，多媒体信息中的声音和视频在网络中传输的时候，对实时性的要求很高。如流媒体技术，它是指网络间的视频、音频和相关媒体数据流从数据源同时向目的地传输，具有时序性和实时性的特点。

⑤ 数字化，是指各种媒体信息在计算机中都是以数字形式(即“0”和“1”)进行存储和处理的。

传统计算机的主要功能是进行科学计算，因此主要处理数据、文字和图形，输入和输出的信息以文本形式为主，用户与计算机的对话主要通过计算机指令。而多媒体计算机所完成的任务远远超出了科学计算的范畴，可以满足用户听音乐、点播电影、玩网络游戏、视频聊天、远程教育、军事指挥等需求。

多媒体信息是多种类型信息的集成，它不仅有极大的数据量，而且要求媒体间的高度协调(例如视频中的声音和图像同步)。因此，对多媒体信息的输入输出、压缩存储、在网络上的传输、多媒体数据库的管理等都成为多媒体技术的一部分。

2. 多媒体的组成

多媒体中的媒体包括：文字、声音、图形、图像、视频、动画、超文本和超媒体等。

(1)文字

文字是组成计算机文本文件的基本元素。文本文件通常是以.TXT扩展名结尾的文件，而.DOC是加入了排版命令的文本文件。

在中国，计算机中的字符主要分为英文字符和汉字字符两类，分别用两种不同的编码方式实现字符在计算机内的存储和交换。英文字符一般采用ASCII码编码，汉字字符则采用汉字编码，具体的编码方式在前面已有介绍。

(2)声音

生活中的声音是一种通过空气传播的连续的波，而计算机中表示的声音则是将声波进行采样和量化之后得到的数字化的声音。不同的声音频带使用的采样频率(多媒体技术中常用的标准采样频率为44.1 kHz)、样本精度(每个声音样本的位数，常用是16位，质量高的有24位的)和通道数(单通道、双通道、环绕立体声)不同，而且数字化后的数据量也不同。为了方便声音文件的存储和传输，声音数据必须事先压缩，到播放的时候再进行解压。计算机系统中常用的声音文件格式有WAV、MP3、MID等。

(3)图形

图形是用几何的点、线、面、体所构成的图，它是一种抽象化的图像，比如机械构造图和建筑结构图。由于图形中的线条比较容易用数学方法来描述，例如线条起点和终点可以用坐标来描述，圆和弧可以用圆心坐标和半径来描述，因此计算机中的图形大多采用"矢量法"。AutoCAD是目前比较流行的一种图形设计软件，它使用的DXF图形文件就是典型的矢量化图形文件。

(4)图像

图像是指模拟、记录、再现自然景物的图片，比如照片。由于图像不是由有规律的线条组成，因此不容易用矢量法表示，而使用位图法表示。位图图像是由许许多多像素(点)组成的。如果图像中包含像素的数目(即图像的分辨率)越多，图像的色彩越丰富，那么图像也就越逼真，该图像文件占据的存储空间也越大，计算机处理它耗费的时间也越多。

"矢量法"表示的图像，放大、缩小和旋转效果没有影响；而"位图法"表示的图像，放大或缩小时会失真。但与矢量法相比，位图法可以做出色彩更丰富、更逼真的图像。

目前计算机系统中常用的图像文件格式有BMP、JPG、GIF、TIF等。

(5)视频

视频由一系列快速连续显示的图像组成。视频中的每一帧就是一幅图像，当图像连续播放的速度在20 fps之上时，人的眼睛就察觉不出画面之间的不连续。目前电影的帧速度大概是24 fps。计算机系统中常用的视频文件格式有AVI和MPG。

(6)动画

动画产生的原理和视频类似，也是由一系列连续显示的图像所组成的。不同的是，动画中的每一帧图像是借助计算机生成的，而视频中的图像是真实生活画面的捕获。

(7)超文本和超媒体

超文本实际上是一种描述信息的方式。某些特定的文本可以扩展到其他的文件，相当于一个指针，指引用户找到与之相关的文件信息。这种方式使得很多相关的信息链接在一个系统中，而用户则更容易找到自己所需要的信息。

超媒体与之类似，它是通过某些特定的图形、图像、声音、动画、视频等非文本形式，建立相关信息的链接。超文本和超媒体的配合，将同一系统中的资源通过错综复杂的关系联系起来，方便了用户的查找和使用。互联网中的 HTML 文件格式就是一种典型的超媒体文件格式。

1.4.2　多媒体计算机系统

一般来说，能够对多媒体信息进行获取、编辑、存储、检索、传输等操作的计算机就可以称为多媒体计算机(MPC)。我们平时使用的微型计算机一般都属于多媒体计算机。

一台完整的多媒体计算机需要硬件和软件的支持。

1. 多媒体计算机的硬件

一般来说，多媒体个人计算机(MPC)的基本硬件要求有：一个功能强大、速度快的中央处理器(CPU)；可管理、控制各种接口与设备的配置；具有一定容量(尽可能大)的存储空间；高分辨率显示接口与设备；可处理声音的接口与设备；可处理图像的接口与设备；可存放大量数据的配置等。

这样的配置是最基本的 MPC 的硬件基础，它们构成 MPC 的主机。除此以外，MPC 能扩充的配置还可能包括以下几个方面：

① 光盘驱动器：包括 CD-ROM 驱动器和 DVD-ROM 驱动器。其中，CD-ROM 驱动器为 MPC 带来了价格便宜的 650 M 存储设备，DVD 的存储量更大，双面可达 17 GB，已成为 MPC 的标配。

② 音频卡：又称声卡、声卡适配器。在音频卡上连接的音频输入输出设备包括话筒、音频播放设备、MIDI 合成器、耳机、扬声器等。数字音频处理的支持是多媒体计算机的重要方面，音频卡具有 A/D 和 D/A 音频信号的转换功能，可以合成音乐、混合多种声源，还可以外接 MIDI 电子音乐设备。

③ 图形加速卡：图文并茂的多媒体表现需要分辨率高而且同屏显示色彩丰富的显示卡的支持，同时还要求具有 Windows 的显示驱动程序，并在 Windows 下的像素运算速度要快。所以，现在带有图形用户接口 GUI 加速器的局部总线显示适配器使得 Windows 的显示速度大大加快。

④ 视频卡：可细分为视频捕捉卡、视频处理卡、视频播放卡以及 TV 编码器等专用卡，其功能是连接摄像机、VCR 影碟机、TV 等设备，以便获取、处理和表现各种动画和数字化视频。

⑤ 扫描卡：是用来连接各种图形扫描仪的，是常用的静态照片、文字、工程图输入设备。

⑥ 交互控制接口：是用来连接触摸屏、鼠标、光笔等人机交互设备的，这些设备将大大方便用户对 MPC 的使用。

⑦ 网络接口：是实现多媒体通信的重要 MPC 扩充部件。计算机和通信技术相结合的时代已经来临，这就需要专门的多媒体外部设备将数据量庞大的多媒体信息传送出去或接收进来。通过网络接口相接的设备包括视频电话机、传真机、LAN 和 ISDN 等。

多媒体计算机还需要配备特定的输入输出设备。输入设备包括摄像机、摄像头、相机、录音机、扫描仪、话筒等；输出设备包括显示器、电视机、投影仪、音箱等。此外，人机交互设备也已从“键盘+鼠标”的模式扩展到触摸屏、手写笔等多种形式。

2. 多媒体计算机的软件

普通的个人计算机要成为多媒体个人计算机，除了要配备多媒体硬件外，还需要装配各种多媒体软件。多媒体软件不仅种类繁多，而且几乎综合了利用计算机处理各种媒体数据的最新技术，如数据压缩、视频数据编辑、声音数据加工等，并能灵活地综合处理多媒体数据，使各种媒体协调一致地工作。实际上，多媒体软件是多媒体技术的灵魂，今天，计算机软件的发展速度远高于计算机硬件的发展速度，并且有软件功能部分地取代硬件功能的趋势。

按功能来分，可将多媒体软件分为多媒体驱动程序、多媒体操作系统、多媒体开发工具、多媒体应用软件四类。

(1)多媒体驱动程序

计算机光有硬件设备还不行，没有对应驱动软件它仍然不能使用。多媒体驱动程序是多媒体计算机软件中直接和硬件打交道的软件，它完成设备的初始化，完成各种设备操作以及设备的关闭等。安装新硬件时，计算机会自动搜索相应的驱动软件进行安装，或者用驱动软盘或光盘安装相应驱动程序。目前流行的很多操作系统自带了大量常用的硬件驱动程序，使用自带的驱动即可完成硬件安装。

(2)多媒体操作系统

操作系统是计算机的核心，负责控制和管理计算机的所有软硬件资源。多媒体操作系统也就是具有多媒体功能的操作系统，它具有综合使用各种媒体的能力，能灵活地调度多种媒体数据并能进行相应的传输和处理，使各种媒体硬件协调地工作。例如，Windows 操作系统中提供了最基本的多媒体功能，包括媒体控制接口、与多媒体服务相关的底层 API 支持、为多媒体应用程序设计的设备驱动程序、设置显示模式和色彩深度、设置屏幕保护程序、为系统的某些事件指定声音效果、录音机、CD 唱机，等等。

(3)多媒体开发工具

多媒体开发工具主要包括：

① 多媒体数据处理软件。是专业人员在多媒体操作系统之上开发的帮助用户编辑和处理多种媒体数据的工具，如声音录制、编辑软件，图形、图像处理软件，动画生成、编辑软件等，是多媒体软件技术中发展速度快、应用前景广阔、有相当技术含量的部分。常见的音频处理软件有 GoldWave、SoundEdit 等，图形、图像处理软件有 Photoshop、CorelDraw 等，动画编辑软件有 Flash、3D MAX 等。

② 多媒体创作工具。是专业人员在多媒体操作系统之上开发的帮助用户制作多媒体应用软件的工具，如 Authorware、Frontpage、PowerPoint、Windows Movie Maker、Adobe Premiere 等，它们能够对文字、声音、图像、动画、视频等多种媒体进行控制和管理，并按要求编辑合成为完整的多媒体应用软件。

③ 多媒体数据库。传统的数据库管理系统在处理除文字以外的多媒体数据和非结构化数据方面力不从心，在这种情况下，对多媒体数据库的研究成为当今一个热点。目前新

推出的数据库都支持多媒体信息，现在流行的数据库也相继推出了多媒体升级版。多媒体数据库的基本要求是管理图形图像、声音等多媒体信息，具有分布式特性并提供多媒体数据管理的工具。

④ 高级程序设计语言。它通过一组叫做“控件”的程序模块完成多媒体素材的连接、调用和交互性程序的制作，如 VB、VC、JAVA 等。使用高级程序设计语言开发多媒体产品，主要工作量是编制程序，程序使多媒体产品具有明显的灵活性。

(4)多媒体应用软件

多媒体应用软件是由专业人员利用多媒体开发工具或计算机语言，组织编排大量的多媒体数据而构成的最终多媒体产品，是直接面向用户的。多媒体应用软件所涉及的应用领域包括制造生产、教育培训、医疗卫生、广告影视等社会生活中的各个方面。常见的多媒体应用软件有多媒体课件、多媒体导游系统、电子图书等。

练 习 题

一、选择题

1. 计算机历史上 4 个发展阶段划分的依据是________。

A. 计算机的系统软件　　B. 计算机的处理速度

C. 计算机的主要元器件　　D. 计算机的应用领域

2. 计算机中 CPU 是________。(多选)

A. 存储基本程序的部件　　B. 中央处理单元的简称

C. 运算器和控制器的总称　　D. 进行运算和控制的器件

3. 存储器的容量为 1 KB 是表示________。

A. 1 000×1 024 字节　　B. 1 000 字节

C. 1 024 字节　　D. 1 000×1 000 字节

4. 计算机应用中通常所讲的 CAD 代表________。

A. 科学计算　　B. 计算机辅助设计

C. 计算机辅助制造　　D. 办公自动化

5. 虽然汉字输入码方式很多，但最终都需转换成机器能识别和处理的________。

A. 机内码　　B. 国标码

C. 区位码　　D. ASCII 码

6. 管理信息系统用________表示。

A. MISS　　B. MIS

C. MIPS　　D. IBM

7. 计算机中能直接与 CPU 交换数据的存储器为________。

A. 随机存储器和外存储器　　B. 高速缓冲存储器和主存储器

C. RAM、ROM 和 I/O 设备　　D. 主存储器和辅助存储器

8. 计算机中的高级语言一般都要翻译成________才可由计算机执行。

A. 汇编语言　　B. 操作系统

C. 低级语言(如机器语言)　　D. 应用软件

9. ________不是系统软件。

A. 语言处理程序　　B. 文字编辑和工资管理程序

C. 数据库管理系统　　D. 操作系统

10. 用计算机进行________，是实现工业生产过程自动化的主要手段。

A. 辅助设计　　B. 实时控制

C. 科学计算　　D. 数据处理

11. ________属于应用软件。

A. 工资管理软件和科学计算软件

B. 操作系统和编译程序

C. 支持其他软件开发和维护的支撑软件

D. 解释程序和数据管理系统

12. 存储容量有限、速度相对较快的存储器为________。

A. 内存储器　　B. 外存储器

C. 光盘　　D. 磁盘

13. 一台计算机硬件由________构成。

A. CPU、存储器、输入设备、输出设备

B. 运算器、控制器、输入设备、输出设备

C. 中央处理单元、操作系统、磁盘驱动器

D. CPU、寄存器、RAM、ROM

14. 计算机在财务管理、情报检索、库存管理等方面主要用于进行________。

A. 数据处理　　B. 科学计算

C. 过程控制　　D. 辅助设计

15. 通常计算机的主存储器是由________构成的。

A. RAM 与磁盘　　B. RAM 与 ROM

C. RAM、ROM 和光盘　　D. ROM 与 CD-ROM

16. 应用软件和系统软件的相互关系是________。

A. 每一类都以另一方为基础　　B. 前者以后者为基础

C. 每一类都不以另一方为基础　　D. 后者以前者为基础

17.《国家标准信息交换用汉字编码基本字符集》(GB2312-80)收录的二级汉字有________个。

A. 2 805　　B. 3 008

C. 1 280　　D. 9 000

18. ________是输出设备。

A. 键盘、鼠标器　　B. 打印机、鼠标器、显示器

C. 打印机、显示器、绘图仪　　D. 键盘、打印机、磁盘

19. 微处理器是指用大规模集成电路组成的________。

A. CPU　　B. ROM

C. I/O 接口　　D. RAM

20. 目前常用的汉字操作系统所使用的汉字机内码，每个汉字占用________个字节。

A. 2　　B. 3

C. 1　　D. 4

21. 计算机中使用的字符和汉字等信息都是按特定的规则用若干________编码的组合来表示的。

A. 二进制　　B. 十六进制

C. 十进制　　D. 八进制

22. 计算机中运算器的主要功能是________。

A. 进行逻辑运算　　B. 进行数据传送

C. 进行算术和逻辑运算　　D. 进行算术运算

23. 编译软件是________。

A. 将高级语言编写的源程序翻译成机器语言的软件

B. 用于各种领域的应用程序

C. 用高级语言编写的程序

D. 用指令编写的机器语言

24. 目前，微型计算机主存储器中信息的基本编址单位通常为________。

A. 二进制码　　B. 字位或 bit

C. 字节或 Byte　　D. ASCII 码

25. 下面软件中，属于辅助设计的软件是________。

A. AutoCAD　　B. FoxBASE

C. WPS　　D. MSWord

26. 下面________这一组设备包括：输入设备、输出设备和存储设备。

A. CPU、SRT、ROM　　B. 键盘、绘图仪、扫描仪

C. 光盘机、鼠标器、键盘　　D. 鼠标器、打印机、CD-ROM 驱动器

27. 多媒体计算机中，各种媒体信息是采用________来表示的。

A. 二进制编码　　B. 电流信号

C. 磁性材料　　D. 电压信号

28. 计算机系统中的软件是指________。

A. 源程序和目标程序的集合　　B. 程序、数据及其有关文档资料

C. 程序和指令的集合　　D. 高级语言和低级语言编写的程序和命令

29. 计算机的主要应用之一________被广泛应用于工资管理、人事管理和库存管理等领域。

A. 生产管理　　B. 过程控制

C. 辅助设计　　D. 数据处理

30. 用计算机进行________，主要工作是文书编辑、报表制作填写、单位内部和外部的通信联系等。

A. 数据通信　　B. 辅助设计

C. 过程控制　　　　D. 办公自动化

31. 软件一般分为________。

A. 系统软件和辅助设计　　　　B. 管理信息系统与应用程序

C. 系统软件和应用软件　　　　D. 操作系统与程序设计语言

32. 微型计算机中存储器的容量一般以________为基本单位。

A. 字节　　　　B. 总线

C. 字　　　　D. 地址

二、问答题

1. 简述计算机的发展历程，并说出每一代计算机有什么样的特点。

2. 计算机由哪几个部分组成？简述各个部分的功能。

3. 什么是数据？计算机中的数据是如何表示的？为什么计算机中的数据要用二进制形式存储？

4. 一个完整的计算机系统由哪两部分组成？

5. 简述计算机存储器的分类及其各自的特点。

6. 计算机输入设备的作用是什么？计算机常用输入设备有哪些？计算机输出设备的作用是什么？计算机常用输出设备有哪些？

7. 什么是操作系统？它有哪些主要功能？

三、计算题

1. 将下列十进制数转换为二进制数：6，12，286，1024，0.25，7.125，2.625。

2. 将下列二进制数转换为十进制数：1010，110111，10011101，0.101，0.0101，0.1101，10.01，1010.001。

3. 将下列二进制数分别转换为八进制数和十六进制数：10011011.0011011，1010101010.0011001。

4. 将下列八进制数或十六进制数转换为二进制数：$(75.612)_8$，$(64A.C3F)_{16}$。

第 2 章　Windows XP 操作基础

【学习目标】

操作系统(Operating System，OS)是计算机的重要组成部分，是整个计算机系统的灵魂。操作系统作为计算机的核心管理软件，用于控制和维护计算机的软件和硬件资源，是各种应用软件赖以运行的基础，同时也是计算机与用户交流的平台。Windows 是目前应用最为广泛的操作系统，通过本章学习应掌握：

① Windows 系统的基本功能和常用操作方法；

② 文件管理的基本方法；

③ 使用控制面板进行系统设置的方法。

2.1　Windows XP 基础知识与基本操作

微软公司开发的 Windows 是目前世界上用户最多，且兼容性最强的操作系统。最早的 Windows 操作系统从 1985 年就推出了，随着电脑硬件和软件系统的不断升级，微软的 windows 操作系统也在不断升级，从 16 位、32 位到 64 位操作系统。从最初的 windows 1.0 到大家熟知的 windows95、NT、97、98、2000、Me、XP、Server、Vista、Windows 7、Windows 8 各种版本的持续更新。

Windows XP 操作系统是微软公司在 Windows 2000 操作系统的基础上开发的、基于图形界面的多任务操作系统，它继承了 Windows 前期版本的所有优秀性能，同时也增加了很多显著特色。操作界面更加美观；系统稳定性有了大幅提高，在硬件驱动上建立了 Windows XP 操作系统规范，避免了以前版本中常因硬件不兼容而造成的系统崩溃；增强了网络功能，除了提供丰富的网络应用组件外，还特别为网络安全设置了防火墙；多媒体功能上，支持更多媒体格式，并提供了强大的媒体播放、制作工具。此外，还为熟悉传统 Windows 版本的用户提供了经典界面，以方便老用户的使用。

2.1.1　Windows XP 的安装

1. 运行环境

根据 Microsoft 提供的说明，安装 Windows XP 的最低配置是：

CPU：Pentium/Celeron 或 AMD K6/Athlon/Duron 233 MHz

内存：64 MB

硬盘：1.5 GB 可用空间

显示器：Super VGA(800×600)

其他：鼠标、键盘、CR-ROM 或 DVD-ROM 驱动器

上述硬件要求只是微软列出的保守值，实际上在安装过程中，1.5 GB 的硬盘空间肯定不够用，因此一般推荐配置为：

CPU 主频最少 1 GHz 以上，内存 256 MB 以上，硬盘 10 G 以上可用空间。

2. 安装

Windows XP 系统的安装文件很大，保存在一张光盘上，安装所需时间随机器的配置不同而有差异，一般需要 30 分钟以上，安装过程基本是自动的，只有少数几步需要用户按提示进行操作。

安装前，在 BIOS 中将启动顺序设置为 CD-ROM 优先，然后用 Windows XP 安装光盘进行启动，出现"欢迎使用安装程序"的界面，根据提示按"Enter"键开始安装，经过同意许可协议、对硬盘分区、选定安装分区等几步后，进入安装进程。

系统安装完成后，会自动重新启动。第一次运行时，系统还会要求设置 Internet 和用户，并进行软件激活，同时建立用户账户。之后，就可以正常使用系统了。

2.1.2 Windows XP 的启动和退出

1. 启动 Windows XP

Windows XP 安装成功后，其启动十分简单、方便。如果没有设置多用户，开机后不加任何干预便可直接进入 Windows XP。如图 2.1 所示。

2. 退出 Windows XP

Windows XP 为了有效地保护系统和用户的数据，提供了一种安全的关机退出模式。当用户完成工作后，按以下步骤关机(退出)：

① 关闭正在运行的所有应用程序窗口；

② 单击 Windows XP 操作系统界面(见图 2.1)中左下角的"开始"按钮，选择"关闭计算机"选项，出现如图 2.2 所示的"关闭计算机"对话框；

图 2.1 Windows XP 操作系统界面

图 2.2 "关闭计算机"对话框

③ 鼠标单击"关闭"按钮后，经过短暂的时间，系统会自动安全地关闭电源。

2.1.3　鼠标的基本操作

鼠标是人们用来操作计算机最常用的工具，熟练掌握鼠标的各项操作对于使用 Windows XP 操作系统至关重要。在市面上可以看到各种各样的鼠标，但它们的构造大同小异，主要由一个左键、一个右键和一个滚轮构成。

鼠标的常用操作有下面几种：

① 移动。握住鼠标在鼠标垫板上移动时，计算机屏幕上的鼠标指针就随之移动。在通常情况下，鼠标指针的形状是一个小箭头。

② 指向。移动鼠标，让鼠标指针停留在某个对象上，如指向“开始”按钮。

③ 单击。用鼠标指向某个对象，再将左键按下、松开。单击一般用于完成选中某选项、命令或图标。

④ 右击。将鼠标右键按下、松开。右击通常用于完成一些快捷操作。一般情况下右击都会打开一个菜单，从中可以快速执行菜单中的命令，因此称为快捷菜单。在不同的对象上右击，所打开的快捷菜单是不一样的。

⑤ 双击。快速地连按两下左键。一般情况下，双击表示将选中的对象打开。

⑥ 拖动。在某个对象上按住鼠标左键进行拖动，拖动完成后松开左键。一般是指将一个对象从一个位置移动到新位置的过程。

2.1.4　桌面

启动 Windows XP 后，系统将进入如图 2.3 所示的 Windows XP 操作系统界面，常称为(屏幕)桌面。桌面是用户和计算机交流的重要界面。

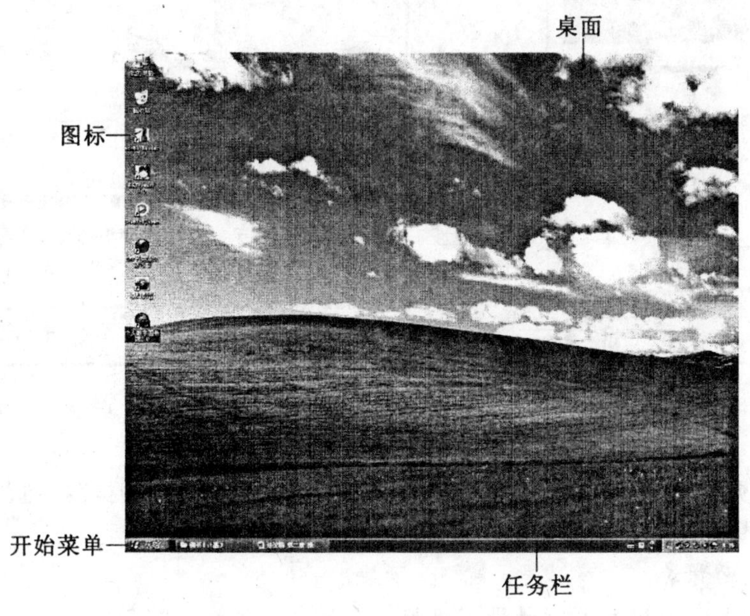

图 2.3　Windows XP 操作系统界面

在桌面上有排列整齐的图标，这些图标都是在 Windows XP 操作系统中可操作的对象，许多应用程序也有自己的图标。可以使用鼠标对图标进行操作，也可以在桌面上添加和删除其他样式的图标。

在桌面的左下方是“开始”菜单，桌面的最下方是任务栏，显示所选的各种任务。打开的应用程序也都会在任务栏上显示出来，方便管理。“开始”菜单与任务栏同为 Windows 操作系统的独创设计。

1. 设置桌面图标

安装完 Windows XP，第一次登录时，在如图 2.3 所示 Windows XP 操作系统桌面中只有“我的电脑”、“网上邻居”、“回收站”3 个图标，而没有“我的文档”和“IE”浏览器图标，这是因为没有把它们放在桌面上。如果要添加这些图标，可以按以下步骤进行：

① 在桌面上空白处右键单击，在弹出的快捷菜单中选择“属性”命令；

② 在弹出的如图 2.4 所示的“显示属性”对话框中选择“桌面”选项卡；

③ 在“桌面”选项卡中单击“自定义桌面”按钮；

④ 在弹出的“桌面项目”对话框(如图 2.5 所示)中，单击“常规”选项卡，在“桌面图标”选择区域内选中“Internet Explorer”复选框，单击“确定”按钮，这样就完成了在桌面上显示“IE”浏览器图标的过程。

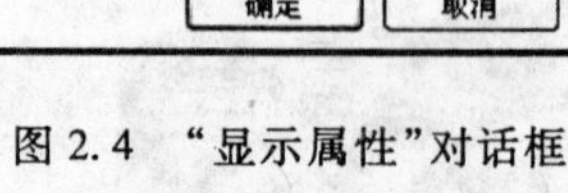

图 2.4 “显示属性”对话框

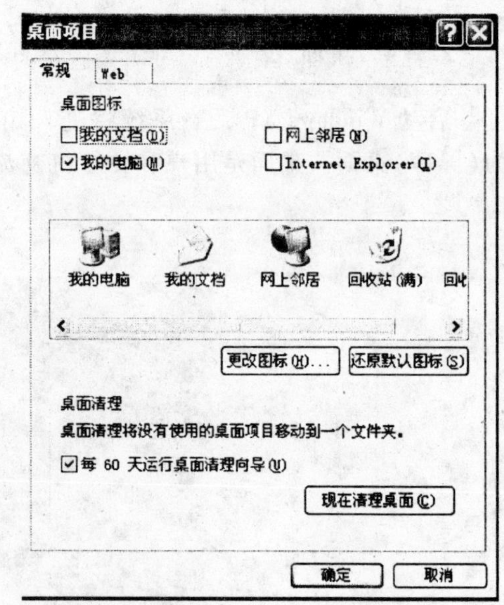

图 2.5 “桌面项目”对话框

在“桌面项目”对话框中还可以修改图标的样式，单击“更改图标”按钮，在弹出的“更改图标”对话框中可以选择自己喜欢的图标样式。

2. 设置桌面背景

Windows XP 默认的桌面背景是一幅蓝天白云的图片，如图 2.3 所示。可以把它换成自己喜欢的图片。

在桌面空白处右击，选择“属性”命令，在打开的“显示属性”对话框中选择“桌面”选项卡，在“背景”列表框中可以看到设置选项，选择其中一个，单击“确定”按钮，便可完成对桌面背景的修改。

3. 设置屏幕保护程序

屏幕保护程序是在计算机持续一定的无操作状态后自动运行的保护程序。在桌面空白处右击，在快捷菜单中选择“属性”命令，在弹出的“显示属性”对话框中打开“屏幕保护程序”选项卡，如图 2.6 所示。

在“屏幕保护程序”下拉列表框中选择屏幕保护程序的样式。在“等待”文本框中可以设置屏幕保护程序的时间，它的含义是在等待了多长时间(用户自己定义)的无操作状态之后，屏幕保护程序开始运行。单击“确定”按钮确认设置。

4. 设置屏幕分辨率和刷新频率

Windows XP 为用户提供了分辨率设置，而分辨率和显卡有着直接联系，分辨率不同，图像在桌面上显示的效果也就不同，从而体现的视觉效果也不同。

屏幕的刷新频率是每秒屏幕被扫描的次数。一般来说，计算机中屏幕的刷新率越高越好，对眼睛的危害也就越小，一般情况下刷新率设置在 85 Hz。

在桌面上空白处右击，在快捷菜单中选择“属性”命令，在弹出的“显示属性”对话框中打开“设置”选项卡，如图 2.7 所示。

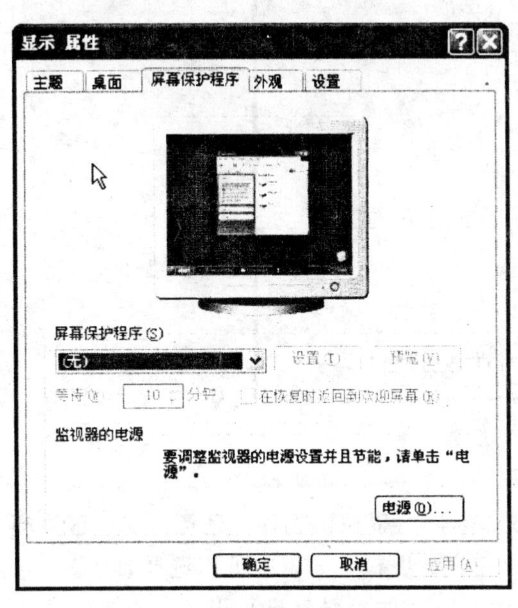

图 2.6　“屏幕保护程序”选项卡

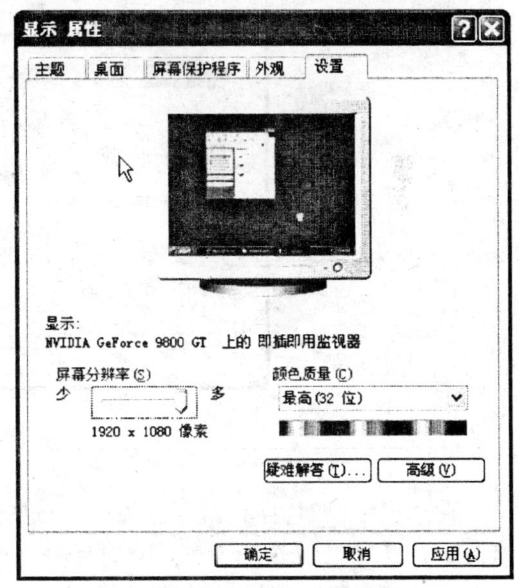

图 2.7　“设置”选项卡

拖动“屏幕分辨率”中的水平滑块来设置分辨率。在“设置”选项卡中单击“高级”按钮，在弹出的对话框中单击“监视器”选项卡，在“屏幕刷新频率”下拉列表框中选择适当的刷新率，单击“确定”按钮，此时屏幕会有短暂黑屏，但随即会恢复。

当选择了适当的分辨率后，在“显示属性”对话框的“设置”选项卡中单击“确定”按钮，此时也会黑屏，随即就会恢复，并弹出一个提示对话框，如图 2.8 所示。

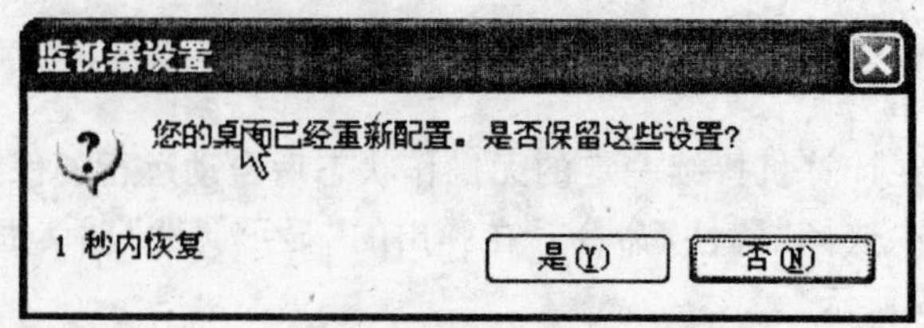

图 2.8　提示对话框

在对话框中有"您的桌面已经重新配置。是否保留这些设置?"的提示，此时单击"是"按钮即可完成设置。

5. 设置日期、时间、时区与语言

在桌面的右下角，可以看到时间显示，在时间显示区右击，选择"调整日期/时间"命令，打开"时间和日期"选项卡，如图 2.9 所示。

图 2.9　"时间和日期"选项卡

在这里可以对时间、日期以及年份进行修改，时间可以精确到秒。还可以对时区进行修改，打开"时区"选项卡可以对时区进行设置，在它的下拉列表框中可以选择时区。

语言栏是用来选择/切换输入法的。在语言栏上右击即可对其进行设置。在右击之后弹出的菜单中，如果"语言栏"选项已经被选中，则此时语言栏将隐藏起来。在切换语言栏输入法时单击语言栏上的"键盘"图标便可进行语言输入法的切换。

2.1.5　任务栏和开始菜单

"开始"菜单是通向计算机内部的入口，单击之后会有一系列级联菜单供用户选择，当用户选择其中一个应用程序之后，应用程序操作界面就会在桌面上显示，同时也会在任务栏中显示，用户单击任务栏的应用程序即可激活应用程序窗口。

在向计算机内安装软件或应用程序时，就会在“开始”菜单中添加导航，可以在“程序”菜单中找到它们。当运行多个程序时，所有程序会在任务栏上按启动顺序排列起来，可以用鼠标在任务栏上选择需要激活的应用程序。任务栏和“开始”菜单的这种操作模式体现了 Windows XP 操作系统的简单易用风格。

在任务栏上右击，在弹出的快捷菜单中选择“属性”命令，弹出“任务栏和『开始』菜单属性”对话框，在对话框中可以对任务栏和“开始”菜单进行设置，如图 2.10 所示。

打开“任务栏”选项卡，可以看到许多对任务栏设置的复选框：“锁定任务栏”、“自动隐藏任务栏”、“显示时钟”等，用户可以启动或禁用它们。除了系统给定的这些修改项目之外，用户还可以设置自己喜欢的风格，“自定义通知”对话框提供了这样的功能，如图 2.11 所示。

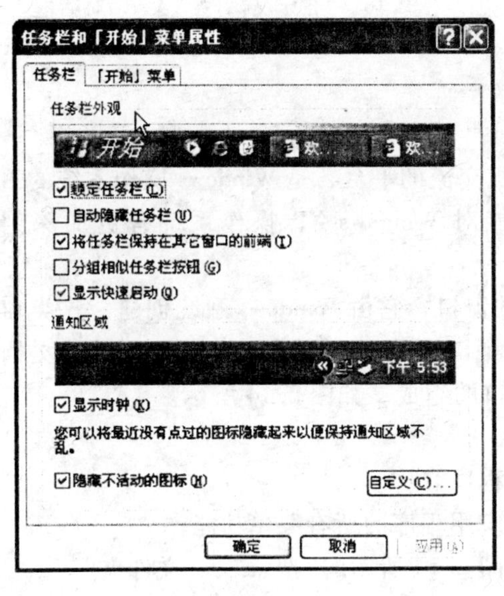

图 2.10　“任务栏和『开始』菜单属性”对话框

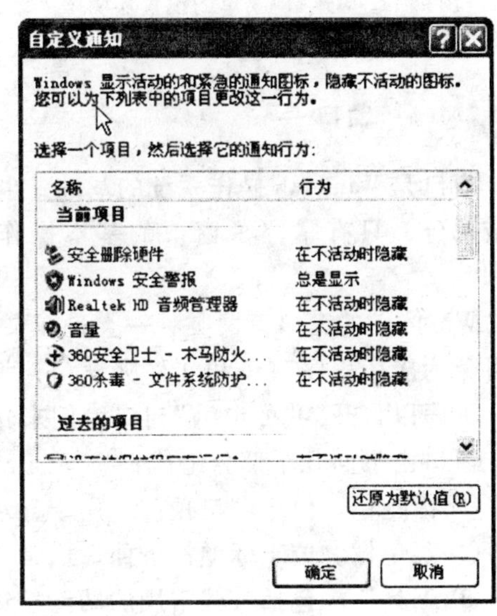

图 2.11　“自定义通知”对话框

如果用户对“开始”菜单中的内容不满意，可以进行修改、设置，在如图 2.10 所示的“任务栏和『开始』菜单属性”对话框中，单击“『开始』菜单”选项卡，可以进入“开始”菜单的设置环境，如图 2.12 所示。

在“『开始』菜单”选项卡中有两种风格的开始菜单：“『开始』菜单”和“经典『开始』菜单”，可以根据个人喜好来选择不同的风格。“『开始』菜单”中的内容可以在“自定义『开始』菜单”对话框中设置，如图 2.13 所示的“自定义『开始』菜单”对话框为用户提供了修改开始菜单的环境。

图 2.12 “开始”菜单的设置环境

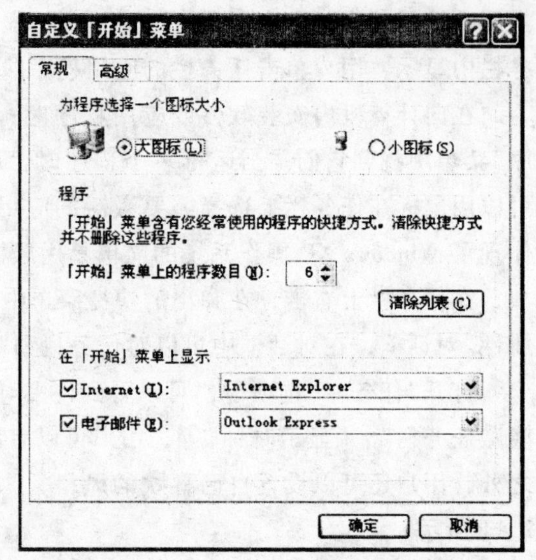

图 2.13 “自定义『开始』菜单”对话框

2.1.6 窗口

窗口是 Windows 操作系统的基础，也是人机交流的平台，是 Windows 操作系统的重要组成部分，只有掌握了窗口的基本操作，才能对 Windows XP 操作系统有更加深刻的认识。

Windows 的窗口有两类：一类是在桌面上的窗口，它由 Windows 系统创建，这类窗口又可分为应用程序窗口和文件夹窗口；另一类是由应用程序创建的，这类窗口叫文档窗口。下面以打开“我的电脑”窗口为例来介绍窗口的组成，如图 2.14 所示。

窗口由下面几个部分组成：

① 标题栏。位于窗口顶部，用于显示应用程序名称。

② 菜单栏。位于标题栏下面，通常包含该应用程序的所有菜单功能。

③ 工具栏。包括一些常用的功能按钮，如图 2.14 所示的“搜索”、“文件夹”等。

④ 地址栏。是一种特殊的工具栏。通过地址栏，用户可以网上漫游，也可以访问硬盘。例如：输入网址 http：//www.sohu.com 即可浏览“搜狐”网站主页；输入“C：\”即可打开 C 盘。

⑤ 状态栏。位于窗口底部，用于显示用户当前所打开的应用程序窗口的状态及其他一些相关信息。

⑥ 控制按钮。包括“最小化”、“最大化”、“关闭”按钮。

⑦ “最小化”按钮。单击该按钮可将当前窗口暂时隐藏，需要时可利用任务栏恢复隐藏的应用程序窗口。

⑧ “最大化”按钮。单击该按钮可将当前窗口放大到与整个桌面一样大小。

⑨ “关闭”按钮。单击该按钮可以关闭当前应用程序窗口。

⑩ 工作区。窗口的内部区域称为工作区或工作空间。

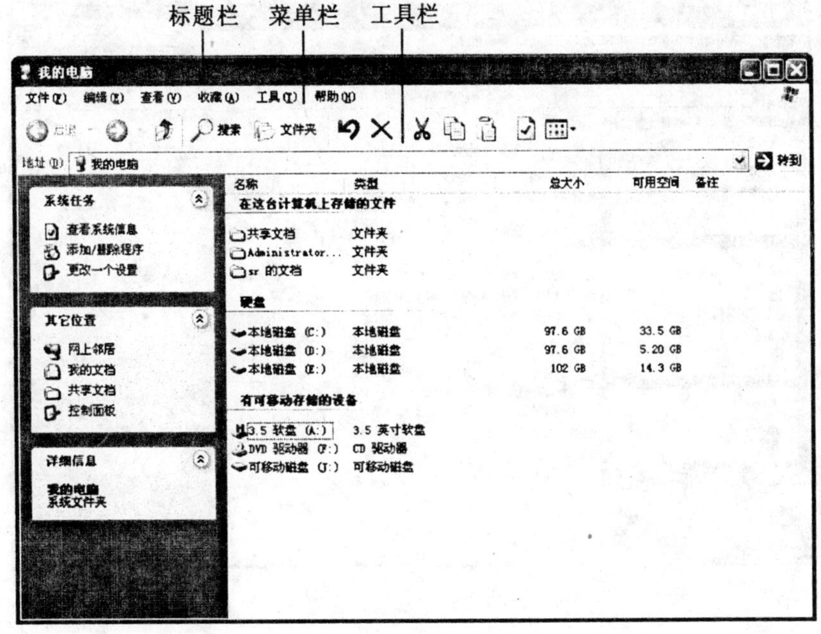

图 2.14　“我的电脑”窗口

⑪ 滚动条。位于窗口的底部或右侧。可能产生水平或垂直的滚动条，也有可能两者同时存在。滚动条并非是窗口必需的，只有当窗口不能一次显示完其内容时，才有滚动条显示。

1. 窗口的基本操作

移动窗口。既可以通过系统控制菜单来实现，也可以通过鼠标操作来实现。

(1)通过系统控制菜单移动窗口

在标题栏上右击，从弹出的快捷菜单中选择“移动”命令，如图 2.15 所示，当鼠标指针在标题栏上变为✥形状时，拖动标题栏就可移动窗口。

(2)通过鼠标移动窗口

将鼠标指针放在要移动窗口的标题栏上，拖动到所要放的位置即可实现对窗口的移动。

窗口的大小也是可以随意改变的。把鼠标指针放在窗口边缘，当鼠标指针自动变成以下↘、↗、↕、↔形状之一时，拖动即可改变窗口大小。

2. 多窗口操作

(1)排序

当有很多个窗口打开时，可以对它们进行排序，排序的方法有 3 种：

- 层叠窗口，是将窗口按照先后顺序排列在桌面上，并且每个窗口的标题栏都显示出来。
- 横向平铺，是将窗口从上到下一个挨一个排列起来，每一个窗口都是可见的，而

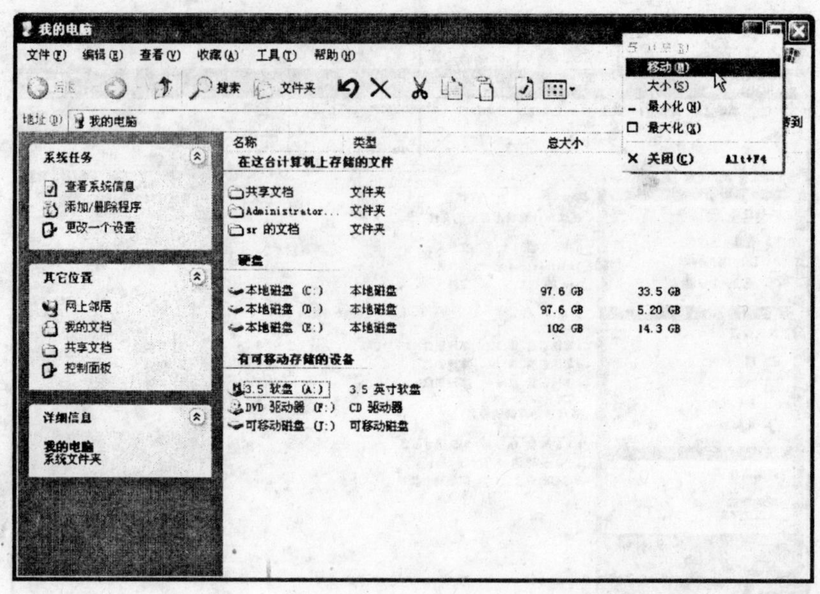

图 2.15 “移动”命令

且窗口的尺寸大致相同。

- 纵向平铺，与横向平铺大体相似，只不过排列顺序是让窗口在垂直方向展开。

(2)切换

当用户打开多个窗口的时候，需要在窗口之间切换。选中某窗口，其标题栏呈高亮显示。窗口之间的切换也有多种方法：

- 使用鼠标在任务栏进行选择；
- 用 Alt+Tab 组合键来选择；
- 用 Alt+Esc 组合键也可以完成同样的功能。

☞ **提示：**

Alt+Tab 组合键只能在当前窗口和最近使用过的窗口之间来回进行切换，而 Alt+Esc 组合键可以在所有打开的窗口之间进行切换，但不包括最小化的窗口。

2.2 文件管理

Windows XP 的最基本和重要的功能是对文件的管理。本节将详细介绍文件和文件夹及其管理。

2.2.1 文件和文件夹概述

各种系统软件或应用程序都是以文件的形式存储的。在 Windows XP 中文版中，文件可以划分为很多类型，不同类型的文件在 Windows XP 中文版中使用的图标也不同。常见的文件有程序文件、文本文件、多媒体文件、图像文件、字体文件和数据文件等。

文件是最小的数据组织单位。文件可以存放文本、图像以及数值数据等信息。而硬盘则是存储文件的大容量存储设备，其中可以存储很多文件。

☞ **提示：**

在 Windows XP 中文版中还有一种文件，主要用于支持各种应用程序的运行，但用户不能执行或启动这些文件。常见的可支持文件带有扩展名 OVL、SYS、DRV 以及 DLL。

直接管理计算机中的众多文件多有不便，必须将这些文件分类和汇总，所以 Windows 系统引入了“文件夹”这个概念来对文件进行有效的管理。

1. 文件和文件夹的命名

① 格式：文件名由主文件名和扩展文件名组成。其中，主文件名是必须有的，扩展名可以省略。主文件名和扩展名之间用小数点隔开，如果文件名中包含多个小数点，则最右端一个小数点后面的部分是扩展名。

② 文件名最多由 255 个字符组成，这些字符可以是字母、数字、空格、汉字和下画线。

③ 文件名中不允许使用下列具有特殊含义的字符：?、\ 、 * 、<、>、| 。

④ 在同一存储位置不能有文件名完全相同的文件。

2. 文件夹路径

文件在软盘或硬盘中有其固定的位置。文件的位置是很重要的，在一些情况下，需要给出路径以告诉用户或程序文件的位置。路径由存储文件的驱动器、文件夹或子文件夹组成，如 C：\ windows \ system32 \ winmine. exe 等。

3. 文件夹

文件夹是作为图形用户界面中的程序和文件的容器，在屏幕上一般用图标表示。另外，一些特殊的文件夹有一些特殊的文件夹图标，如是表示存放系统字体信息的文件夹。文件夹作为磁盘上组织程序和文档的一种手段，既可包含文件，也可再包含其他的文件夹。

4.“我的电脑”和“资源管理器”

“我的电脑”和“资源管理器”是 Windows XP 用于管理文件的主要工具。“我的电脑”是文件和文件夹以及其他计算机资源管理的中心，还可以直接对映射的网络驱动器、文件和文件夹进行管理。“资源管理器”是“我的电脑”延伸出的一个专门的文件和文件夹管理工具。“资源管理器”窗口包括两个不同的信息窗口，左边的窗格以目录树的形式显示计算机中的所有资源项目，称为目录窗格；右边的窗格显示左边目录窗格中所选中项目的详细内容，称为内容窗格。

(1)“我的电脑”的功能

从“我的电脑”窗口(如图 2. 15 所示)可以看出，窗口中列出了计算机中所有驱动器的图标，是以驱动器为工作的起点，通过打开驱动器，实现对磁盘上存储的文件进行操作。

它偏重于磁盘管理，可以方便地实现格式化磁盘、复制磁盘等操作。单击“我的电脑”窗口中“文件夹”工具按钮，可以快速切换到“资源管理器”窗口。

(2)“资源管理器”的功能

从“资源管理器”窗口(如图 2.16 所示)可以看出，其左窗格显示了系统资源的目录树，它偏重于强调资源的上下级关系。在目录树中依次展开和找到要操作的文件或文件夹，就可以实现对文件的操作。

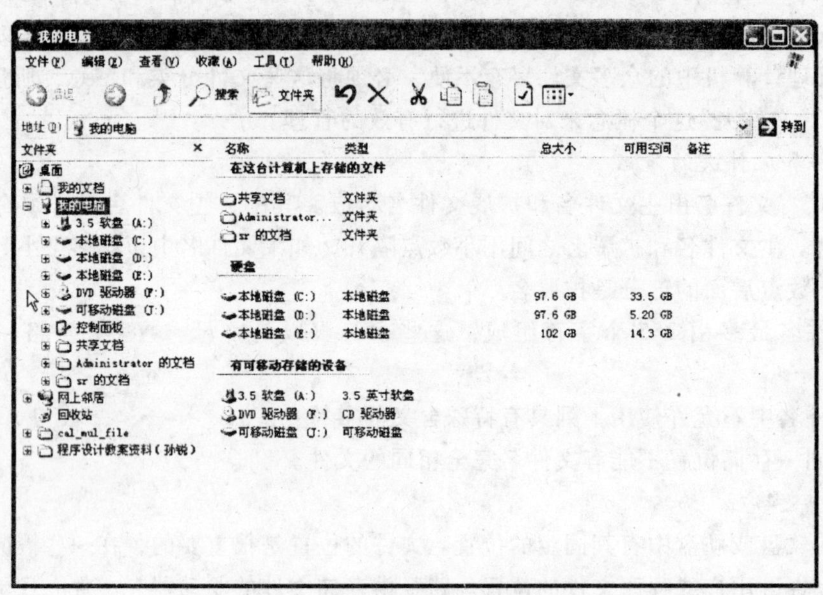

图 2.16 “资源管理器”窗口

2.2.2 文件和文件夹的基本操作

1. 文件或文件夹的新建

可以在任意一个文件夹里直接创建一个新的文件或文件夹。比如打开一个驱动器窗口或一个文件夹，在其中创建一个新的文件夹，然后可以存放程序或文件。下面分别介绍建立文件、文件夹的方法。

(1)建立文件

单击“文件”菜单，选择“新建”命令，或在窗口空白处右击，在弹出的快捷菜单中，选择“新建”命令，打开如图 2.17 所示的快捷菜单。

根据需要选择相应的文档类型，即可在该窗口下建立一个相应的文件，然后输入文件名即可。这样建立的文档是一个空白文档，当需要输入文档内容时，只需要双击该文档图标，系统会自动打开相应的应用程序进行编辑修改。

(2)建立文件夹

单击“文件”菜单，选择“新建”命令，或在窗口空白处右击，在弹出的快捷菜单中，选择“新建”命令，打开如图 2.17 所示的快捷菜单，选择“文件夹”命令，即可在该窗口下

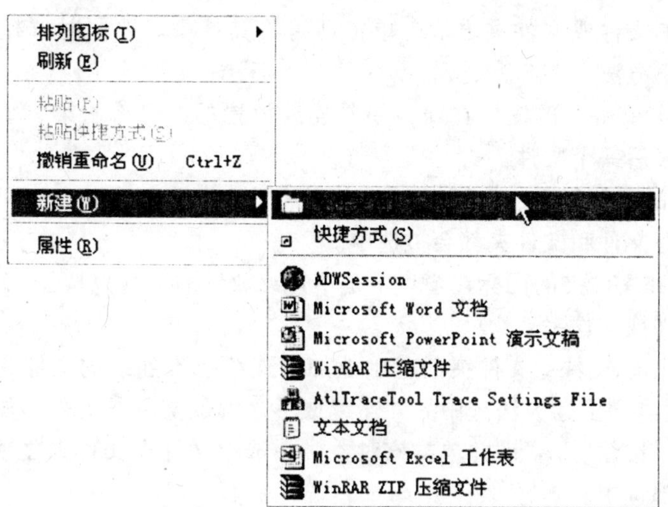

图 2.17　新建文件夹快捷菜单

建立一个名称为"新建文件夹"的文件夹，然后输入文件夹名称即可。

2. 文件与文件夹的重命名

选定要修改名称的文件或文件夹，单击"文件"菜单，选择"重命名"命令，或右击文件或文件夹，在快捷菜单中选择"重命名"命令，此时名称区域变成文本框，用光标键(方向键)移动插入点，然后重新输入需要的名称，最后按"Enter"键确定。

3. 文件和文件夹的选取

在"资源管理器"中可以选定一个文件或文件夹，也可以选定多个文件或文件夹。被选定的文件和文件夹的图标名将呈现浅灰色，如图 2.18 所示。

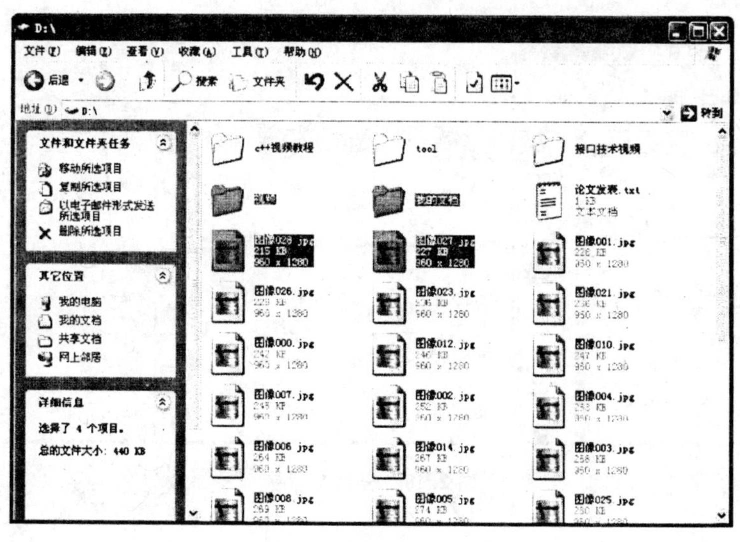

图 2.18　选取文件夹

找到要选择的文件或文件夹之后，单击即可将其选中。要同时选择多个文件或文件夹，可以利用以下方法：

① 如果文件和文件夹的图标在窗口中是连续放置的，可单击第一个文件，然后按住“Shift”键再单击最后一个文件。

② 在要选择的文件周围按住鼠标左键拖动鼠标。拖动鼠标时会有一个框围住这些文件，在框内的所有文件和文件夹都会被选中。

③ 如果文件和文件夹的图标在窗口中是不连续放置的，可以按住“Ctrl”键，然后逐个单击要选择的文件或文件夹。

④ 如果要在已选文件或文件夹的基础上加选连续或不连续的文件和文件夹，则应先按下“Ctrl”键，再参照上述方法选中另外连续或不连续的文件。另外，如果要取消选定的某个对象，则可以按住“Ctrl”键并单击该对象。在选中文件和文件夹之后，单击窗口的空白处，可取消全部选中。

☞ **提示：**

使用上、下、左、右箭头键配合“Shift”键也可以选取文件。

4. 文件和文件夹的复制与移动

在“资源管理器”中复制和移动文件或文件夹的操作步骤如下：

① 在“资源管理器”窗口中选中要复制或移动的文件或文件夹。

② 在“编辑”菜单栏中单击“复制到文件夹”或“移动到文件夹”选项，如图 2.19 所示。

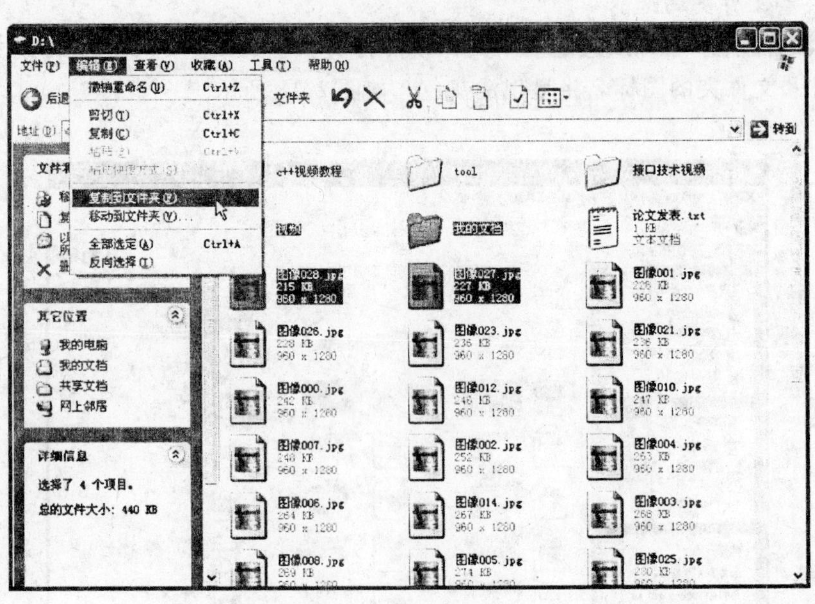

图 2.19 复制文件夹

③ 弹出“复制项目”或“移动项目”对话框。在文件夹列表框中选择要进行复制或移动操作的目标文件夹，如图 2.20 所示。

④ 单击“复制”或“移动”按钮，就可以完成复制或移动文件或文件夹的操作。

☞ 提示：

复制或移动文件或文件夹操作也可以采用“编辑”菜单中的“复制”、“剪切”和“粘贴”命令或快捷键来进行。复制操作的快捷键是 Ctrl+C，粘贴操作的快捷键是 Ctrl+V。复制文件或文件夹还有一个便捷的操作方法，就是将文件或文件夹发送到所需要的地方。在窗口中右击要发送的文件或文件夹，在弹出的快捷菜单中选择“发送到”命令，弹出子菜单，在其中选择相应的命令即可。

5. 删除文件和文件夹

在文件夹窗口或“资源管理器”窗口中删除一个文件或文件夹是十分方便的。其操作步骤如下：

① 在打开的文件夹窗口中，右击要删除的文件或文件夹，即会弹出一个快捷菜单，如图 2.21 所示。

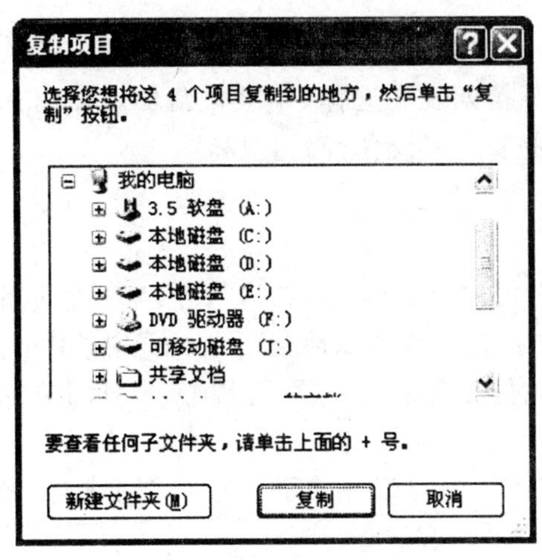

图 2.20　“复制项目”对话框

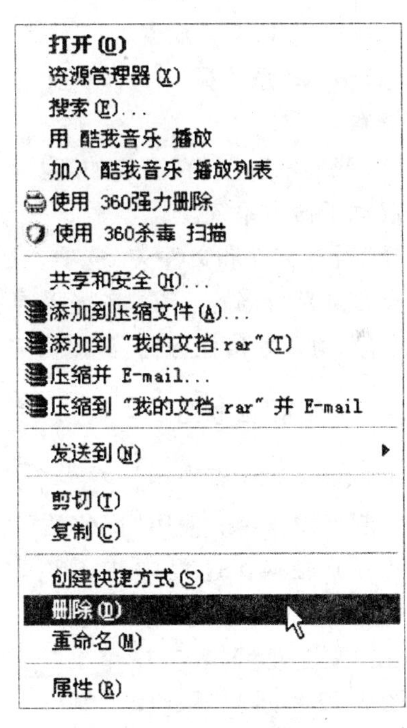

图 2.21　“删除”快捷菜单

② 选择“删除”命令，此时将弹出“确认文件夹删除”对话框，如图 2.22 所示。

③ 单击“是”按钮，系统即会将要删除的文件或文件夹放入“回收站”中；按住“Shift”键后再进行删除操作，系统将删除所选中的文件，而且不将其放入“回收站”中，采用这种方法可以真正地释放这些文件所占用的硬盘空间，但同时用户将无法恢复被删除的文件。单击“否”按钮，则不删除对象。

图 2.22 “确认文件夹删除”对话框

☞ **提示:**

选中文件或文件夹后，直接按下键盘上的“Delete”键，也一样可以进行删除操作。**注意**:在删除文件夹时，该文件夹中的所有文件和子文件夹都将被删除。如果错误地进行了删除操作，可以立即选择“编辑”|“撤销”命令来取消删除操作。

6. 文件或文件夹的搜索

Windows XP 系统提供了非常强大的搜索功能，通过搜索系统可以找到计算机中存储的所有资料。

打开“我的电脑”，在窗口的工具栏中单击搜索图标，会在窗口的左边出现搜索选项，这样就启动了搜索系统。

选择“所有文件和文件夹”选项，在“全部或部分文件名”文本框中输入所要查找的文件夹的全称或部分名称，在“在这里寻找”的下拉列表中选择“本地硬盘驱动器(C:; D:; E:; F:)”选项，单击任务窗格底部的“搜索”按钮，系统便开始查找。

2.2.3 使用“回收站”

在 Windows 操作系统中，有一个系统专为用户设立的“回收站”，用来对偶尔错误删除的文件起保护作用。使用“回收站”可以还原文件，也可以清空“回收站”中的内容。

如果用户在操作过程中将不该删除的文件删除掉了，则可以按下面的方法进行恢复:

① 在“文件夹”列表框中单击“回收站”图标(也可以在桌面上双击“回收站”图标)，打开如图 2.23 所示的“回收站”窗口，查看其中的内容。

② 选中要恢复的文件或文件夹。

③ 选择“文件”|“还原”命令，这样文件就恢复到了原来的位置。

已删除的文件或文件夹虽然被放到了“回收站”中，但它们仍占用了硬盘空间，所以要及时清空“回收站”。清空的操作方法是选择“文件”|“清空回收站”命令。若要清除部分文件，则先选择要清除的文件，然后进行删除操作即可。

从回收站删除或执行清除命令后，相关文件就永久地被删除了，只有这样，才能释放出这些文件所占用的磁盘空间。

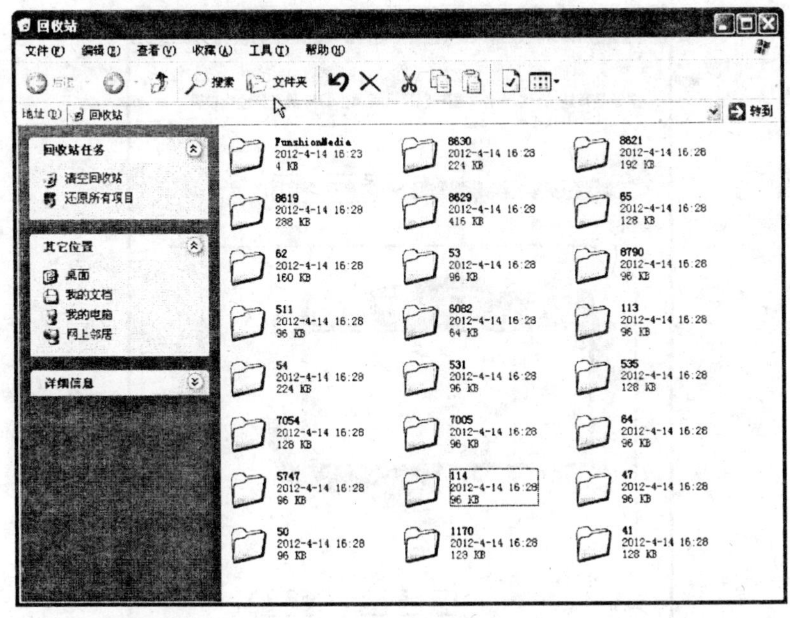

图 2.23　“回收站”窗口

2.3　Windows XP 系统设置

Windows XP 将系统环境设置功能集中在控制面板中。单击“开始”按钮，打开“控制面板”窗口，在该窗口中，双击某图标可以进行相应的参数设定。

2.3.1　显示设置

在“控制面板”窗口中，双击“显示”图标，或者在桌面空白处右击，在快捷菜单中选择“属性”命令，打开“显示属性”对话框，如图 2.24 所示，各选项卡功能如下：

(1)主题

“主题”选项卡是系统预设置好的桌面风格、壁纸、屏保、鼠标指针、系统声音事件、图标等的集合，它简化了用户逐一设置的繁琐过程。用户只需在“主题”中选择自己喜好的主题即可完成对电脑的初步设置。如果用户习惯传统的 Windows 的界面，可以在“主题”下拉列表中选择“Windows 经典”即可。

(2)桌面

“桌面”选项卡用来设置桌面的背景图案以及桌面图标。用户可以选择自己喜欢的图片作为桌面背景，背景图片显示方式有居中、平铺、拉伸三种。

(3)屏幕保护程序

对于 CRT 显示器而言，长时间地显示一个静止画面，对显示器是有损害的。在“屏幕保护程序”选项卡中可以设置当机器空闲多长时间后，启动何种屏幕保护程序，以保护显

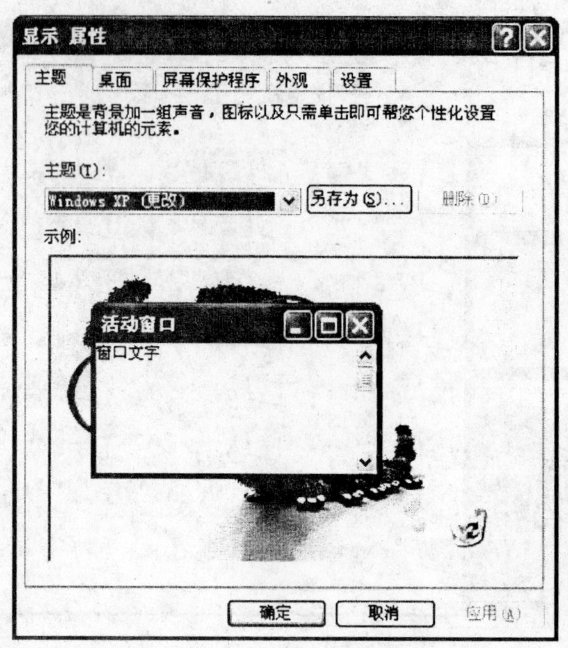

图 2.24 “显示属性”对话框

示器。此外，还可以启动电源节能管理设置，例如，当显示器空闲超过指定的时间后，就会自动关闭。

(4)外观

“外观”选项卡用来设置窗口的外观，包括标题栏颜色、菜单和消息的字体等。

(5)设置

“设置”选项卡用来设置显示器的显示分辨率和颜色等。

2.3.2 键盘与鼠标

1. 键盘的设置

在“控制面板”中，双击“键盘”图标，打开“键盘属性”对话框，如图 2.25 所示。

(1)速度

在这里，用户可以改变键盘的响应速度。其中：“重复延迟”指按下一个键后多长时间等同于再次按了该键；“重复率”是指长时间按住一个键后重复录入该字符的速度；“光标闪烁频率”可以改变光标闪烁的快慢。

(2)硬件

显示硬件的信息和驱动程序等。

2. 鼠标的设置

在“控制面板”中，双击“鼠标”图标，打开“鼠标属性”对话框，如图 2.26 所示。

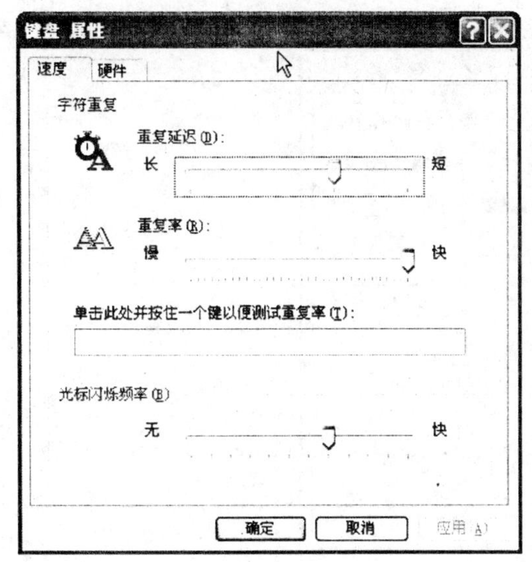

图 2.25　“键盘属性”对话框

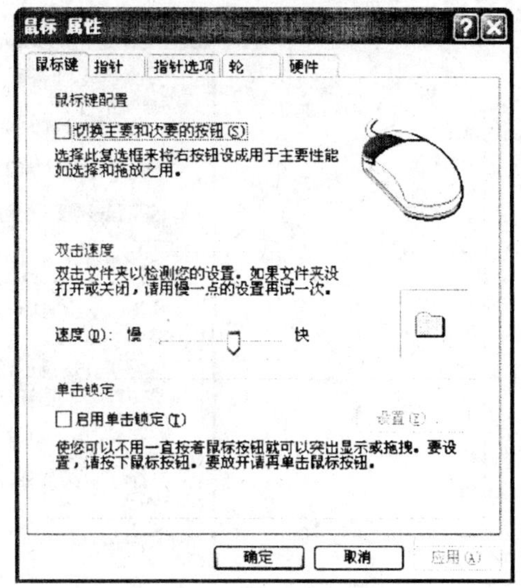

图 2.26　“鼠标属性”对话框

(1)鼠标键

其中“切换主要和次要的按钮”复选框可以设置鼠标左、右键的交换；选定该选项后，凡是原来需要按左键的操作都需要用右键来完成。

“双击速度”调节滑杆可以改变双击中两次击键的时间间隔，可在右侧的“文件夹图标”上进行测试。

“单击锁定”表示按下按键多长时间等于按住不放，这样在做拖动操作时，就可以不必总按住按键了。如果需要就选中“启用单击锁定”复选框。

(2)指针

在这里可以改变鼠标指针方案，使鼠标指针更具个性化。

(3)指针选项

设置鼠标指针移动的速度和精度，设置是否显示鼠标指针移动的轨迹等。

(4)轮

设置滚动滑轮一个齿轮时，屏幕滚动的行数。

2.3.3　输入法设置

Windows XP 为用户提供了多种输入法，用户可以根据自己的习惯安装适合自己的输入法。具体操作步骤如下：

① 打开“控制面板”；

② 双击“区域和语言选项”图标，打开如图 2.27 所示的对话框；

③ 单击“区域选项”选项卡；

④ 单击“添加”按钮，在弹出的输入法列表中选择需要添加的输入法，单击“确定”按钮，即可完成对新输入法的安装；

⑤ 在“已安装的输入法区域设置”栏内，选择需要删除的输入法，单击“删除”按钮，

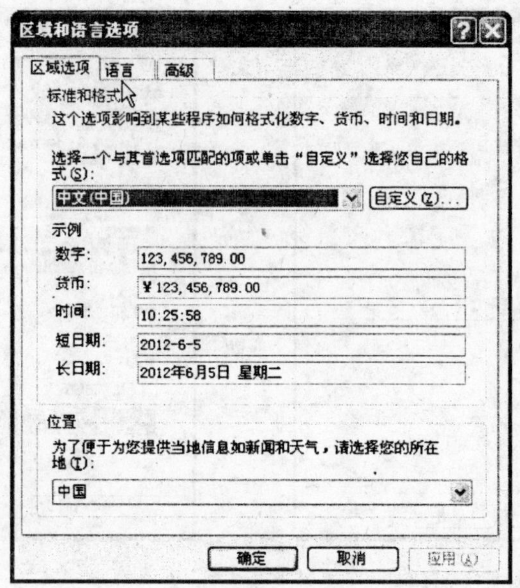

图 2.27 “区域和语言选项”对话框

即可完成对已有输入法的删除。

2.3.4 添加/删除程序

Windows XP 中每个应用程序都有安装和卸载程序，用户可以通过“控制面板”中的“添加或删除程序”来实现对新程序的安装或更改，以及删除已有的应用程序(包括 Windows XP 中的组件)。双击“添加或删除程序”图标即可打开如图 2.28 所示的对话框。

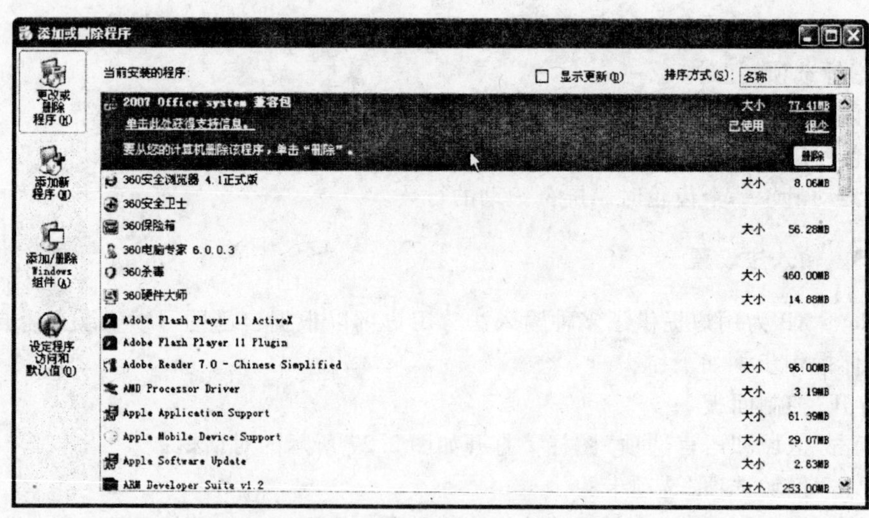

图 2.28 “添加或删除程序”对话框

1. 更改或删除程序

在“当前安装的程序”列表中，选择要删改的应用程序，单击其右侧的“更改/删除”按钮。其中一些小的应用程序只有“删除”按钮，单击它可以彻底地删除；有的程序有“更改”选项，单击它可以删除或添加该程序的子功能项。

2. 添加新程序

如图 2.29 所示，在对话框左侧选择对应的工具按钮后，单击“CD 或软盘”按钮，可以安装 CD 盘或软盘上的应用程序；单击“Windows Update”按钮可以打开微软公司的技术支持网站，进行 Windows 功能更新。

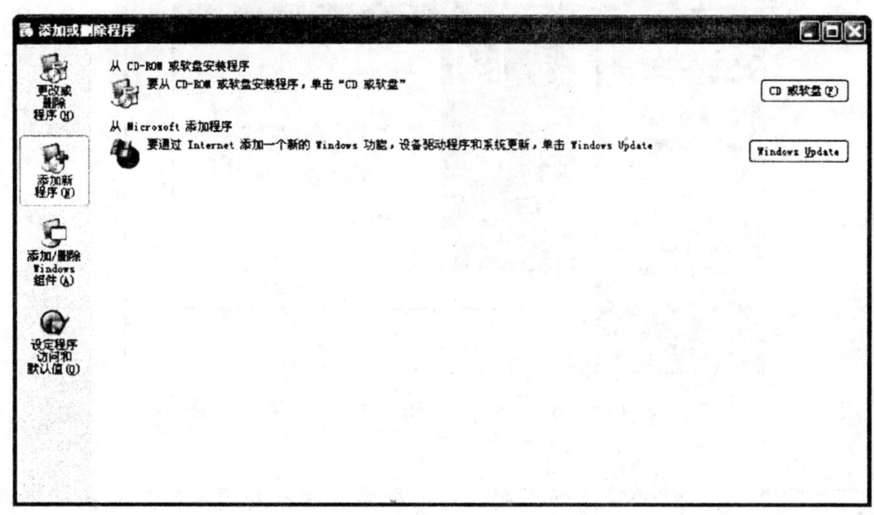

图 2.29　“添加新程序”对话框

☞ **提示：**

要安装应用程序，一般直接打开存储程序的驱动器，双击其安装程序的图标；此外，许多 CD 介质的应用程序都带有自动安装功能，将其放入光盘驱动器后，会自动安装程序。

3. 添加/删除 Windows 组件

如图 2.28 所示，单击左侧“添加/删除 Windows 组件”后，打开“Windows 组件向导”对话框。在“组件”列表中，凡是选中标记的组件表示是当前已安装的项目，如果想要删除该组件，则需要取消其选中标记；没有选中标记的组件则是当前没有安装的项目，如果想要安装该组件，只需要选中它。选择完成后，单击“下一步”按钮，系统自动按照用户的设置进行安装/删除，完成必要的程序复制/删除工作后，会显示完成信息。

2.3.5　打印机设置

首次使用打印机时，需要安装和设置打印机。打印机安装包括硬件物理连线和驱动程序安装两部分。这里主要介绍驱动程序的安装过程。

将打印机的数据线连接到计算机相应的端口，打开打印机电源后，可按下列操作步骤进行安装：

① 双击“控制面板”中的“打印机和传真”图标，或单击“开始”|“打印机和传真”命令，打开“打印机和传真”窗口。

② 单击窗口左侧“打印机任务”中的“添加打印机”链接，启动添加打印机向导，如图2.30所示。单击“下一步”按钮，开始按向导提示进行安装。

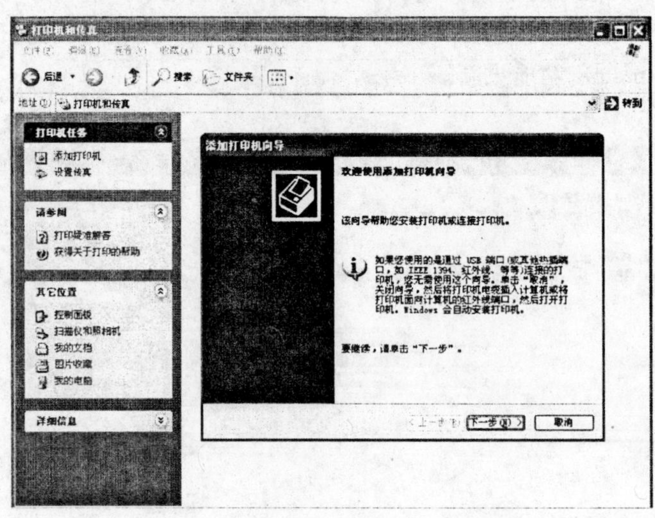

图 2.30 “添加打印机向导”第一步

③ 打开如图2.31所示的对话框，在此对话框中，选择安装本地打印机还是网络打印机。如果打印机是连接到当前计算机上，应选择本地打印机；如果想在本机上使用网络中其他打印机，应选择网络打印机，然后单击“下一步”按钮。

④ 打开如图2.32所示的对话框，系统搜索即插即用打印机，如果搜索到，则自动安装该打印机的驱动程序，安装过程结束。如果出现“未能检测到即插即用打印机”信息提示，则需要手动安装打印机，单击“下一步”按钮。

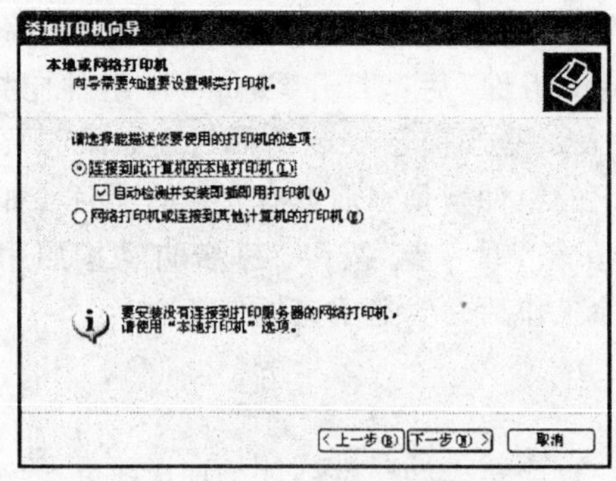

图 2.31 “添加打印机向导”第二步

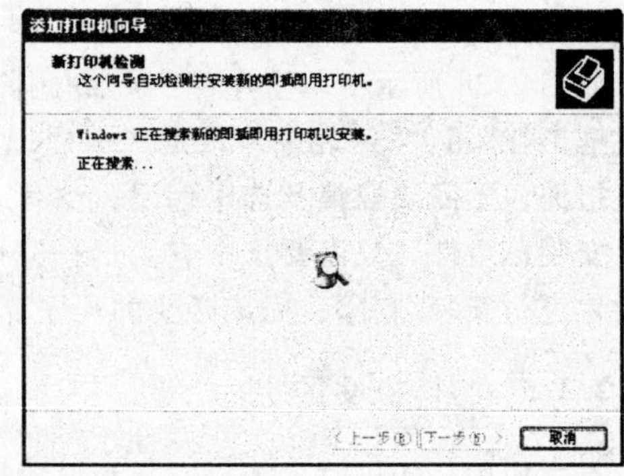

图 2.32 “添加打印机向导”第三步

⑤ 打开如图 2.33 所示的对话框，选择打印机使用的端口。设置完成后单击“下一步”按钮。

⑥ 打开如图 2.34 所示的对话框，在“厂商”列表中选择打印机的生产厂家，然后在右侧“打印机”列表中选择打印机的型号；如果你有打印机驱动程序的安装盘也可以选择“从磁盘安装”。设置完成后单击“下一步”按钮。

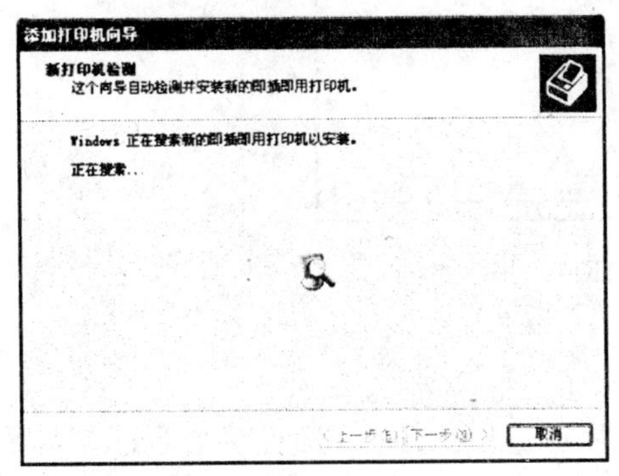

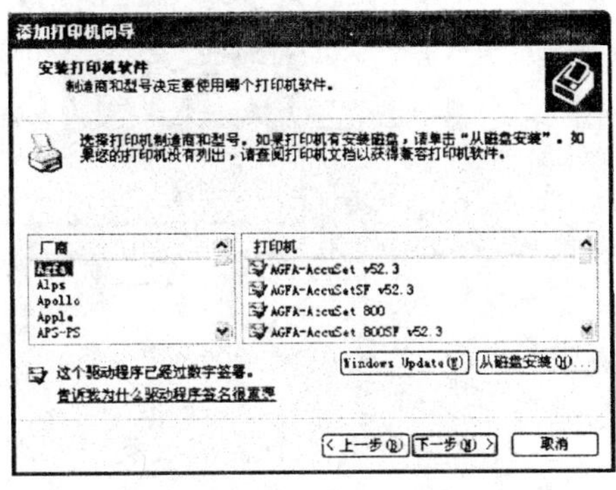

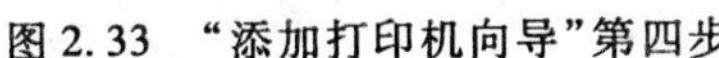
图 2.33 “添加打印机向导”第四步

图 2.34 “添加打印机向导”第五步

⑦ 打开如图 2.35 所示的对话框，为打印机指定一个名称，选择是否将该打印机设为默认打印机。设置完成后单击“下一步”按钮。

⑧ 打开如图 2.36 所示的对话框，选择安装后是否打印测试页，以便检验安装是否成功。设置完成后单击“下一步”按钮。

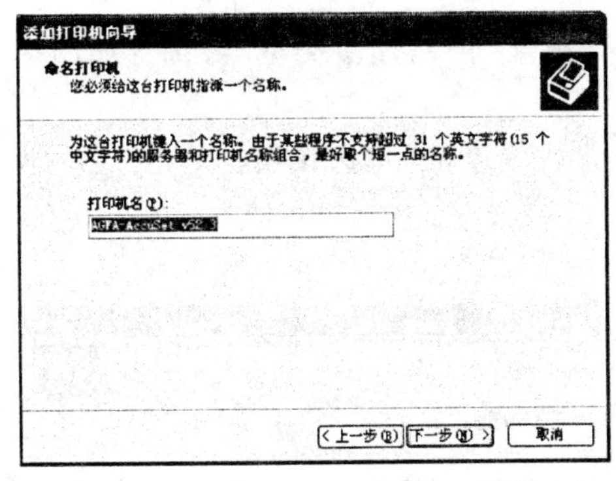

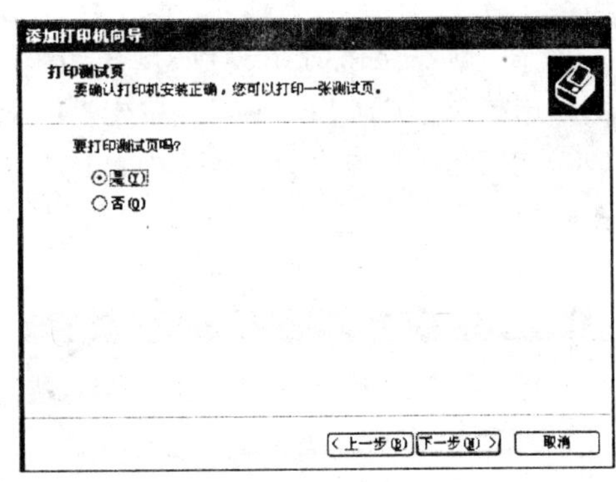

图 2.35 “添加打印机向导”第六步

图 2.36 “添加打印机向导”第七步

⑨ 打开如图 2.37 所示的对话框，显示前几页设置的信息，进行核实，确认后单击“完成”按钮结束安装。在系统复制了必需的安装文件后，在“打印机和传真”窗口中，就会出现新装的打印机图标。

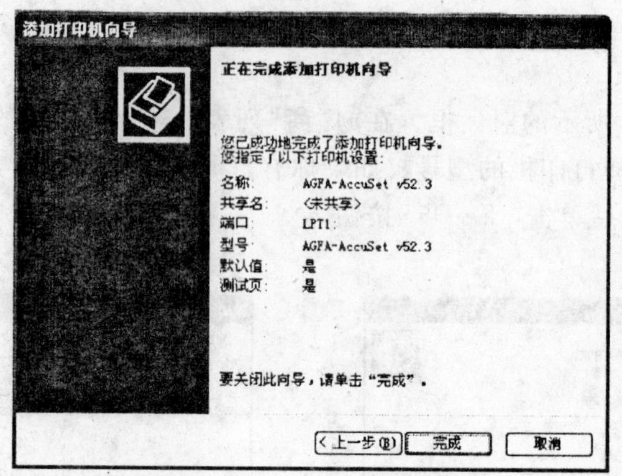

图 2.37 “添加打印机向导”第八步

☞ **提示：**

如果打印机的端口是热插拔类型的(如 USB 接口)，则可以不使用该向导，只需连接上打印机，Windows 系统会自动安装打印机。

2.3.6 建立 Internet 连接

“新建连接向导”功能是 Windows XP 提供的帮助用户快速设置 Internet 连接的工具。通过新建连接向导，用户只需要回答一些有关用户的 Internet 账户信息就可以快速设置好 Internet 连接。具体步骤如下：

① 选择“开始”|“所有程序”|“附件”|“通讯”|“新建连接向导”，就打开了新建连接向导，这个向导有建立多种连接的功能，这里我们仅仅介绍使用它连接 Internet 的方法。

② 在“新建连接向导”对话框单击“下一步”，出现“网络连接类型”界面，如图 2.38 所示。选择“连接到 Internet”，单击“下一步”。

③ 在弹出的“准备好”屏幕中，选中“手动设置我的连接”单选按钮，单击“下一步”，如图 2.39 所示。

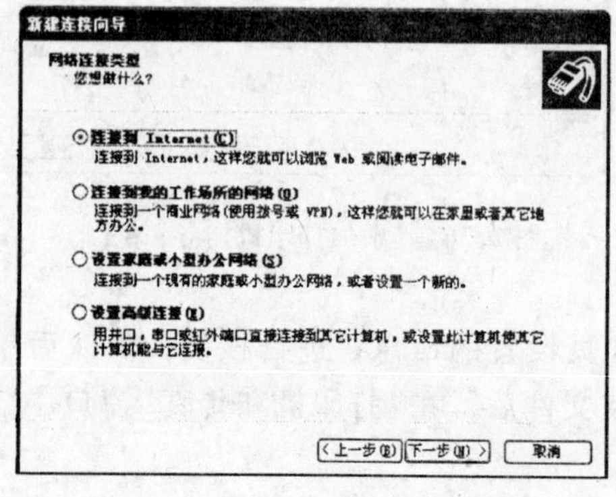

图 2.38 “新建连接向导”第一步

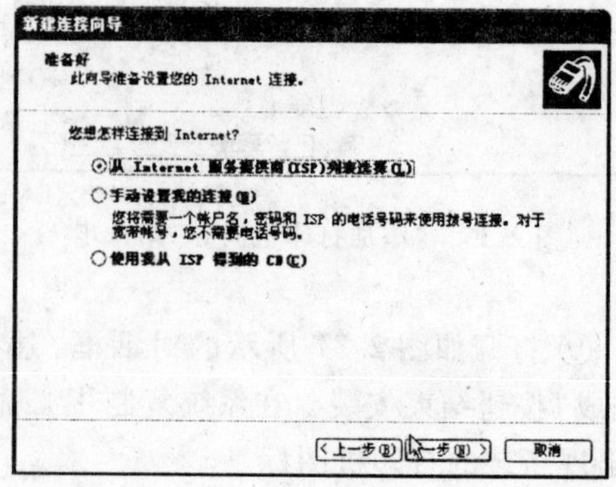

图 2.39 “新建连接向导”第二步

④ 在出现的“Internet 连接”界面中，选中“用拨号调制解调器连接”单选按钮，单击“下一步”继续，如图 2.40 所示。

⑤ 在“连接名”界面的“ISP 名称”框中(如图 2.41 所示)输入建立的连接名称，这里输入“我的连接”，单击“下一步”。

⑥ 输入与 ISP(互联网服务提供商)的服务器建立 Internet 连接的拨号的电话号码，如 111(如图 2.42 所示)，单击“下一步”。

⑦ 设置由 ISP 提供的 Internet 账户信息，如图 2.43 所示。此对话框下面的 2 个复选框根据用户自己的需要选择或取消。

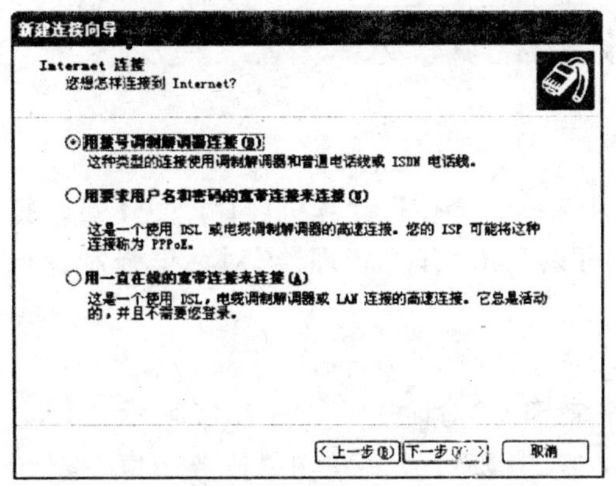

图 2.40　“新建连接向导”第三步

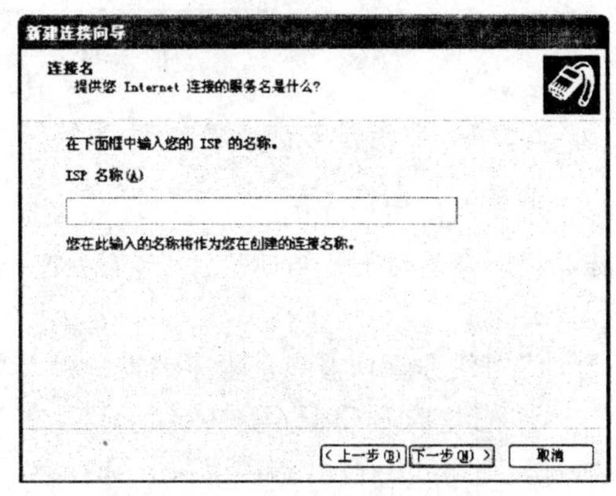

图 2.41　“新建连接向导”第四步

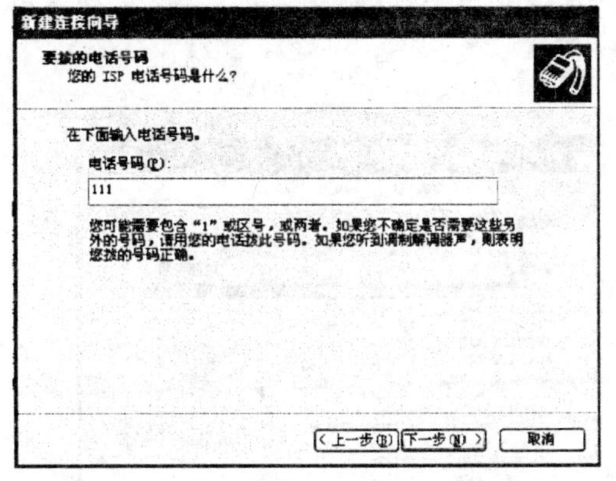

图 2.42　“新建连接向导”第五步

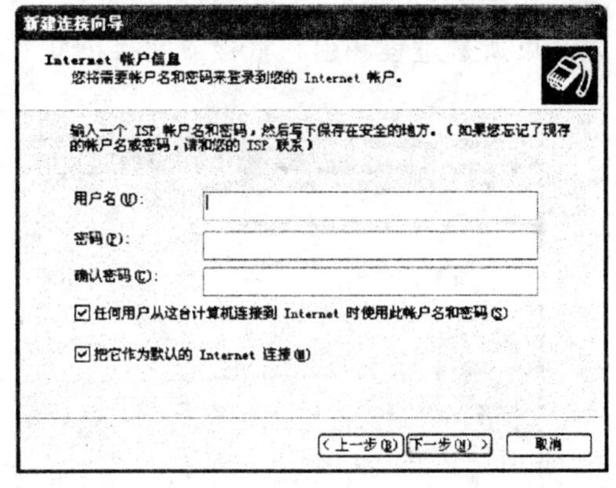

图 2.43　“新建连接向导”第六步

⑧ 单击“下一步”，在出现的对话框中，选中“在我的桌面上添加一个到此连接的快捷方式”复选框(如图 2.44 所示)，单击“完成”，即完成设置并且在桌面上建立了“我的连接”的快捷方式图标。

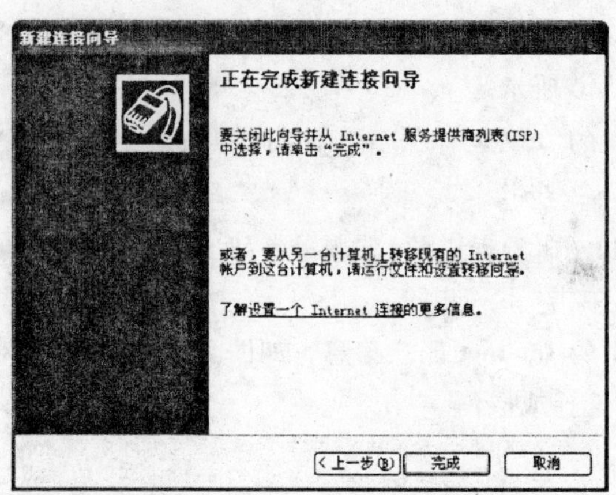

图 2.44 “新建连接向导”第七步

2.3.7 使用任务管理器

用户在使用计算机时，有时候如果打开的程序太多，会使得计算机内存严重不足，打开的程序会长时间不再响应用户的操作。这时，可以利用“任务管理器”对话框强制将该程序终止。

使用任务管理器终止程序或进程的具体操作：

① 同时按下 Ctrl+Alt+Del 组合键，打开“任务管理器”对话框，如图 2.45 所示。

② 在“应用程序”选项卡中，选择已经停止响应的程序，然后单击“任务结束”按钮。或者右击要结束的应用程序，在快捷菜单中单击“任务结束”命令。

③ 如要结束进程，则在“进程”选项卡中，选择一个进程，然后单击“结束进程”按钮，如图 2.46 所示。如果右击该进程，在出现的快捷菜单中选择“结束进程树”选项，可以结束所选进程和由它直接或间接创建的所有进程。

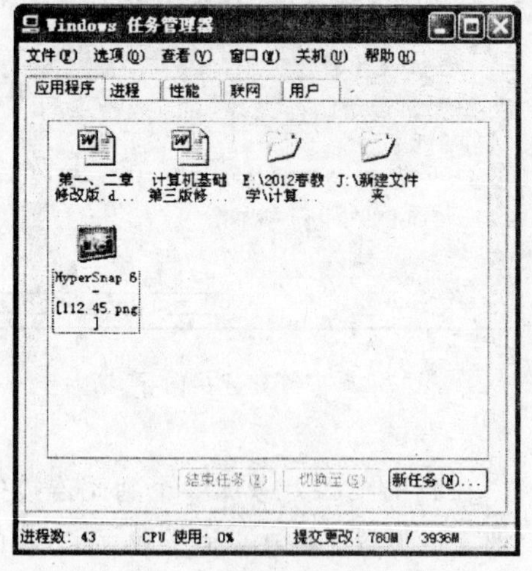

图 2.45 “任务管理器”对话框

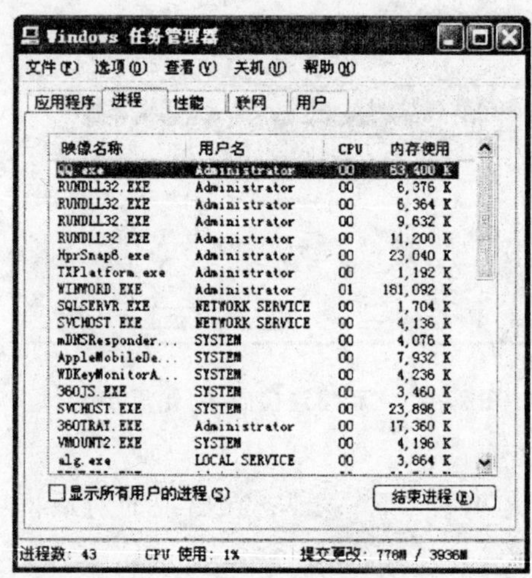

图 2.46 “进程”选项卡

2.3.8　使用设备管理器

Windows 的设备管理器是一种管理工具，可用它来管理计算机上的设备。可以使用"设备管理器"查看和更改设备属性、更新设备驱动程序、配置设备设置和卸载设备。设备管理器提供计算机上所安装硬件的图形视图。所有设备都通过一个称为"设备驱动程序"的软件与 Windows 通信。使用设备管理器可以安装和更新硬件设备的驱动程序、修改这些设备的硬件设置以及解决设备使用中出现的问题。

1. 设备管理器的用途

使用设备管理器可以完成以下功能：

① 检测计算机上的硬件是否工作正常。

② 更改硬件配置设置。

③ 标识为每个设备加载的设备驱动程序，并获取有关每个设备驱动程序的信息。

④ 更改设备的高级设置和属性，安装更新的设备驱动程序。

⑤"启用"、"禁用"和"卸载"设备。

⑥ 回滚到设备驱动程序的前一版本。

⑦ 基于设备的类型，按设备与计算机的连接或按设备所使用的资源来查看设备。

⑧ 显示或隐藏不必查看但对高级疑难解答而言可能必需的隐藏设备。通常使用设备管理器来检查硬件的状态以及更新计算机上的设备驱动程序。完全了解计算机硬件的高级用户还可以使用设备管理器的诊断功能解决设备冲突和更改资源设置。

一般来说，不需要使用设备管理器更改资源设置，因为在硬件安装过程中系统会自动分配资源。使用设备管理器只能管理"本地计算机"上的设备。在"远程计算机"上，设备管理器将仅以只读模式工作，此时允许查看该计算机的硬件配置，但不允许更改该配置。

2. 设备管理器的打开方法

有两种方式打开"设备管理器"，分别是：

① 单击"开始"菜单按钮，然后单击"程序"|"附件"|"设备管理器"。

② 选中"我的电脑"图标右击，选择"属性"|"硬件"|"设备管理器"，如图 2.47 所示。

3. 认识设备管理器中的问题符号

在 Windows 操作系统中，设备管理器是管理计算机硬件设备的工具，我们可以借助设备管理器查看计算机中所安装的硬件设备、设置设备属性、安装或更新驱动程序、停用或卸载设备。

在"设备管理器"窗口中(如图 2.47)，显示了本地计算机安装的所有硬件设备，例如光存储设备、CPU、硬盘、显示器、显卡、网卡、调制解调器等。这里，介绍一下设备管理器中的一些问题符号。

① 红色的叉号

在图 2.47 窗口中可以看到"Microsoft Loopback Adapter"中的硬件设备显示了红色的叉号，这说明该设备已被停用。

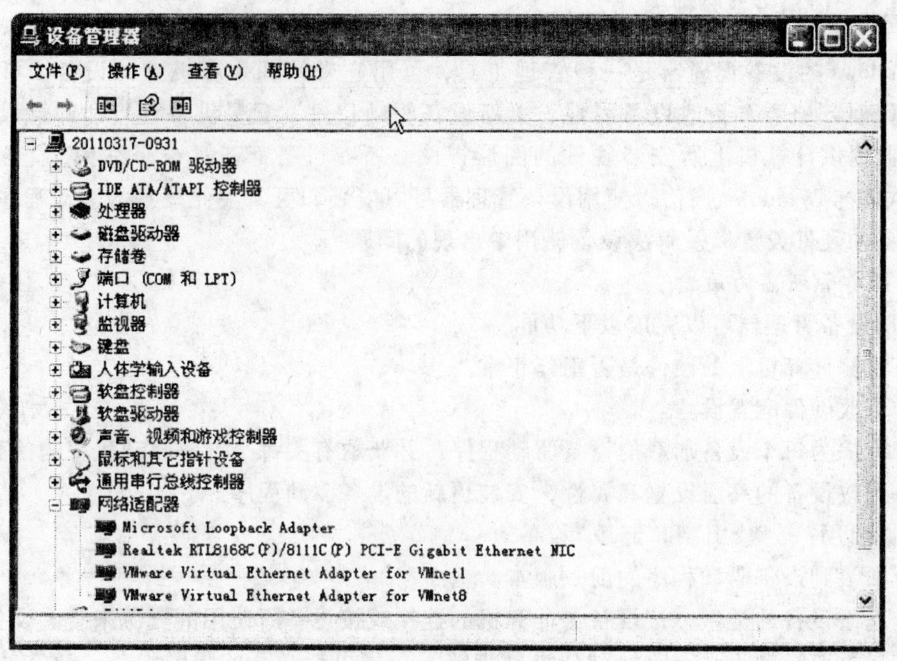

图 2.47 “设备管理器”窗口

解决办法：右键点击该设备，从快捷菜单中选择“启用”命令就可以了。

② 黄色的问号或感叹号

如果看到某个设备前显示了黄色的问号或感叹号，前者表示该硬件未能被操作系统所识别；后者指该硬件未安装驱动程序或驱动程序安装不正确。

解决办法：首先可以右键点击该硬件设备，选择“卸载”命令，然后重新启动系统，如果是 Windows XP 操作系统，大多数情况下会自动识别硬件并自动安装驱动程序。不过，某些情况下可能需要插入驱动程序盘，再按照提示进行操作。

2.3.9 使用本地连接

当我们创建家庭或小型办公网络时，运行 Windows XP Professional 或 Windows XP Home Edition 的计算机将连接到局域网（LAN）。安装 Windows XP 时，将检测计算机的网络适配器，而且将创建本地连接。它将出现在“网络连接”文件夹中。默认情况下，本地连接始终是激活的。本地连接是唯一自动创建并激活的连接类型。

如果断开本地连接，该连接将不再自动激活，这是因为计算机的硬件配置文件会记录此信息，以便满足移动用户的基于位置需求。例如，如果我们出差到外地的销售办事处，需要使用单独的硬件配置文件而不启用我们计算机的本地连接，那么此时不会浪费时间等待网络适配器连接超时，适配器甚至不会尝试连接。

如果计算机有多个网络适配器，则每个网络适配器的本地连接图标都将显示在“网络连接”文件夹中。

如果计算机网络适配器即网卡没有装好或者没有安装驱动程序，则本地连接图标都将不会显示在“网络连接”文件夹中。可以使用以太网、无线、家庭电话线（HPNA）、电缆调制解调器、DSL 和 IrDA（红外）创建局域网。仿真 LAN 基于虚拟适配器驱动程序（如 LAN 仿真协议）。

1. 手动设置 IP

① 打开“控制面板”|“网络连接”，找到当前的本地连接。如图 2.48 所示。

② 右击“本地连接”，单击“属性”按钮，打开“本地连接属性”对话框。如图 2.49 所示。

③ 选择“本地连接属性”对话框中的“Internet 协议（TCP/IP）属性”选项，右击本窗口中的“属性”按钮，打开“Internet 协议（TCP/IP）属性”对话框。如图 2.50 所示。

④ 选择“使用下面的 IP 地址”，在“IP 地址”中填写“192.168.0.1”，在“子网掩码”中填写“255.255.255.0”，其他不用填写，然后点“确定”即可。

2. 自动设置 IP

① 打开“控制面板”|“网络连接”，找到当前的本地连接。如图 2.48 所示。

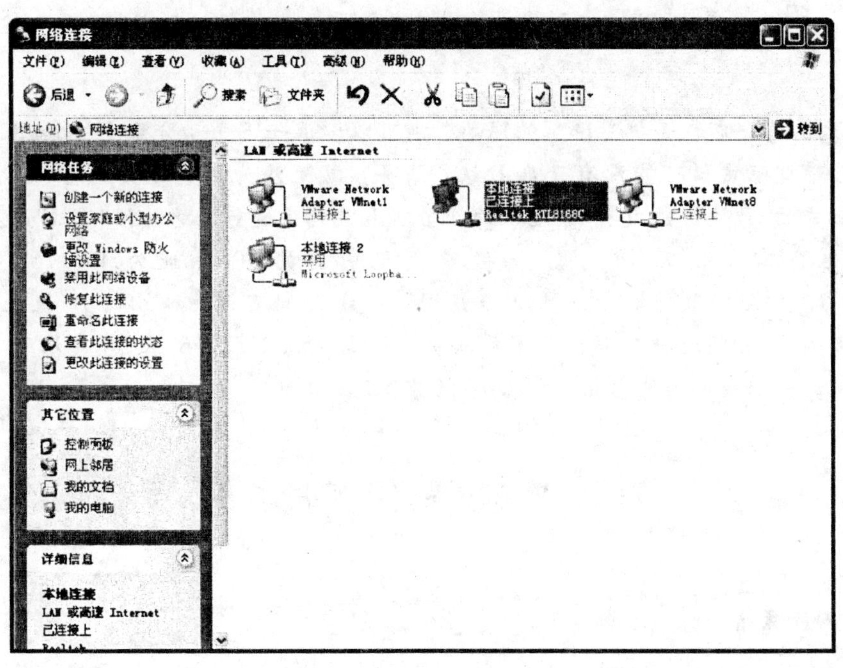

图 2.48 “网络连接”窗口

② 右击“本地连接”，单击“属性”按钮，打开本地连接属性对话框。如图 2.49 所示。

③ 选择连接属性对话框中的“Internet 协议（TCP/IP）属性”选项，右击本窗口中的“属性”按钮，打开“Internet 协议（TCP/IP）属性”对话框。如图 2.50 所示。

④ 选择“自动获得 IP 地址”即可。

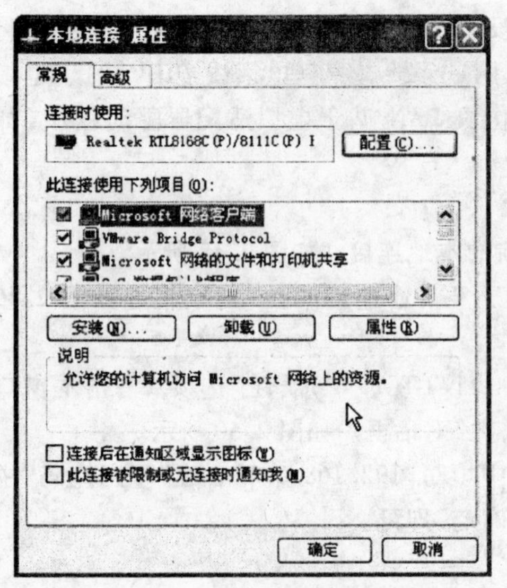

图 2.49 “本地连接属性”对话框

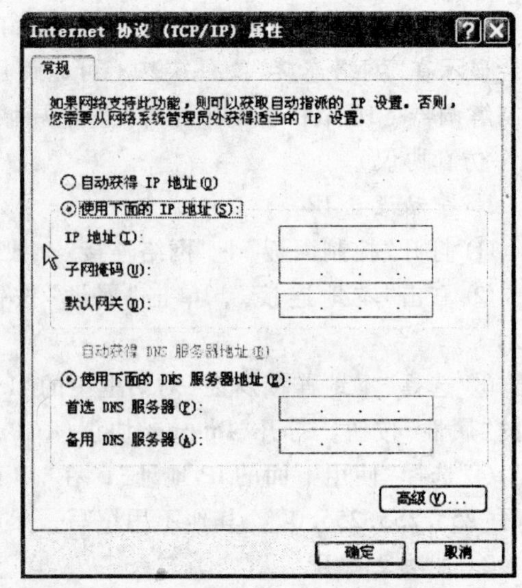

图 2.50 “Internet 协议(TCP/IP)属性”对话框

☞ **提示:**

①若无法解决本地连接受限制的问题，则可以尝试一下手动分配 IP 地址来解决这个问题，由于有些路由器可能没有开启 DHCP 服务，就无法为每台连接到路由器上的电脑分配一个独立的 IP 地址，没有 IP 地址的话当然也就无法进行网络访问(当 IP 地址为自动获取时，也会需要分配 IP)。②一般家庭路由器的 IP 地址为 192.168.0.1 或者 192.168.1.1。把路由器的 IP 地址填入默认网关，IP 地址可以把路由器 IP 地址的最后一段数字在 2~254 之间随便填写，子网掩码可以填写 255.255.255.0。③要填写 DNS 服务器解析地址，可以查看当地电信商的 DNS 服务器地址。

2.4 Windows XP 实用工具

2.4.1 计算器

计算器是 Windows XP 在附件中的一个计算工具，可以替代日常生活中的计算器。它不仅可以用于基本的算术运算，同时还可以进行高级的科学计算和统计计算。

选择“开始”|“所有程序”|“附件”|“计算器”命令，打开如图 2.51 所示的计算器界面，即可使用计算器了。

选择“查看”|“科学型”命令，可以将计算器切换到如图 2.52 所示的科学型计算器界面。在科学型计算器中可以使用函数、统计等按钮进行相关的运算，也可以进行整数的数制转换运算。

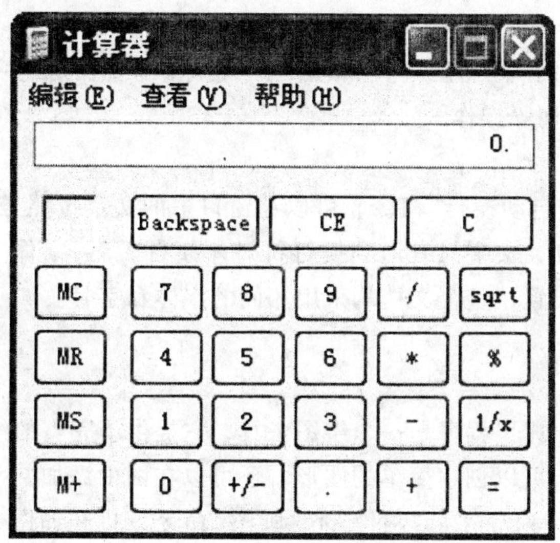

图 2.51　计算器

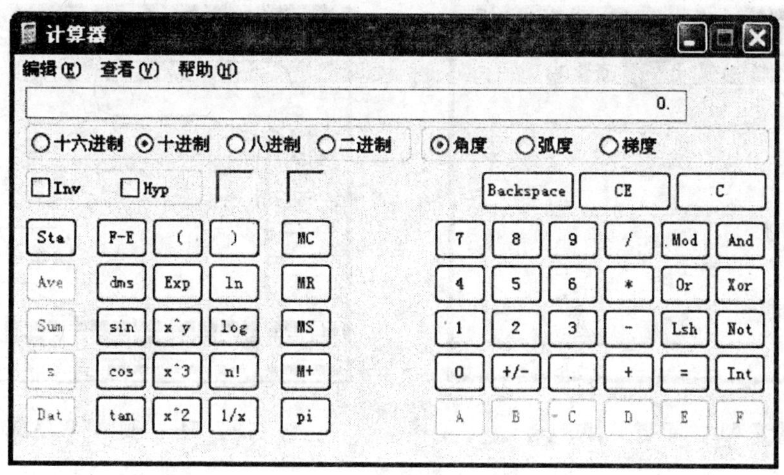

图 2.52　科学型计算器

2.4.2　记事本

在 Windows 系统中，“记事本”是用来加工处理纯文本文件的工具。在“记事本”中，不能使用文字的字体、字形，不能插入图形图像，只能输入文本。它只能用于编辑纯文本格式的文件，如批处理文件、高级语言的源程序、网页文件等。

选择“开始”|“所有程序”|“附件”|“记事本”命令，打开如图 2.53 所示的“记事本”窗口，可完成以下功能的操作：

(1)文件操作

文件操作的主要内容有：建立新的文本文件、打开磁盘上已存储的文本文件、打印当前文档和保存正在编辑的文档。记事本保存的文件扩展名默认为 . txt。

(2)编辑操作

编辑操作包括“复制”、“剪切”、“粘贴”、“删除”和查找指定字符、替换字符、在文档中插入当前时间/日期等操作。

(3)格式操作

“格式”菜单中的“自动换行”命令，可以让窗口中的文字按照当前“记事本”窗口的宽度自动换行显示。否则，文字只有遇到换行符时才换行。而“字体”命令是设置窗口中文字的显示形式，一经设置，整个文档均采用相同的字体和字号。

2.4.3 画图

Windows 系统中“画图”程序是一个绘图工具，它提供了完整的绘图工具和选择颜色的调色板。用画图程序，可以创建简单的图形，还可以在图中添加文字。

选择“开始”|“所有程序”|“附件”|“画图”命令，打开如图 2.54 所示的“画图”程序窗口。

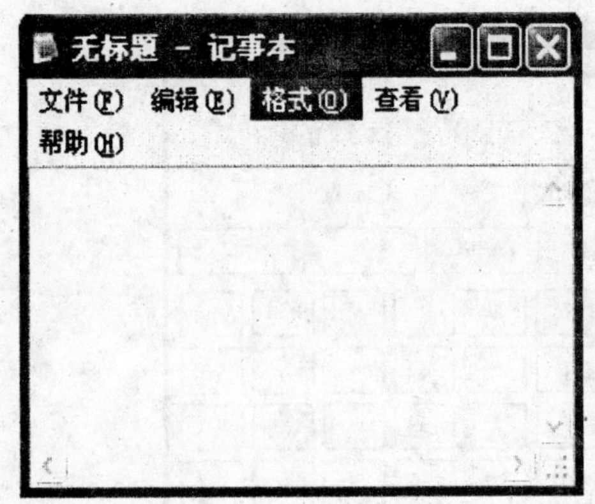

图 2.53 “记事本”窗口

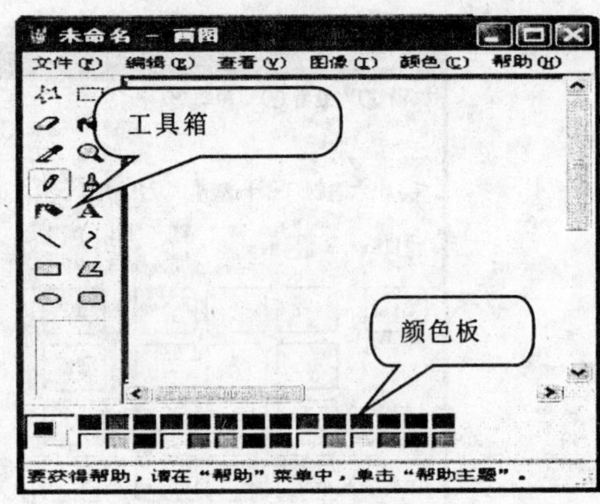

图 2.54 “画图”程序窗口

(1)工具箱

工具箱位于窗口左侧，工具箱下面是当前工具选项。选择工具箱中相应的按钮就可以对图片进行裁剪、添色、移动等操作。

(2)颜色板

颜色板默认在窗口的下部，单击色块选取的是前景色，右击色块选取的是背景色。

颜色选项板中给出的是几种标准颜色。如果颜色不够用，可以选择“颜色”|“编辑颜色”命令，打开编辑颜色的对话框，自定义任意颜色。

(3)图像处理

① 改变画布大小。选择“图像”|“属性”命令，打开属性对话框，在“宽度”、“高度”文本框中输入数值可以改变画布的大小；在“颜色”栏中可选择图形的颜色是“黑白”或

"彩色"。

② 图形变形。"图像"菜单下有两个改变图形形状的命令：

- "翻转/旋转"命令可以将选定的区域或整个图形进行沿水平、垂直翻转或按一定角度旋转。
- "拉伸/扭曲"命令可以将选定的区域或整个图形进行沿水平、垂直方向拉伸或扭曲一定角度。

③ 图形反色。选择"图像"|"反色"命令，可将选定的区域或整个图形中的颜色置换为相反的颜色。

④ 清除图像。选择"图像"|"清除图像"命令，可用背景色填充整个画布。

(4)保存图像

① 保存图像。绘制好图像后，可以使用"文件"菜单下的"保存"命令保存图像。图像保存的默认扩展名是 . bmp，也可以另存为 . jpg、. gif、. png 等格式。

② 设置为桌面背景。用户可以将自己绘制并已保存的图像设置为桌面背景图案，设置方法很简单，选择"文件"|"设置为桌面背景"命令即可。

2.4.4　磁盘管理

Windows XP 系统提供了磁盘管理工具，使用这些工具可以对磁盘进行维护、优化。

(1)磁盘清理工具

磁盘清理工具可以帮助用户删除系统临时文件和不再使用的程序，释放磁盘空间。进行磁盘清理步骤如下：

① 单击"开始"按钮，选择"所有程序"|"附件"|"系统工具"|"磁盘清理"命令，打开如图 2. 55 所示的对话框，选择要清理的驱动器，然后单击"确定"按钮，打开"磁盘清理"对话框。

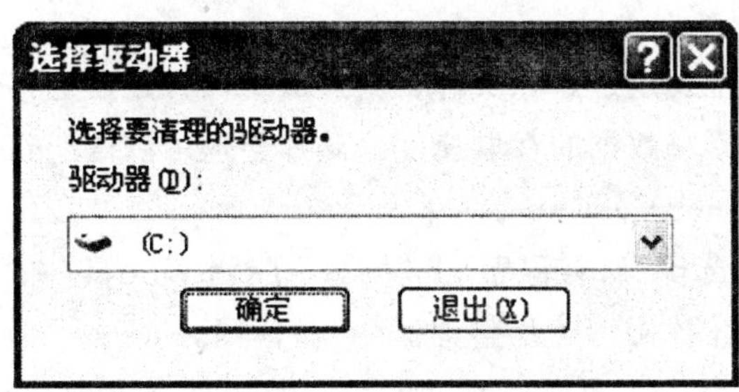

图 2. 55　"选择驱动器"对话框

② 在如图 2. 56 所示的"磁盘清理"选项卡中，选择要删除文件的类型，如果不能确认所选文件夹下是否有有用文件，可以单击"查看文件"按钮，打开文件夹查看；选择完成后，单击"确定"按钮，弹出要求确认的对话框，单击"是"按钮，进行删除。

③ 在如图 2.57 所示的“其他选项”选项卡中，可选择清理：

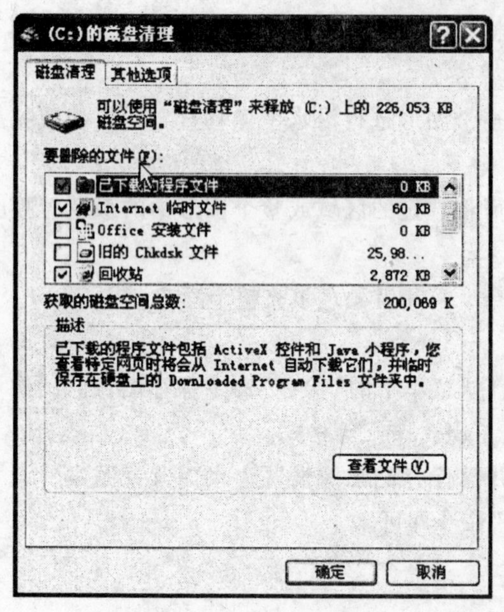

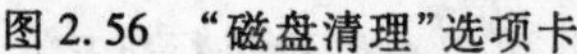
图 2.56 “磁盘清理”选项卡

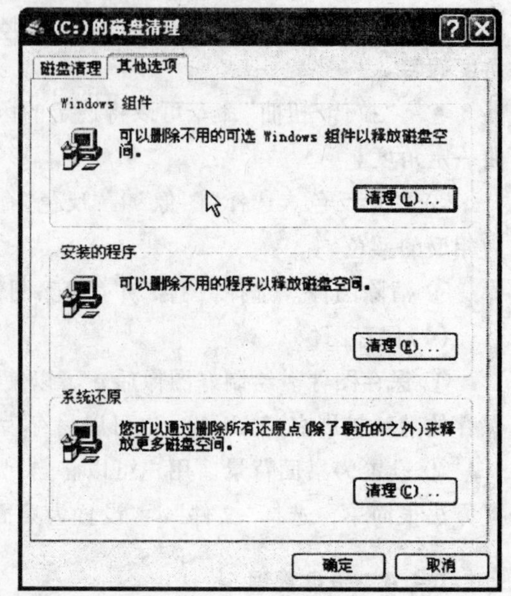

图 2.57 “其他选项”选项卡

- 清理“Windows 组件”。打开“Windows 组件向导”对话框，在该对话框中可以删除不使用的组件，以便释放磁盘空间。
- 清理“安装的程序”。打开“添加/删除程序”对话框，删除不使用的应用程序，释放磁盘空间。

以上两项的功能与“控制面板”中的“添加/删除程序”图标的功能相同。

- 清理“系统还原”。删除最近点以外所有还原点，以释放磁盘空间。

(2)磁盘碎片整理

用户频繁地在磁盘上创建、删除文件，会造成文件在磁盘上存储位置的不连续，这就是所谓的磁盘碎片，它影响数据的存取速度。碎片整理可以重新安排文件的存储位置，优化磁盘。

单击“开始”按钮，选择“所有程序”|“附件”|“系统工具”|“磁盘碎片整理程序”命令，打开如图 2.58 所示的“磁盘碎片整理程序”对话框。

在对话框的“卷”列表中，选择要整理的磁盘驱动器，单击“分析”按钮，对磁盘存储状态进行分析，然后向用户提出是否需要进行碎片整理的提示，并生成分析报告，同时用几种不同颜色直观地表示磁盘的使用情况。

在对话框的“卷”列表中，选择要整理的磁盘驱动器，单击“碎片整理”按钮，或在进行磁盘分析后，直接在系统的分析结果提示中，单击“碎片整理”按钮。

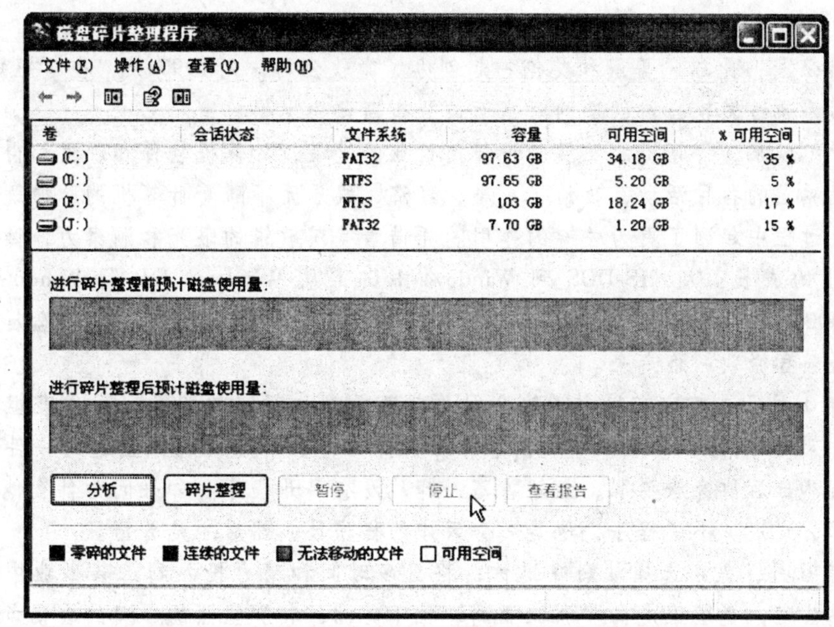

图 2.58　“磁盘碎片整理程序”对话框

微软帝国缔造者——比尔·盖茨

1955 年，在第一台计算机诞生 11 年后，在美国西雅图，比尔·盖茨(Bill Gates)出生在一个知识分子家庭里。这个婴儿的出生注定将与计算机结下不解之缘。

20 世纪 60 年代，计算机并不多见。而就在这一年，一台 PDP-10 的计算机终端迷住了小盖茨和他的好友艾伦。正是因为这台简陋的终端，才有了日后盖茨这个天才的程序员和地球上最富有的人。这一年盖茨 13 岁。

1971 年，湖滨程序员小组赢得了一次真正的商业机遇，受委托为当地的“信息科学有限公司(ISI)”编制一个工资单程序。虽然 ISI 支付给湖滨程序员小组的报酬只是免费上机时间，但盖茨在与公司谈判时，要求以项目产品或版权协议的规定来支付他们的酬金。

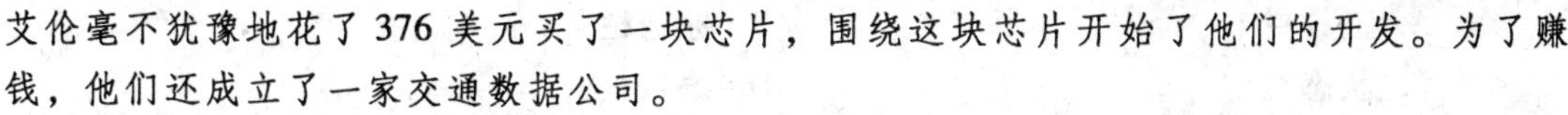

1972 年，英特尔公司推出了 8008 微处理器芯片。盖茨和艾伦毫不犹豫地花了 376 美元买了一块芯片，围绕这块芯片开始了他们的开发。为了赚钱，他们还成立了一家交通数据公司。

1973 年，盖茨进入世界名校哈佛大学学习，度过了一段短暂而非凡的求学时光，直至大三从哈佛法律预科辍学。

1974 年 12 月一个寒冷的冬天，保罗·艾伦在路边报亭上偶尔发现了元月号《大众电子学》配发的“牛郎星”照片，他兴冲冲告诉了盖茨。两人立即决定编写可以在这种新机器上运行的计算机语言。盖茨和艾伦在哈佛的阿肯计算机中心没日没夜地干了8周，成功地为牛郎星电脑开发出了BASIC语言。

1975年7月，比尔·盖茨和艾伦一起创办了微软公司，到1997年，在这短短的22年间，盖茨因为通过微软公司创造的财富而被福布斯评为世界首富。

半个世纪以来，计算机的发展胜过任何行业的发展，计算机软件和硬件都得到了巨大的发展，世界上的各种活动，政治、军事、经济、娱乐无不随着计算机的脉搏跳动。微软在这个发展过程中起到了更为关键的作用。凭借着盖茨敏锐的眼光和洞察力，微软公司引领着软件业的成长：从MS-DOS到Windows 1.0，从Windows 3.0到Windows 95，从Windows 2000到Windows XP，从Windows 2003 Server到Vista，几十年间，蓝屏白字到绚丽多彩，盖茨和微软一路走来。

2000年1月，盖茨宣布辞去微软公司总裁兼首席执行官的职务，而一直担任微软公司首席软件架构师，从13岁第一次接触计算机开始，盖茨从没有停止过的一件事情就是写程序。虽然日后他身居要职、荣登首富，却从没有离开程序。如果问为什么他能成为世界首富，那么肯定少不了程序，他是一个天才的程序员，然后才是首富。

2008年6月，盖茨选择从巅峰退休，将更多时间和精力投入到慈善事业中。离开微软豪华的办公室，盖茨正走向非洲、亚洲、拉丁美洲，和那里黑的、黄的、褐色的穷人们的手握在一起……

练习题

一、选择题

1. 操作系统是________的接口。

A. 用户与软件　　B. 系统软件与应用软件

C. 主机与外设　　D. 用户与计算机

2. Windows XP操作系统的特点包括________。

A. 图形界面　　B. 多任务

C. 即插即用　　D. 以上都对

3. 在Windows XP中，如果想同时改变窗口的高度和宽度，可以通过拖动________实现。

A. 窗口角　　B. 窗口边框

C. 滚动条　　D. 菜单栏

4. 将鼠标指针指向窗口的________拖动，可以移动窗口。

A. 工具栏　　B. 标题栏

C. 状态栏　　D. 编辑栏

5. 在Windows XP中，双击驱动器图标的作用是________。

A. 查看磁盘所存放的文件　　B. 备份文件

C. 格式化磁盘　　D. 检查磁盘驱动器

6. 下列说法中不正确的是________。

A. 电子出版物存储容量大，一种光盘可存几百本书

B. 电子出版物可以集成文本、图形、图像、动画、视频、音频等多媒体信息

C. 电子出版物不能长期保存

D. 电子出版物检索快

7. 在 Windows XP 系统中，当程序因某种原因陷入死循环，下列哪一个方法能较好地结束程序？________。

A. 按 Ctrl+Alt+Del 键，然后选择“结束任务”

B. 按 Ctrl+Del 键，然后选择“结束任务”

C. 按 Alt+Del 键，然后选择“结束任务”

D. 直接按 Reset，结束该程序

8. 设置屏幕保护的主要目的是________。

A. 保护屏幕不被别人看到　　B. 保护屏幕的颜色

C. 减少屏幕辐射　　D. 防止显示器局部过度使用

9. 计算机管理中包含了 3 个主要的工具，下列________不是其中一项。

A. 系统工具　　B. 存储

C. 磁盘管理　　D. 服务和应用程序

10. 下列对文件夹的说法中正确的是________。

A. 文件夹可以嵌套建立　　B. 文件夹只能嵌套建立

C. 文件夹可以带在身边　　D. 文件夹一旦建立便无法更改

二、填空题

1. 组合键________可以打开任务管理器。

2. 组合键________可以实现输入法的切换。

3. ________是 Windows XP 操作系统操作的基本界面。

4. 组合键________可以打开资源管理器。

5. Windows XP 是________位操作系统。

三、简答题

1. 简述修改桌面背景的步骤。

2. 简要说明分辨率和刷新率所代表的含义。

3. 简述窗口排序的 3 种方式。

4. 简述如何查看磁盘状态。

5. 简要说明如何对文件夹改名。

6. 简要说明屏幕保护程序的重要性。

7. 简要说明创建文件夹大概有哪几种方法。

第3章　字处理软件 Word 2003

【学习目标】

Word 是微软 Office 办公套件中使用率非常高的一个软件，也是目前计算机办公中最流行的文档编辑软件之一。Word 功能强大，其处理对象除了文字，还包括图形、图片、表格等内容。利用它可以制作图文并茂的文章、报纸、书刊或因特网上的主页。若要使用 Word 2003 编辑文档，就必须熟练地掌握 Word 2003 的基础操作知识。本章主要介绍 Word 2003 的基本操作，包括文档的基本操作、文本的基本操作、文档格式化、图文混排、Word 表格、页面设置和文档打印等。

通过本章的学习应掌握：

① 常规 Word 文档的建立及文本编辑方法；

② 文档格式化方法和技巧；

③ 图文混排方法；

④ Word 表格的建立及编辑方法；

⑤ 页面设置、文档打印的方法与技巧。

3.1　初识 Word 2003

3.1.1　Word 2003 概述

Microsoft Office 是美国微软公司推出的当前世界上最流行、应用最广泛的办公软件。Office 大家庭由 Word(文字处理软件)、Excel(电子表格文字处理软件)、PowerPoint(演示文稿文字处理软件)、Access(数据库应用系统)、FrontPage(网页制作软件)、Visio(图表制作软件)和 Outlook(桌面信息管理软件)等面向不同任务的成员组成。

Office 产品发布后，针对应用过程中暴露的一些问题，同时也为了适应不断增长的功能需要，Microsoft 公司对产品不断改进，先后推出了 Office 2000、Office 2003、Office 2007、Office 2010 等不同版本。其中 Word 2003 是 Office 2003 中文版的主要组件之一，它集文字处理、电子表格、传真、电子邮件、HTML 和 Web 页面制作功能于一体，让用户能方便地处理文字、图形和数据等，适用于制作各种文档。同以前的版本相比，Word 2003 操作界面更加友好，功能更加强大，在交流和共享消息、协同工作以及 XML 文件的链接等方面都有很大的改进和提高；同后续的版本相比，它们的操作基础都相同，且

Word 2003 最基础、最常用、更易上手，在目前日常办公中仍然得到广泛的应用。

3.1.2　启动 Word 2003 窗口的方法

启动 Word 2003 窗口有多种方式，常用的方法有如下 4 种：

① 从任务栏中的“开始”菜单启动：执行“开始”|“所有程序”|“Microsoft Office”|“Microsoft Office Word 2003”命令。

② 直接启动文档：在驱动器、文件夹或桌面双击任何已经存在的 doc 文档或快捷方式。也可以选中多个文档，然后按 Enter 键(或右击选中区域，在弹出的菜单中单击“打开”命令)即可启动文档，如图 3.1 所示。

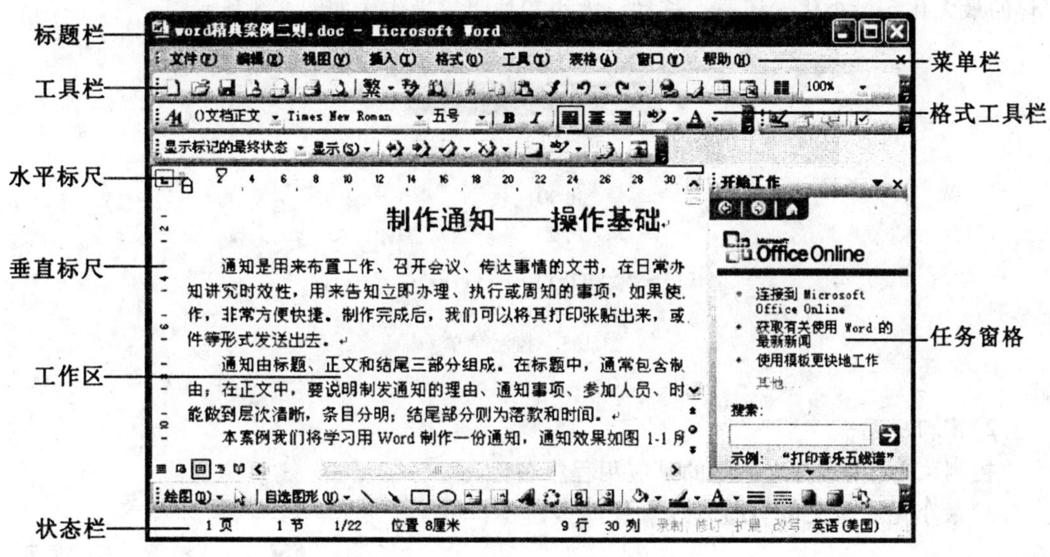

图 3.1　Word 2003 窗口组成

③ 利用常用文档启动：单击“开始”|“我最近的文档”命令，在子菜单中选择要打开的文档。

☞ 提示：

可以在桌面上为常用文档或常用文件夹创建快捷方式，以便每次快速打开。

3.1.3　Word 2003 窗口组成

Word 2003 窗口由标题栏、菜单栏、工具栏、工作区、状态栏、标尺、滚动条等部分组成，还包括新增的任务窗格，如图 3.1 所示。

1. 标题栏

标题栏位于 Word 主窗口的最顶部。左端为窗口的控制按钮，接着依次显示的是当前正在编辑的文档的名称、研制软件公司的名称和应用程序的名称，右端是“最小化”、“最大化”、“关闭”按钮，如图 3.2 所示。双击标题栏可以使窗口在最大化与非最大化间切换。

图 3.2　标题栏

(1)“控制菜单”图标

标题栏左端是“控制菜单”图标。单击此图标会弹出一个下拉菜单，完成对 Word 窗口的最大化、最小化、还原、移动、大小和关闭等操作，如图 3.3 所示。

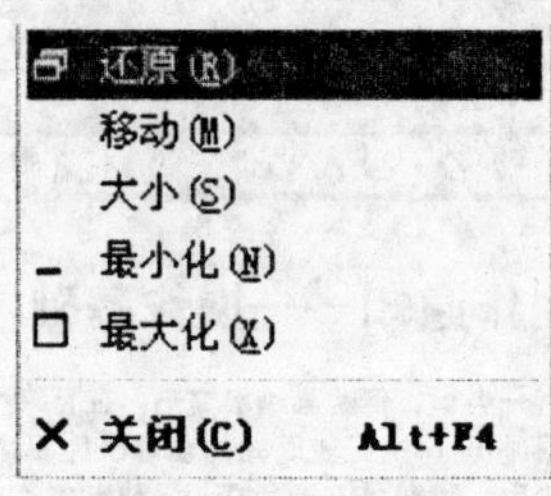

图 3.3　控制菜单

(2)窗口标题

“控制菜单”图标右边显示的是应用程序名称。

(3)最小化、最大化(或还原)和关闭按钮

在标题栏最右端有一组窗口控制按钮，包括“最小化”按钮、“最大化”按钮和“关闭”按钮，单击相应的按钮，可执行相应的操作。

2. 菜单栏

菜单栏位于标题栏下方，它提供了 Word 2003 中所有的操作命令，主要包括“文件”、“编辑”、“视图”……“帮助”等 9 个菜单项，菜单项右边的字母为快捷键，如图 3.4 所示。每个菜单项包含一个由一组命令组成的下拉菜单，覆盖了 Word 的各种功能。不常用的命令会被自动隐藏，可通过单击菜单下方的按钮展开所有的命令或将鼠标停留一会儿，菜单就会展开。

文件(F)　编辑(E)　视图(V)　插入(I)　格式(O)　工具(T)　表格(A)　窗口(W)　帮助(H)　工作(K)

图 3.4　菜单栏

单击菜单项或按“Alt+菜单名后的英文字母”，弹出相应下拉菜单，用鼠标或上、下箭头键移动光条选定并单击其中某项命令，可执行此操作。

3. 工具栏

工具栏将 Word 2003 中一些常用的功能命令以按钮或列表框的形式集合在一起。用鼠标可以快速地选择相应命令。在窗口中默认设置仅显示“常用”、“格式”和“绘图”工具栏。若要显示或隐藏某个工具栏，可单击菜单栏中“视图”|“工具栏”，或右击菜单栏或工具栏的任意位置，将展开 Word 的所有工具栏列表，包括“绘图”、“表格与边框”、“图片”、“任务窗格”和“自定义”等，通过勾选或取消勾选来显示或隐藏对应的工具栏。

“常用”工具栏以图标的形式形象地显示了 Word 操作的常用命令按钮，将鼠标指针指向某一图标并在图标上稍停片刻，会显示该图标的简要功能提示。用户可直接单击工具按钮执行对应的操作，非常方便快捷，如图 3.5 所示。

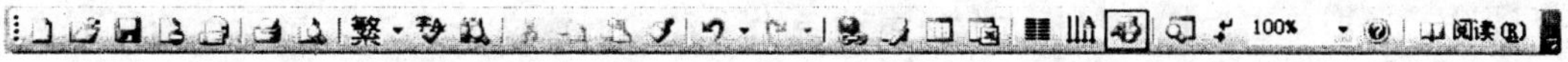

图 3.5 “常用”工具栏

格式工具栏也以下拉列表框和图标方式列出了常用的排版命令，可对文字的样式、字体、字号、对齐方式、颜色、段落编号等进行设置，如图 3.6 所示。

图 3.6 “格式”工具栏

☞ 提示：

拖动工具栏左端的竖条，可以改变工具栏在窗口中的位置。

4. 状态栏

状态栏位于窗口的最底部，用来显示文档的位置信息和编辑状态。位置信息包括插入点当前所在的页码、节、页码/总页数、插入点所在位置、行和列等信息。编辑状态由状态栏右端 4 个方框来显示，分别是“录制”、“修订”、“扩展”和“改写”。字体为暗灰色表示未启用。双击方框可改变其状态，如图 3.7 所示。

1 页　1 节　1/22　位置 5.7厘米　5 行　10 列　录制　修订　扩展　改写　中文(中国)

图 3.7 状态栏

☞ 提示：

“改写”状态下，输入的文本将依次替代其后的字符，以实现对文档的修改。按下键盘“Insert”键，输入的文本将以插入方式添加至现有的文本中。

5. 工作区

工作区即文档编辑区，位于窗口中间的空白区域，是输入和编辑文档的场所。其显示比例可通过“常用”工具栏中的 100% 下拉列表框进行设置。当启动 Word 2003 并新建

一篇空白文档后，在文档编辑区的左上角将显示一个闪烁的光标“|”，此时可在文档编辑区中进行输入和编辑等操作。

6. 标尺

标尺分为水平标尺和垂直标尺两种，分别位于文档窗口的上边和左边。设置标尺的作用是：查看正文的宽度，设定左右界限、首行缩进位置和制表符位置等。标尺的显示或隐藏可以通过单击菜单栏“视图”|“标尺”命令来实现。

7. 滚动条和视图切换按钮

滚动条分为水平滚动条和垂直滚动条两种。如果文本文件过大，无法完全显示在文档窗口中，则可以利用水平和垂直滚动条来查看整个文本。垂直滚动条用于上下滚动文档，水平滚动条用于左右滚动文档。四个按钮控制左、右、上、下拖动文档；用鼠标按住（即单击后按住鼠标左键）滚动条上下滚动，滚动条旁边会显示当前页码和标题等信息，页面内容也会随之上下滚动，对根据页码或标题查找文档等操作很适用；和分别表示向前翻一页或向后翻一页。单击“选择浏览对象”按钮会弹出一个小的选择窗口，如图 3.8 所示。单击某一个按钮后，再单击上下翻页按钮或时，就可以按照需要的方式（例如按图形、按标题等）浏览文章了。

在水平滚动条的左侧有 5 个视图方式切换按钮，单击它们可以改变文档的视图方式，一般最常用的是“页面视图”。

8. 任务窗格

“任务窗格”是 Word 2003 新增的窗口元素，它将用户要做的许多工作归纳到了不同类别的任务中，并统一以一个窗口形式提供给用户，方便使用。单击菜单栏“视图”|“任务窗格”命令，可控制任务窗格的显示或隐藏。用户可单击“开始工作”下拉按钮，在弹出的下拉框中自由选择所需类别窗格，如图 3.9 所示。单击右侧关闭按钮则关闭任务窗格。

图 3.8 “选择浏览对象”菜单

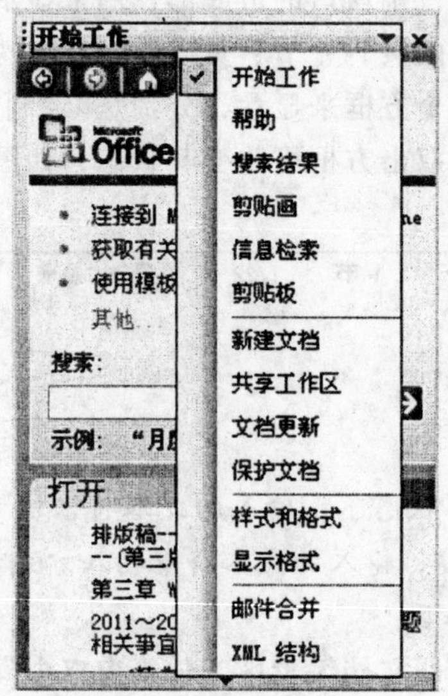

图 3.9 “任务窗格”选择菜单

☞ 提示：

为了在 Word 2003 的工作界面中更易于操作，可根据需要自定义 Word 2003 的工作界面。其具体操作如下：

① 选择"开始"|"所有程序"|"MicroSoft Office"|"Microsoft Office Word 2003"菜单命令，启动 Word 2003。

② 选择"视图"|"工具栏"|"绘图"菜单命令，将"绘图"工具栏显示在工作界面的下方。使用同样的方法可显示或隐藏其他工具栏。

③ 将鼠标移动至"格式"工具栏的最左侧，当光标形状成✥时，拖动"格式"工具栏至文档编辑区中，可将其设置为浮动工具栏。使用同样的方法可将任意工具栏设置为浮动工具栏。

④ 单击任务窗格中的 ✕ 按钮，将任务窗格关闭，最终设置后的工作界面效果如图 3.10 所示。

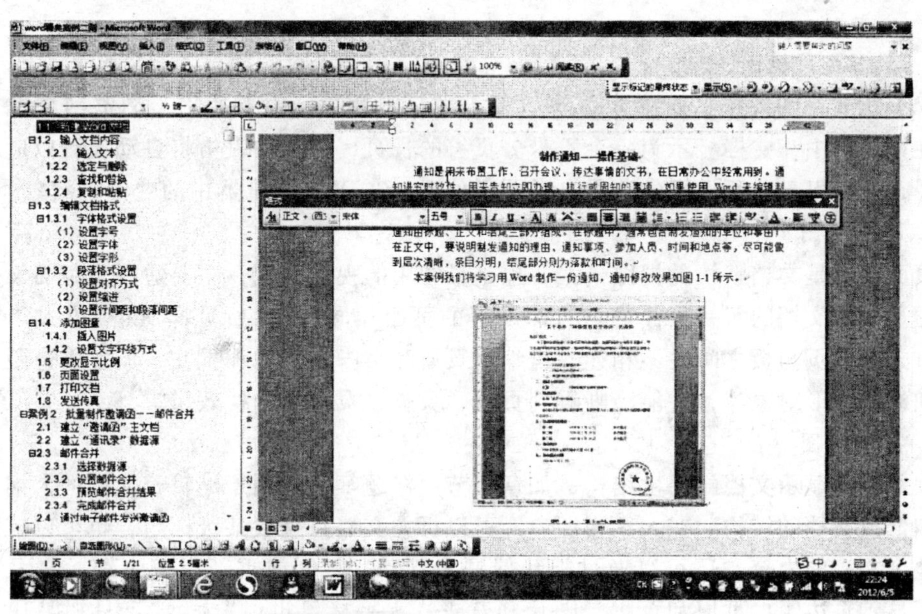

图 3.10　Word 2003 的工作界面

3.1.4　Word 2003 视图方式

Word 文档的视图是指文档在窗口中的显示形式。同一篇文档在不同的视图下查看，内容一致，但显示出的效果不同。Word 2003 除提供常有的"普通视图"、"Web 版式视图"、"页面视图"、"大纲视图"以外，还增加了"阅读版式"。丰富的视图类别增强了用户的可选性和阅读舒适性。用户可以单击窗口左下角的视图选择按钮 ≡ ◻ ▣ ☰ ◫ ，或使用窗口"菜单栏"的"视图"下拉菜单中的命令来实现视图之间的切换，如图 3.11 所示。

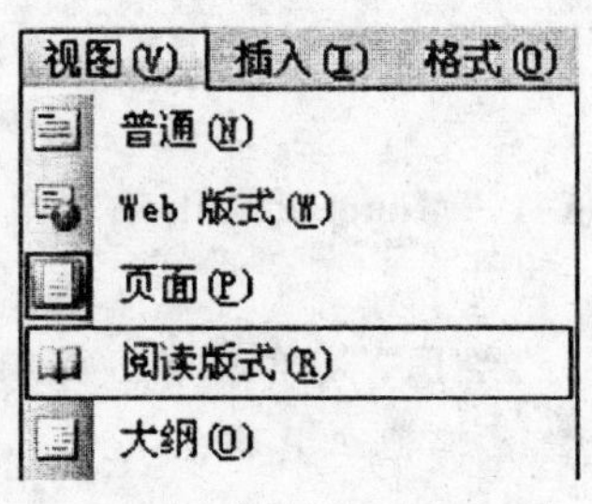

图 3.11 视图方式

1. 普通视图

普通视图简化了页面的设置布局，多用于基本文字处理工作，如输入、编辑、设置文本格式和插入图片等。它不显示页眉、页脚、分栏和首字下沉等页面效果，绘制图形的结果也不能真正显示。这种视图下占用计算机资源少，响应速度快，但不适于页面排版操作。

2. Web 版式视图

Web 版式视图模拟文档在 Web 浏览器上的显示效果，主要适用于浏览网页为主的内容。在该视图中，文档显示为一个不带分页符的长页，文本和表格将自动换行以适应窗口的大小，还可以显示所设置的背景，且图形位置与在 Web 浏览器中的位置一致。

3. 页面视图

页面视图是文档默认的视图模式，也是最常用的视图方式，主要适用于版面设计。页面视图显示的文档的每一页面都与打印所得的页面相同，即"所见即所得"方式。在这种视图方式下，页与页之间并不相连，可编辑页眉和页脚、脚注和批注，调整页边距，处理分栏和编辑图形对象等，并能清晰看到页眉、页脚、页码及分栏效果。

4. 大纲视图

大纲视图显示文档的层次结构，如章、节、标题等。适用于编辑长文档的大纲，便于审阅和修改文档的结构。在大纲视图中，可以折叠文档只查看某级标题，也可以扩展文档查看整个文档的内容，还可以通过拖动标题来移动、复制或重新组织大纲。在大纲视图下，不显示页边距、页眉和页脚、图片和背景，水平标尺也由"大纲"工具栏替代，如图 3.12 所示。使用"大纲"工具栏可以轻松地"折叠"或"展开"文档，对大纲标题进行"上移"或"下移"、"升级"或"降级"等调整文档结构的操作，可以全面查看并调整文档的结构。

图 3.12 "大纲"工具栏

5. 阅读版式

Word 2003 增加了独特的"阅读版式"，便于在屏幕上阅读文档，特别是长文档。阅读版式隐藏了除“阅读版式”和“审阅”工具栏以外的所有工具栏，扩大了显示区，在字数多的情况下会自动分成多屏。与页面视图相比，文字大小保持不变，行的长度缩短，页面符合屏幕大小，视觉效果较好。

☞ **提示：**

阅读版式显示的屏号并不是纸张页码号，而是按屏幕编号。

3.1.5　Word 2003 关闭与退出

关闭当前 Word 文档而不退出 Word 应用程序，一般有如下两种方法：

① 鼠标单击界面右上角关闭按钮 ✖ 。

② 选择菜单项“文件”|“关闭”命令即可。

退出 Word 2003 即退出当前 Word 应用程序窗口，此应用程序窗口在任务栏消失。常用的方法有如下 4 种。

① 单击 Word 2003 窗口最右上角的关闭按钮 ☒ 。

② 选择菜单项“文件”|“退出”命令。

③ 双击 Word 2003 窗口左上角的控制图标，或单击该图标，在弹出的提示框中选择“关闭”命令。

④ 使用快捷键“Alt+F4”。

☞ **提示：**

关闭或退出 Word 时，如果最后一次的修改没有存盘，系统会询问用户是否保存。

3.2　文档的基本操作

文档操作是使用 Word 最基本的操作，用户必须知道如何创建新文档、输入文本与符号、保存文档、打开文档及关闭文档，才能对文档进行更进一步的操作。

3.2.1　文档的创建、保存和打开

1. 创建新文档

最常用的创建新文档的方式：

① 通过执行 Word 软件，即建立了一个新文档，默认文档名为“文档 1”。

② 单击“常用”工具栏中的“新建”按钮，或按下 Ctrl+N 组合键。

③ 单击菜单栏“文件”|“新建”命令，在“新建文档”任务窗格中选择相应的方式。

④ 在文件系统的某个路径下，右击空白处，单击“新建”|“Microsoft Word 文档”命令，这样可以快速在文件夹中创建文档。

⑤ 在“资源管理器”中复制 Word 文件，重命名后双击复制文件，打开后进行编辑，

这样可以保留原来未修改的文档。

2. 保存文档

保存文档是一个非常重要的工作。文档编辑或修改好后，需要及时保存，避免因断电或死机等意外情况造成文档内容的丢失。保存文档分为保存新文档和保存已经重新编辑的旧文档。

(1)保存新文档

新文档保存，可选择“文件”菜单的“保存”命令方式或“另存为”，或单击“常用”工具栏的“保存”按钮，或利用快捷键 Ctrl+S，都会弹出“另存为”对话框，如图 3.13 所示。在对话框中的“保存位置”下拉列表框中选择要保存的磁盘和文件夹，在“文件名”文本框中输入文件名，在“保存类型”下拉列表中选择文件类型，然后单击“保存”按钮。

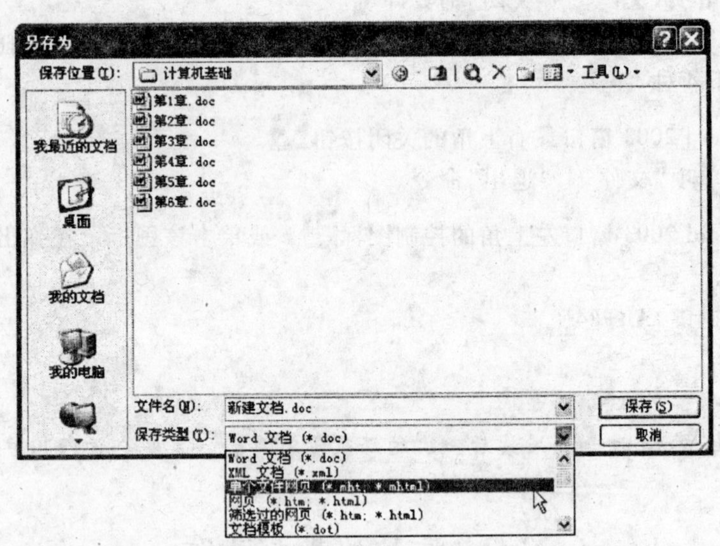

图 3.13 “另存为”对话框

(2)保存已编辑的旧文档

对于已保存过的旧文档，如不需要重新设定存储路径和文件名，点击工具栏上的“保存”按钮，或单击菜单项“文件”|“保存”或利用快捷键 Ctrl+S 即可。文档将以原路径和原文件名覆盖存盘。

(3)改变文档名或文档位置的保存(备份)

如果想把已保存的文档换个路径或者名称重新保存，可单击“文件”|“另存为”，在弹出的“另存为”对话框中即可选择与原文档不同的“保存位置”原名保存，也可以改变文件名在原位置保存，原来位置的文件不受影响。

(4)设置自动保存文档

Word 2003 提供了自动保存的功能，当遇到死机等意外情况时，重新启动计算机并打开之前编辑的文档，Word 会将自动保存的内容进行恢复，这样可减少文档编辑内容的丢失，从而降低损失。具体操作步骤如下：

单击菜单栏中“工具”|“选项”，弹出“选项”对话框。

单击“保存”选项卡，选中“自动保存时间间隔”复选框，并在其后的数值框中输入自动保存的间隔时间“5”分钟，默认一般是 10 分钟，如图 3.14 所示。

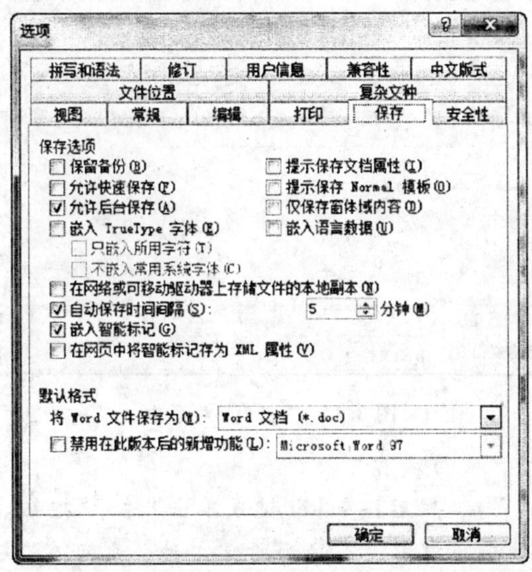

图 3.14　设置自动保存时间间隔

单击“确定”按钮，在文档编辑过程中，当间隔时间达到 5 分钟时，Word 会自动保存正在编辑的文档。

3. 打开文档

Word 2003 可以打开 Word 文档、文本文件、Web 页、RTF 格式文件等多种类型的文档。打开已经存在的文档最快捷的方法是在“资源管理器”中双击需要打开的 Word 文档，另外下面的方法也经常用到，具体操作步骤如下：

① 单击菜单栏“文件”|“打开”命令，或按 Ctrl+O 组合键，或单击工具栏上的“打开”按钮，弹出“打开”对话框，如图 3.15 所示。

② 在“查找范围”下拉列表框中选择要打开文档所在的位置，或者单击对话框左侧的 5 个快捷图标，来打开文件夹。

③ 选中一个或多个文档后或直接在“文件名”文本框中输入要打开的文档名，单击“打开”按钮就可以将文档打开。或者在要打开的文件上双击也可以打开 Word 文档。

☞ 提示：

① 单击“打开”按钮中的下三角按钮，在弹出的菜单中可以选择“以副本方式打开”选项，这样可以再创建另外一个副本，也可以选择“打开并修复”选项，当文件出现问题不能正常打开时，常会用到此功能。

② 可以直接在“文件名”下拉列表框中输入或粘贴所需打开文档的正确路径（例如

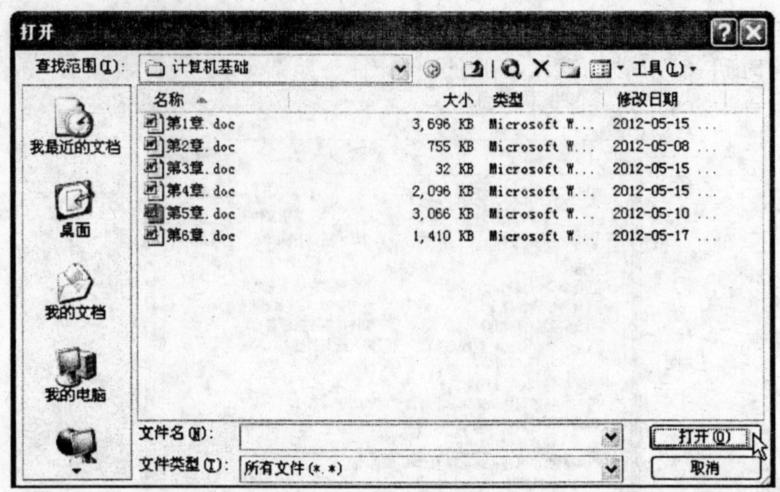

图 3.15 “打开”对话框

“D：\ 大学计算机基础 \ ”)，然后按 Enter 键或单击“打开”按钮。

③ 如果在文件和文件夹窗口中没有显示所需文件，则可在“文件类型”下拉列表框中调整相应的显示文件的类型。

试一试：增加一个“工作”菜单

Word 中有一个未被显示的内置“工作”菜单，将它添加到菜单栏后，可以在该菜单中增加多个文件路径，从而快速打开文档。具体操作步骤如下：

① 右击工具栏中任意键按钮，单击“自定义”命令，打开“自定义”对话框，将“工作”命令拖放到菜单栏的右侧，如图 3.16 所示。

② 关闭“自定义”对话框，单击“工作”|“添加到“工作”菜单”命令，将当前的文档添加到“工作”菜单中，打开其他文档，重复该操作，结果如图 3.17 所示。

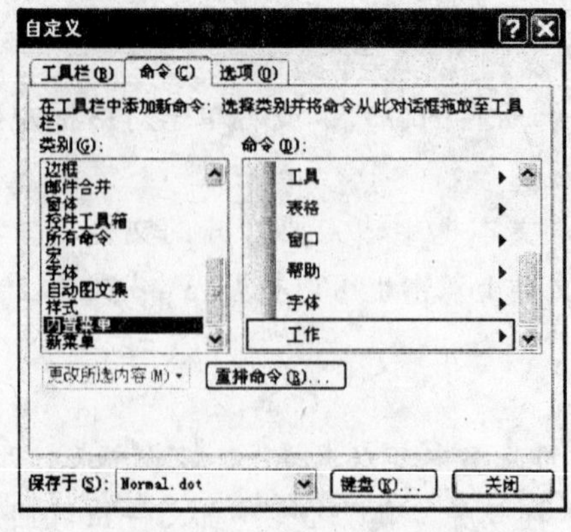

图 3.16 “自定义”对话框

图 3.17 增加的“工作”菜单

要从“工作”菜单中删除一个文档，可按 Ctrl+Alt+-(破折号键)组合键。指针将变成大的粗体下画线，然后单击“工作”菜单中的文档。

3.2.2　加密保护文档

在编辑一些非常重要的 Word 文档，特别是一些机密文档时，给 Word 文档加密是一项非常有用的功能，也是一项非常重要的工作。为了防止他人看见文档内容，我们必须给 Word 文档加上密码，加密后必须输入正确的密码后才可以查看 Word 文档内容。给 Word 文档加密的具体操作步骤如下：

① 选择“工具”|“选项”菜单命令，打开“选项”对话框，并单击“安全性”选项卡。

② 在“打开文件时的密码”文本框中输入密码字符，在“修改文件时的密码”文本框中输入相同的密码字符，然后单击“确定”按钮，即可为文档设置密码，如图 3.18 所示。

③ 选中“建议以只读方式打开文档”复选框，单击“确定”按钮保存文档后，再次打开该文档时将提示输入密码或以只读方式打开文档，如图 3.19 所示。

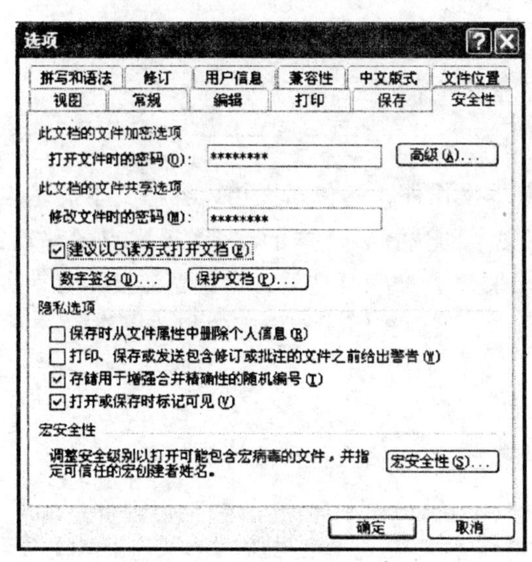

图 3.18　设置文档密码

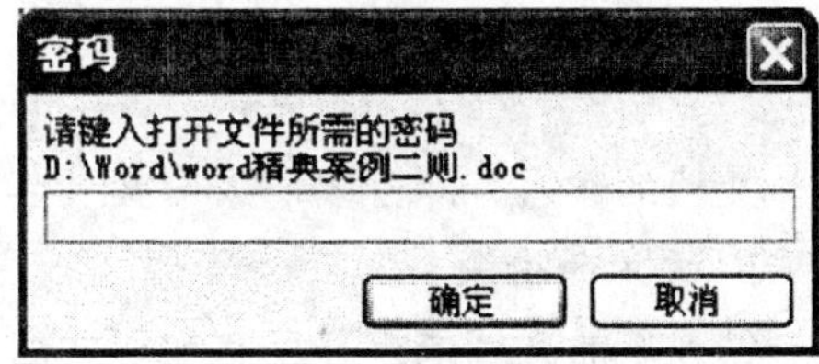

图 3.19　“密码”对话框

☞ **提示：**

通过以下设置可快速打开最近编辑过的文档，以提高工作效率。具体操作如下：

① 选择菜单栏“工具”|“选项”菜单命令，打开“选项”对话框，单击“常规”选项卡。

② 选中“列出最近所用文件”复选框，并在其后的数值框中输入数值“5”，如图 3.20 所示。

③ 单击菜单栏“文件”，在弹出的菜单中可查看到最近编辑过的 5 个文档，选择需要打开的文档，即可快速打开该文档，如图 3.21 所示。

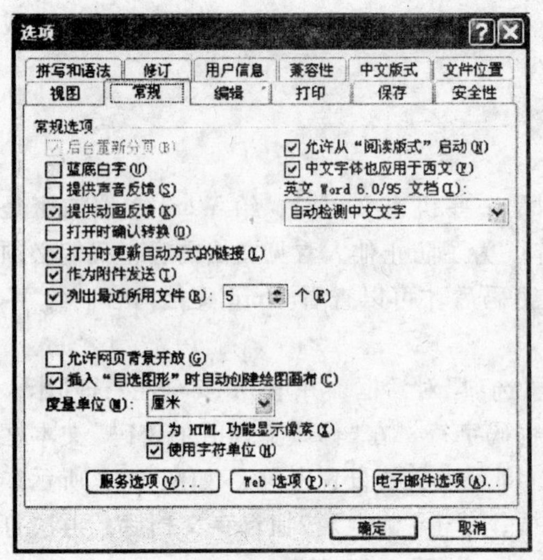

图 3.20　设置最近所用文件数量

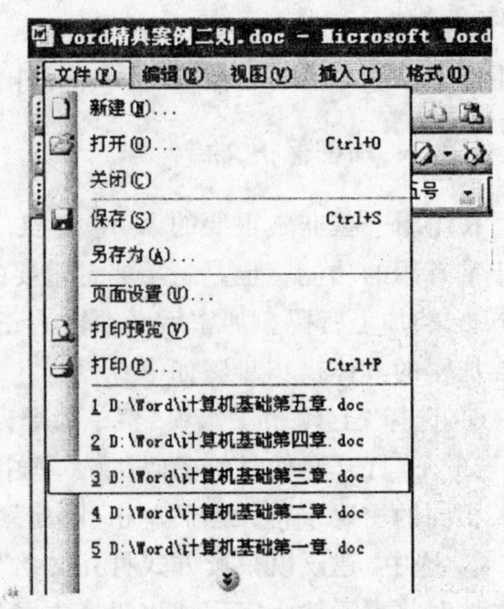

图 3.21　快速打开最近编辑过的文档

3.3　文本的基本操作

Word 2003 文档的基本操作除文档本身的基本操作外，还包括文档内容即文本的基本操作。文档内容的基本操作包括文本的输入、文本的选择、文本的编辑(插入点的移动，插入、删除和改写，查找、替换和定位，复制，移动，撤销与恢复，设置超链接，自动更正与校对等)。前一节介绍了文档本身的基本操作，下面介绍文档内容的相关操作。

3.3.1　文档的输入

文档的输入，即可以输入中文、英文、数字，还可以输入符号或特殊符号。

1. 文本的输入

创建新的文档或打开已有文档之后，就可以输入文本了。这里所指的文本是指数字、字母、符号和汉字等的组合。

在 Word 文档中，输入英文字母和数字可以直接输入。如果输入汉字，应选择一种输入法。利用键盘输入，可以利用快捷键切换各种输入法、中英文标点符号和全角、半角字符。按 Ctrl+Space 键可以在中英文输入法之间进行切换；按 Ctrl+Shift 键可以在英文和中文各种输入法之间进行切换；按住 Shift+Space 键可以在全角和半角之间切换；按住 Ctrl+. 可以在中英文标点符号之间切换。

另外，Word 具有自动换行的功能，输入文本每到达一行的末尾时不必按 Enter 键。只有想开始新的一段时，才需要按 Enter 键。

2. 输入符号和特殊符号

① 常用符号：直接在键盘上选取。

② 插入符号和特殊符号：在 Word 编辑过程中，若用到一些键盘上没有的符号，就需

要使用 Word 中的符号和特殊符号，例如数学运算符、希腊字母等。常用的方法如下：

- 使用“符号栏”工具栏

右击任一工具栏按钮，在弹出的菜单中选择“符号栏”命令，在屏幕中显示“符号栏”工具栏，如图 3.22 所示。选择某一符号便可插入该符号。

图 3.22　“符号栏”工具栏

- 使用菜单栏“插入”|“特殊符号”对话框

对于一些常用的符号，如单位符号、数学符号、数字序号、拼音、标点符号、特殊符号，可以使用下面的方法：单击“插入”|“特殊符号”命令，打开“插入特殊符号”对话框，在 6 个选项卡中寻找所需要的符号后选中它，然后单击“插入”按钮即可，如图 3.23 所示。

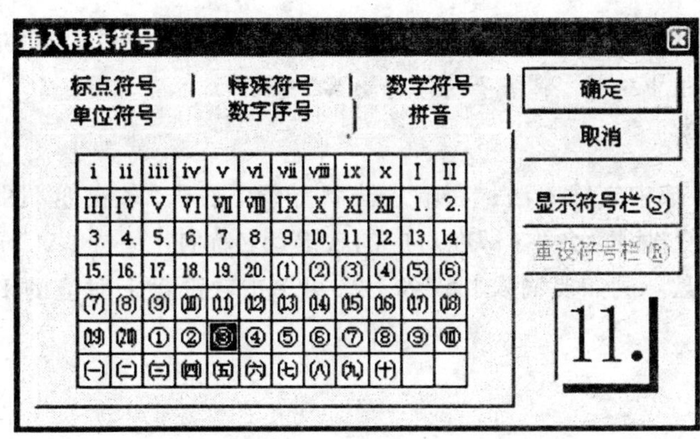

图 3.23　“插入特殊符号”对话框

- 使用菜单栏“插入”|“符号”对话框

首先，将光标定位到需要插入符号的位置，然后单击“插入”|“符号”命令，打开“符号”对话框，默认显示的是“符号”选项卡，如图 3.24 所示。

其次，在“符号”选项卡的“字体”列表框中选择一种符号类型，双击需要插入的符号，或选中符号后单击“插入”按钮，再关闭“符号”对话框即可。若在符号栏未找到要插入的符号，则切换到“特殊字符”选项卡，在“字符”列表中选中所需的字符，然后单击“确定”按钮或者直接双击要插入的字符即可。

☞ **提示：**

① 当用户需要频繁使用某一特殊符号时，可以定义快捷键，如定义“♀”符号的快捷键，方法是：在“符号”对话框中，首先选中该符号，然后单击“快捷键”按钮，在打开的“自定义键盘”对话框的“请按新快捷键”文本框中同时按下几个键，例如 Ctrl+D 组合键，

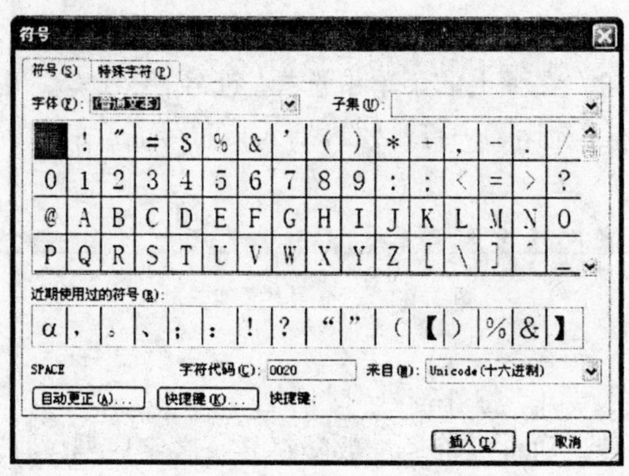

图 3.24 “符号”对话框

然后单击“指定”按钮和“关闭”按钮，这样当再次需要使用“♀”时，只需要按下 Ctrl+D 快捷键即可。

② 如果要输入① ② ③ 这样的序号，则在“符号”对话框中选中 Dotum 字体，在右侧的“子集”下拉列表框中选择“带括号的字母数字”选项。

- 使用软键盘

在 Word 中切换成中文输入法：在输入法状态条上右击“软键盘”图标▦，再从弹出的子菜单中选择一种软键盘名称(即在对应的软键盘名称打上一个“√”)，如图 3.25 所示的“特殊符号”软键盘。例如要输入“▲”符号，可单击软键盘上对应的 D 键或直接按下键盘上的 D 键即可。

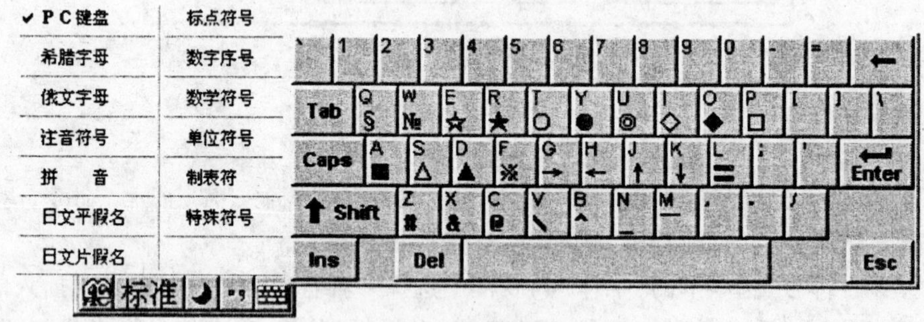

图 3.25 软键盘输入

3. 插入数字编号

有些数字编号可以从“插入”|“符号”或“特殊符号”中找到，这时只需使用前述方法即可。但是有一些数字编号却找不到，例如“甲”、“乙”、“丙”。这时，可选择菜单栏“插入”|“数字”，打开“数字”对话框，如图 3.26 所示。在“数字类型”表中选择甲、乙、丙，然后在数字文本框中输入“1”，单击“确定”按钮，则输入“甲”。

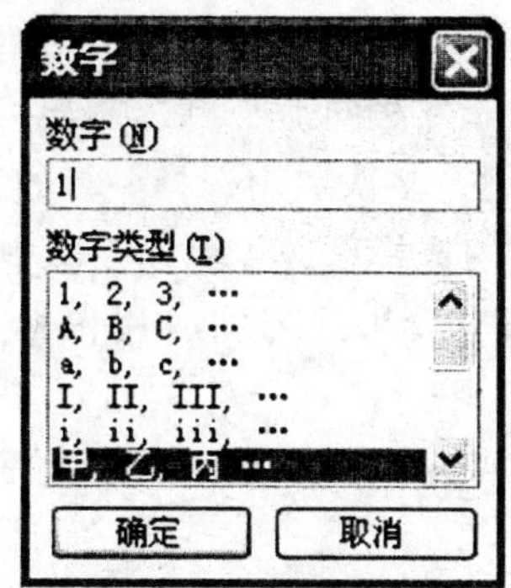

图 3.26　“数字”对话框

4. 输入系统日期和时间

在 Word 文档中可以插入系统当前的日期和时间。插入的方法是将插入点移动到要插入日期和时间的位置，选择菜单“插入”|“日期和时间”，弹出“日期和时间”对话框，如图 3.27 所示，在该对话框中选择要插入的日期和时间的格式，单击“确定”按钮，系统当前的日期或时间就插入到插入点所在位置。如果选择了“自动更新”复选框，则下次打开文档时会显示当天的日期。

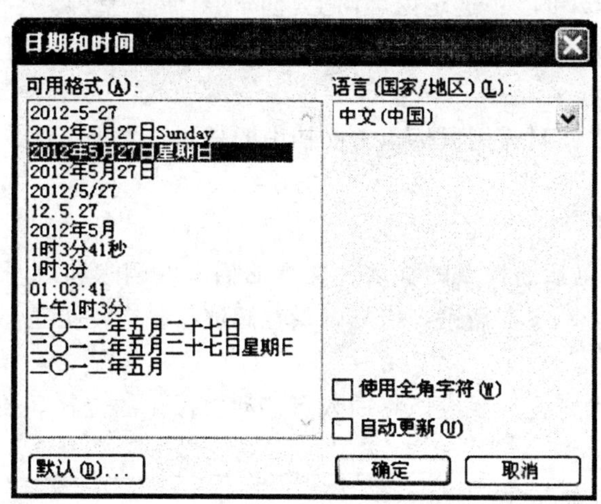

图 3.27　“日期和时间”对话框

3.3.2　文本的选择

Word 操作的原则是先选择后操作，在对文本进行操作前，必须先选择要操作的文本。

1. 文本的选择

(1)用鼠标选定文本

使用鼠标选定文本的常用操作如下：

① 选择一行文本：鼠标移至某选定栏左侧，鼠标指针变成指向右上方的箭头，单击可以选定所在的一行。

② 选择多行文本：第一行选择方法同上，再选择连续多行时，需按住 Shift 键；若再选择不连续的多行，则按住 Ctrl 键，多次应用选择一行的方法。

③ 选择一段文本：双击该段的选择区，也可以在段中的任何位置左键三击。

④ 选择一个矩形文本块：按住 Alt 键的同时用鼠标左键从文本块的一角拖动至另一角。

⑤ 选择多个文本块：第一块选择方法同上，再选择其他文本块时，要按住 Ctrl 键操作。

⑥ 选择整个文件：用鼠标左键三击选择区，或选择菜单“编辑”|“全选”或利用快捷键 Ctrl+A。

(2)用键盘选定文本

①“Ctrl+A”：选定整篇文档。

②“Shift+←(→)”：分别由插入点处向左(右)扩展选定一个字符。

③“Shift+↑(↓)”：分别由插入点处向上(下)扩展选定一行。

④“Shift+Ctrl+↑(↓)”：选定内容扩展至段落开头(结尾)。

⑤“Shift+Ctrl+←(→)”：选定内容扩展至前一(后一)单词。

⑥“Shift+Home(End)”：选定内容扩展至行首(行尾)。

⑦“Shift+PgUp(PgDn)”：选定内容向上(向下)扩展至整屏。

⑧“Ctrl+Shift+Home(End)”：从当前的位置选定到文档开头(结尾)。

2. 取消选择的文本

要撤销选定的文本，只需用鼠标单击文档中的任意位置即可。

3.3.3 文档的编辑

Word 文档的编辑包括插入点的移动，文本的插入、删除和改写，文本查找、替换和定位、文本复制与移动，文本撤销与恢复，设置超链接，自动更正与校对等。

1. 插入点的移动

如果对文档进行操作，一般应该将插入点移动要操作的位置。插入点的移动可以利用鼠标或键盘进行。

(1)利用鼠标移动插入点

利用鼠标单击要操作的位置，可以将插入点移动到该位置；也可以利用滚动条滚动到目标位置后，用鼠标单击该位置，插入点就移动到该处。

注意：利用滚动条的滚动不能移动插入点的位置。

(2)用键盘移动插入点

光标移动键中的箭头可以上、下移动一行或左右移动一个字符。

①“Home”移动到行首；“End”移动到行尾。

②“Ctrl+Home”移动到文件头；“Ctrl+End”移动到文件尾。

③“PgDn”下移一屏；“PgUp”上移一屏。

2. 文字的插入、改写和删除

Word 默认的状态是插入方式，如果要在插入方式和覆盖方式间切换，可以双击状态栏的“改写”或“Insert”键。

(1)插入

因为 Word 默认状态是插入，没有改变这种状态时，输入的字符插入到插入点所在的位置，原位置的字符后移。

(2)改写

双击状态栏灰色“改写”，或按“Insert”键，“改写”由灰色变成黑色，即处于激活状态，那么新输入的字符将覆盖插入点后边的字符。

(3)删除

在文本的编辑过程中，用 BackSpace 键和 Delete 键均可以逐字删除文本，前者用于删除插入点左边的字符，而后者删除插入点右边的字符。如果一次要删除大段文本则应该先选中所要删除的文本，然后再用以下方法进行操作：

① 单击“编辑”|“清除”命令。

② 按 Delete 键或 BackSpace 键。

③ 单击“编辑”|“剪切”命令。

④ 单击剪切按钮。

☞ **提示：**

“清除”命令和“剪切”命令是有区别的：“清除”是将文本完全删除，而“剪切”是将文本暂时移入剪切板。

3. 查找、替换与定位

(1)查找文本

在文档编辑过程中，有时需要查找特定的内容进行编辑，这需要快速找到要编辑的内容，有时还需要多次查找。利用 Word 的查找功能进行查找，可以节省大量的时间，并且可以做到不遗漏。具体的操作步骤如下：

① 单击菜单栏“编辑”|“查找”命令或使用快捷键“Ctrl+F”，打开“查找和替换”对话框，如图 3.28 所示。

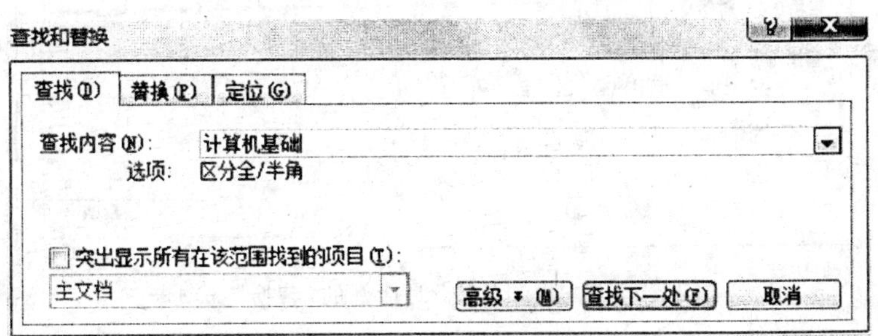

图 3.28　“查找和替换”对话框

② 单击“查找”选项卡，在“查找内容”文本框中输入要查找的字符串。勾选“突出显示所有在该范围找到的项目”复选框，再在下面的下拉列表中选择自动亮显的范围，可把查找到的内容按要求在文档中凸显出来。然后单击“查找下一处”按钮，当 Word 找到后，会将查找的内容反像显示。Word 2003 提供“主文档”、“页眉和页脚”、“主文档中的文本框”3 种范围供选择。

如果查找特定的选项，可以单击“查找”选项卡中的“高级”按钮，展开选项卡，如图 3.29 所示。

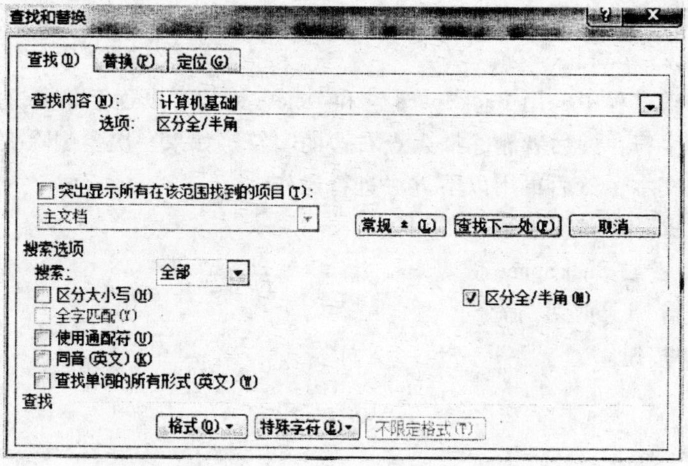

图 3.29　高级选项的“查找和替换”设置对话框

可以根据实际查找情况，设置查找规则。

(2)替换文本

在 Word 编辑过程中，有时需要用一个字符串替换一个在文档中多次出现的字符串。单击菜单栏“编辑”|“替换”命令或使用“Ctrl+H”快捷键，弹出“查找和替换”对话框，选择“替换”选项卡，如图 3.30 所示。

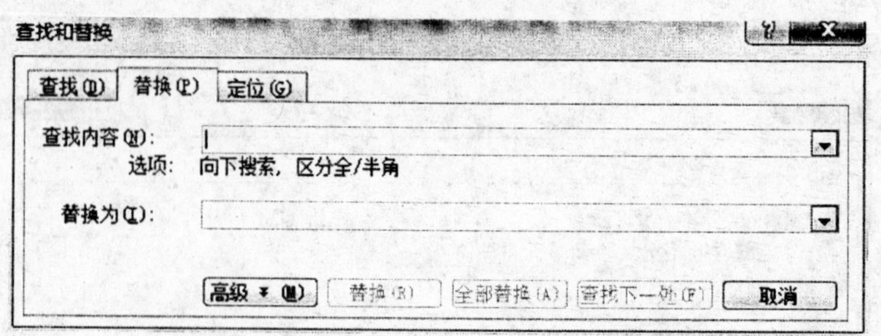

图 3.30　“查找和替换”对话框的“替换”选项卡

在“替换”选项卡的“查找内容”文本框中输入要查找的内容，在“替换为”文本框中输入替换的内容。如果一个一个地替换，可以在单击“查找下一处”找到后，单击“替换”按钮，逐个替换；如果全部替换，则直接单击“全部替换”按钮。

☞ **提示：**

在“查找和替换”对话框中可以使用“高级”按钮对查找或替换的内容进行格式上的设置，包括对范围、大小写匹配等相关内容进行设置。

(3)快速定位

在 Word 文档编辑过程中，有时需要将插入点快速移动到某页、某节、某行等位置。可以单击菜单栏“编辑”|“定位”命令或使用快捷键“Ctrl+G”，或单击 F5，弹出“查找和替换”对话框。在“查找和替换”对话框中选择“定位”选项卡；在“定位目标”下的列表框中选择用于定位的目标(页号、节号、行号等)，右侧文本框上面的提示性文字将自动对应变化。默认情况下，Word 建议按页定位。如图 3.31 所示。

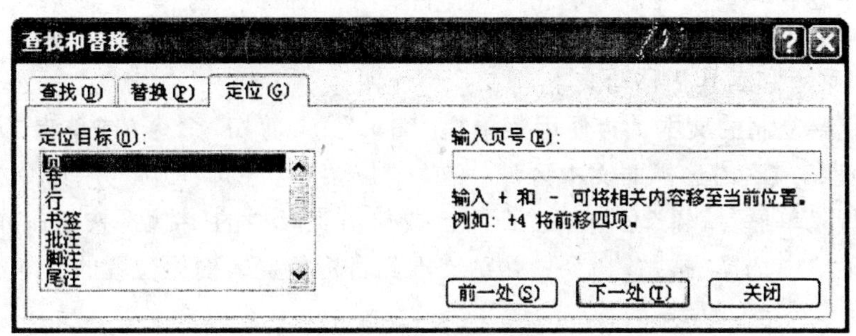

图 3.31　“定位”选项卡

直接输入要定位目标的编号，或单击“前一处”、“下一处”按序查看。单击“关闭”按钮或 Esc 键则关闭对话框，光标将停留在定位目标处。

☞ **提示：**

通过垂直滚动条下部的“选择浏览对象”按钮也可实现快速定位功能。

4. 文本的复制

在文档的编辑过程中，有一些文本需要重复出现，利用 Word 的复制功能，可以避免重复输入相同的文本。

(1)利用鼠标拖动法复制文本

选定要复制的文本，鼠标指针指向选定文本，光标变成指向左上方的箭头，按住“Ctrl”键的同时按住鼠标左键不放进行拖动，指针尾部出现一条直虚线和虚线方框，并多出现一个代表复制功能的“+”号，当虚线指向目标位置时松开鼠标左键即可。

(2)利用菜单和工具栏复制文本

首先选定要复制的文本，再使用菜单栏“编辑”|“复制”命令(或单击“常用”工具栏的“复制”按钮，或右击选择的文本区域，在“快捷菜单”中选择“复制”命令)进行文本复

制，最后执行菜单栏“编辑”|“粘贴”命令；或单击工具栏的“粘贴”按钮；或右击目标位置，在快捷菜单中选择“粘贴”命令，粘贴文本到目标位置，而原位置仍保留选择的文本。

☞ 提示：

使用快捷键 Ctrl+C 可进行文本复制，使用快捷键 Ctrl+V 可迅速将文本复制到任意目标位置。

5. 文本的移动

在文档的编辑过程中，有一些文本需要移动位置，文章才能更加通顺，利用 Word 的移动功能，可以移动文本。与文本复制相似，也可以采用“鼠标拖动”法或“菜单和工具栏”法移动文本。

(1)利用鼠标拖动法移动文本

先选定要拖动的文本，鼠标指针指向选定的文本，光标变成指向左上方的箭头，按住鼠标左键不放进行拖动，指针尾部出现一条直虚线和虚线方框，使虚线指向目标位置，松开鼠标左键即可。

(2)利用菜单和工具栏移动文本

首先选定要复制的文本，再使用菜单栏“编辑”|“剪切”命令(或单击“常用”工具栏的“剪切”按钮，或右击选择的文本区域，在“快捷菜单”中选择“剪切”命令)进行文本剪切，最后执行菜单栏“编辑”|“粘贴”命令；或单击工具栏的“粘贴”按钮；或右击目标位置，在快捷菜单中选择“粘贴”命令，粘贴文本到目标位置，而原位置的文本消失。

☞ 提示：

使用快捷键“Ctrl+X”可进行文本复制，使用快捷键“Ctrl+V”可迅速将文本移动到任意目标位置。

6. 撤销、恢复与重复

在 Word 编辑文档的过程中，有时会出现误操作，例如不小心删除了需要的文本，通过 Word 2003 提供的撤销与恢复功能可以进行改正。

撤销操作是指取消“上一步”(或多步)操作，使文档恢复到执行该项操作前的状态；当执行了撤销操作后，恢复操作用来恢复“上一步”(或多步)操作。重复操作是指将上一步操作再执行一次或多次。

① 撤销操作：按 Ctrl+Z 组合键、“撤销”按钮，或单击菜单栏“编辑”|“撤销”命令。

② 恢复操作：按“恢复”按钮。

③ 重复操作：按 Ctrl+Y 组合键、F4 功能键，或单击菜单栏“编辑”|“重复”命令。

当要恢复多次撤销操作时，除了使用多次执行以上方法外，还可以单击“恢复”按钮右侧的下三角按钮打开下拉列表，进行选择恢复多次撤销的操作，如图 3.32 所示。

例如：选中一段文本，将其格式设置为“宋体、加粗、小四号”；然后再选中一段文本，按下 F4 键执行操作，即可将第二次选中的文本“宋体、加粗、小四号”；按下 Ctrl+Z

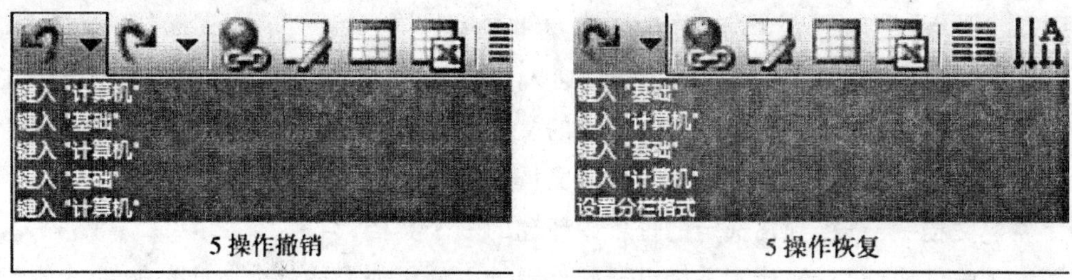

图 3.32　“撤销”和“恢复”的下拉列表

组合键，撤销刚才的操作；按下 Ctrl+Y 组合键，恢复刚才的操作。

☞ **提示：**

“恢复”是在“撤销”的基础上完成的，未通过“撤销”操作，不可能有“恢复”操作。

7. 设置超链

在 Word 文档中，通过超链接，我们能够实现在文档内自由跳转，也能跳转到其他文档或应用程序，甚至与 Internet 直接连接。

(1) 插入超链接

插入超链接的操作步骤如下：

① 将插入点置于所需插入超链接位置，或选中一个要作为超链接显示的对象（文本、图形等）。

② 单击菜单栏中“插入”|“超链接”命令，或使用快捷键“Ctrl+K”，将弹出如图 3.33 所示的“插入超链接”对话框。

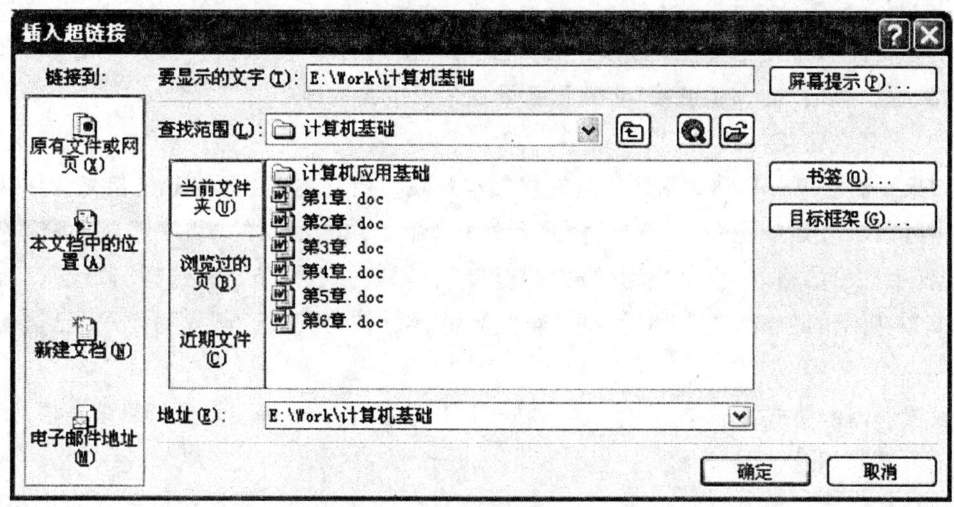

图 3.33　“插入超链接”对话框

在“要显示的文字”框中填写要作为超链接显示的文字(若在上一步已选中文本，将自动显示)。改变此文本，文档中的原选定文本也会随之更改。

以下几种文件形式都可以作为超链接插入文档内：

“原有文件或网页”：选择本地电脑上的文件或其他网页；

“本文档中的位置”：选择正在编辑的文档中的某个地方；

“新建文档”：链接到在选定的位置中新建的一个文档；

“电子邮件地址”：链接到某个电子邮件地址，便于他人往这个地址发邮件。

以“原有文件或网页”页面为例。选中“原有文件或网页”按钮，可通过“当前文件夹”、“浏览过的页”、“近期文件”三种方式查找并选取文件。“地址”框中将显示选中对象名，也可直接在“地址”框中输入目的链接文件路径及名称，包括网址信息等。

③ 单击“屏幕提示”按钮，将弹出“设置超链接屏幕提示”对话框，在“屏幕提示文字”一栏中输入相关文字，作为光标指向超链接时，屏幕上显示提示信息。提示信息默认为链接文档或 Web 页的路径和文件名。

如果不需显示屏幕提示，可以选择菜单栏“工具”|“选项”|“视图”，勾选“显示”中的“屏幕提示”项。

④ 超链接设置完毕后，单击“确定”按钮关闭对话框。

默认情况下，超链接显示为带下画线的蓝色文字。当鼠标指针移至其上时，指针变为手形，并出现提示，按住 Ctrl 键同时单击该链接即可跳转到对应的目标。

☞ **提示：**

Word 一般会将键入的网址和电子邮件地址格式的文本自动转换为超链接。

(2)更改超链接

鼠标右键单击要更改的超链接，在下拉列表中选择“编辑超链接”，弹出“编辑超链接”对话框，类似“插入超链接”步骤重新设置超链接参数即可。

(3)设置超链接格式

如果不满意 Word 2003 默认的超链接文本外观，想对文档中所有超链接格式作统一的设置，可以单击菜单栏“格式”|“样式和格式”命令，显示“样式和格式”任务窗格。在“请选择要应用的格式”框中找到样式“超链接”，用鼠标右键单击，选择“修改”，将弹出如图 3.34 所示的“修改样式”对话框。若此超链接已被访问过，则找到样式“已访问的超链接”。

设置所需的格式，或单击“格式”下拉按钮，选择“字体”等，可进行更多选项的设定。

(4) 删除超链接

选择超链接，单击“Delete 键”，将删除所显示的文字及对应的超链接；右击超链接，在下拉表中选择“取消超级链接”，或在“编辑超级链接”对话框中点击“删除链接”按钮，则将超链接转换为常规文本。

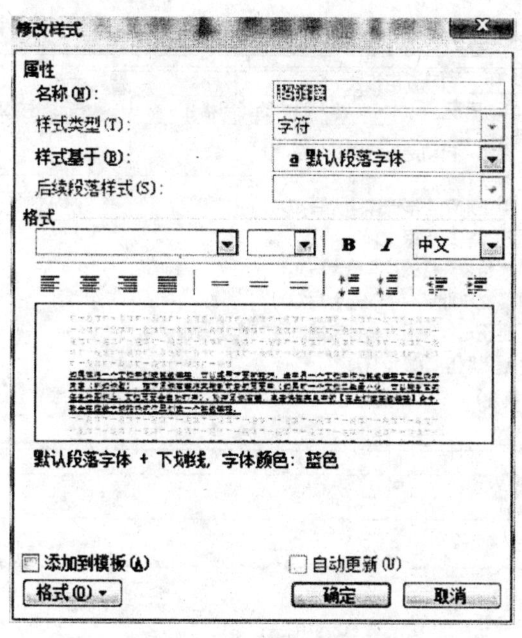

图 3.34　“修改样式”对话框

8. 自动更正与校对

(1)自动更正

Word 2003 提供的自动更正功能可自动检测和更正文本中部分不符合常规语法规则的拼写错误。

单击菜单项“工具”|“自动更正选项”，弹出“自动更正”对话框，选择“自动更正”选项卡，如图 3.35 所示。

根据需要勾选相关设置，点击“确定”按钮。

(2)检查拼写与语法错误

当输入了错误的或不可识别的单词时，Word 2003 会自动用红色波浪线标出；而对于语法错误，则用绿色的波浪线标出。改正此类错误的方法是右键单击对象，按提示进行修改。

9. 修订与批注

当有文档需要交给他人审阅，并且希望能够明确知道他进行了哪些修改时，可以启用修订和批注功能。修订功能能够记录他人对文档所作的各种修改过程，包括添加、删除及格式的修改等。批注是他人对文档所作的评价，批注内容不直接作用于文档，只是给作者的提示或建议。

(1)启用/取消修订

修订是便于检查对文档修改情况的功能，它将改动过的文档标识出来，以便作者进行检查。启动修订功能的方法如下：

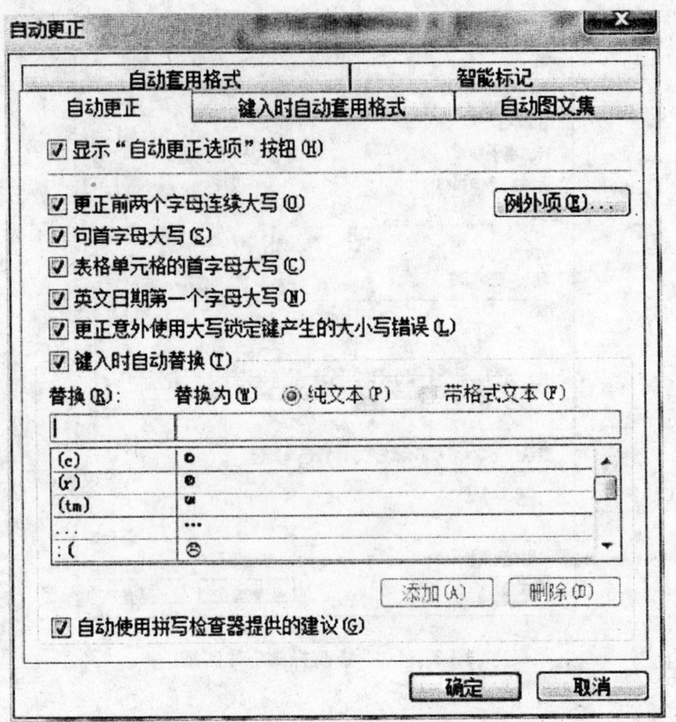

图 3.35 "自动更正"对话框

① 双击状态栏中的"修订"图标。

② 单击"工具"|"修订"命令。

③ 右击状态栏中的"修订"图标，在弹出的菜单中单击"修订"命令，如图 3.36 所示。右击状态栏中的"修订"图标，在弹出的菜单中还有以下命令：

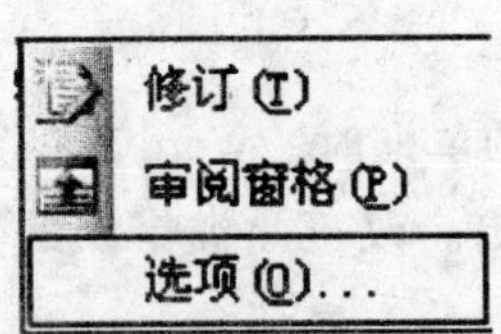

图 3.36 快捷菜单选项

- "审阅窗格"

选择该选项，可在屏幕下方打开一个审阅窗格，用来记录对文档的修改。

- "选项"

选择该命令，即可打开"修订"对话框，如图 3.37 所示。该对话可调整修订内容所使用的标记和颜色，可设置的内容包括"插入内容"、"删除内容"、"格式"、"修订行"。在设置时，用户可在"颜色"下拉列表中选择标记的样式和颜色，设置之后可以在下方的"预览”框中查看设置的效果。还可以根据个人的喜好定义典型的修订模式，以便个人记忆和查找。完成设置后单击“确定”按钮。

也可以单击“工具”|“选项”命令，打开“选项”对话框，选择其中的“修订”选项卡来设置修订样式，如图 3.38 所示。

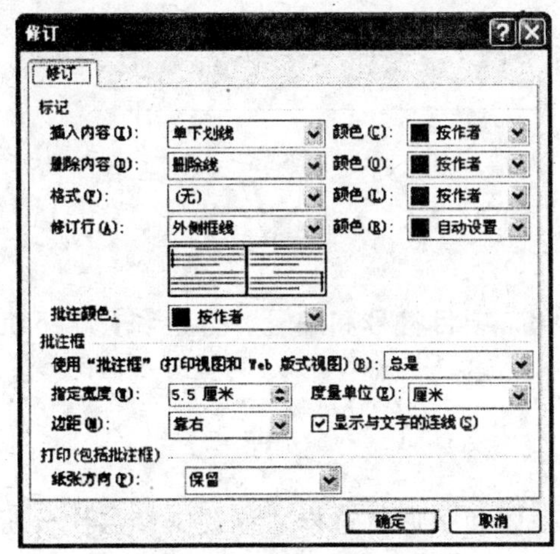

图 3.37　“修订”对话框

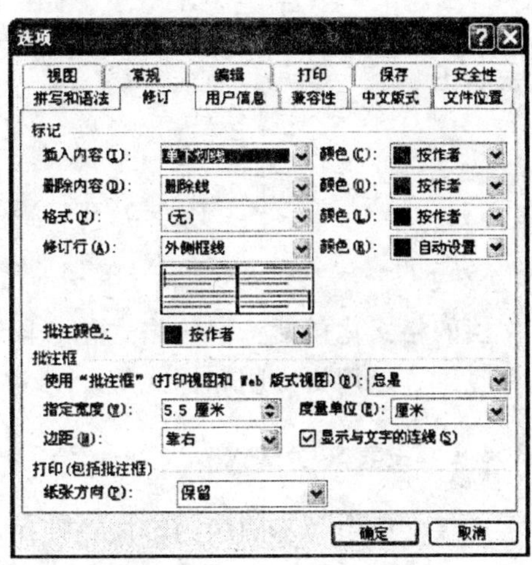

图 3.38　“选项”对话框

(2)插入/删除批注

选定要批注的文本或位置，执行“插入|批注”命令或单击审阅工具栏上的“插入批注”按钮，即可添加批注条目，在其中可以输入批注的内容。批注条目中会记录批注的作者和批注的编号。不同作者对文档的批注条目会用不同的颜色标注。

删除批注的方法是选中批注，执行右键菜单中的“删除批注”命令，或单击审阅工具栏中的“删除批注”按钮。

(3)接受或拒绝修订

当接到审阅后的书籍文档后，在修订状态下可以查看审阅人对文档所做的修订，作者可以根据自己的判断决定是否接受或者拒绝这些修订。利用“审阅”工具栏上的“接受所选修订”或“拒绝所选修订”按钮可以对修订内容进行确认。如果对审阅人的修订全部接受或者全部拒绝，可以在“接受所选修订”和“拒绝所选修订”的下拉列表中选择相应的选项，如图 3.39 所示。

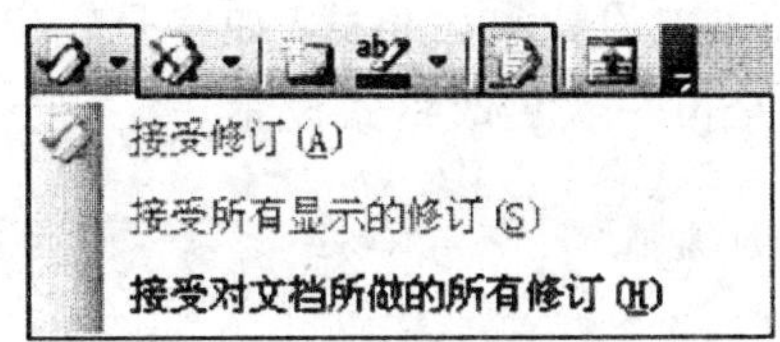

图 3.39　接受修订工具栏

☞ 提示：

文档编辑过程中，我们常需要统计文本字数，而逐个数数既慢又容易出错，这时我们可以使用 Word 2003 提供的“字数统计”功能，迅速准确地得到统计结果。选定要统计的文本(整篇文档或者部分文本均可，默认为全文范围)，单击菜单栏中“工具”|“字数统计”，将弹出“字数统计”对话框，该文本的页数、字数、字符数、段落数、行数都将清楚地显示其上。

3.4 文档的格式化

文档的格式化包括：字符格式化、段落格式化、项目符号和编号、分栏和首字下沉、边框和底纹、运用格式刷和样式等。

3.4.1 设置文字格式

在一篇文档中，不同的内容应该使用不同的字体和字形，这样才能使文档层次分明，使阅读的人能够一目了然，抓住重点。

1. 使用“格式”工具栏编辑文本

使用“格式”工具栏(如图 3.40 所示)，可以快速地设置文字格式，例如字体、字号、字形等，从而提高工作效率。使用“格式”工具栏可以进行以下操作：

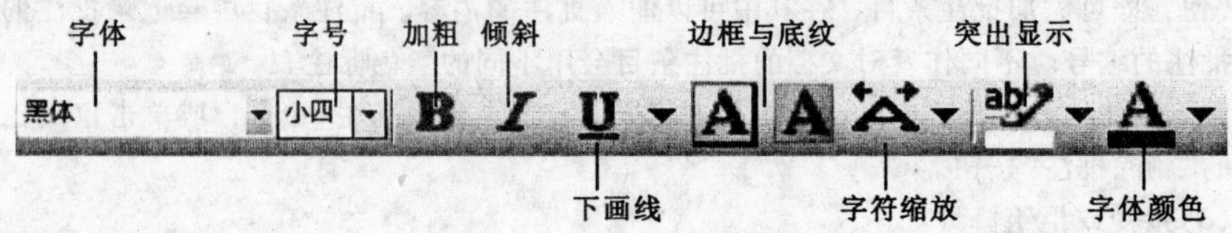

图 3.40 字符“格式“工具栏

① 改变已有的文本：选定文本，在“字体”及“字号”下拉列表框中选择字体及字号；单击 B I U ▾ A A A 任一按钮设置字形；单击“字体颜色”按钮选择颜色；单击 U ▾ 右边的下三角按钮可以选择下画线的线型和颜色。

② 设置输入格式：在某插入点设置字体格式(如字号、字体等)，则插入点之后输入的文本将都采用这些格式，直至再一次更改格式设置。

☞ 提示：

Word 中表示字号的方式有两种：一种是中文数字，数字越小，字号越大；另一种是阿拉伯数字，数字越大，字号也越大。

☞ **技巧：**

如果要使用特大号字体，可以选中文本后在“字号”栏内输入数字，如“100”，然后按 Enter 键。

2. 使用“字体”对话框

① 字体设置：选定要进行格式设置的文本，点击右键选择“字体”，或单击菜单项“格式”|“字体”或使用快捷键 Ctrl+D，弹出“字体”设置对话框，默认为“字体”选项卡，如图 3.41 所示。在该选项卡中可以设置字体、字形、字号、颜色、下画线、效果等。

② 字符间距设置：字符间距是指字符之间的距离。选中“字符间距”选项卡，可以进行“缩放”、“间距”、“位置”等设置，如图 3.42 所示。

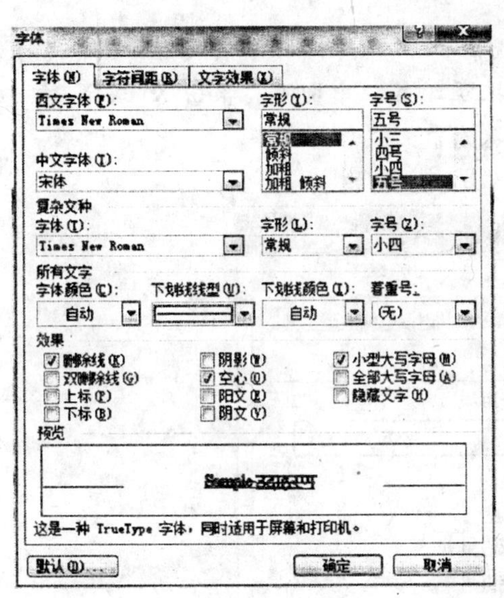

图 3.41　“字体”选项卡

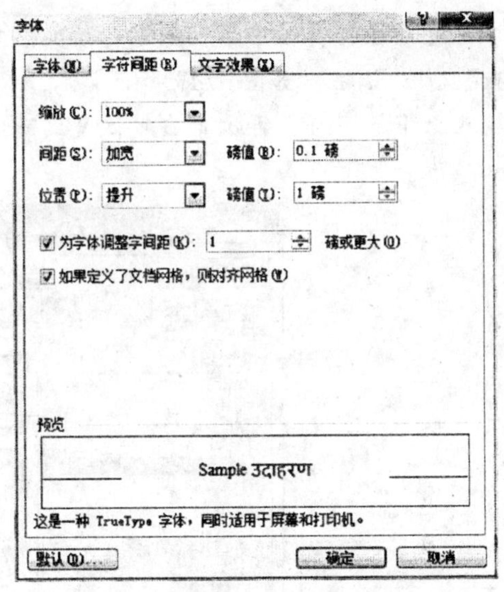

图 3.42　“字符间距”选项卡

③ 文字动态效果设置：切换到“文字效果”选项卡，从中可以选择文字的动态效果，选择的效果会显示在“预览”框中，单击“确定”按钮后就可将此效果添加到文档中。文字效果功能可以使静止的文字显示出动态变化，给文档显示增加生机和活力，使重点内容更加醒目。

注意：文字的动态显示效果不能被打印出来。它只是用来方便对文档或联机的文档的屏幕阅读，使之醒目，并区分于其他文本。

☞ **提示：**

如果只需对字体进行简单设置，“格式”工具栏就基本可以满足要求。选定要格式化的文本块后，直接单击各种工具按钮，此种方法较为快捷方便。

3. 更改字母大小写

Word 提供了专门对英文进行排版的功能，利用此项功能，可以轻而易举地将大写英文转换成小写，或者是从小写转换到大写。利用该功能，还可以自动将所有单词的开头字母变成大写，具体操作步骤如下：

① 选中要更改大小写的文本。

② 单击"格式"｜"更改大小写"命令，打开"更改大小写"对话框。

③ 在对话框中选中"词首字母大写"单选按钮。

④ 单击"确定"按钮，即可将选中的文本中的词首字母都变为大写。

4. 设置上、下标

在文字处理过程中，经常会输入上下标，如 CO_2 等。按 Ctrl+Shift+=组合键设置上标；按 Ctrl+=组合键设置下标，再次按该组合键可恢复到正常状态。

☞ **提示：**

还可以在工具栏中添加上下标按钮。单击"视图"｜"工具栏"｜"自定义"命令，打开"自定义"对话框，如图 3.43 所示，将 X^2 或 X_2 拖至工具栏中即可。单击 X^2 或 X_2 按钮，再输入上下标字符，再次单击可恢复到正常输入状态。

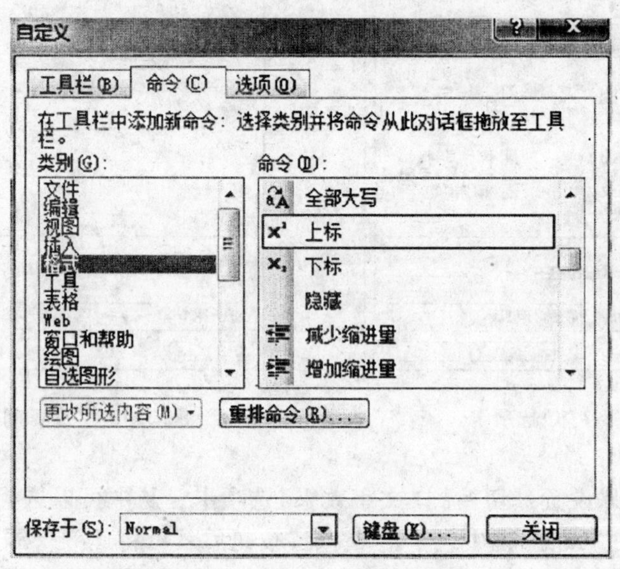

图 3.43 "自定义"工具栏对话框

3.4.2 设置段落格式

在 Word 中，段落是指文本、图形、对象或其他项目等的集合，其后有一段落标记。对段落的格式化指的是在一个段落的页面范围内对内容进行排版，使得整个段落显得更美观大方，更符合规范。这种格式化既适用于段落中的字符，同样也适用于整体段落。

段落格式主要包括段落中文本对齐方式、段落的缩进、行距的大小、换行和分页等。

1. 设置段落的对齐方式

段落的对齐方式一般包括左对齐(Ctrl+L)、居中对齐(Ctrl+E)、右对齐(Ctrl+R)、两端对齐(Ctrl+J)和分散对齐(Ctrl+Shift+D)，最快捷的设置方法是，分别单击“格式”工具栏中的、、、、按钮。也可以使用菜单栏“格式”|“段落”命令，然后切换到“缩进和间距”选项卡。在“缩进和间距”选项卡中，可以对选定文本的对齐方式、段落的左右缩进量以及行间距进行设置，如图 3.44 所示。

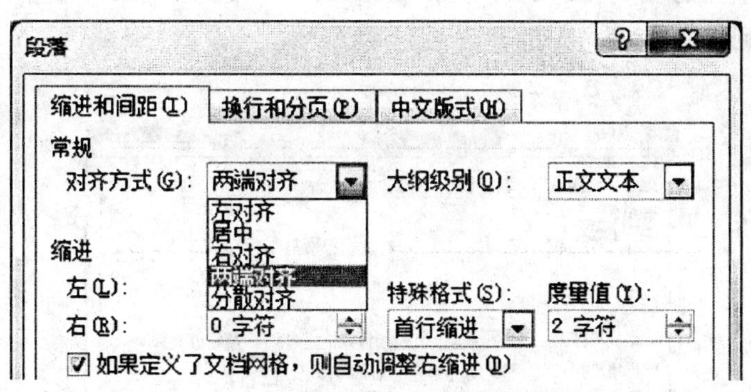

图 3.44　“缩进和间距”选项卡

- 左对齐：以左边为基准，右边可能参差不齐；
- 居中：文本放在正中，通常对标题有效；
- 右对齐：以右边为基准，左边可能参差不齐；
- 两端对齐：各行首尾对齐，未满一行则左对齐；
- 分散对齐：首尾对齐，不是一行亦如此。

2. 设置段落缩进

段落缩进是指文本与页边距之间保持的距离。段落缩进包括首行缩进、悬挂缩进、左缩进和右缩进四种缩进方式。

通过标尺可以直观地设置段落的缩进距离，Word 标尺栏上有 4 个小滑块，它们分别对应这四种段落缩进方式，如图 3.45 所示。其中：

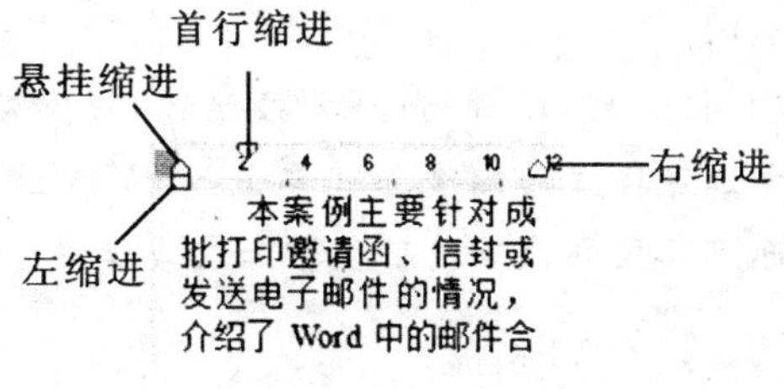

图 3.45　缩进标记

① 拖动"首行缩进"标记，调整当前段或选定各段首行缩进的位置。

② 拖动"左缩进"标记，调整当前段或选定各段左边界缩进的位置。

③ 拖动"悬挂缩进"标记，调整当前段或选定各段中首行以外各行缩进的位置。

④ 拖动"右缩进"标记，调整当前段或选定各段右边界缩进的位置。

除了通过标尺设置段落缩进外，还可以使用"段落"对话框进行精确设置段落缩进量。单击"格式"|"段落"命令，在段落对话框中切换到"缩进和间距"选项卡，如图 3.46 所示。在"缩进"选项组中可以更精确地设置段落缩进，常用度量单位主要有三种：厘米、磅和字符。度量单位的设定可以通过菜单项"工具"|"选项"命令，选择"常规"选项卡，在度量单位下拉列表中设定。

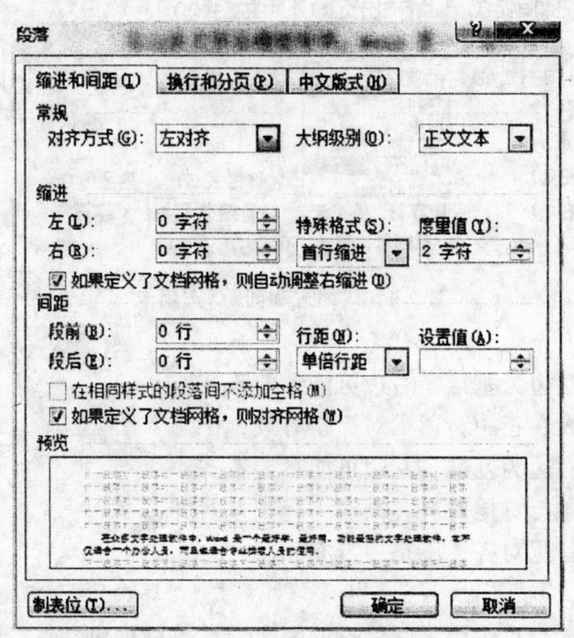

图 3.46 "缩进和间距"选项卡

☞ 提示：

① 在"缩进"选项组中的"左"是指整段左端缩进，"右"是指整段右端缩进，如图 3.46 所示的是设置段落缩进的示例。

② 通过单击"格式"工具栏上的"增加缩进量"按钮和"减少缩进量"按钮，也能起到缩进作用。如果要增加或减少选定段落的缩进，可单击"增加缩进量"按钮或"减少缩进量"按钮，就可以将当前段或选定各段的左缩进位置增加或减少一个汉字的距离。

☞ 技巧：

按下 Ctrl+M 组合键可以增加缩进量，按下 Ctrl+Shift+M 组合键可以减少缩进量。

3. 设置行距及段间距

行距是指从一行文字的底部到下一行文字底部的间距。Word 通过调整行距来容纳该行中最大的字体和最高的图形。行距决定段落中各行文本间的垂直距离，其默认值是单倍行距，意味着间距可容纳所在行的最大字符并附加少许额外间距。

段落间距决定段落前后空白距离的大小。当按下 Enter 键重新开始一段时，光标会跨过间距到下一段开始的位置，此时可以为每一段更改设置。

使用菜单设置段前或段后的间距的具体操作步骤如下：

① 选中要更改间距的段落。

② 单击"格式" | "段落"命令，切换到"缩进和间距"微调框中，输入所需的间距。例如输入段前和段后的间距各为一行，也可以使用磅数表示，例如输入 8 磅。

③ 在"间距"选项组中，在"段落"或"段后"微调框中，输入所需的间距。例如输入段前和段后的间距各为一行，也可以使用磅数表示，例如输入 8 磅。

④ 在"行距"下拉列表框中，选择行距的类型。行距的类型有以下几种：

- 单倍行距：将行距设置为该行最大字体的高度加上一小段额外的间距，额外间距的大小取决于所用的字体。默认情况下，5 号字的行距为 15.6 磅。
- 1.5 倍行距：为单倍行距的 1.5 倍。
- 最小值：最小行距应该同所在行的最大字体或图形相适应。
- 固定值：固定的行间距，Word 不能调节指定的间距数值。
- 多倍行距：行距按指定百分比增大或减小。例如，设置行距为 1.2，将会在单倍行距的基础上增加 20%；设置为 3 倍，则会在单倍行间距的基础上增加 3 倍的行距。

注意：如果选择的行距为"固定值"或"最小值"，则需在"设置值"微调框中输入所需的间距。如果选择"多倍行距"选项，则需要在"设置框"微调框中输入需要的行数。

另外，还可以使用快捷键快速设置行距，例如：

- 快捷键 Ctrl+1：设置 1 倍行距。
- 快捷键 Ctrl+2：设置 2 倍行距。
- 快捷键 Ctrl+5：设置 1.5 倍行距。
- 快捷键 Ctrl+0：在文本前增加一个空行。

⑤ 间距：包括对选中段落文本与上段或下段文本之间的空白距离，通常以"行"为单位；以及对行距，即行与行之间的距离的设置，默认为单倍行距。

- 单倍、1.5 倍、2 倍、多倍行距：分别设定标准行距相应倍数的行距。
- 最小值、固定值：设定固定的磅值作为行间距。

4. 换行与分页及中文版式设置

使用菜单栏"格式" | "段落"命令，切换至"换行和分页"选项卡，提供多种分页设置，直接单击各设置前面的复选框即可，允许多项同时勾选，如图 3.47 所示。切换至"中文版式"选项卡，提供"换行"和"字符间距"等设置。点击"选项"按钮会弹出"中文版式"选项卡，如图 3.48 所示，可进一步对"字符调整"、"控制字符间距"、"首尾字符"以及前

后置标点进行设置。

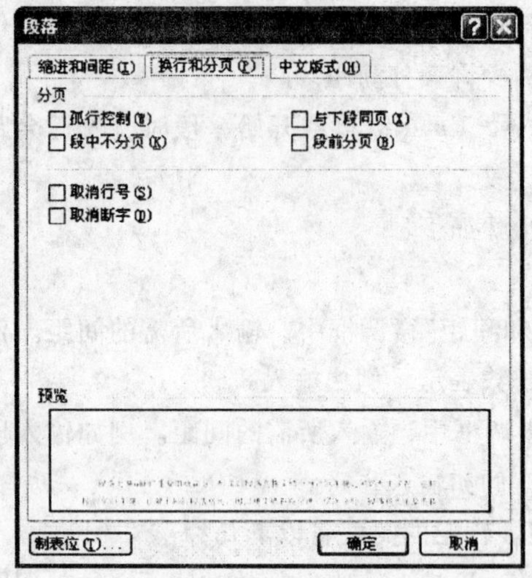

图 3.47 “换行和分页”选项卡

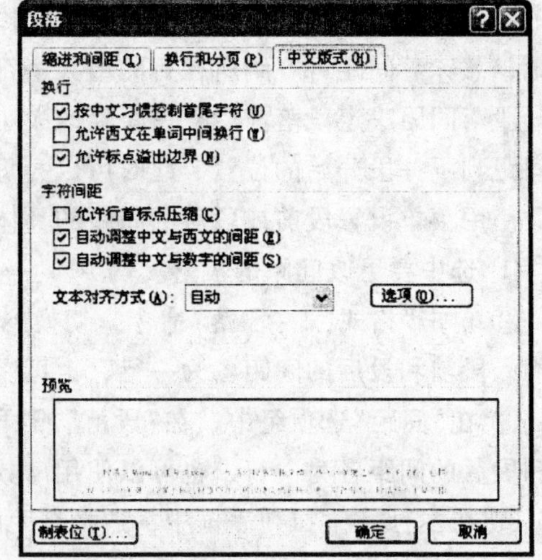

图 3.48 “中文版式”选项卡

利用“换行和分页”选项卡可以进行以下设置：

① 孤行控制：防止在页面顶端单独打印段落末行或在页面底端单独打印段落首行。

② 段中不分页：防止在段落中出现分页符。

③ 与下段同页：防止在选中段落与后面一段间插入分页符。

④ 段前分页：在选中段落前插入分页符。

⑤ 取消行号：防止选中段落旁出现行号。该选项对未设行号的文档或节无效。

⑥ 取消断字：防止段落自动断字。

利用“中文版式”选项卡可以进行以下设置：

① 按中文习惯控制首尾字符：采用中文的排版和换行规则，以确定页面上各行的首尾字符。

② 允许西文在单词中部断字：允许在西文单词的中间断行。

③ 允许标点溢出边界：允许标点比段落中其他行的对齐位置超出一个字符。如果不使用该选项，则所有行和标点必定完全对齐。

④ 允许行首标点压缩：允许标点在行首处进行压缩，这样后续字符将更紧凑。

⑤ 文本对齐方式：设置一行中所有文本的垂直对齐方式，或根据字符的顶端、中间、基线或底端对齐所有文本。

3.4.3 设置项目符号和编号

通常，我们需要使用项目符号和编号来对文本进行排版，使文档段落层次清晰、醒目，更有条理，增强其可读性。像✓，➢，◆这类都属于项目符号。一组连续数字或字母则称为编号，编号可以标记段落的次序，使得文档层次分明。

1. 设置和改变项目符号

(1)设置项目符号

选择要设置项目符号的段落，单击格式工具栏的“项目符号”按钮，或选择菜单栏“格式”|“项目符号和编号”命令，弹出“项目符号和编号”对话框，如图 3.49 所示。在“项目符号”选项卡上选择一种需要的项目符号设置。

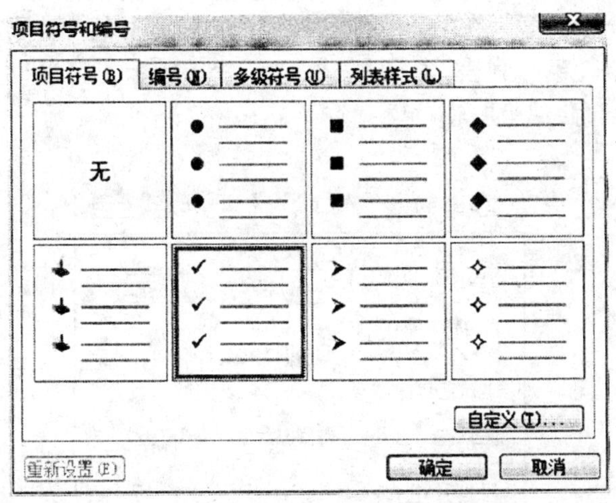

图 3.49　“项目符号和编号”对话框

(2)改变项目符号

选择要改变项目符号的段落，在“项目符号和编号”对话框的“项目符号”选项卡上单击“自定义”按钮，出现“自定义项目符号列表”对话框，如图 3.50 所示，在列表中选择需要的项目符号。如果要改变为其他项目符号，可以单击“字符”或“图片”按钮，选择特殊的项目符号，图 3.51 是单击“图片”出现的“图片项目符号”对话框。

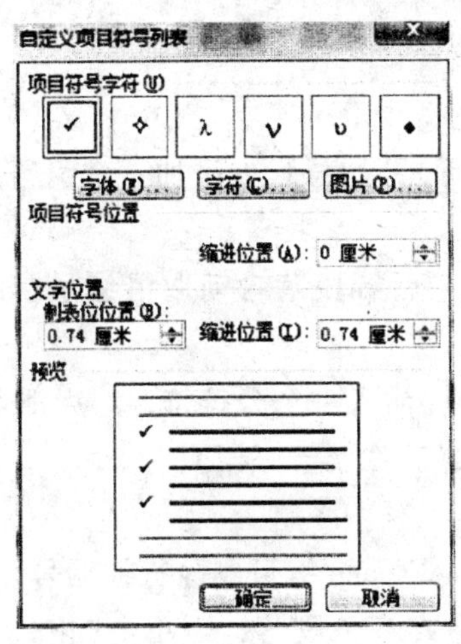

图 3.50　“自定义项目符号列表”对话框

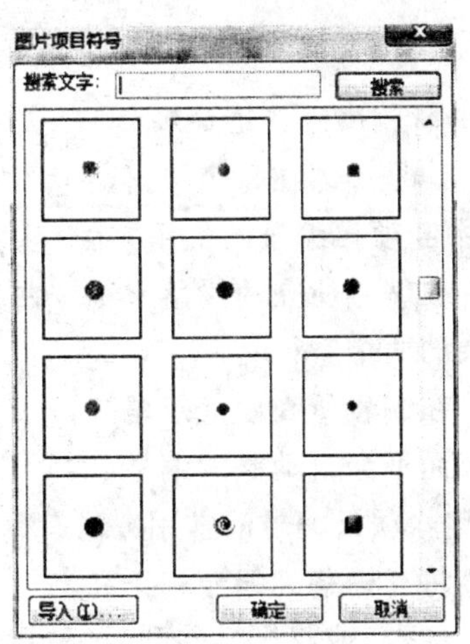

图 3.51　“图片项目符号”对话框

2. 设置和改变编号

(1)设置编号

选择要设置编号的段落，单击“格式”工具栏的“编号”按钮或选择菜单栏“格式”|“项目符号和编号”命令，出现“项目符号和编号”对话框，在“编号”选项卡上选择一种需要的项目编号进行设置。

(2)改变编号

选择要改变编号的段落，在“项目符号和编号”对话框的“编号”选项卡上单击“自定义”按钮，出现“自定义编号列表”对话框，如图3.52所示，可以设置“编号格式”，选择“编号样式”，设置“起始编号”等。

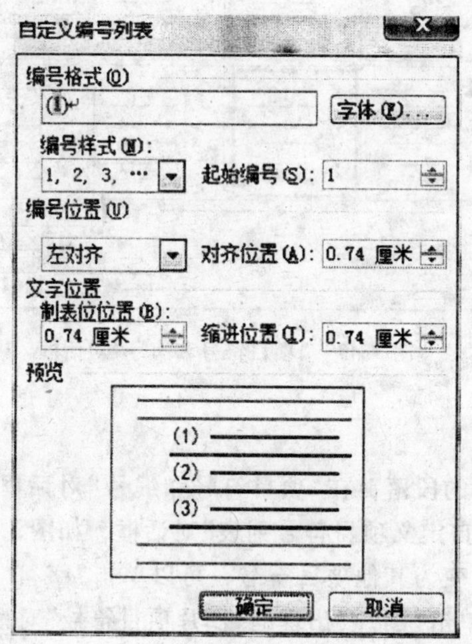

图3.52 “自定义编号列表”对话框

3. 中断、删除、追加编号

段落编号，即在每个段落(不管该段有多少行)开始位置处添加一个编号。

① 中断项目编号的常用方法有以下2种：

- 在编号所在的段落末尾按两次Enter键，后续段落自动取消编号(不过同时也插入了多余的两个空行)。
- 在编号所在段落末尾按Shift+Enter组合键插入一个分行符，然后即可在下一行输入新内容而不会自动添加编号(实际和前面的内容仍然属于一段)。

② 删除项目编号的常用方法有以下几种：

- 将光标移到编号和正文之间，然后按Backspace键可删除行首编号。
- 选中(或将光标移到)要取消编号的一个或多个段落，再单击“格式”工具栏中的“编号”按钮。

③ 追加项目编号的方法有以下几种：

- 将光标移到包含编号的段尾，然后按 Enter 键，即可在下一段插入一个编号，原有后续编号会自动调整。
- 将带有自动编号(或项目符号)的段落复制到新的位置(例如使用 Ctrl+C 和 Ctrl+V 组合键)时，新段落将应用自动编号(或项目符号)。
- 中断编号并输入多段后，选取中断前任一带编号的文本后单击(或双击)"格式刷"按钮，然后再单击要接着编号的段落，即可接排编号(使用键盘的话，则先按 Ctrl+Shift+C 组合键复制格式，再按 Ctrl+Shift+V 组合键粘贴格式)。
- 在某个编号内的第一段结束后，按两次以上 Enter 键插入需要的空段(此时编号会中断)，当光标移到需要接着编号的段落中，单击"编号"按钮，此时 Word 通常会接着前面的列表编号。
- 中断编号并输入多段后，选中需接排编号的段落，然后再打开"项目符号和编号"对话框，选择和上一段相同编号样式后，再选中"继续前一列表"单选按钮，然后单击"确定"按钮。
- 如果将包含编号的文本内容复制到新位置，新位置文本的编号会改变，通常会接着前面的列表继续编号。在复制的段落内右击，然后在弹出的菜单中选择"重新开始编号"或"继续编号"选项。

3.4.4　分栏和首字下沉

报纸和杂志为了便于文档的阅读，经常采用分栏排版形式。所谓分栏，就是将段落分成几个竖条，文字从一个竖条开始向下阅读到该条的末尾，连接到下一条的开始继续阅读。在段落排版时，为了提高某段的视觉效果，使之更加醒目，将段落的第一个字符(英文或汉字)字号增大，这就是首字下沉。

1. 设置分栏

使用菜单栏"格式"|"分栏"命令或格式工具栏"分栏"按钮，弹出"分栏"对话框，如图 3.53 所示。

在对话框的"预设"栏选择分栏的格式，也可以直接在"栏数"文本框中输入要分的栏数；如果设置各栏的栏宽相等，选择"栏宽相等"复选框，如果设置栏宽不等，则取消"栏宽相等"复选框的选择，利用"栏宽和间距"来设置各栏的栏宽及各栏之间的间距；如果各栏之间加分隔线，则选择"分隔线"复选框。

设置完毕，单击"确定"按钮，则选择的文本按所设置的方式分栏。

2. 首字下沉

将插入点移到要设置首字下沉的段落，或选择该段落，然后单击菜单栏"格式"|"首字下沉"命令，出现"首字下沉"对话框，如图 3.54 所示。利用对话框的"位置"选项，可以设置下沉的格式，利用"选项"栏，可以设置下沉文字的字体、下沉行数和距离正文的距离。

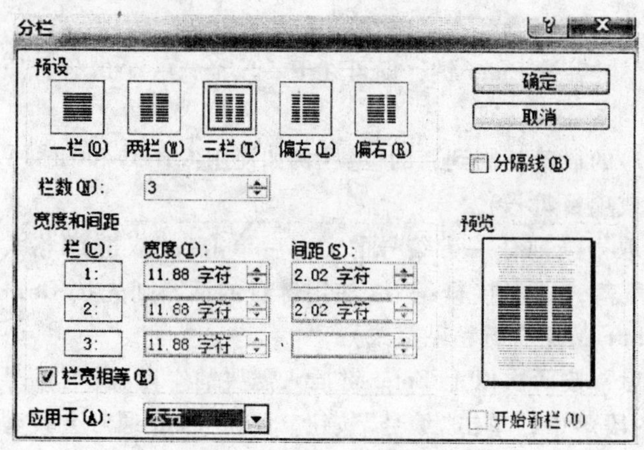

图 3.53 “分栏”对话框

图 3.54 “首字下沉”对话框

3.4.5 设置边框和底纹

Word 2003 可以为文字、段落、页面及各种图形设置多样的边框和底纹，以达到段落或文字更醒目、美化文档、丰富文档格式的目的。

1. 设置文字或段落边框

为文字添加边框，应先选择要加边框的文字；如果为段落设置边框，应先选择要加边框的段落或将插入点移到该段落中。

使用“格式”工具栏上的工具按钮A和A，可以快速设定文本的边框和底纹；或者单击菜单栏中“格式”|“边框和底纹”命令，在弹出的如图 3.55 所示对话框中进行详细设置。

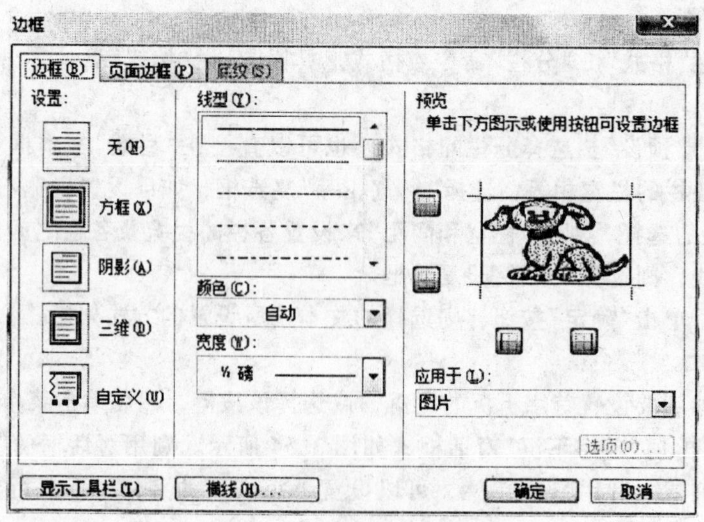

图 3.55 “边框和底纹”对话框

选择“边框”选项卡：在“设置”栏中选择一种边框样式；在“线型”中选择需要的线型；在“颜色”中选择需要的线条颜色；在“宽度”中选择需要的边框线宽度；在“应用于”下拉列表框中选择边框是应用于文字还是应用于段落；在“预览”中可以看到设置的效果，如果满意，则单击“确定”按钮。

2. 设置页面边框

选择“边框和底纹”对话框中的“页面边框”选项卡，如图 3. 56 所示，同样可以进行页面边框的样式、线型、颜色、宽度、应用范围的设置。另外，利用“艺术型”下拉列表框，可以为页面设置艺术型的边框。

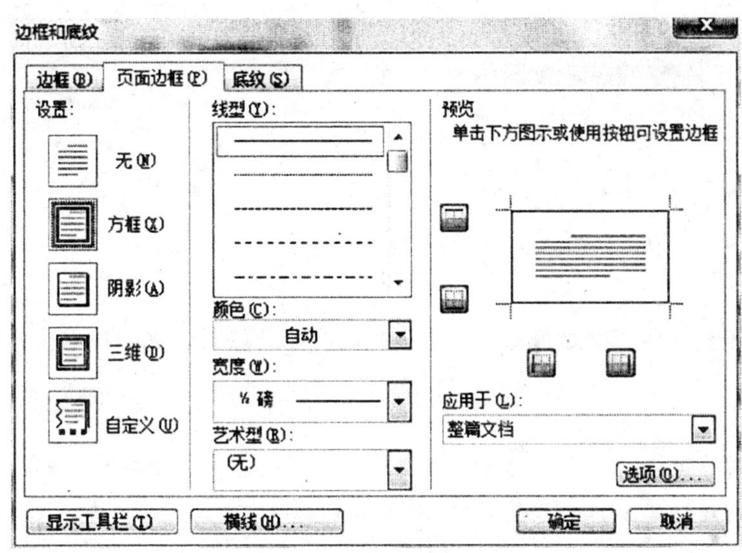

图 3. 56　“页面边框”选项卡

3. 设置底纹

选择“边框和底纹”对话框中的“底纹”选项卡，如图 3. 57 所示，可以为文本设置底纹。可以设置填充底纹的颜色、图案样式和设定应用范围等。

3. 4. 6　使用格式刷

格式刷主要用于对字符和段落的格式化。其工作原理是将已设定好的样本格式快速应用到文档或工作表中需要设置格式的其他部分，使之自动与样本格式一致。在进行版面格式的编排时，使用格式刷可以避免大量重复的操作，大大提高工作效率。使用格式刷的具体操作步骤如下：

① 选中包含所需要的格式(例如楷体、五号、带下画线、红色)的字符或段落。

② 单击“常用”工具栏上的“格式刷”按钮以提取样本格式，这时鼠标变成一把刷子。

③ 移动鼠标指针到需要该种格式的文本的开始位置，按下鼠标左键并拖动格式刷到

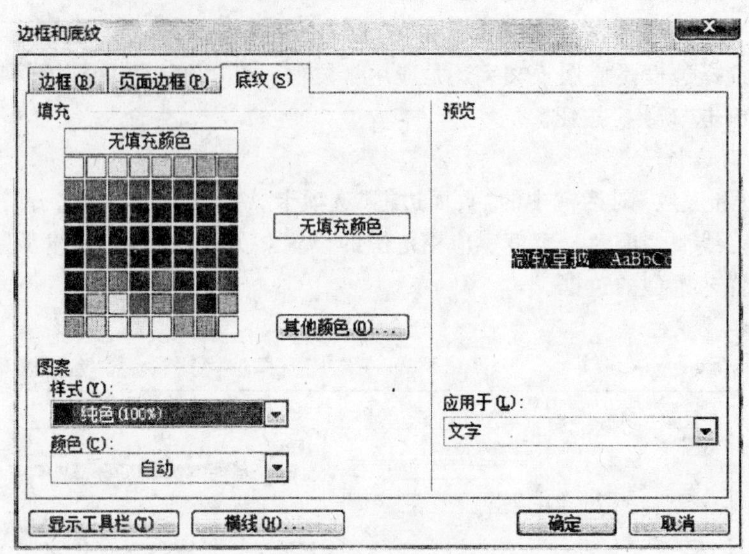

图 3.57 “底纹”选项卡

结束位置，松开鼠标时，刷过的文本范围内的所有字符格式自动与样本格式一致。

☞ 提示：

若将鼠标指针移动到该行的左侧，直到指针变为指向右的箭头，上行拖动鼠标，松开后，也将会对刷过的文本行应用格式设置。

④ 完成后，按 Esc 键或再次单击 。

采用上述操作方法，只能将格式应用一次，如果要将格式连续应用到多个文本块，则应将上述第②步的单击操作改为双击。或者当执行完一次格式刷操作之后，再选中其他文本，按 F4 键(重复上一步操作)。

3.4.7 使用样式

样式是指一组已经命名的字符和段落格式，它规定了文档中的标题、题注以及正文等各个文本元素的格式。用户可以将一种样式应用于某个段落，或者段落中选定的字符上，所选定的段落或字符便具有这种样式定义的格式。

在编排一篇较长文档或是一本书时，需要对许多的文字和段落进行相同的排版工作，如果只是利用字体格式编排和段落格式编排功能，不但浪费时间，让人厌烦，更重要的是，很难使文档格式保存一致。使用样式能减少许多重复的操作，以便用户在短时间内排出高质量的文档。

如果用户要一次改变使用某个样式的所有格式时，只需要修改该样式即可。例如，标题 1 样式最初为“四号、宋体、两端对齐、加粗”，如果用户希望标题 1 修改为“三号、楷体、居中、常规”，此时不必重新定义标题 1 的每一个实例，只需改变标题 1 样式的属性就可以了。

“正文”样式是最常用的标准样式，它控制文档的默认字体、字号、行距、对齐方式和其他文本格式。当用户输入新文档时，Word 将通过应用默认的“正文”样式设定文字格式。使用样式的优越性主要体现在以下几个方面：

① 为文档中各字段模式的统一提供了方便，使得对文件格式的修改更为容易；

② 无论何时，只要修改样式格式，就可以一次修改文件中具有相同样式的所有段落格式；

③ 使用简单，只要从列表中选定一个新样式，即可完成对选中段落的格式编辑。

Word 2003 提供了上百种内置样式，如标题样式、正文样式等。用户也可以自己定义或修改样式。

1. 使用已有样式

使用已有样式主要有以下两种方法：

方法一：单击要应用样式的段落中的任意位置，从格式工具栏中的“样式”下拉列表中选取所需要的样式，如图 3.58 所示。

方法二：单击要应用样式的段落中的任意位置，选择菜单栏中“格式”|“样式和格式”，可在窗口右侧显示“样式和格式”任务窗格，如图 3.59 所示。在任务窗格中选取所需要的样式即可。

图 3.58　“样式和格式”对话框

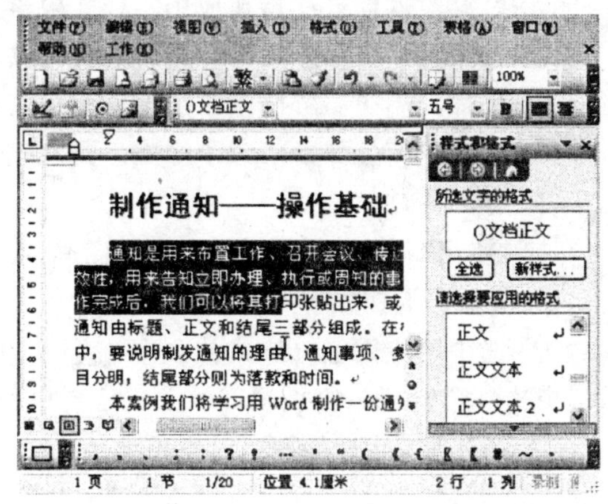

图 3.59　“样式和格式”任务窗格

2. 创建新样式

Word 2003 允许用户自己创建新的样式：单击菜单栏中“格式”|“样式和格式”命令；在弹出的右侧对话框中单击“新样式”按钮，弹出如图 3.60 所示的“新建样式”对话框。

在“新建样式”对话框中，依次填写下列相关项目：

① 名称：输入新建的样式名称。

② 样式类型：为新建的样式选择样式类型。选择下拉列表中的“段落”选项，则新建一个段落样式，选择“字符”选项，则新建一个字符类型。

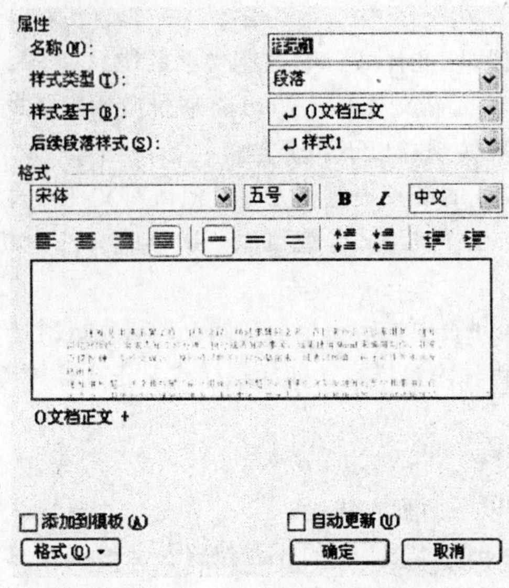

图 3.60 “新建样式”对话框

③ 样式基于：如果要使新建的样式基于原有的样式，则在该下拉列表中选择原有的样式名称。

④ 后续段落样式：指在应用本样式段落后的下一段落默认使用的样式。

⑤ 在该区域显示应用的样式所包含的具体设置。

⑥ 添加到模板：将修改添加至创建该文档的模板中，否则修改只对当前文档有效。

⑦ 自动更新：如果修改了样式，则自动更新应用了该样式的文本。

3. 应用样式

(1)使用“样式和格式”任务窗格应用样式

具体操作步骤如下：

① 选中要应用字符样式的文本，单击“格式”|“样式和格式”命令，打开“样式和格式”窗格。单击任务窗格顶部的下三角按钮，在弹出的菜单中选择“样式和格式”选项。

② 单击要应用的样式名。

☞ **提示：**

单击“格式窗格”按钮，可直接打开“样式和格式”任务窗格。

(2)使用“格式”工具栏

选中一个或多个段落(如果仅用于一个段落，可将插入点放在选定段落的任何位置)，在“格式”工具栏中的列表中，选中一种样式。

(3)使用快捷键或格式刷

选中要应用段落样式的一个或多个段落，然后按相应的快捷键，可以快速为文本设置样式，例如按下 Ctrl+Shift+N 组合键可将文本样式设置为“正文”。另外，也可以使用格式刷按钮将样式应用到其他文本上。

4. 查看、修改、删除样式

(1) 查看样式

① 在“样式和格式”任务窗格中，“显示”下拉列表框中可以按“使用中的样式”、“所有样式”、“自定义...”进行筛选，按照类别查找样式。

② 选中文本之后，在“样式和格式”任务窗格中就可以显示所应用的样式名称，当鼠标停在该样式时，还会显示样式所包含的具体设置，如图 3.61 所示。

③ 右击样式名称，然后单击“修改”命令（如图 3.61 所示），打开类似“新建样式”对话框，进行修改。

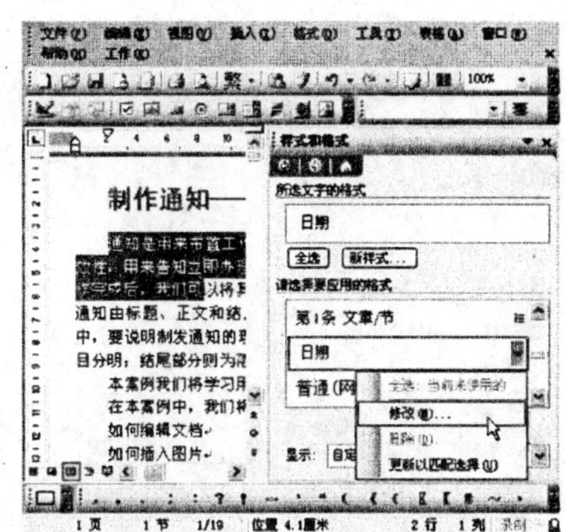

图 3.61　“样式和格式”提示信息与修改

(2)修改样式

① 选中并右击“样式和格式”窗格中样式名称，若单击“修改”命令，则会打开“修改样式”对话框，对该样式重新进行设置。

② 修改完毕后，如果文本中应用的样式被修改了，那么应用该样式的文本也会自动应用修改后的样式。

(3)清除样式

如果要清除某种格式的文本，首先选中待清除格式的文本，打开“样式和格式”任务窗格或“样式”下拉列表，单击其中的“清除格式”命令，则文本原有的格式就会被清除，代之以当前文档使用的默认格式。

(4)删除样式

删除样式要在“样式和格式”对话框中进行。用户只被允许删除自己创建的样式，对 Word 的内置样式则只能修改，不能删除。

☞ **提示：**

Word 文档格式化相关知识，包括字符格式化、段落格式化、项目符号和编号、分栏与首字下沉、边框和底纹、运用格式刷、使用样式等。在制作一些特殊文档时，如邀请函、备忘录和名片等，通过在文档中运用这些知识，可以很大程度上增强文档的美观性。

除此之外，必要时还可为文档设置水印等效果。下面介绍设置水印的方法。

① 打开需要设置水印背景的文档，执行菜单栏“格式”|“背景”|“水印”命令，打开“水印”对话框。

② 选中“文字水印”单选按钮，激活“文字水印”栏。

③ 在“文字”下拉列表框中选择“样例”选项，在“字体”下拉列表框中选择“宋体”选项，在“尺寸”下拉列表框中选择“自动”选项。

④ 在“颜色”下拉列表框中选择“红色”选项，选中“半透明”复选框，在版式选项中选择“斜式”单选按钮，如图 3.62 所示。

⑤ 单击“确定”按钮，关闭对话框并应用设置，效果如图 3.63 所示。

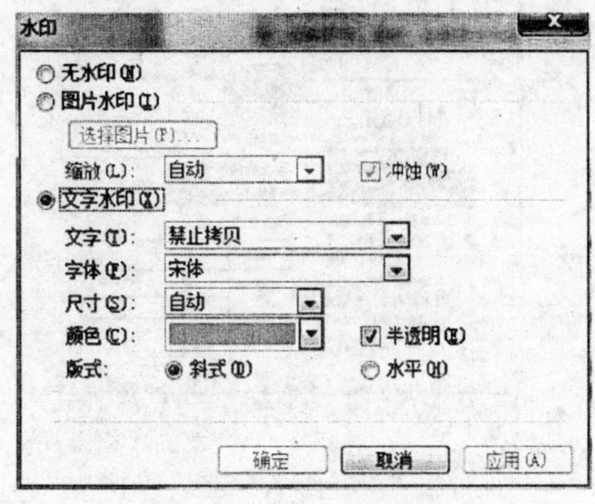

图 3.62 “水印”对话框

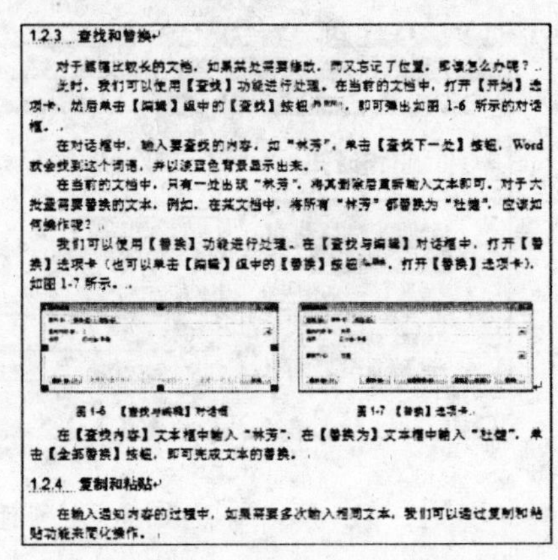

1.2.3 查找和替换

对于篇幅比较长的文档，如果某处需要修改，而又忘记了位置，那该怎么办呢？

此时，我们可以使用【查找】功能进行处理。在当前的文档中，打开【开始】选项卡，然后单击【编辑】组中的【查找】按钮，即可弹出如图 1-6 所示的对话框。

在对话框中，输入要查找的内容，如“林芳”，单击【查找下一处】按钮，Word 就会找到这个词语，并以淡蓝色背景显示出来。

在当前的文档中，只有一处出现“林芳”，将其删除后重新输入文本即可。对于大批量需要替换的文本，例如，在某文档中，将所有“林芳”都替换为“杜健”，应该如何操作呢？

我们可以使用【替换】功能进行处理。在【查找与编辑】对话框中，打开【替换】选项卡（也可以单击【编辑】组中的【替换】按钮，打开【替换】选项卡），如图 1-7 所示。

图 1-6 【查找与编辑】对话框　图 1-7 【替换】选项卡

在【查找内容】文本框中输入“林芳”，在【替换为】文本框中输入“杜健”，单击【全部替换】按钮，即可完成文本的替换。

1.2.4 复制和粘贴

在输入通知内容的过程中，如果需要多次输入相同文本，我们可以通过复制和粘贴功能来简化操作。

图 3.63 应用水印效果

3.4.8 模板快速格式化文档

模板又称样式库，是一群样式的集合，并包含版面设置(纸张、边宽、页眉和页脚位置等)。如果要创建新文档，可以载入某个模板，同时获得其中所有的样式设置，将这些样式套用于文档上。模板的后缀名是 . dot。

1. 模板文件 Normal. dot

Normal. dot 是 Word 默认的通用模板文件，它定义了文档的基本结构和设置，包括段落结构、字体样式和页面布局等元素的样式。该文件在我们创建新文档时会自动加载，默认位置为：C: \ Documents and Settings \ 用户名 \ Application Data \ Microsoft \ Templates。

2. 创建新模板并应用模板

启动 Word 2003 时，实际上已经应用了 Word 所提供的通用模板。用户还可以自己创建新模板，最常用的创建模板的方法是利用文档创建新模板。

创建新模板的具体操作步骤如下：

① 新建一个文档，输入一个目录，然后分别对章、节(1.1)、小节(1.1.1)应用样式：标题 1、标题 2、标题 3，然后分别修改这几个样式。修改后的效果如图 3.64 所示。

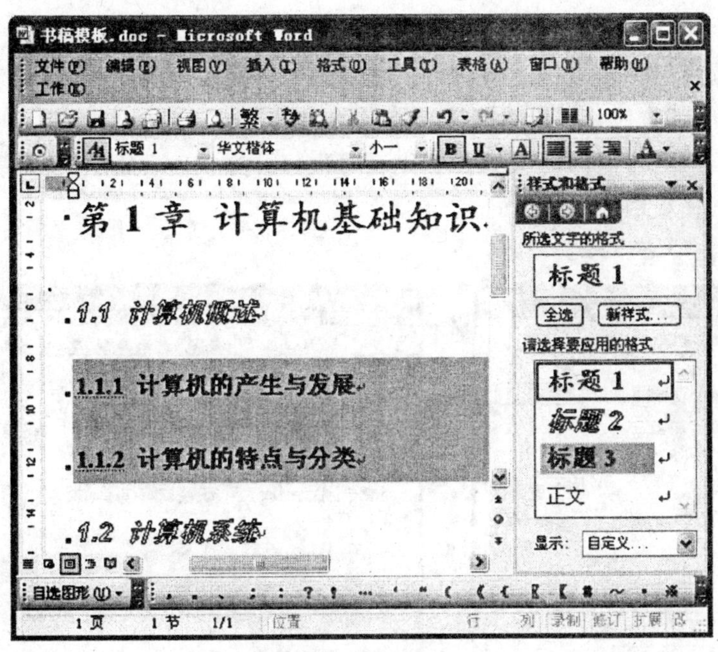

图 3.64　制作模板

② 单击“文件”|“另存为”命令，在“另存为”对话框内指定文件类型为“文档模板”，命名为“书稿模板”。

③ 再新建另外一个文档，输入目录，分别将章、节、小节标题指定样式为内置样式：标题 1、标题 2、标题 3，如图 3.65 所示，保存文档并命名为“第 2 章”。

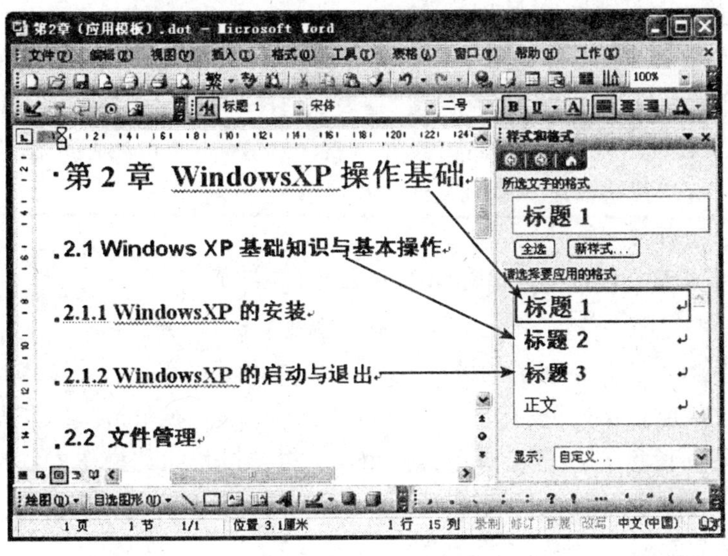

图 3.65　使用内置样式文档

④ 单击“工具”|“模板和加载项”命令，打开“模板和加载项”对话框，如图 3.66 所示。

⑤ 单击“选用”按钮，在打开的对话框中找到刚才新建的模板“书稿模板”。

⑥ 单击“确定”按钮，可以看到该文档自动应用了所加模板的样式，如图 3.67 所示。若选中了“自动更新文档样式”复选框，则在每次打开文档时，都会更新当前文档中的样式，使其与附加模板中的样式相同。

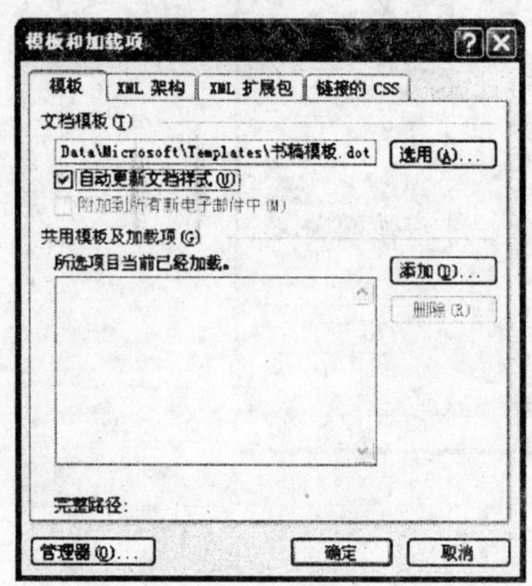

图 3.66 “模板和加载项”对话框

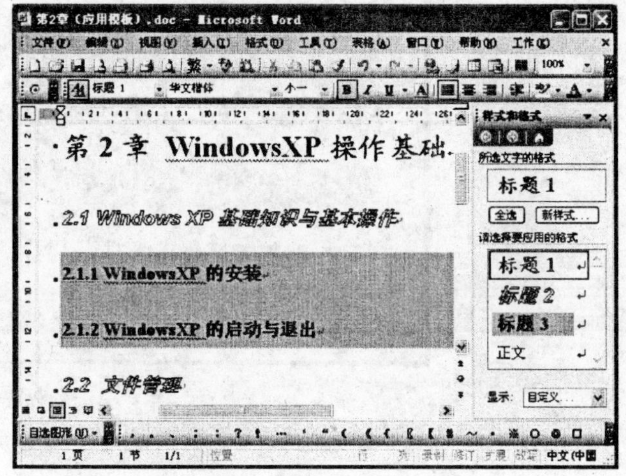

图 3.67 应用模板后的文档

当加载了新的模板之后，“样式和格式”对话框中的所有样式将被新模板中的样式完全取代。不仅如此，版面设置、工具栏设置也同样与模板中的设置完全一致。双击模板也可以以该模板创建一个与模板一致的新文档。

打开已经设置好并准备作为模板保存的文档，第二步单击菜单栏“文件”|“另存为”命令。在“另存为”对话框中的“保存类型”列表中选择“文档模板”选项，并在“文件名”文本框中为该模板命名，确定保存位置(默认情况下，Word 会自动存放在“Templates”文件夹中)，单击“保存”按钮即可。模板文件的扩展名为 .dot。

3. 自定义模板

自定义模板就是直接设计所需要的模板文件，步骤如下：

① 单击菜单栏“文件”|“新建”项，显示“新建文档”任务窗格；

② 在“模板”区选择“本机上的模板”项，打开“模板”对话框，如图 3.68 所示；

③ 单击选中“空白文档”图标，选择“模板”单选按钮，再单击“确定”按钮；

④ 在打开的“模板 1”模板窗口中，使用与文档窗口相同的操作方法，对页面、特定的各种文字样式、背景、插入的图片、快捷键、页眉和页脚等进行设置；

⑤ 所有设置完成后，进行模板保存。

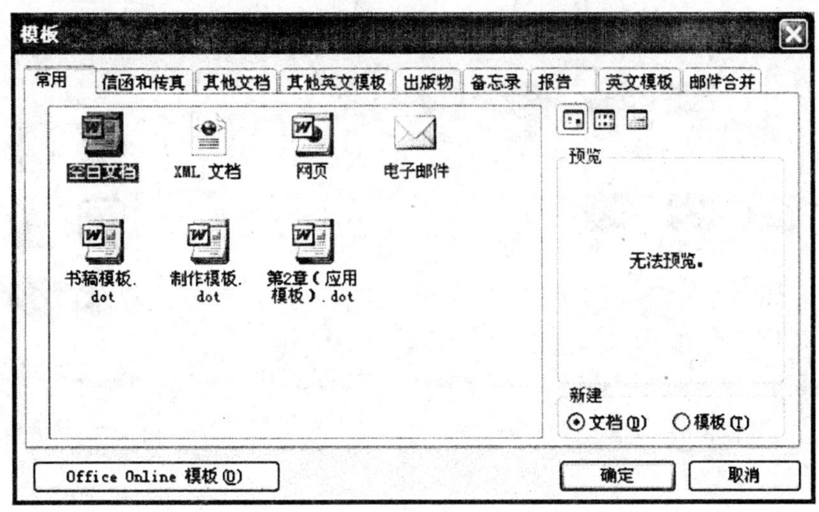

图 3.68　“模板”对话框

3.5　图文混排

在 Word 文档中插入必要的图片，既可起到文字说明不可替代的作用，又可以做到图文并茂，生动活泼。在 Word 2003 中有自带的图片剪辑库，可以插入图片剪辑库中的图片，也可以插入图片文件。

3.5.1　插入图片和剪贴画

1. 插入图片文件

用户自己现有的存为文件的图片可以插入到 Word 文档中。插入方法是：将光标定位在要插入图片的位置，选择菜单栏“插入”|“图片”|“来自文件”命令，打开“插入图片”对话框，如图 3.69 所示。

在该对话框“查找范围”下拉列表中选择图片所在的磁盘和文件夹，在“文件名”列表框中选择要插入的图片文件名，单击“插入”按钮，即可插入图片。

2. 插入剪贴画

在 Office 中自带有大量的剪贴画，可以很方便地插入 Word 文档中。同样，先将光标定位在要插入图片的位置，执行菜单栏“插入”|“图片”|“剪贴画”命令，或直接单击“绘图”工具栏上的“插入剪贴画”按钮，显示“剪贴画”对话框，如图 3.70 所示。另外，还可以在任务窗格中直接切换到“剪贴画”对话框。在“剪贴画”对话框中，输入搜索文字，或确定搜索范围、结果类型等信息，点击“搜索”按钮。电脑将自动搜索符合条件的剪贴画，并将画面缩放预览。选择需要的剪贴画单击，即可将该画插入到光标定位处。

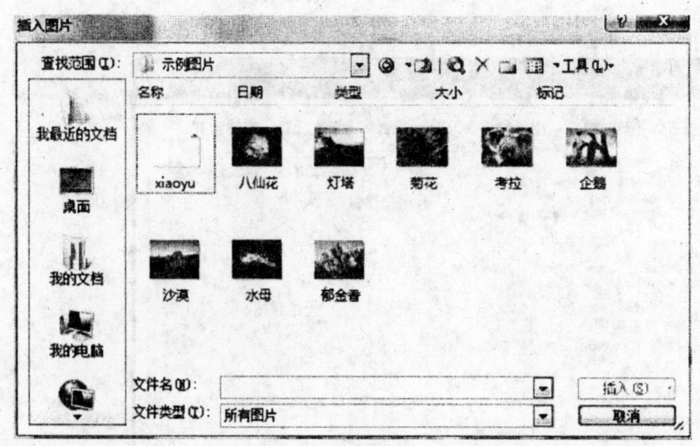

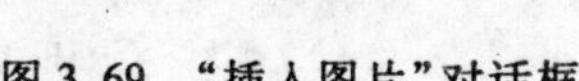
图 3.69 “插入图片”对话框

图 3.70 “剪贴画”对话框

3. 粘贴“剪贴板”上的图片对象

可以利用“剪切”、“复制”或屏幕硬拷贝等方法，将对象放入剪切板，然后再粘贴到 Word 中需要的位置。

(1)粘贴利用 PrintScreen 键放入剪贴板的图片对象

如果要将当前屏幕的内容放入 Word 文档中，可以按下 PrintScreen 键，拷贝屏幕内容进入剪贴板，然后在 Word 文档中将光标定位到要粘贴图片处，执行“粘贴”命令，可以将屏幕内容粘贴到 Word 文档中光标定位处。

(2)粘贴利用 Alt+PrintScreen 键放入剪贴板的对象

如果要将活动窗口(含对话框)放入 Word 文档中，可以按 Alt+PrintScreen 键，使活动窗口进入剪贴板，然后在 Word 文档中将光标定位到要粘贴图片处执行“粘贴”命令，可以将活动窗口粘贴到 Word 文档中光标定位处。

(3)粘贴利用“剪切”、“复制”的方法放入剪贴板中的对象

在 Word 本身或其他图像处理软件(例如画图软件)中利用“剪切”或“复制”的方法放入剪贴板中的图片对象，都可以利用“粘贴”的方法粘贴到 Word 文档中光标定位处。

3.5.2 设置图片格式

在 Word 文档中插入图片或剪贴画后，一般不符合排版的需要，因此，还需要对图片的格式进行必要的设置。

1. 利用“设置图片格式”对话框对图片进行设置

选择已经插入到文档中的图片，单击菜单栏中的“格式”|“图片”或右击并在弹出的快捷菜单中选择“设置图片格式”按钮，弹出“设置图片格式”对话框，如图 3.71 所示。

“设置图片格式”对话框有“颜色与线条”、“大小”、“版式”、“图片”、“文本框”和“网站”等选项卡，利用这些选项卡，可以完成对图片格式的设置。

①“颜色与线条”选项卡：可以利用“填充”栏中的“颜色”对图像进行颜色填充。

②“大小”选项卡：可以对图像的高度和宽度及缩放比例进行设置。

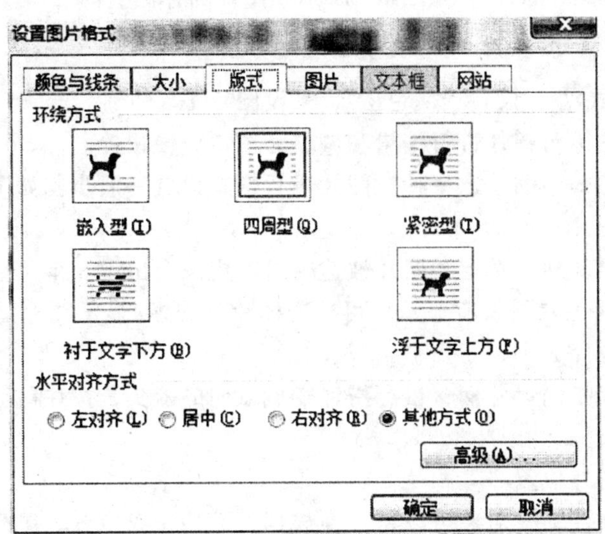

图 3.71　“设置图片格式”对话框

③“版式”选项卡：可以设置图片附近文字的“环绕方式”和图片的对齐方式。“环绕方式”有：嵌入型、四周型、紧密型、浮于文字上方、衬于文字下方。对齐方式有：左对齐、居中、右对齐和其他对齐方式。

④“图片”选项卡：可以对图片裁剪、颜色、对比度和亮度进行控制。利用“裁剪”栏，可以设置对图片上、下、左、右裁剪的尺寸。“图像控制”栏中包括对图像的颜色、亮度和对比度的控制。利用“颜色”下拉列表可以设置图像的颜色是自动、灰度、黑白还是冲蚀；利用亮度滑动杆可以调节图像的亮度；利用对比度滑动杆可以调节图像的对比度。

2. 利用“图片”工具栏对图片进行设置

利用“图片”工具栏也可以完成对图片的设置。一般情况下，选中菜单栏中“视图”|“工具栏”|“图片”或右击窗口菜单栏在快捷菜单中选择“图片”命令，都可以显示“图片”工具栏。图片工具栏各按钮的作用如下：

① 插入图片按钮：单击该按钮，出现“插入图片”对话框，可以插入图片文件。

② 颜色：控制图片的颜色，有“自动”、“灰度”、“黑白”和“冲蚀”四个选项。

③ 增加对比度或降低对比度：增加(降低)图片颜色的饱和度和明暗度。

④ 增加亮度或降低亮度：在所选图片中添加白色从而变亮，或增加黑色从而变暗。

⑤ 裁剪：对图片进行裁剪。

⑥ 向左旋转 90°：使图片左转 90°。

⑦ 线型：可以选择为图片添加边框线的线型。

⑧ 压缩图片：对图片进行压缩，以减小图片的存储空间。

⑨ 文字环绕：设置图片附近文字的环绕方式。

⑩ 设置图片格式，设置透明色，重设图片。

利用这些快捷图标对图片进行编辑和调整，非常方便快捷。

使用上述两种方式中的任意一种对图片进行格式设置一般步骤如下：

第1步：选定图片

鼠标单击图片对象即可选定。图片被选定时，周围会出现8个尺寸柄，同时自动打开"图片"工具栏。如果工具栏没有显示，可右击图片，选择"显示图片工具栏"。

第2步：调整图片大小

选定图片，鼠标指向尺寸柄，鼠标指针变成双向的箭头，按住鼠标左键拖动就可以随意改变图片的大小。

第3步：移动图片位置

用鼠标左键按住浮动式对象可以将其拖放到页面的任意位置，鼠标左键按住嵌入式对象可以将其拖放到有插入点的任意位置。还可以利用剪贴板，使用剪切与粘贴的方法实现对象的移动。另外，可以使用键盘中的"Ctrl"+"←、↑、→、↓"键对图片位置分别进行向左、向上、向右、向下的微调。

第4步：裁剪图片

在文档中插入的图片，有时可能只需其中的一部分，这时就需要将图片中多余的部分裁剪掉。选中要裁剪的图片，单击"图片"工具栏的"裁剪"按钮，按住鼠标左键向图片内部拖动任一尺寸控点，即可完成对图片的裁剪。

第5步：剪切、复制、删除图片

同文本的剪切、复制、删除操作方法。

第6步：设置图片版式

在"设置图片格式"对话框中单击"版式"选项卡，可以对图片的环绕方式和水平对齐方式进行调整，如图3.71所示。常用的环绕方式有嵌入型和浮于文字上方两种。

① 嵌入式对象：周围的8个尺寸柄是实心的，并带有黑色的边框，只能放置到文档插入点位置，不能与其他对象组合，可以与正文一起排版，但不能实现环绕。

② 浮动式对象：周围的8个尺寸柄是空心的，可以放置到页面的任意位置，并允许与其他对象组合，还可以与正文实现多种形式的环绕。

当然，根据实际情况，还可以进行其他相关的设置，如颜色、线条、亮度、对比度，等等。

3.5.3 绘制和编辑图形

在Word文档中可以绘制图形，为此，Word专门提供了一个功能强大的绘图工具栏，利用绘图工具栏，不仅可以绘制多种图形，还可以对图形进行修饰。

1. "绘图"工具栏简介

单击常用工具栏"绘图"按钮或在菜单栏的"视图"|"工具栏"列表中勾选"绘图"，

“绘图”工具栏将显示在 Word 窗口下方，位于状态栏之上，如图 3.72 所示。

图 3.72　“绘图”工具栏

绘图工具栏中有各种绘制和编辑图形的工具，利用这些工具可以方便地编辑和绘制图形。

：单击下箭头展开绘图菜单，利用菜单可以对图形进行编辑，例如对多个图形可以进行组合和取消组合、改变叠放次序、设置文字环绕方式、旋转或翻转等。

选择对象：利用该箭头可以选择利用绘图工具栏创建的对象。

直线绘制：绘制直线。

箭头绘制：绘制箭头。

矩形绘制：绘制矩形。按住 Shift 键绘制，可以绘制正方形。

椭圆绘制：绘制椭圆。按住 Shift 键绘制，可以绘制圆形。

文本框：绘制横排文本框。

横竖排文本框：绘制竖排文本框。

插入艺术字：在文档中插入艺术字。

插入组织结构图：可以在文档中插入组织结构图、循环图、射线图等。

剪贴画插入：在文档中插入剪贴画。

图片插入：在文档中插入图片文件。

颜色填充：为选择的对象填充颜色及效果。

线条颜色：设置线条的颜色及图案。

字体颜色：设置字体的颜色。

线型：设置线型和磅值。

虚线线型：设置虚线的线型。

箭头样式：设置箭头的样式。

阴影效果：设置对象的阴影样式，包括双向箭头多种样式。

三维效果：设置对象的三维效果。

选择多个对象：设置同时选择多个对象。

2. 绘制图形

利用“绘图”工具栏中的各个快捷图标按钮，可以绘制相应的图形。绘制的方法是：单击要绘制的图形按钮，弹出“在此处创建图形”框，鼠标同时变成精确定位形状，可以在框内绘制图形，也可以不在框内而在需要的位置绘制图形。单击图形按钮只能绘制一个图形，双击可以多次绘制同类图形。

3. 编辑自选图形

用户对绘制的自选图形不满意时，可以对自选图形进行修改编辑。编辑自选图形有以下两种方法。

(1)使用快捷菜单命令编辑自选图形

选中要编辑的自选图形，然后单击鼠标右键，弹出快捷菜单，如图 3.73 所示。对自选图形进行编辑的常用命令都列于此菜单中。

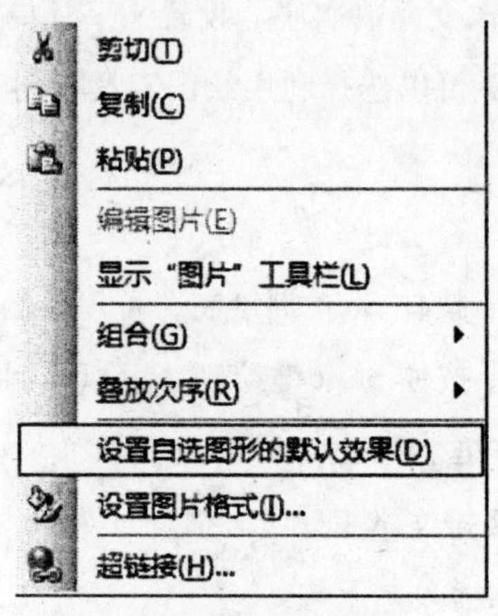

图 3.73　快捷菜单

(2)使用"绘图"工具栏上的工具按钮

选用"绘图"工具栏上的工具按钮，可以设置自选图形的填充色、线型及颜色、字体及设置阴影、三维立体效果等格式。单击按钮 绘图(D)，可以对图形进行旋转、对多个图形进行组合和取消组合等设置。

☞ **提示：**

图形只有被设为浮动式图片格式时，才能进行组合和取消组合操作。

3.5.4　插入艺术字

艺术字是一种特殊的图形，以图形的格式表示文字，使文字更醒目。

1. 插入艺术字

执行菜单栏中的"插入"|"图片"|"艺术字"命令或利用"绘图"工具栏的"插入艺术字"按钮，即可打开"艺术字库"对话框。在"艺术字库"对话框选择需要的艺术字式样，单击"确定"按钮，出现"编辑'艺术字'文字"对话框，如图 3.74 所示。

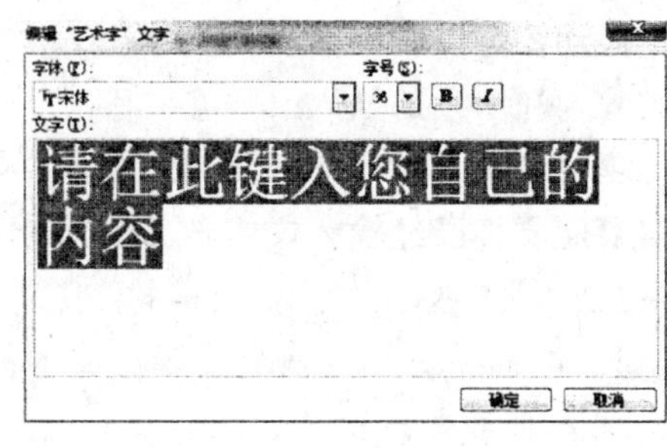

图 3.74　插入并设置“艺术字”文字对话框

在上述“艺术字”文字对话框“文字”文本框中输入作为艺术字的文字；在“字体”下拉列表框中选择艺术字的字体，在“字号”下拉列表框中选择需要的字号，还可以设置艺术字的加粗和倾斜。设置完毕，单击“确定”按钮，艺术字即可出现在文档窗口。

2. 编辑艺术字

选择“艺术字”会出现如图 3.75 所示的“艺术字”工具栏。如果工具栏没有出现，可以通过单击菜单栏“视图”|“工具栏”|“艺术字”打开或右击艺术字，在弹出的快捷菜单中选择“设置艺术字格式”命令，在打开的对话框中进行设置。

图 3.75　“艺术字”工具栏

使用“艺术字”工具栏，可以编辑艺术字和设置艺术字效果。“艺术字”工具栏包含插入艺术字、编辑文字、艺术字库、设置对象格式、艺术字形状、自由旋转、版式设置、艺术字竖排及对齐等按钮。

3.5.5　文本框

在 Word 文档中，文本框的使用非常灵活。在文本框中既可以输入文字，也可以插入图片；文本框中的文字可以横排，也可以竖排；文本框可以随意放置；像图片一样，可以使文字环绕文本框，可以使文本框中文字很方便地作为短文的标题；特别地，文本框可以将图片及图片的说明文字组织在一起，同时移动。

1. 插入文本框

利用菜单栏“插入”|“文本框”|“横排”或“竖排”命令，或绘图工具栏“文本框”和

“竖排文本框”按钮，鼠标的光标变成“+”字形，按住这种形状的光标在 Word 工作区的任意位置拖动，可以画出需要的文本框。文本框出现以后，可以像在文档的工作区一样进行文字的输入和图片的插入。

2. 将已有的文本放入文本框

如果需要将已经输入文本放入文本框中，首先选择需要放入文本框的文本，然后执行菜单栏“插入”|“文本框”| “横排”或“竖排”命令，或绘图工具栏“文本框”和“竖排文本框”按钮，被选择的文本就会放置于文本框中。

3. 文本框格式的设置

执行菜单栏“格式”|“文本框”命令，弹出“设置文本框格式”对话框，如图 3.76 所示。

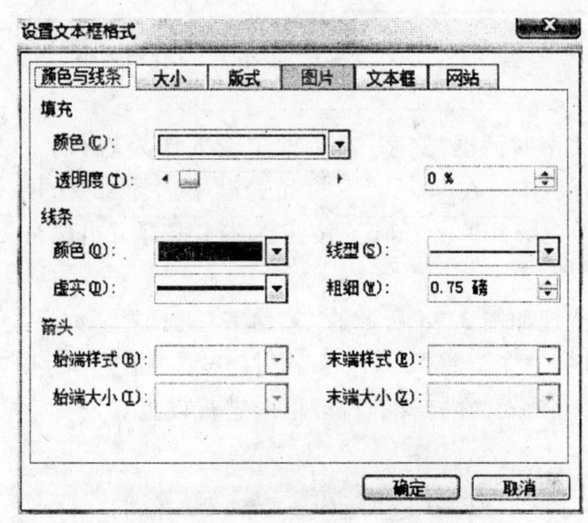

图 3.76 “设置文本框格式”对话框

“设置文本框格式”对话框与“设置图片格式”对话框相似，有“颜色与线条”、“大小”、“格式”、“文本框”等选项卡。文本框选项卡用于设置文本框相关属性，包含文本框内部边距。其他选项卡的设置与“设置图片格式”对话框相应的选项卡作用相同。

3.5.6 创建公式

1. 插入数学公式

光标定位在要创建公式的位置，单击菜单栏“插入”|“对象”命令，打开“对象”对话框，如图 3.77 所示。选择“MathType 6.0 Equation”项(确保已经安装公式编辑器才有此选项)，单击“确定”按钮，就会启动数学公式编辑器。进入公式编辑器后，可能会出现如图 3.78 所示的界面。工具栏的上面一行提供了一系列的符号，工具栏的下面一行提供了一系列的工具模板。从公式插入点处开始输入数学公式。输入完毕，单击公式处的任意区域，即可返回文档编辑状态。

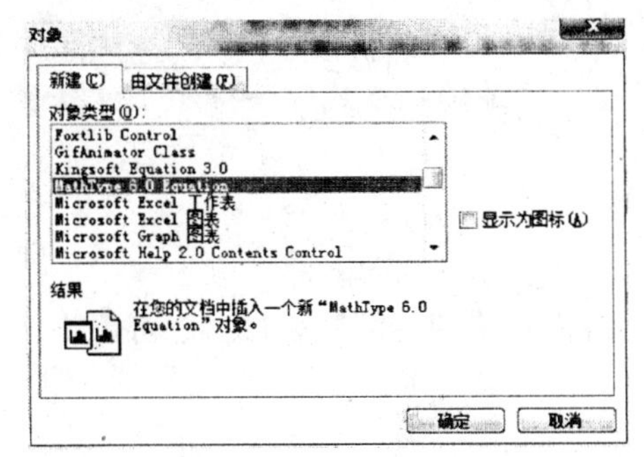

图 3.77　插入"公式"对话框

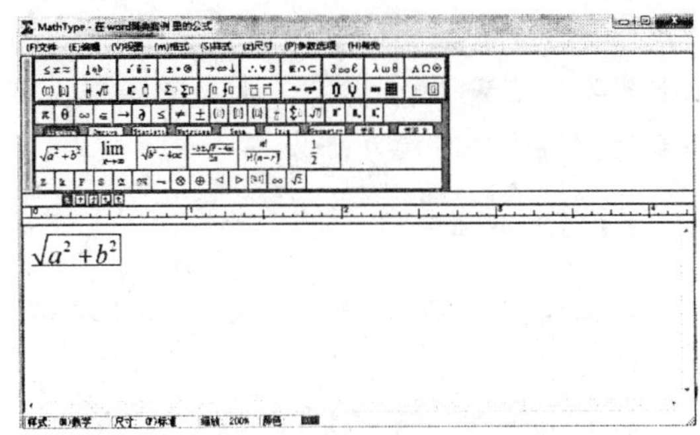

图 3.78　公式编辑界面

2. 修改数学公式

要修改数学公式，只需双击该公式，即可再次进入公式编辑窗口对公式进行编辑和修改。返回方式同上。

☞ **提示：**

Word 文档图文混排相关知识，包括插入图片、剪贴画、艺术字、文本框、数学公式，自绘制图形，以及这些对象的编辑、排版方法。对于文本框，还可以通过单击"绘图"工具栏的相应按钮对其填充颜色、边框样式等进行设置。

另外，在编辑办公文档时，常常需要在文档中插入图示，其方法与插入剪贴画类似。选择菜单栏"插入"|"图示"命令，打开"图示库"对话框，如图 3.79 所示，在其中选择一种图示类型，单击"确定"按钮，即可插入相应的图示。每插入一种图示，可打开相应的一个"图示"工具栏，用户通过工具栏上的按钮对图示进行编辑即可，如图 3.80 所示。

图 3.79　"图示库"对话框

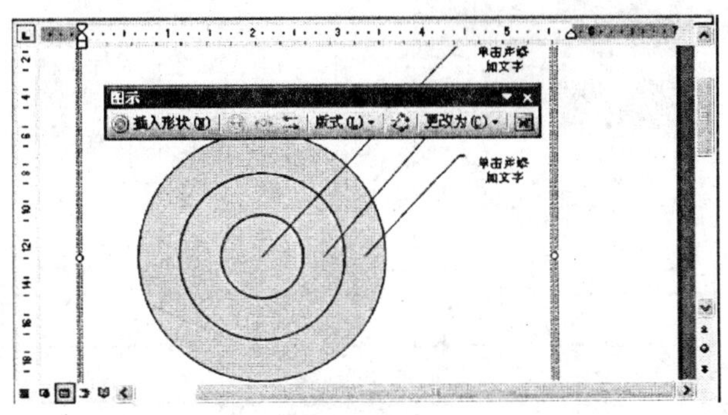

图 3.80　"图示"工具栏

3.6　Word 表格

在文档中使用表格，可以使要表示的内容清晰、明快。表格是 Word 中常用的元素，可以用来组织和显示列表信息。表格是由行和列组成的，单元格中可以插入任何对象，包括表格本身。Word 中提供了丰富的表格功能，包括建立、编辑、格式化、排序、计算及将表格转换为各类统计图表等。

3.6.1 创建表格

创建表格有多种方法，可以利用工具栏、菜单、绘制表格的笔绘制表格，还可以将文本转换成表格。

1. 利用常用工具栏的"插入表格"按钮创建表格

将插入点移到要插入表格的位置，单击"常用"工具栏的插入表格按钮▦，用鼠标左键按住左上角的网络向右下角拖动到需要的行数和列数，即如图 3.81 所示，松开鼠标左键即可在文档插入点处插入一个表格。

☞ 提示：

此方法在表格行列数上有一定的限制，适合于创建规模较小的表格。

2. 利用"表格"菜单创建表格

执行菜单栏的"表格"|"插入"|"表格"命令，打开如图 3.82 所示的"插入表格"对话框。在对话框中分别设定列数、行数以及其他选项后，单击"确定"按钮即可。此方法适合创建大型表格。

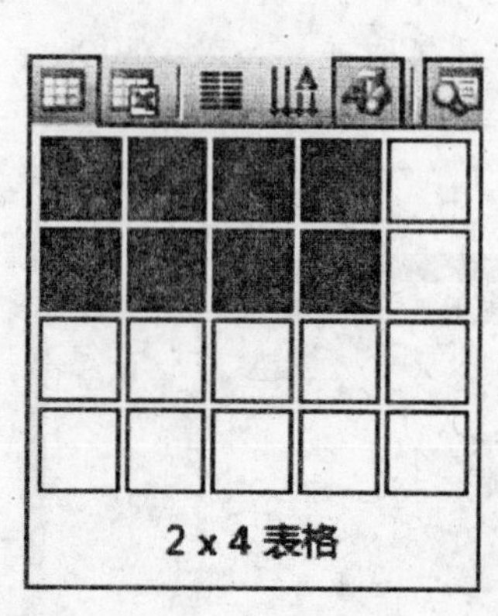

图 3.81 利用"常用"工具栏插入表格

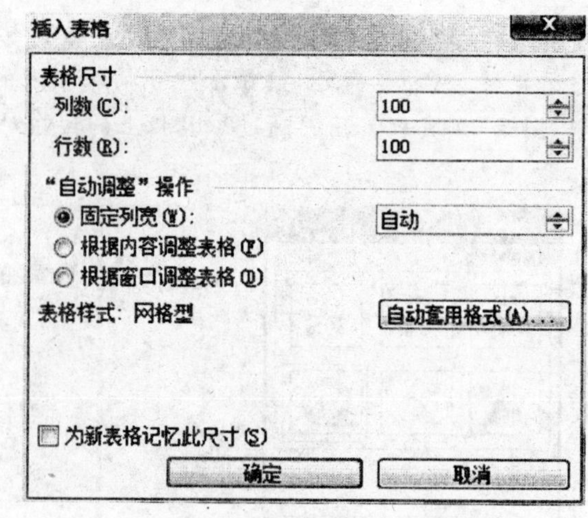

图 3.82 "插入表格"对话框

3. 利用"表格和边框"工具栏的"绘制表格"创建表格

使用 Word 的绘制表格功能可以方便用户任意绘制出不同行高、列高的各种不规则的复杂表格。绘制方法如下：

单击菜单栏的"表格"|"绘制表格"命令，或单击"常用"工具栏的工具按钮，会弹出如图 3.83 所示的"表格和边框"工具栏，同时鼠标指针变成画笔形状。利用这支笔可以

绘制表格，可以画横线、竖线和斜线。“表格和边框”工具栏提供了一组常用的制表工具，用户可以单击需要的工具按钮来完成表格绘制，包括使用“铅笔”工具任意编辑、使用“橡皮”工具按钮擦除，还可以对表格进行边框设置、表格文字排序等操作。

图 3.83　“表格和边框”工具栏

4. 将文字转换成表格

已经录入了文字，如果需要将文字转换成表格，可先选择要转换的文字，再选择“表格”|“转换”|“将文本转换成表格”命令，弹出“将文字转换成表格”对话框，如图 3.84 所示，按需要设置后，单击“确定”，就可以将文字转换成表格。

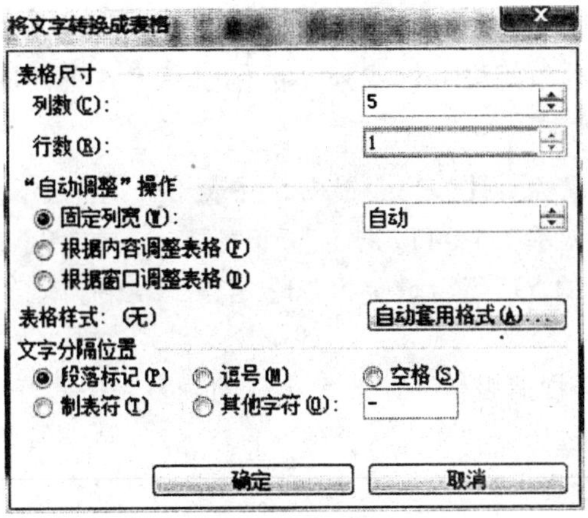

图 3.84　“将文字转换成表格”对话框

3.6.2　编辑表格

创建表格后，可以在表格中输入文字、插入图片，还可以对表格进行编辑。编辑表格包括表格的编辑和表格内容的编辑。表格的编辑包括行列及单元格的选定、插入、删除、合并、拆分、高度/宽度的调整等，经过编辑的表格才更符合我们的实际需要，也会更加美观；表格内容的编辑包括文字的增加、删除、更改、复制、移动，字体、字号以及对齐方式的设置等，与前面文字编辑基本相同，此处不再赘述。

1. 表格中插入点的移动

在表格的单元格中输入文字，必须先将插入点移动到需要输入文字的单元格中。要顺序移动插入点可用 Tab 键或右向光标移动键；要反序移动插入点可使用 Shift+Tab 键或左向光标移动键。如果想在一个单元格中开始新段则按 Enter 键。

不按顺序移动插入点，则使用鼠标单击要输入文字的单元格，将输入点定位到该单元格中。

2. 在表格中键入文字或插入图片

在单元格中输入文字或插入图片，与在普通文档中的操作相同。

3. 选定局部或全部表格

对表格的操作也是先选择后操作，因此，一定要掌握表格对象的选择方法，对表格的设置才能达到预期效果。表格的选择包括对行、列、单元格和整个表格的选择。选择表格可以利用菜单，也可以利用鼠标选择，后者更为方便。

利用鼠标选择表格主要有以下几种方式：

① 选择一个单元格：将鼠标移到单元格内部的左侧，指针变成一个右向上的黑箭头，单击左键可以选定一个单元格，按住鼠标左键拖动可以选定多个单元格。

② 选定一行单元格：鼠标指针指向该行的选择区，单击左键可以选定一行，按住鼠标左键继续向上或向下拖动，可以选定多行。

③ 选择一列单元格：将鼠标移至表格的顶端，鼠标指针变成向下的黑色箭头，在某列上单击可以选定一列，按住鼠标向左或向右拖动，可以选定多列。

④ 选定多个不连续的单元格、行或列：按住鼠标 Ctrl 键的同时，用鼠标左键在要选择的单元格、行或列上拖动。

⑤ 选择整个表：当鼠标指针移向表格内，在表格外的左上角会出现一个按钮，这个按钮就是“全选”按钮，单击它可以选定整个表格。在数字小键盘区被锁定的情况下，按“Alt+5(数字小键盘上的 5)”组合键也可以选定整个表格。

4. 改变表格的列宽和行高

默认设置下，系统会根据表格字体的大小自动调整表格的行高或列宽。用户也可以手动调整表格的行高或列宽。

(1) 通过手动改变行高、列宽

将鼠标放在要调整行高的行的下边框上，鼠标变成水平分裂箭头时，行线上出现一条虚线，按住鼠标左键将虚线拖放到需要的位置即可。列宽的调整与行高的调整相似。

(2)通过“表格”菜单中的“表格属性”对话框进行设置

通过“表格”菜单中的“表格属性”对话框可以精确地设定表格的行高或列宽。选定要调整的行或列，单击菜单栏中的“表格”|“表格属性”命令，或者单击右键，从弹出的快捷菜单中选择“表格属性”命令，打开“表格属性”对话框，在各选项卡中精确设定行高度或列宽度值，如图 3. 85 所示。

(3)通过表格控制柄调整

在 Word 2003 中，将鼠标指针指向表格的任意位置，表格的右下角会出现一个正方形表格控制柄，此时表格就像一幅图片一样，拖动此控制柄，可以快速随意地改变表格的大小。

5. 行、列、单元格的插入

(1)行的插入

① 在表格底部添加一行。把插入点放置在该表格的最后一个单元格中，按 Tab 键；

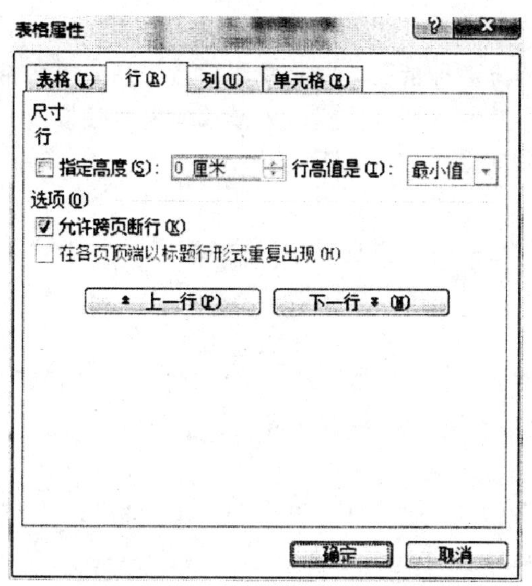

图 3.85　“表格属性”对话框

或将插入点放在表格最后一行回车键前，按 Enter 键。

② 在表格中间添加一行。选定位置，插入一行则选择一行；插入多行则选择多行。然后在菜单栏中“表格”|“插入”|“行(在上方)”或“行(在下方)”，或单击常用工具栏中的“插入行”按钮。注意利用常用工具栏“插入行”按钮，新插入的行出现在选择行的上面。另外，如果在菜单栏选择“表格”|“插入”|“单元格”，在弹出对话框中选择“整行插入”按钮，也可以插入行。

(2)列的插入

在需要插入新列的位置，插入一列则选择一列，插入多列则选择多列。然后在菜单栏中的“表格”|“插入”|“列(在左侧)”或“列(在左侧)”或单击常用工具栏中的“插入列”按钮。注意利用常用工具栏“插入列”按钮，新插入的列出现在选择列的左边。另外，如果在菜单栏选择“表格”|“插入”|“单元格”，在弹出对话框中选择“整列插入”按钮，也可以插入列。“插入单元格”对话框中的设定如图 3.86 所示。

(3)单元格的插入

选取要添加的单元格所在的位置，在菜单栏中选择“表格”|“插入”|“单元格”，弹出“插入单元格”对话框，如图 3.86 所示，可根据需要选择其中的某一选项。

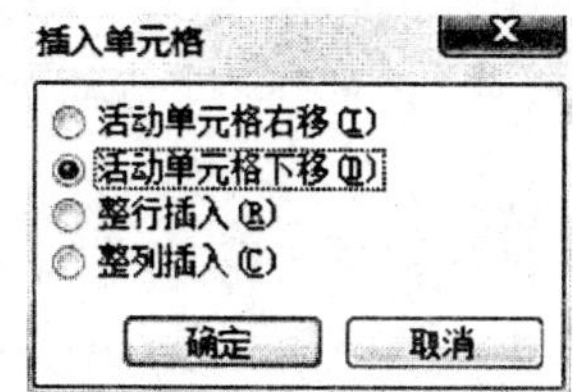

图 3.86　“插入单元格”对话框

6. 行、列、单元格的删除

删除行、列或单元格分两种情况。一是只删除行、列或单元格的内容，而不删除表格的行、列或单元格本身，其方法是选择行、列或单元格直接按 Del 键。二是要删除行、列或单元格本身及其内容，其操作方法如下：

(1)行的删除

先选择要删除的一行或多行，再选择菜单栏“表格”|“删除”|“行”或“单元格”并在打开的“删除单元格”对话框中选择“整行删除”按钮。

(2)列的删除

先选择要删除的一列或多列，再选择菜单栏“表格”|“删除”|“列”或“单元格”并在打开的“删除单元格”对话框中选择“整列删除”按钮。

(3)单元格的删除

选择要删除的单元格，在“表格”|“删除”|“单元格”，在打开的“删除单元格”对话框中根据需要选择其中某一选项。

7. 表格的合并与拆分

在进行表格编辑时，有时需要将一个表格拆分为两个或两个以上的表格，有时需要将两个或两个以上的表格合并为一个表格。拆分时一个表格只能拆分为上下两个表格，不能左右拆分；合并时并不要求被合并的两个表格的列数和列宽相同。

(1)表格的合并

合并表格时，只要删除上下两个表格之间的内容或回车符即可。

(2)表格的拆分

如果要将一个表格拆分为上、下两部分的表格，首先将光标置于拆分后的第二个表格上，然后单击“表格”|“拆分表格”命令即可。

☞ **提示：**

按 Ctrl+Shift+Enter 组合键可快速拆分表格，表格的中间将自动地插入一个空行，实现表格拆分。

8. 单元格的合并与拆分

在进行表格编辑时，有时需要把多个单元格合并成一个，或把一个单元格拆分成多个单元格。

(1)单元格的合并

选定行或列中需要合并的两个或多个连续单元格，或两个以上的连续行(列)中的所有单元格，单击菜单栏“表格”|“合并单元格”命令，或右击选定“合并单元格”项，则被选定的若干个单元格或被选定的行(列)内的所有单元格将合并成为一个单元格。

(2)单元格的拆分

将插入点定位于要拆分的单元格内，单击菜单栏“表格”|“拆分单元格”项，或右击选定“拆分单元格”项，弹出“拆分单元格”对话框。输入要拆分成的行数和列数，单击“确定”按钮。

9. 绘制斜线表头

Word 2003 有绘制斜线表头的功能，但是这种斜线表头是由绘图工具栏绘制的表头线条组合而成的。使用时，应先调节好需要斜线表头的单元格的大小，否则不能达到预期的效果。

添加斜线表头的方法是：调整好需要绘制斜线表头的单元格大小，执行菜单栏“表格”|“绘制斜线表头”命令，弹出“插入斜线表头”对话框，如图 3.87 所示。在该对话框中选择需要的表头样式，在“行标题”、“数据表题”、“列标题”等文本框中填入数据，单击“确定”按钮，选择的表头就出现在指定的单元格中。

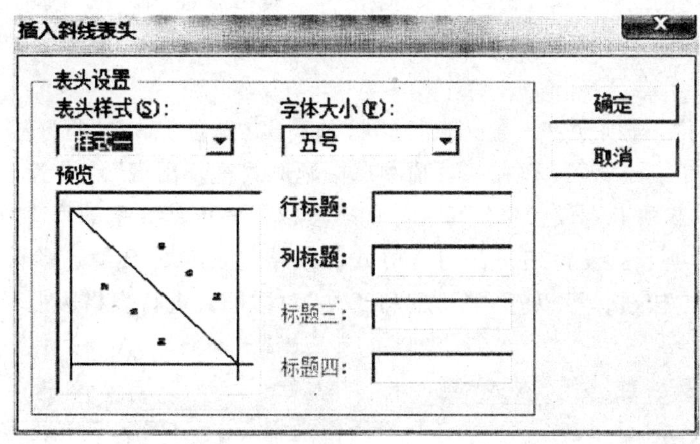

图 3.87 “插入斜线表头”对话框

☞ **提示：**

如果表头标题文字太大，则会出现一个“输入斜线表头”的提示框。这时单击“取消”按钮，就会返回到对话框中。

注意：由于这种方法制作的表头斜线是由绘图工具的直线、文本框等组成，因此如果要取消制作的斜线表头，需要先单击“绘图”工具栏中的“选择对象”按钮，拖动鼠标选择所有斜线及标题内容，然后按 Delete 键删除就可以了。

另外，除了上述添加斜线表头的方法外，还有两种方法可以添加斜线表头：

- 使用“表格和边框”工具栏中的“绘制”按钮，可以任意绘制表头的形式。
- 选择“边框和底纹”对话框的“边框”选项卡，在预览框中有两个斜线的按钮，单击它们，可以设置两个不同方向的单元格斜线，这种斜线表头是最简单的。

3.6.3 设置表格格式

设置表格格式对美化表格非常重要。格式化表格主要包括设置表格的边框和底纹、设置单元格中文字的字体、字号和对齐方式等。

1. 使用“表格自动套用格式”

为了方便用户制作表格，Word 2003 预设了一批表格的样式，供用户选用。通过“表格自动套用格式”功能可以快速格式化表格。

单击表格中的任一单元格，选择菜单栏“表格”|“表格自动套用格式”命令，或单击“表格和边框”工具栏上的“表格自动套用格式”按钮，会打开如图 3.88 所示的对话框。该对话框中列出了 Word 2003 提供的多种表格样式，每种样式均包括边框格式、底纹格式、字体等。用户可自行选择所需套用的格式。另外，单击“表格和边框”工具栏的“自动套用格式样式”按钮，也会出现“表格自动套用格式”对话框，可利用该对话框对表格进行设置。

2. 使用“表格属性”对话框设置表格格式

选中要格式化的表格，单击菜单栏“表格”|“表格属性”命令，或单击鼠标右键，在弹出的快捷菜单中选择“表格属性”命令，均可以打开如图 3.89 所示的“表格属性”对话框。

①“行”(“列”)选项卡：设置选定行(列)的高度(宽度)。在“行”选项卡还可进行是否允许“跨页断行”、是否可以“在各页顶端以标题形式重复出现”等设置。

②“单元格”选项卡：设置选定单元格的宽度以及其内部文字的垂直对齐方式。

③“表格”选项卡：设置表格的对齐方式和表格与文字的环绕、默认单元格边距等。单击“边框和底纹”按钮，可以打开“边框和底纹”对话框，进行表格边框和底纹的设置。

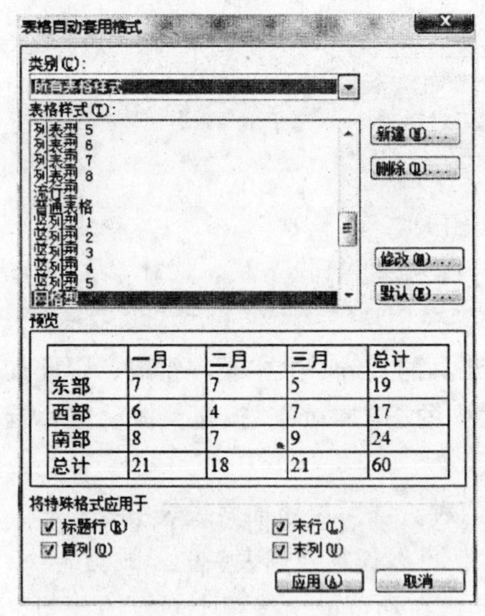

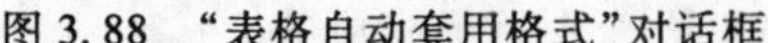
图 3.88 “表格自动套用格式”对话框

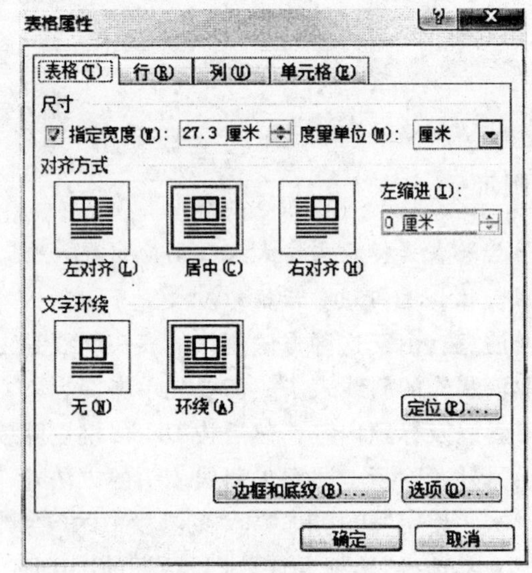

图 3.89 “表格属性”对话框

3. 使用表格和边框

选择菜单栏中“表格”|“绘制表格”或单击常用工具栏中的“表格和边框”按钮，都会弹出“表格和边框”工具栏，利用该工具栏，可以很方便地对表格进行编辑，对表格的格式进行设置。

其中格式设置包括：线型设置、表格线的粗细设置、边框与底纹颜色设置、单元格的合并与拆分、单元格对齐方式、单元格各行列平均性分布设置、升序或降序排列，等等。

4. 单元格的对齐方式

通过“格式”工具栏上的工具按钮，可以设置单元格内文字的对齐方式，但仅限于水平方向。要设置更多的对齐方式，可以在选定单元格内的文字后，单击右键，从弹出的快捷菜单中选择“单元格对齐方式”命令，从其级联菜单中选择相应对齐方式的图标即可，如图 3.90 所示。

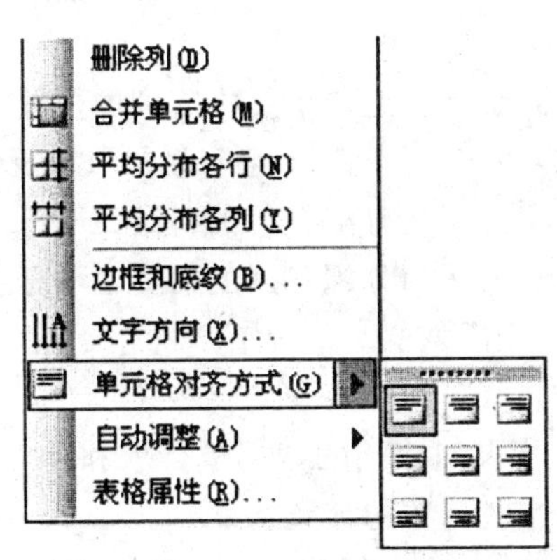

图 3.90　单元格对齐方式

5. 表格中一般文本的排版

对于表格中的文本排版，与普通文档的文本排版格式基本相同，包括字符、段落、制表位的格式等。但也有不同的地方，例如在进行制表位的对齐操作时，在普通文档中对齐制表位的操作时按 Tab 键，而在表格中进行对齐制表位的操作是按 Ctrl+Tab 组合键。

另外，表格中的文档段落也有首行缩进、悬挂缩进等排版方式，用户既可以用“格式”菜单中的“段落”命令来设置，也可以通过拖动窗口中的缩进标尺符来设置。

当光标置于任意一个单元格的文本段落时，对应的标尺就会出现缩进标尺符号。

6. 设置表格中的文字方向

表格的每个单元格，都可以单独设置文字的方向，这大大丰富了表格的表现力。

在表格中设置文字方向的具体操作步骤如下：

① 选中要设置文字方向的表格或表格中的任一单元格。

② 单击“格式”|“文字方向”命令，打开“文字方向-表格单元格”对话框。根据需要选择一种文字方向，可以在“预览”窗口中看到所选方向的样式。

③ 单击“确定”按钮，就可以将选中的方向应用在单元格的文字上。

7. 根据内容或窗口调整表格

有时编辑完一个表格后，可能会发现表格比较乱。利用 Word 提供的自动调整功能，可以很方便地调整表格。

首先选中要调整的表格或表格的若干行、列或单元格，单击菜单栏“表格”|“自动调整”命令打开下一级子菜单，在这个菜单中，列出了“根据内容调整表格”、“根据窗口调

整表格”、“固定列宽”、“平均分布各行”、“平均分布各列”等五个选项，根据排版需要选择对应的选项即可。下面简要介绍它们的功能：

- 根据内容调整表格：Word 将根据单元格内的内容多少自动调整相应的单元格大小。而且，如果以后对这个单元格的内容进行增减操作，单元格会自动调整自己的大小，相应地，表格的大小也随之同向变动。
- 根据窗口调整表格：Word 将根据单元格内的内容多少以及窗口的长度自动调整相应的单元格大小。如果以后对某个单元格的内容进行增减操作，则别的单元格的大小会随之反向变动，而表格的大小不变。
- 固定列宽：Word 将固定已选定的单元格或列的位置。当单元格内的内容增减时，单元格的列宽不变，如果内容太多，则 Word 会自动加大单元格的行高。
- 平均分布各行：Word 将平均分配各行的行高，不论各行的内容多少。
- 平均分布各列：Word 将平均分配各列的列宽，不论各列的内容多少。

3.6.4 表格中运用公式计算

在使用 Word 表格时，除了要对表格的数据进行求和计算外，还需要进行求平均等其他复杂计算，Word 表格具有这些基本的计算功能。

使用表格的公式求和有两种方法，最简单的一种是单击“表格和边框”工具栏中的“自动求和”Σ按钮，可以求得光标所在单元格行或列的总数和。

下面介绍使用公式求和的方法，利用“公式”命令计算表格数据，具体操作步骤如下：

① 单击要放置计算结果的单元格。

② 单击“表格”|“公式”命令，打开“公式”对话框，如图 3.91 所示。

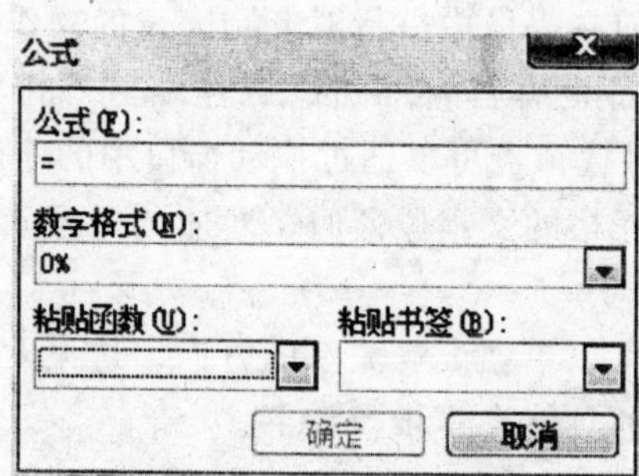

图 3.91 插入“公式”对话框

③ 如果选中的单元格位于一列数据的低端，Word 将建议采用公式“=SUM(ABOVE)”进行计算，即对光标上方各单元格的数值求和；如果选定的单元格位于一行数据的右端，Word 将建议采用公式“=SUM(LEFT)”进行计算，即对光标左方各单元格的数值求和。

④ 用户也可以在“公式”文本框中输入自定义的公式。

⑤ 在“粘贴函数”下拉列表框中，可以选择所需的公式函数。例如，要进行求和，可以选择 SUM 函数。

⑥ 若要设置计算结果的数字格式，可在“数字格式”下拉列表框中选择所需的数字格式。

⑦ 完成设置后，单击“确定”按钮。

3.7　页面设置和文档打印

3.7.1　页面设置

页面设置可以在文档开始之前进行，也可以在结束文本编辑之后、打印输出之前进行。如果从制作文档的角度来讲，设置页面格式应当先于编制文档，这样更有利于编制文档过程中的排版。页面设置包括页边距设置、纸张设置、版式设置等。通过设置页面格式来达到获得文档的美观打印效果的目的。

设置页面格式的方法是：单击菜单项“文件”|“页面设置”，弹出如图 3.92 所示的“页面设置”对话框。该对话框中有 4 个选项卡：“页边距”、“纸张”、“版式”和“文档网格”。下面分别介绍它们的功能。

1.“页边距”选项卡

可以设置文档的页边距、打印方向及页码范围。

2.“纸张”选项卡

设置纸张的大小和纸张来源，如图 3.93 所示。

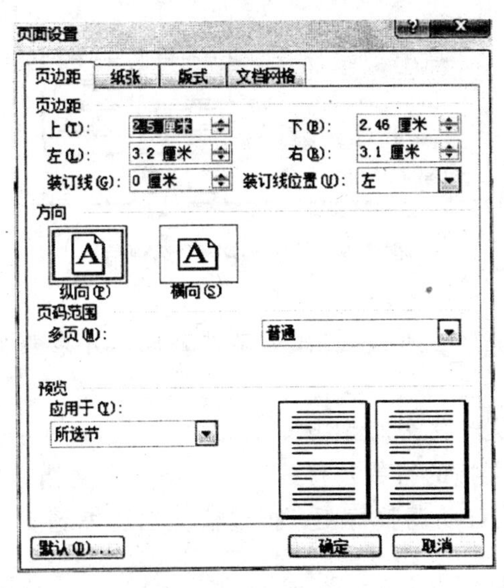

图 3.92　“页边距”选项卡

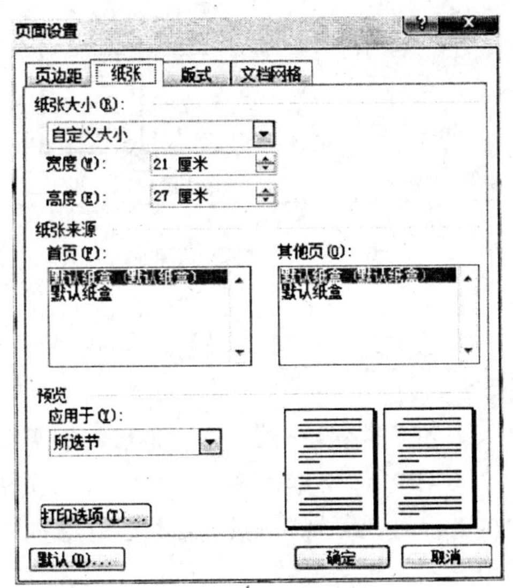

图 3.93　“纸张”选项卡

① 用户在“纸张大小”下拉列表中按需选择，也可自定义纸张“宽度”和“高度”。

② 在“纸张来源”列表可以选用不同的送纸盒打印报告的首页和其他页，这样对封面

纸张可以进行特殊打印。前提是电脑已连接有多个送纸盒的打印机。

3."版式"选项卡

设置节的起始位置、页眉页脚格式以及页面垂直对齐方式等，如图 3.94 所示。

① 在"节的起始位置"列表框中，可以定义一节的起始位置。默认为"新建页"。

② 在"页眉和页脚"一栏中，选择"奇偶页不同"复选框，则可以分别设置奇数页、偶数页的页眉和页脚；选择"首页不同"，首页将不显示页眉和页脚。

③ 在"垂直对齐方式"列表框中，可以设置页面的对齐方式。

④ 单击"边框"按钮，会打开"边框和底纹"对话框，显示"页面边框"选项卡。具体功能将在下一节介绍。

4."文档网格"选项卡

可以设置文字的排列方式和分栏数、网格、行数等，如图 3.95 所示。

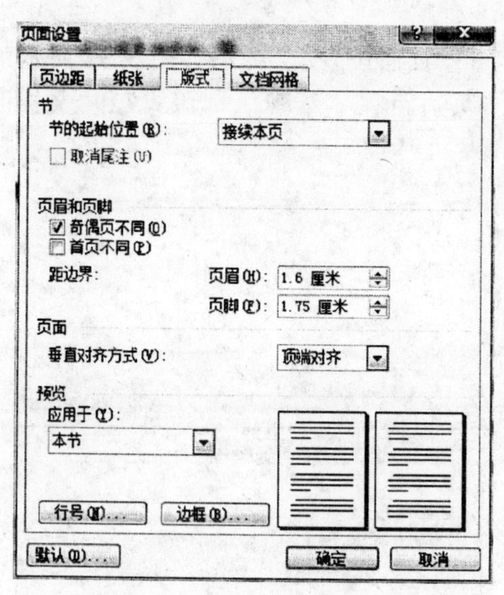

图 3.94 "版式"选项卡

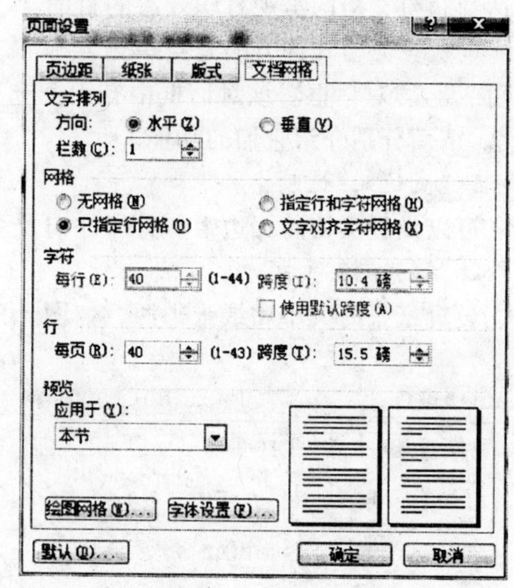

图 3.95 "文档网格"选项卡

① 在"文字排列"一栏，可以选择"水平"或"垂直"两种文字排列方向，并设置分栏数。

② 在"网格"一栏，可以单项勾选需要的选项来设置文档网格。

③ 在"行"文本框中，可以设置一页中打印文档的行数及行的跨度。当一个文档有 1 页多 1 行时，可将"每页"文本框值增加 1，系统自动调整行距，把整篇文档压缩到 1 页打印。

3.7.2 设置页码

为了方便，用户在编辑完一篇较长的文档时，往往要给文档的各页加上页码，这样能更好地浏览和管理文档。

1. 插入页码

通常插入页码的具体操作步骤如下：

① 把光标移到要添加页码的节中，若文档没有字节，就默认给整篇文档加页码。

② 单击"插入" | "页码"命令，打开"页码"对话框，如图 3.96 所示。

③ 分别指定页码所在的位置和对齐方式后，单击"格式"按钮，打开"页码格式"对话框，如图 3.97 所示。

④ 在"数字格式"下拉列表中选择一种数字格式，在"起始页码"微调框中指定起始页码，然后单击"确定"按钮。

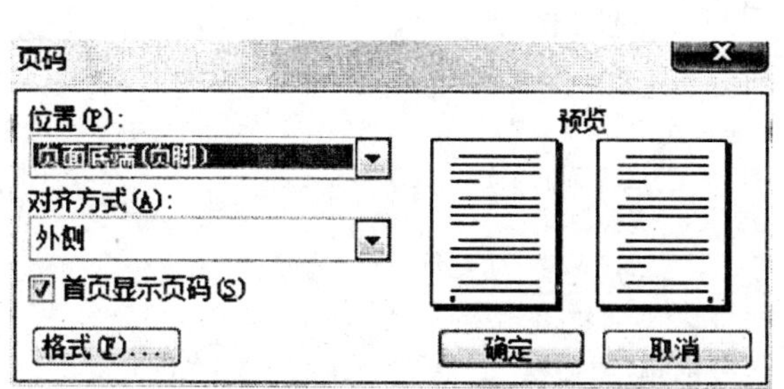

图 3.96　"页码"对话框

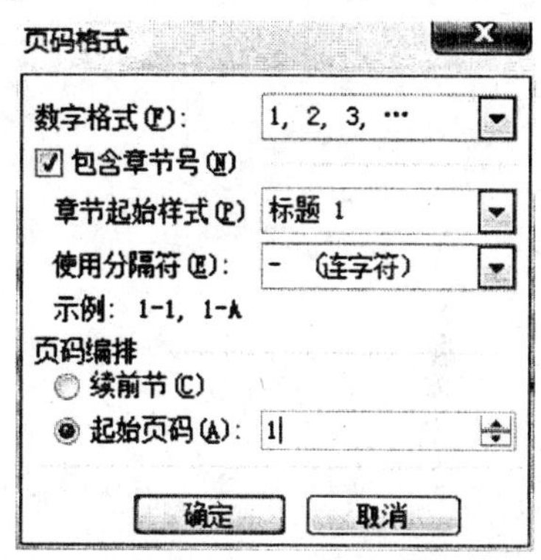

图 3.97　"页码格式"对话框

2. 删除页码

进入页眉或页脚编辑区，选取页眉或页脚编辑区中的页码，按 Delete 键可删除页码。

3.7.3　插入分隔符

Word 2003 提供多种分隔符类型，常用的有分页符、分栏符、换行符。而分节符一般有下一页、连续、偶数页、奇数页。

"分页符"：是插入文档中的表明一页结束而另一页开始的格式符号。"自动分页"和"手动分页"的区别是一条贯穿页面的虚线上有无"分页符"字样(后者有)；例如在第 1 章的末尾插入一个分页符，无论以后第 1 章的内容如何变化，第 2 章开始内容总是会另起一页而不会与第 1 章末尾的内容出现在同一页中。

"换行符"：另起一行，与 Shift+Enter 组合键作用相同。例如使用了项目符号的段落，为了避免另起行时自动添加项目符号，可以插入一个换行符。

"分栏符"：插入分栏符是将应用了分栏的文本与未分栏的文本分隔开。

"分节符"：为在一节中设置相对独立的格式页插入的标记。包括下面三种类型。

◆下一页：光标当前位置后的全部内容移到下一页上；按住 Ctrl 回车，也可以开始一个新页。

◆连续：光标当前位置后的全部内容将进行新的设置安排，但其他内容不转到下一页，而是从当前空白处开始。单栏文档类似于分段符；多栏文档，可保证分节符前后两部分的内容按多栏方式正确排版。

◆偶数页/奇数页：光标当前位置以后的内容将会转换到下一个偶数页/奇数页上，Word 会自动在偶数页/奇数页之间空出一页。

在“分隔符”对话框中可进行如下选择：

1. 文档的分页

将插入点移至要分页的位置，单击菜单栏中的“插入”|“分隔符”命令，打开“分隔符”对话框，如图 3.98 所示。单击选中其中的“分页符”单选钮，即在当前位置开始新的一页。

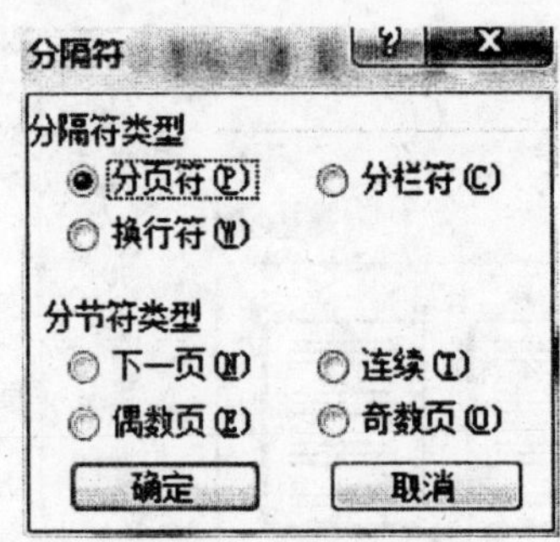

图 3.98 “分隔符”对话框

2. 文档的分节

在分隔符对话框中，分节符分为“下一页”、“连续”、“偶数页”、“奇数页”四种类型，单击选中需要的分节符单选钮，就可以按要求对文本进行分节。

3. 文档的分栏

在不同页中选用不同的分栏排版，则应插入“分栏符”。选择“插入”|“分隔符”|“分栏符”单选按钮，即在当前位置插入“分栏符”。

文档的分栏排版设置操作详见 3.4.4 节。

注意：只有在“页面视图”下，才能显示分栏的效果，其他视图均不显示。

☞ **提示：**

某些特殊文档需要混合设置页面，例如第一页为纵向，第二页却是横向。此时可以使用下面这种技巧：选中“分隔符类型”选项组的“下一页”单选按钮后，单击“确定”按钮，然后在“页面设置”对话框中将页面方向改为“纵向”。

3.7.4 设置页眉和页脚

1. 创建页眉页脚

页眉和页脚分别出现在文档的顶部和底部。单击菜单栏中的“视图”|“页眉和页脚”命令，弹出如图 3.99 所示的“页眉和页脚”工具栏，并进入页眉和页脚编辑状态，默认的是编辑页眉，此时正文呈暗显状态。

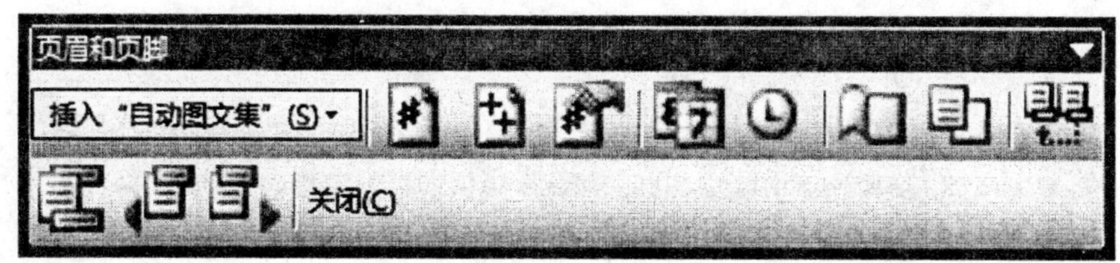

图 3.99　“页眉和页脚”工具栏

通常，在页眉编辑区内输入内容，如文字和图片；在页脚中输入页码、时间等内容并设置格式。单击“页眉和页脚”工具栏的按钮，可在页眉和页脚之间切换；单击“页眉和页脚”工具栏上的“关闭”按钮或双击文档区域，可返回到正文编辑状态；双击页眉或页脚区域，可以再次进入页眉和页脚编辑状态，对页眉和页脚进行修改。

2. 同一文档设置不同的页眉页脚

用户可以在一篇文档的不同页插入不同的页眉和页脚。方法是：将插入点移到要创建页眉和页脚的页中，单击“视图”|“页眉和页脚”命令。单击“页眉和页脚”工具栏中的“前同”按钮，断开当前的页眉和页脚与上一节的连接。若要删除原来文档的页眉或页脚，可以在选中后按 Delete 键；建立当前节的页眉和页脚，再单击“页眉和页脚”工具栏中的“关闭”按钮完成。

☞ **提示：**

同一篇文档中设置不同的页眉页脚的前提是该文档存在多节，因为页眉页脚的设置是以节为单位的。

3. 首页不同的页眉和页脚

一篇文档的首页常常是比较特殊的，例如文章的封面或图片简介等，一般不需要加页眉和页脚。此时，对页眉和页脚进行设置的具体操作步骤如下：

① 单击“页眉和页脚”工具栏中的“页面设置”按钮。

② 在“版式”选项卡中，选中“首页不同”复选框，单击“确定”按钮返回到页眉区中。

③ 这时在页眉区顶部将显示“首页页眉”字样，若不想在首页设置页眉和页脚，那么就把这两个区域清空。

④ 单击“页眉和页脚”工具栏中的“显示下一项”按钮。在顶端显示“页眉”字样的区域内，可以创建除首页外其他页文档的页眉和页脚。

⑤ 单击“页眉和页脚”工具栏中的“关闭”按钮完成。

☞ **提示：**

要创建奇偶页不同的页眉和页脚，只需在“版式”选项卡中，选中“奇偶页不同”复选框，然后分别在奇数页和偶数页设置不同的页眉，如图 3.100 所示。

4. 去掉页眉和页脚中的横线

给 Word 文档添加页眉后，页眉下会自动显示一条横线，删除页眉后，那条横线依然

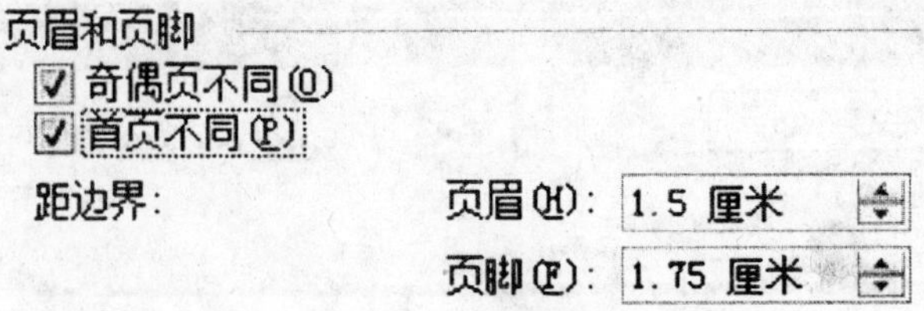

页眉和页脚
☑ 奇偶页不同(O)
☑ 首页不同(P)
距边界:　页眉(H): 1.5 厘米
页脚(F): 1.75 厘米

图 3.100 "页眉页脚"选项组

存在，去掉页眉中的横线的方法如下：

(1)去掉当前文档页眉中的横线

首先进入页眉编辑状态，然后执行以下操作之一：

① 选中页眉中的文本，然后单击"格式" | "边框与底纹"命令，在"边框与底纹"对话框设置为"无"。

② 在"边框与底纹"对话框中，指定边框类型为"无"，应用范围为"段落"。

③ 替换样式。在"样式和格式"窗格中选择样式"正文"。因为页眉中的横线是使用了"页眉"样式，把它换成无横线的"正文"样式自然就不会出现横线了。

④ 修改页眉样式。在"修改样式"对话框中，单击"格式"按钮，在下拉菜单中选择"边框"选项，然后在"边框与底纹"对话框中指定边框类型为"无"，应用范围为"段落"。

(2)去掉当前及新建文档页眉中的横线

在上面的操作中，如果选中"修改样式"对话框中的"添加到模块"复选框，则以后为新建文档添加页眉时，也不会再出现横线了 。当然也可以通过创建一个在样式"页眉"中没有该横线的模块，然后应用该模块创建文档，以后也不会再出现横线。

3.7.5　插入文档目录

为了便于阅读，稍长的文档都附有目录，这样给读者带来较大的方便，为文档插入目录必须的准备工作是将 Word 内置标题样式应用于包含在目录中的各级标题上，即用 Word 内置标题设置文档的各级标题。设置好各级标题，就可以为文档插入目录。

1. 创建目录

Word 系统提供的自动创建目录功能可以实时反映文档中因编辑修改而引起的标题、页码变化，极大地提高了编写目录的效率。创建目录具体步骤如下：

① 首先对要显示在目录中的标题应用各级标题样式。我们常点击展开"视图"菜单中的"文档结构图"来对文档大纲进行检查。

② 把光标定位到要建立目录的位置，目录一般位于文档的开始。

③ 执行"插入" | "引用" | "索引和目录"命令，打开如图 3.101 所示的"目录"选项卡。

④ 设置"页码"、"制表符"、"格式"等。一般显示的目录级别数默认为 3。也可以单击"选项"按钮，在"目录选项"对话框中手动设置。要改变目录的显示效果，可单击"修改"按钮，在弹出的"样式"对话框里对目录分级管理。

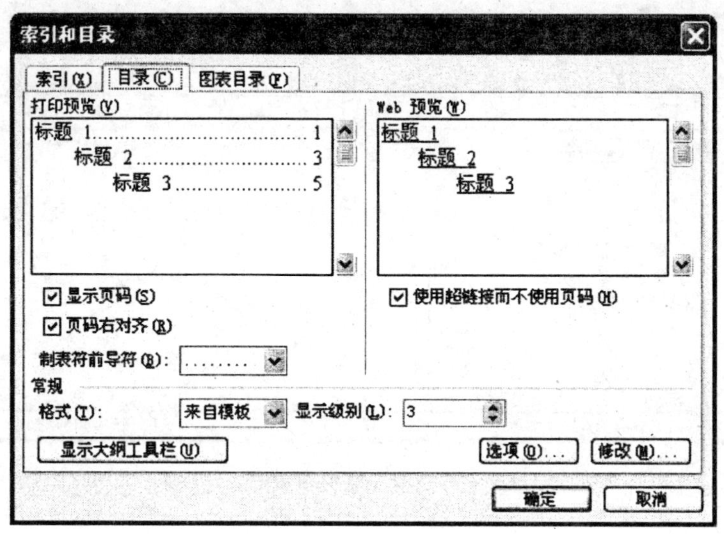

图 3.101　“目录”选项卡

⑤ 目录格式设定完成后，单击“确定”按钮，目录即插入到光标所在位置。

2. 更新目录

Word 是以域的形式创建目录的，如果文档中的页码或者标题发生了变化，就需要更新目录，使它与文档的内容保持一致。在目录上单击鼠标右键，选择“更新域”，或选择目录后按 F9 键，在弹出的对话框中选择“只更新页码”或“更新整个目录”，目录即被更新。

3.7.6　浏览文档

1. 使用文档结构视图

如果在文档中为标题应用了内置的标题样式，单击工具栏中的“文档结构图”按钮，即可在一个单独的窗格中显示文档标题，使文档结构一目了然。用户可以通过文档结构图在整个文档中快速浏览并能追踪特定位置。文档结构图显示在左窗格，文档内容显示在右窗格，当前的标题高亮显示，如图 3.102 所示。单击“+”或“−”可展开或折叠某标题下的次级标题。用右键单击标题，在菜单中可指定显示的最低级别。

2. 改变文档显示比列

在 Word 中可以改变文档的显示比列，就是对现显示区域进行放大或缩小，从而适应不同的排版和编辑要求。单击“常用”工具栏右侧 100% 中的下三角形按钮，从打开的列表中，选择相应的显示比例即可改变，如图 3.103 所示。

除了下拉列表中的选项外，还可以在 100% 框中直接输入显示比例，例如“60”，输入后按 Enter 键确定，即可显示调整后的效果。

☞ **提示：**

按下 Ctrl 键，然后上下滚动鼠标滚轮，则可以快速加大或缩小显示比例。

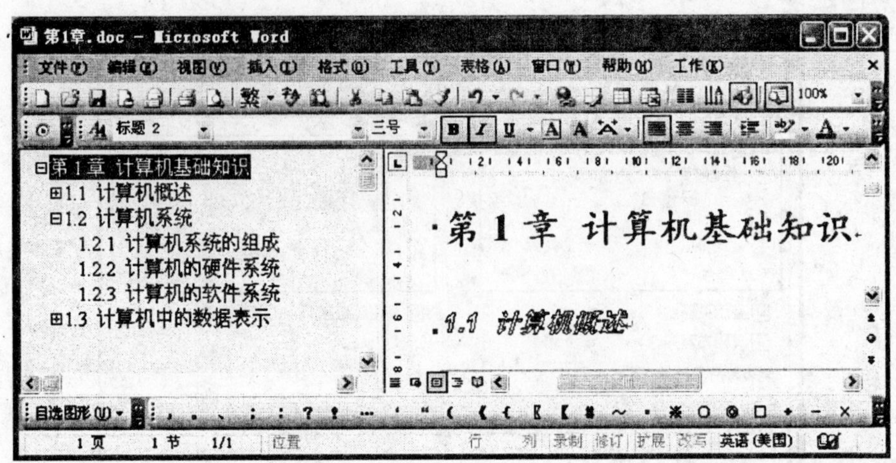

图 3.102　文档结构图

注意：“整页”选项和“双页”选项只有在“页面视图”模式下才有效。

3. 拆分文档窗口

在编辑较长的文档时，如果频繁地前后翻屏是很麻烦的。Word 提供了拆分文档窗口的功能，可以把文档分到两个窗口中编辑，第一个窗口编辑一部分，第二个窗口编辑另一部分。

在工具栏上，单击“窗口”|“拆分”命令，屏幕的中央会出现一条水平线，它代表拆分两个窗口的分界线。移动鼠标或按键盘↑、↓键调整两个窗口的大小，单击鼠标按选定大小拆分窗口，如图 3.104 所示。窗口拆分后，如果想在某个窗口内编辑，只要在该窗口内单击即可。如果要取消窗口拆分，单击“窗口”|“取消拆分”命令即可。

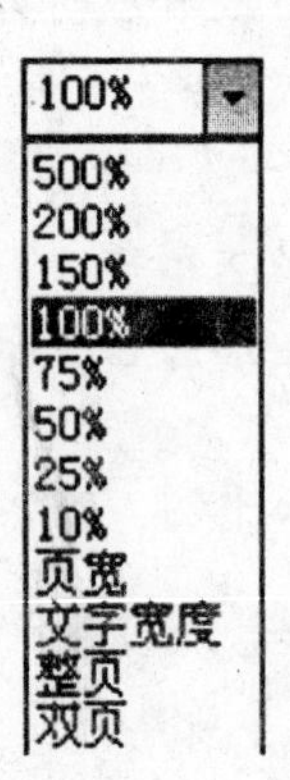

图 3.103　文档显示比例列表

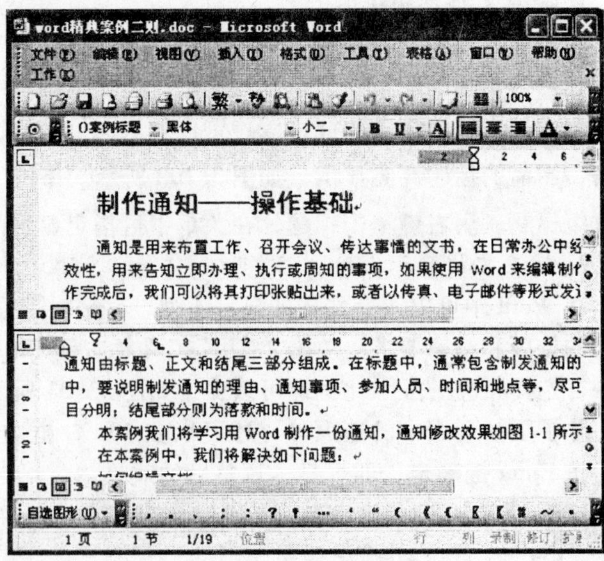

图 3.104　窗口的拆分

☞ 提示：

在鼠标变成╪的形状时，也可以用鼠标双击分界线来进行窗口拆分或者取消窗口拆分。

将光标放到两页文档交界处，可以显示“隐藏空白”的提示，单击鼠标即可将空白去掉，显示为一条线，鼠标两次单击该处即可恢复原有空白。

3.7.7　打印文档

为了确保打印效果，通常在打印文档前需要进行打印预览，通过预览可以查看文档打印效果。因此，打印文档时一般先进行打印预览，确认效果后再打印。具体步骤如下。

1. 打印预览

文档编排完毕，需要打印时，可在打印之前预览一下文档的打印效果，通过“打印预览”功能可以做到所见即所得即预览效果就是打印的效果。

选择菜单“文件”|“打印预览”或常用工具栏的“打印预览”按钮，都会出现“打印预览”窗口，如图 3.105 所示。

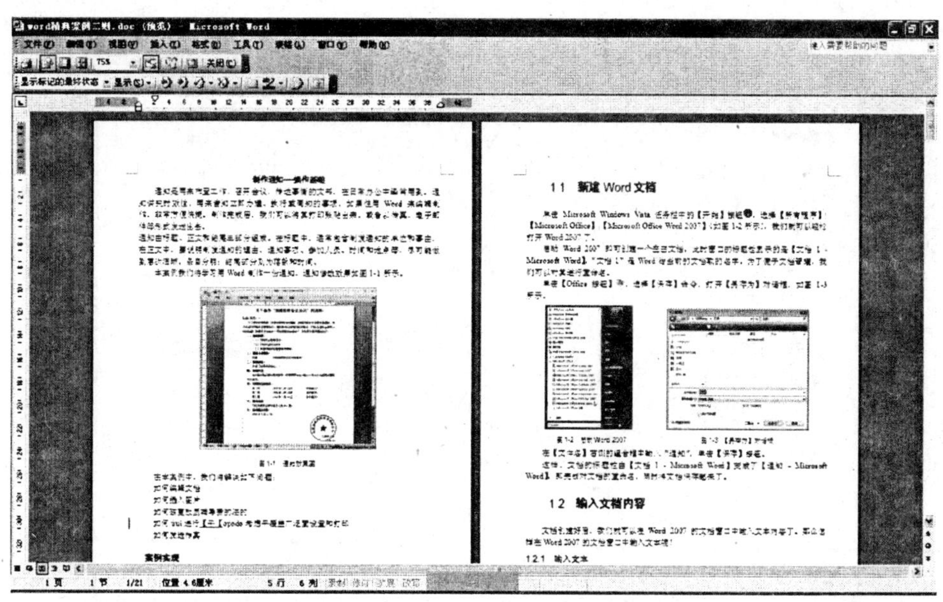

图 3.105　“打印预览”窗口

在“打印预览”窗口有一个“打印预览”工具栏，利用该工具栏可以方便地进行预览。打印预览工具栏的主要按钮及作用如下：

- 打印按钮：单击该按钮，即可打印正在预览的文档。
- 放大镜按钮：单击该按钮，这时鼠标指针变成放大镜形状，单击想查看的区域，就可以放大该区域。再次单击鼠标左键，又可恢复到原来的显示比例。

- 单页按钮：单击该按钮，只显示当前页，此时显示比例自动放大。
- 多页按钮：拖动该按钮，选择显示的页数，可在预览窗口中显示多页，此时显示比例自动缩小。
- 显示比例文本框：显示比例值越大，显示的页数越少，显示的字体越大。
- 查看标尺按钮：单击该按钮，显示水平和垂直标尺，再次单击则隐藏标尺。
- 缩小字体填充按钮：单击该按钮将缩小字体，使整个文档在一页中显示。
- 全屏显示按钮：单击该按钮，进入全屏显示状态，窗口中只显示文档内容和工具栏，不显示菜单栏；再次单击该按钮或活动菜单上的选项“关闭全屏显示”可复原。
- 关闭按钮：单击该按钮，返回文档编辑状态。

2. 文档打印

若计算机成功地连接了打印机，且对打印预览效果满意，则可以开始打印。选择菜单项“文件”|“打印”，或单击“常用”工具栏中的“打印”按钮，将弹出“打印”对话框，如图 3.106 所示。

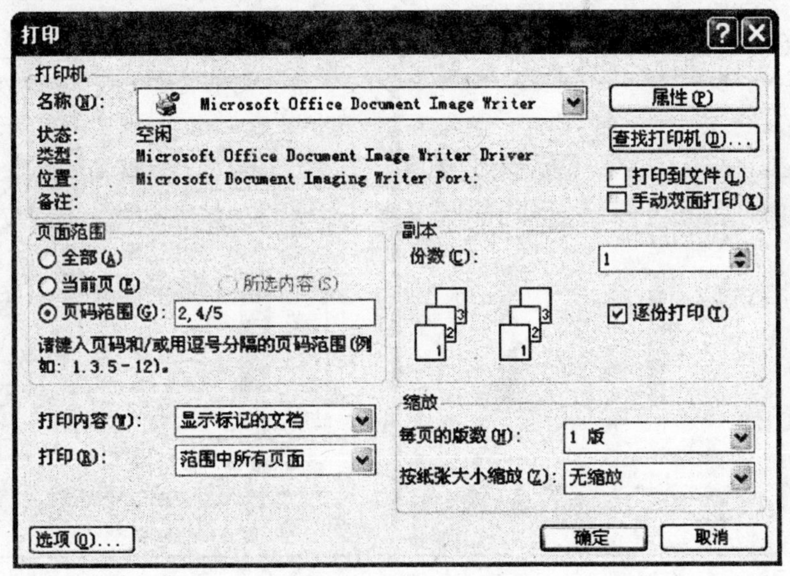

图 3.106 “打印”对话框

利用“打印”对话框，可以对打印进行主要的设置。

(1)选择打印机

若计算机上安装了多台打印机，利用“打印机”栏中的“名称”下拉列表框，可以选择当前要使用的打印机，还可以设置打印到文件和手动双面打印，也可以通过“属性”按钮进一步设置打印机属性。

(2)设置页面范围

利用“页面范围”栏可以选择打印范围，包括全部、当前页、页码范围和选定的内容。注意“页码范围”的选择，分离的页码用“,”或“/”分隔，连续的页码用“.”连接。

(3)设置打印份数

在“副本”栏利用“份数”列表的数字增减按钮，可以设置打印份数。若勾选“逐份打印”复选框，打印机将一份份打印，否则为逐个页码打印相应的份数。

(4)选择打印内容

利用“打印内容”下拉列表，可以设置打印内容，包括文档、文档属性、样式等。

(5)设置打印范围

利用“打印”下拉列表框，可以设置打印范围：范围中的所有页面、奇数页、偶数页。

☞ **提示：**

Word 文档格式化相关知识，包括字符格式化、段落格式化、项目符号和编号、分栏与首字下沉、边框和底纹、运用格式刷、使用样式等。通常情况下，编辑书籍、杂志和招标书等长文档时，为了声明版权或进行宣传，常常需要设置奇偶页不同的页眉页脚，其方法如下：

① 打开需要设置奇偶页不同的文档，选择“文件”|“页面设置”菜单命令，打开“页面设置”对话框。

② 单击“版式”选项卡，在“页眉和页脚”栏中选中“奇偶页不同”复选框，单击“确定”按钮。

③ 双击文档中的页眉和页脚区域，激活页眉和页脚编辑区，分别对奇数页和偶数页的页眉和页脚进行设置即可。

练　习　题

一、选择题

1. Word 2003 文档扩展名的默认类型是________。

A. . DOC　　B. . WRD

C. . DOT　　D. . TXT

2. 中文 Word 编辑软件的运行环境是________。

A. WPS　　B. DOS

C. Windows　　D. 高级语言

3. 在 Word 的编辑状态打开一个文档，并对其做了修改，进行“关闭”文档操作后________。

A. 文档将被关闭，但修改后的内容不能保存

B. 文档不能被关闭，并提示出错

C. 文档将被关闭，并自动保存修改后的内容

D. 将弹出对话框，并询问是否保存对文档的修改

4. 当一个文档窗口被关闭后，该文档将被________。

A. 保存在外存中　　B. 保存在剪贴板中

C. 保存在内存中　　D. 既保存在外存也保存在内存中

5. 在 Word 编辑状态下，要调整左右边界，利用下列________方法更直接、快捷。

A. 格式栏　　B. 工具栏

C. 菜单　　D. 标尺

6. 在 Word 中，文本框________。

A. 不可与文字叠放　　B. 文字环绕方式多于两种

C. 随着框内文本内容的增多而增大　　D. 文字环绕方式只有两种

7. 在 Word 编辑状态下，当前输入的文字显示在________。

A. 当前行尾部　　B. 插入点

C. 文件尾部　　D. 鼠标光标处

8. 在 Word 中，要设置字符颜色，应先选定文字，再选择“格式”菜单中的________。

A. “样式”　　B. “字体”

C. “段落”　　D. “颜色”

9. 为了加快文本或段落的格式复用的速度，保证格式一致，可以使用“常用”工具栏中的________按钮。

A. 插入表　　B. 格式刷

C. 复制　　D. 项目符号

10. 要在 Word 表格的某个单元格中产生一条或多条斜线表头，应该使用________来实现。

A. “表格”菜单中的“拆分单元格”命令

B. “插入”菜单中的“符号”命令

C. “插入”菜单中的“分隔符”命令

D. “表格和边框”工具栏中的“绘制斜线表头”命令

11. Word 2003 中________视图方式使显示效果与打印预览基本相同。

A. 普通　　B. 页面

C. 大纲　　D. Web 版式

12. 如果已有页眉或页脚，则再次进入页眉页脚区只需双击________。

A. 文本区　　B. 菜单区

C. 工具栏区　　D. 页眉页脚区

13. 在 Word 2003 中，若要计算表格中某行数值的平均值，可以使用的统计函数是________。

A. SUM()　　B. TOTAL()

C. COUNT()　　D. AVERAGE()

14. 关于编辑 Word 2003 的页眉页脚，下列叙述________不正确。

A. 文档内容和页眉页脚可以在同一窗口编辑

B. 文档内容和页眉页脚可一起打印

C. 页眉页脚编辑时不能编辑文档内容

D. 页眉页脚中也可插入剪贴画

15. 在 Word 的文档中插入数学公式，在“插入”菜单中应选的命令是________。

A. 符号　　　　B. 文件

C. 图片　　　　D. 对象

二、填空题

1. 在对新建的文档进行编辑操作时，若要将文档存盘，应当选用“文件”菜单中的________命令。

2. 显示工具栏可以通过选择视图菜单中的________命令来实现

3. 在字体格式中，**B**表示使用________效果。

4. 插入/改写状态的转换，可以通过按键盘上的________键来实现。

5. 在 Word 中，用户可以使用________组合键选择整个文档的内容，然后对其进行剪贴或复制等操作。

6. 格式工具栏上的四个对齐按钮是：两端对齐、________、________、分散对齐。

7. 打印之前最好能进行________，以确保取得满意的打印效果。

8. 在 Word 编辑状态下，________按钮的作用是快速复用文本或段落格式。

9. 在 Word 2003 中插入的图形对象有________和________两种显示形式。

10. 若使用 Word 编辑文本时执行了错误操作，________功能可以帮助用户恢复原来的状态。

三、问答题

1. Word 2003 有哪几种视图方式？各有什么特点？

2. 如何设置自动保存文档？

3. 如何分别选定段落中的一行文本、连续的多行文本、不连续的多行文本？

4. 试述三种创建 Word 表格的方法。

5. 对创建的表格，给文字做单元格文本的对齐方式，有哪几种？

6. 浮动式图片与嵌入式图片有哪些区别？

7. 如何对多个图片进行组合？

8. 如何插入超链接？

9. 在 Word 文档内，如何实现不同节设置不同的页眉页脚？

10. 怎样应用格式刷快速复制格式？

第4章　表格处理软件 Excel 2003

【学习目标】

Microsoft Excel 2003 是当前功能强大、使用方便的电子表格软件。利用 Excel 可以完成数据输入、统计、分析等多项工作，可生成精美直观的表格、图表，也可以进行各种数据的处理、统计分析和辅助决策操作。通过本章学习应掌握：

① 单元格、工作表、工作簿的概念；

② 工作表中各类数据的输入、编辑方法；

③ 工作表的设置及管理方法；

④ 公式与函数的应用；

⑤ 图表的创建与使用；

⑥ 数据的分析方法。

4.1　Excel 基础知识

使用 Excel 制作电子表格时应先启动它，工作完成后应保存制作好的电子表格，再退出 Excel。

4.1.1　Excel 的启动与退出

1. 启动 Excel

启动 Excel 2003 应用程序主要有以下三种方法：

方法一：从开始菜单启动。执行“开始”|“所有程序”|“Microsoft Office”|“Microsoft Office Excel 2003”命令。

方法二：桌面快捷方式。如果在桌面上建有 Excel 快捷方式图标，只需要双击该图标即可。

方法三：通过已有的 Excel 文件。通过双击已有的 Excel 文件名也可以启动 Excel。

2. 退出 Excel

用户可以选用以下三种方法退出 Excel 2003 应用程序：

方法一：单击菜单栏“文件”|“退出”命令，如果在退出 Excel 之前未保存编辑过的文件，则系统会提示用户是否保存对工作簿的更改。用户可以选择“是”或“否”按钮来指定是否保存，即可退出 Excel 应用程序。

方法二：单击 Excel 窗口右上角的“关闭”按钮，即可关闭 Excel 应用程序。

方法三：利用“Alt+F4”组合键退出 Excel 应用程序。

4.1.2　窗口的组成

Excel 2003 启动后其窗口如图 4.1 所示，主要包括标题栏、菜单栏、工具栏、名称框、编辑栏、工作表、状态栏和任务窗格等。

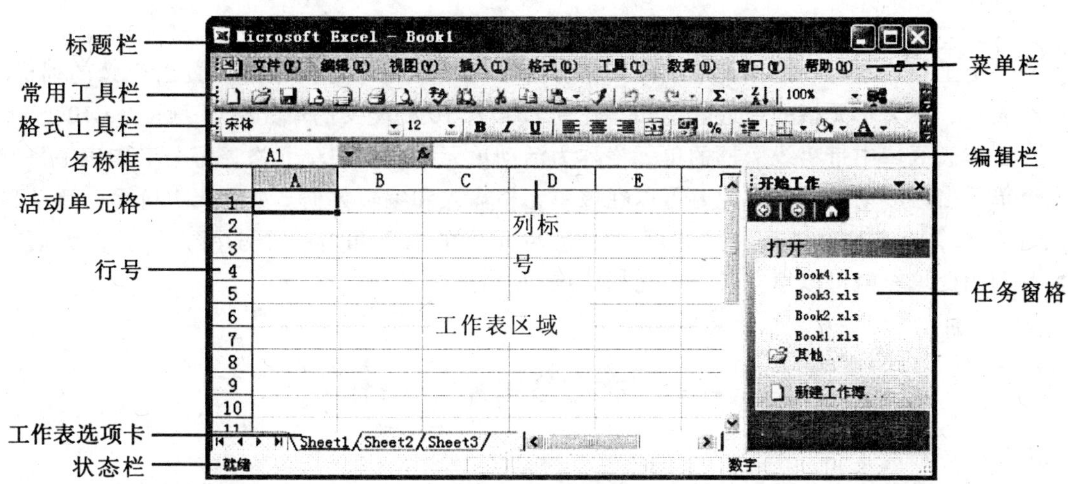

图 4.1　Excel 2003 窗口组成

下面简单介绍 Excel 与 Word 窗口不同的组成部分。

① 名称框：显示当前选中单元格的名称。

② 编辑栏：显示活动单元格中的常数、公式或文本等内容。

③ 活动单元格：当前选中的单元格，可以在该单元格输入和编辑数据。

④ 工作表选项卡：显示当前工作簿中包含的工作表。

⑤ 行号：用数字标识每一行。

⑥ 列标：用字母标识每一列。

4.1.3　工作簿、工作表、单元格

1. 工作簿

在 Excel 中创建的文件叫做工作簿，其扩展名是 .xls。启动 Excel 后，系统会自动打开一个新的、空白的工作簿，并为其命名为“Book1. xls”。

工作簿就好像一个活页夹，工作表犹如其中一张张的活页纸。新建工作簿只包含 3 个工作表：Sheet1、Sheet2、Sheet3，显示在工作表选项卡中。以后可根据需要增加更多的工作表。

2. 工作表

工作表位于 Excel 窗口的中央区域，由行号、列标和网格线组成。位于工作表左侧区

域的灰色编号为各行的行号(由1、2、3……表示)，位于工作表上方的灰色字母区域为各列的列标(由A、B、C……表示)。一个工作表最多有256列、65536行，行号用数字1～65536表示，列标用字母A～Z、AA～AZ、BA～BZ……表示。

尽管一个工作簿文件可以包含许多工作表，但在同一时刻，用户只能在一张工作表上工作，即任一时刻只有一个工作表处于活动状态。通常将该工作表称为活动工作表或当前工作表，其工作表选项卡以白底显示，其他工作表以灰底显示。每个工作表中的内容相对独立，通过单击工作表选项卡可以在不同的工作表之间进行切换。

3. 单元格

每个工作表中行和列相交形成的网格称为单元格，每个单元格的位置由交叉的列标、行号表示，称为单元格的地址。例如，在列C和行10处交叉的单元格可表示为C10。

工作表区域中带粗线黑框的单元格称为活动单元格或当前单元格，每个工作表中只有一个单元格为活动单元格，此时可以在该单元格输入和编辑数据。如图4.1所示，活动单元格为A1，在名称框中显示“A1”。在活动单元格的右下角有一个小黑方块，称为填充柄，利用此填充柄可以填充某个单元格区域的内容。

4.2 单元格的基本操作

单元格是最终存放数据的地方，单元格的数据编辑、格式设置及数据填充是Excel操作的基本内容，可以视情况选择一个或多个单元格，下面介绍工作表中对单元格的基本操作。

4.2.1 选定单元格

在针对单元格内容进行编辑之前，首先应该选定单元格。

1. 使用鼠标选定单元格

将鼠标移动到需要选定的单元格上，单击鼠标左键，该单元格即为当前单元格。如图4.2所示，当前单元格为A2，名称框中显示“A2”。

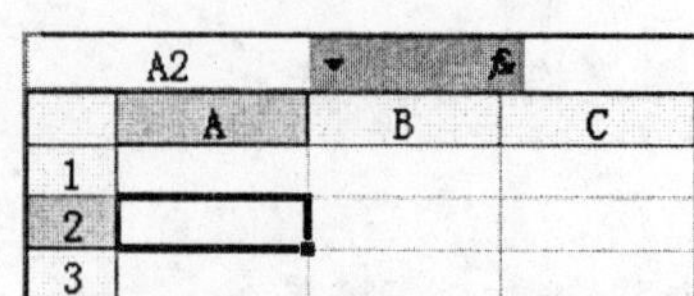

图4.2 当前单元格

2. 使用键盘选定单元格

考虑到使用鼠标选中单元格时，手要离开键盘，使得编辑速度减慢，这时，可以使用“↑”、“↓”、“←”、“→”方向键选定。单击方向键，向相应的方向移动一个单元格；按住方向键不放，则向相应方向连续移动，直到所需选定的单元格成为当前单元格，松开方向键即可。

3. 选定单元格区域

将鼠标移动到待选定区域的左上角单元格，按住鼠标左键不放，拖动到待选定区域右下角的单元格，然后松开鼠标即可。

4. 选定多个不相邻的单元格区域

按住"Ctrl"键不放，再按选定单元格区域的方法选定多个单元格区域，如图 4.3 所示。

5. 选取整行或整列

将鼠标指针移动到该列的列标处，当鼠标指针变成向下的箭头形状"⬇"时单击左键，就可以选取该列。同样，要选取整行，只要将鼠标指针移动到相应的行号处，当鼠标指针变成向右的箭头"➡"时，就可以选取该行。如果要选定不连续的行或者是列，则按住"Ctrl"键，再单击下一个要选定的行号或者是列标，直至选定全部所需的区域。

6. 选取整个工作表

将鼠标指针移动到工作表中行号与列标的交界处，当鼠标变为"✚"形状时左键单击，可以选取整个工作表，如图 4.4 所示。

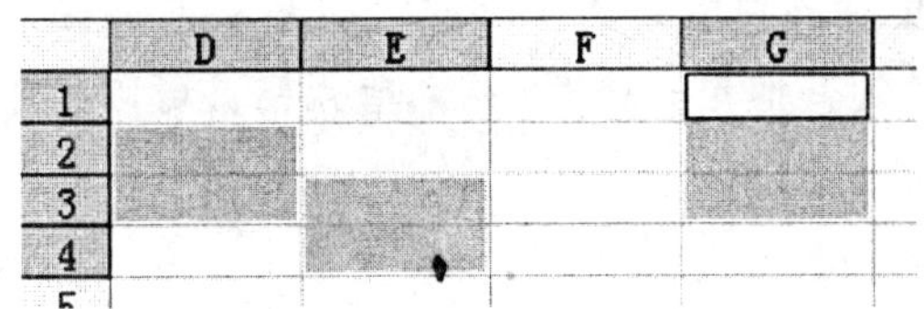

图 4.3　选取多个不相邻的单元格区域

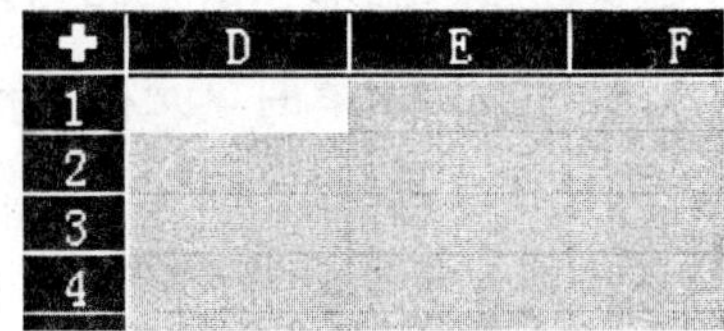

图 4.4　选取整个工作表

4.2.2　单元格数据的输入

选中单元格后，直接输入数据与在编辑栏中输入数据效果相同。如图 4.5 所示，若选定 B2 为活动单元格，在编辑栏中输入数据"123456"按回车键，即可将数据输入该单元格。

图 4.5　编辑栏输入数据

在输入数据的过程中，状态栏显示处于"输入"状态；如果修改单元格的内容，状态栏显示处于“编辑”状态；当查看单元格数据内容时，状态栏显示处于“就绪”状态。

在输入过程中如果发现输入错误，可以按“Backspace”键删除插入点的前一个字符，或按“Delete”键删除插入点的后一个字符，也可以按“←”、“→”方向键移动插入点。

单元格中的数据输入完毕，可以按“Enter”键，或者单击编辑栏上的输入按钮☑。如果单击编辑栏上的取消按钮☒，则会取消数据的输入。此时，又回到就绪状态，编辑栏的两个按钮也消失。

对于单元格的操作需要注意以下问题：

① 单元格内换行：如果要在一个单元格中输入多行数据，则在单元格输入一行数据后，按“Alt+Enter”组合键，就可以在单元格内换行。

② 同时在多个单元格中输入相同的数据：选中需要输入数据的单元格(可以相邻，也可以不相邻)，输入相应数据，然后按“Ctrl+Enter”组合键。

③ 输入没有结束时，不要按键盘上的“Tab”键。如果按“Tab”键，状态栏会回到就绪状态，Excel会认为该单元格的数据输入完毕，而转到下一个单元格进入就绪状态。

4.2.3 复制、粘贴单元格

复制与粘贴是一个互相关联的操作，复制的目的是为了粘贴，而粘贴的前提是先复制。当需要将工作表中的单元格复制或移动到其他单元格时(移动单元格，可以使用剪切功能)，具体操作步骤如下：

① 选中需要复制或移动的单元格区域。

② 单击菜单栏“编辑”|“复制”或“剪切”命令。

③ 选中要粘贴区域的左上角单元格。

④ 单击菜单栏“编辑”|“粘贴”命令，即可完成复制或移动的过程。

4.2.4 插入、删除单元格

1. 插入行或列

插入行单元格的操作步骤如下，插入列的方法类似：

① 选中需要插入行的下一行。

② 单击菜单栏“插入”|“行”命令，在所选行的上方插入一行，原来选定的行自动下移。

2. 插入单元格

插入单元格是指在原来的位置插入新的单元格，而原位置的单元格顺延到其他的位置。插入单元格的操作步骤如下：

① 选中需要插入单元格的位置。

② 单击菜单栏“插入”|“单元格”命令，或在单元格上点击右键，在弹出菜单中选择“插入”命令，将弹出“插入”对话框，如图4.6所示。

③ 选中相应的单选按钮，单击“确定”按钮即可，各单选按钮含义如下：

- 活动单元格右移：插入单元格出现在选定单元格左边，如图 4.7(a)所示。
- 活动单元格下移：插入单元格出现在选定单元格上边，如图 4.7(b)所示。
- 整行：在选定的单元格上边插入一行。
- 整列：在选定的单元格左侧插入一列。

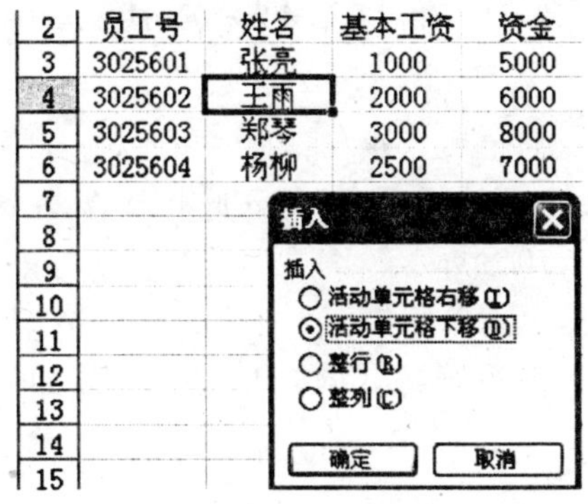

图 4.6　“插入”对话框

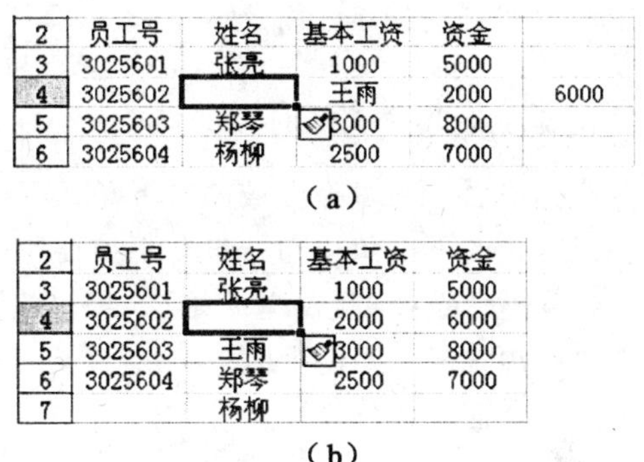

图 4.7　插入活动单元格示例

3. 删除行、列、单元格

删除单元格是指将指定的单元格从工作表中删除，并用周围的其他单元格来填补留下的空白。在当前工作表中删除不需要的行、列或单元格的操作步骤如下：

① 选中需要删除单元格的位置。

② 单击菜单栏“编辑”|“删除”命令，将弹出“删除”对话框。

③ 选中相应的单选按钮，单击“确定”按钮即可。各单选按钮含义与“插入”对话框含义相同。

4.2.5　单元格自动填充

Excel 2003 具有的自动填充功能不仅可以在多个单元格中填充相同的数据，还可以按照一定的序列规律来完成数据填充。

1. 填充相同的数据

可以使用填充柄在一行或一列中输入相同的数据。如图 4.8 所示，给出某公司人员名单。如在“基本工资”一列要输入相同的数值，则选中单元格 C3，将鼠标移动到该单元格的右下角，当鼠标指针变成实心的“ ✚ ”形状(即填充柄)时，按住鼠标左键不放，拖动到 C6 单元格的右下角，松开鼠标即可，如图 4.9 所示。

如果选择的是多行多列，则向右向下拖动填充柄，将会在选定的区域得到相同的数据。

	A	B	C	D
1	公司人员名单			
2	员工号	姓名	基本工资	资金
3	3025601	张亮	2000	5000
4		王雨		6000
5		郑琴		8000
6		杨柳		7000

图 4.8　填充柄

	A	B	C	D
1	公司人员名单			
2	员工号	姓名	基本工资	资金
3	3025601	张亮	2000	5000
4		王雨	2000	6000
5		郑琴	2000	8000
6		杨柳	2000	7000
7				

图 4.9　用填充柄输入相同的数据

2. 自定义数据填充序列

填充完成后，在填充区域的右下角，可以看到“自动填充选项”标记，鼠标左键单击该标记右边的下三角按钮，打开下拉菜单，如图 4.10 所示。

该选项默认选择“复制单元格”，即以相同的数据填充单元格。

如该选项选择“以序列方式填充”，则 Excel 将根据系统默认的“自定义序列”自动判断其增量，从而完成填充功能，如图 4.11 所示。

2	员工号	姓名	基本工资
3	3025601	张亮	2000
4	3025601	王雨	2000
5	3025601	郑琴	2000
6	3025601	杨柳	2000
7			
8			
9			
10			
11			
12			

复制单元格(C)
以序列方式填充(S)
仅填充格式(F)
不带格式填充(O)

图 4.10　自动填充选项

	A	B	C	D	E	F	G
1	星期一	Sunday	january	甲	子	一月	1
2	星期二	Monday	february	乙	丑	二月	2
3	星期三	Tuesday	march	丙	寅	三月	3
4	星期四	Wednesday	april	丁	卯	四月	4
5	星期五	Thursday	may	戊	辰	五月	5
6	星期六	Friday	june	己	巳	六月	6
7	星期日	Saturday	july	庚	午	七月	7
8	星期一	Sunday	august	辛	未	八月	8
9	星期二	Monday	september	壬	申	九月	9

图 4.11　以序列方式填充示例

自定义填充时，如果使用数字序列填充，则默认按等差数列处理，步长为 1 变化，如果要修改填充规则，可以单击菜单栏“编辑”|“填充”|“序列”命令，打开如图 4.12 所示“序列”对话框，修改“类型”选项为“等比序列”，在“步长值”文本框中输入数值“2”，单击“确定”按钮。数字填充结果如图 4.13 所示。

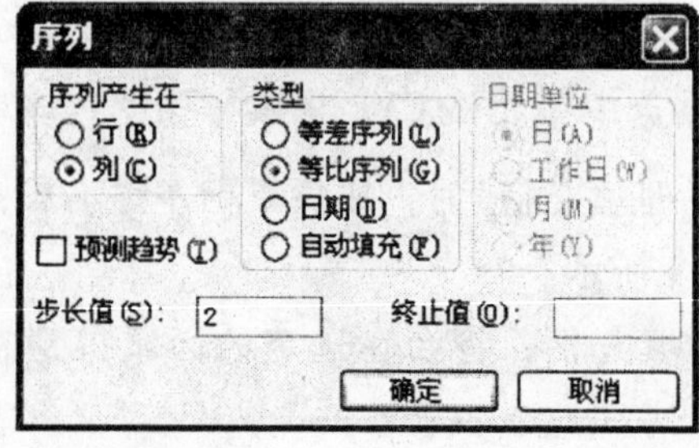

图 4.12　“序列”对话框

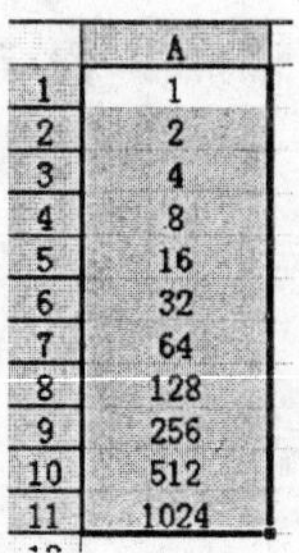

	A
1	1
2	2
3	4
4	8
5	16
6	32
7	64
8	128
9	256
10	512
11	1024

图 4.13　步长为 2 等比序列填充示例

3. 用户自定义数据填充序列

在 Excel 中，除了一些系统自带的自定义序列之外，用户也可以使用自定义序列。

① 单击菜单栏“工具”|“选项”命令，在弹出的“选项”对话框中单击“自定义序列”选项卡，在“自定义序列”列表框中可以看到系统默认的自定义序列。

② 在“自定义序列”列表框中，选择“新序列”选项，在“输入序列”列表框中，依次输入新序列的各项，例如各个省份，各项之间以回车键分隔，如图 4.14 所示。

③ 在工作表的单元格中输入用户自定义序列中的一项数据，如“湖北省”，使用自动填充功能，如图 4.15(a)所示。选中“以序列方式填充”，在拖动范围内的单元格依次出现自定义的序列，如图 4.15(b)所示。

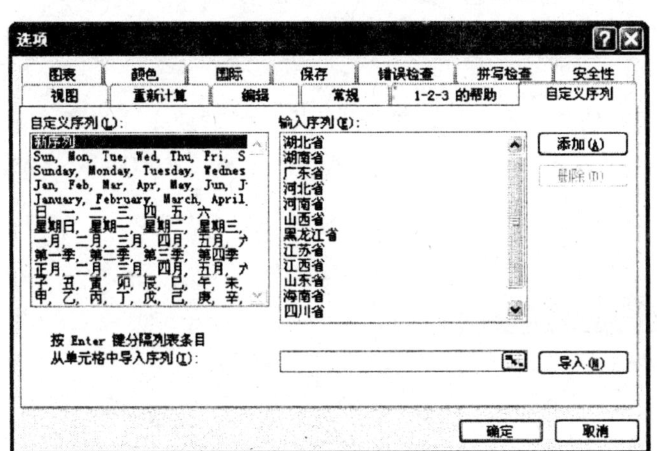

图 4.14　用户自定义序列

图 4.15　用户自定义序列填充示例

4.3　单元格格式设置

在 Excel 2003 中，工作表可根据需要设置不同的格式，如设置单元格字体格式、设置数据文本的对齐方式、单元格数据的跨行或跨列居中、改变行高和列宽、设置单元格边框与底纹、自动套用格式和样式等。

4.3.1　单元格数据的格式化

默认情况下，数字数据在单元格中右对齐，但是数字类型非常多，实际使用时，经常是根据数据的实际意义来设置单元格的格式。在 Excel 中，可使用“格式”工具栏对单元格数据进行格式化处理，如图 4.16 所示。

在 Excel 中，数值型数据是使用最多也是最为复杂的数据类型。数值型数据由数字 0～9、正号、负号、百分号“%”、指数符号“E”或“e”、货币符号“￥”或“$”、千位分隔号“,”等组成。

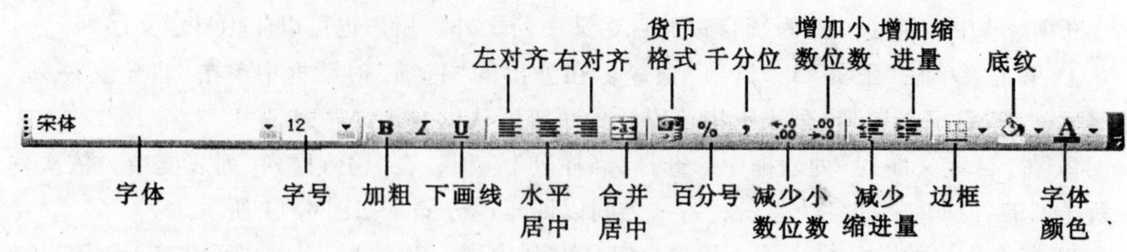

图 4.16 “格式”工具栏

设置单元格数据的格式步骤如下：

① 选中要设置数据格式的单元格，单击菜单栏“格式”|“单元格”命令，或者单击鼠标右键，在弹出的快捷菜单中选择“设置单元格格式”，在弹出的对话框中选择“数字”选项卡，如图 4.17(a)所示。

② 在“分类”列表框中选择相应的分类，右侧“示例”给出此分类的效果，设置完成后，单击“确定”按钮即可完成转换。例如，“分类”列表框选择“货币”，“小数位数”选择“2”，单击“确定”按钮，显示如图 4.17(b)所示。

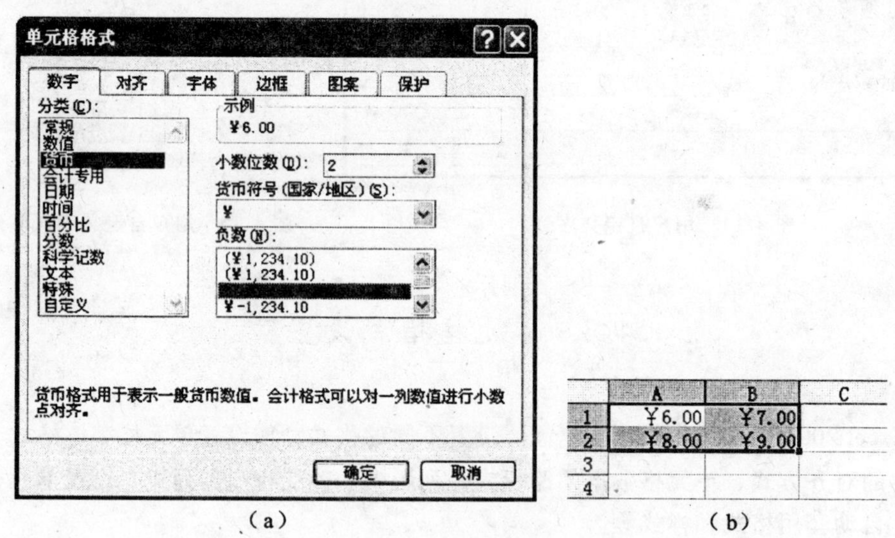

(a)　　　　　　　　　　(b)

图 4.17 “数字”选项卡

4.3.2 对齐方式选择

选中单元格区域，点击鼠标右键，在弹出的快捷菜单中选择“设置单元格格式”，在弹出对话框中选择“对齐”选项卡，在“文本对齐方式”选项中，将“水平对齐”与“垂直对齐”下拉框均选择“居中”，如图 4.18(a)所示；单击“确定”按钮，显示如图 4.18(b)所示。

(a)

	A	B	C	D
1	公司人员名单			
2	员工号	姓名	基本工资	奖金
3	3025601	张亮	2000	5000
4	3025602	王雨	2000	6000
5	3025603	郑琴	2000	8000
6	3025604	杨柳	2000	7000

(b)

图 4.18　“对齐”选项卡

通常在设计表格时，标题一般位于表格数据的上方，并且在整个数据的中间，可以采用“合并居中”功能来实现。

① 选中要制作标题的单元格区域，如图 4.19(a)所示。

② 单击格式工具栏中合并居中按钮，将所选定的单元格变成一个单元格 A1，如图 4.19(b)所示；或者打开图 4.18(a)对话框，在“文本控制”选项勾选“合并单元格”，单击“确定”按钮。

	A	B	C	D
1	公司人员名单			
2	员工号	姓名	基本工资	奖金
3	3025601	张亮	1000	5000
4	3025602	王雨	2000	6000

(a)

	A	B	C	D
1	公司人员名单			
2	员工号	姓名	基本工资	奖金
3	3025601	张亮	1000	5000
4	3025602	王雨	2000	6000

(b)

图 4.19　“合并居中”功能

4.3.3　边框和底纹

在“单元格格式”对话框中，打开“边框”选项卡，可以设置单元格的边框样式；打开“图案”选项卡，设置单元格的底纹样式。设置单元格边框格式具体步骤如下：

① 选中要制作边框的单元格区域。

② 打开“单元格格式”对话框，选择“边框”选项卡；在“线条”中选择线条的“样式”与“颜色”；“预置”中是常见的边框类型(其中，虚线表示无边框，实线表示有边框)；“边框”可根据用户需求，任意设置有无边框线；边框设置效果将在四个“文本”组成的田字形区域中显示，如图 4.20(a)所示。

③ 单击“确定”按钮，显示如图 4.20(b)所示。

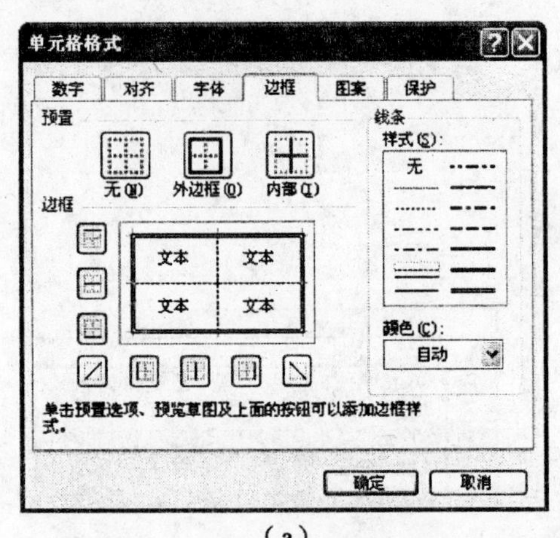

(a)

	A	B	C	D	E
1	公司人员名单				
2	员工号	姓名	基本工资	奖金	
3	3025601	张亮	1000	5000	
4	3025602	王雨	2000	6000	
5	3025603	郑琴	3000	8000	
6	3025604	杨柳	2500	7000	
7					

(b)

图 4.20 “边框”选项卡

4.3.4 调整单元格的列宽、行高

单元格的列宽与行高默认情况下是一个固定的数值，Excel 允许用户对其进行调整。

1. 用鼠标调整列宽或行高

如果要调整列的宽度，将鼠标指针移动到待调整宽度列的右边框，鼠标指针变成“✛”形状，如图 4.21(a)所示。按住鼠标左键不放，拖动鼠标，随着鼠标的移动，有一条虚线指示此时释放鼠标时右边框线的位置，并且指针的右上角也显示此时的列宽，如图 4.21(b)所示。

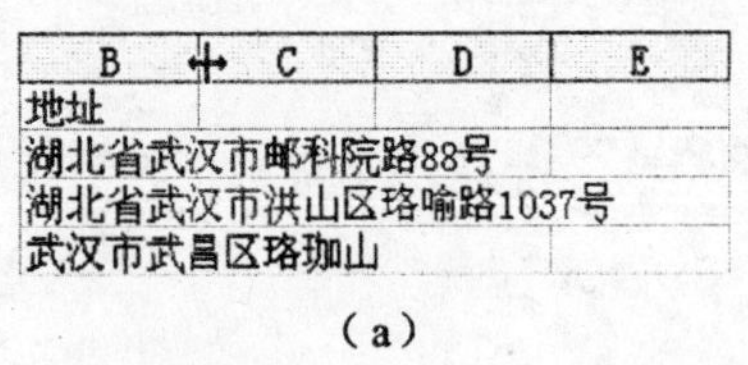

(a)

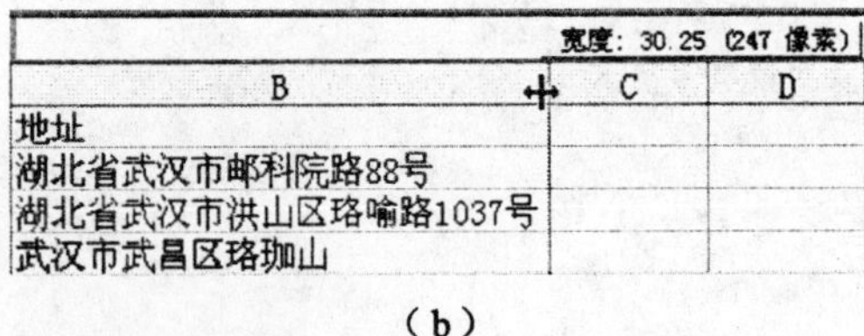

(b)

图 4.21 鼠标调整单元格列宽

如果要调整最适合的列宽，将鼠标指针移动到待调整宽度列的右边框，当鼠标指针变成“✛”形状时，双击，列宽就会自动调整到最合适的宽度。

调整行高也可以使用类似的方法，将鼠标指针移动到待调整高度行的下边框，当鼠标指针变成“✛”形状时调整即可。

2. 使用菜单调整列宽或行高

① 选中待调整宽度的单元格，单击菜单栏“格式”|“列”|“列宽”命令，打开“列宽”对话框，如图 4.22(a)所示。

② 在“列宽”文本框中输入数值，例如输入“15”，单击“确定”按钮，此时，单元格列宽改变为调整后的数值，如图 4.22(b)所示。

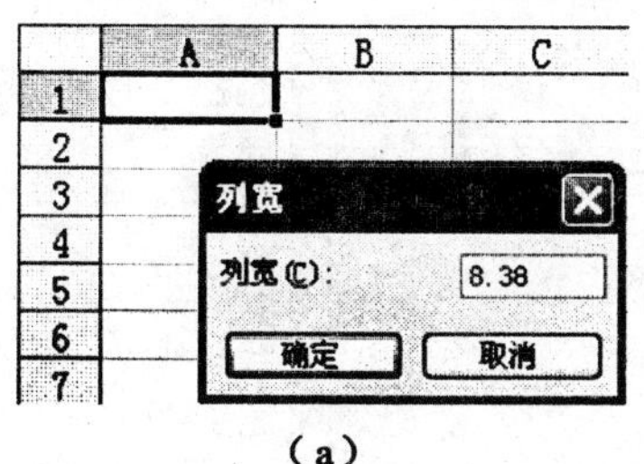

(a)

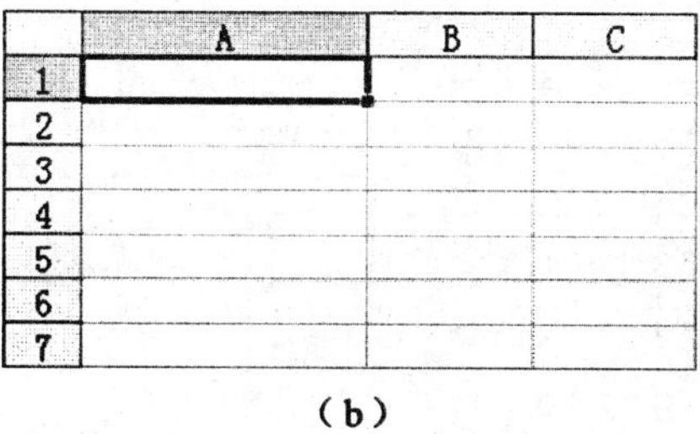

(b)

图 4.22　命令调整单元格列宽

调整行高的方法与调整列宽的方法类似。

☞ **提示:**

如选择菜单栏“格式”|“列”|“标准列宽”命令，则调整的是整个工作表全部列的列宽。

4.3.5　显示(隐藏)行或列

如果工作表的列或行很多，而我们关注的可能只是其中的一部分，此时可以将不用的列隐藏起来，需要的时候再显示。

1. 隐藏行或列

① 选定需要隐藏的工作表中的行或列，如图 4.23(a)所示。

② 单击菜单栏“格式”|“行”或“列”|“隐藏”命令；或者是点击鼠标右键，在弹出快捷菜单中选择“隐藏”选项，结果如图 4.23(b)所示。

	A	B	C	D
1	公司人员名单			
2	员工号	姓名	基本工资	奖金
3	3025601	张亮	2000	5000
4	3025602	王雨	2000	6000
5	3025603	郑琴	2000	8000
6	3025604	杨柳	2000	7000

(a)

	A	B	C	E
1	公司人员名单			
2	员工号	姓名	基本工资	
3	3025601	张亮	2000	
4	3025602	王雨	2000	
5	3025603	郑琴	2000	
6	3025604	杨柳	2000	

(b)

图 4.23　隐藏列

2. 显示行或列

① 首先根据行号或列标的顺序，判断隐藏行或列的位置，如图 4. 24(a)所示。

② 选择隐藏列两侧的两个列选项卡，单击菜单栏“格式”|“列”|“取消隐藏”命令；或者是单击鼠标右键，在弹出快捷菜单中选择“取消隐藏”选项，如图 4. 24(b)所示。

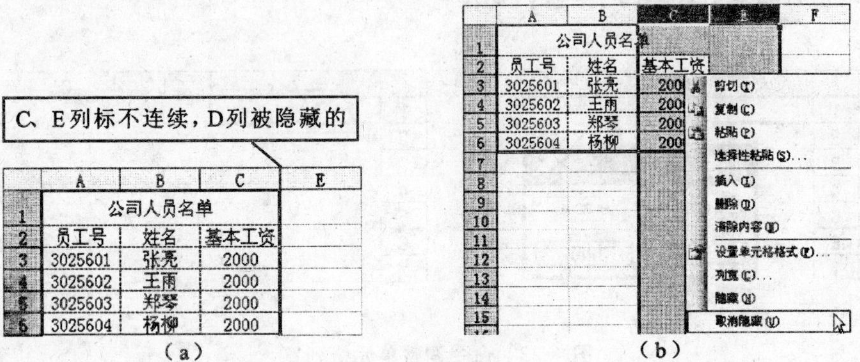

图 4. 24 “取消隐藏”命令显示列

☞ 提示：

以上方法适合于取消隐藏多列，如果只是取消隐藏一列，可以移动光标至隐藏的边线位置稍偏右的位置，当光标变为双向箭头“╬”形状时，拖动即可显示隐藏列。

4. 3. 6 设置条件格式

条件格式是指当单元格中的数据满足指定条件时，单元格自动调整格式。

例如，学生成绩表中各项成绩 60 分及以下用灰点底纹显示，100 分用纯色底纹显示，操作步骤如下：

① 选中要设置条件格式的单元格区域 A2 至 D16。

② 单击菜单栏“格式”|“条件格式”命令，弹出“条件格式”对话框。

③ 在“条件 1”下方，“介于”右边的两个文本框中输入“0”与“60”，单击“格式”按钮，弹出“单元格格式”对话框，在“图案”选项卡中，更改“单元格底纹图案”，如图 4. 25(a)所示。

④ 点击“添加”按钮，为条件格式添加一个新的条件；选择“条件 2”下拉列表中的“单元格数值”，在“条件格式运算符”列表框中选择“等于”选项，在文本框中输入“100”；点击“格式”按钮，设置当成绩等于 100 时，将显示的图案格式，如图 4. 25(b)所示。

⑤ 单击“确定”按钮，显示如图 4. 25(c)所示。

4. 3. 7 给单元格添加批注

批注是对单元格数据内容加以简要的注释，其操作方法如下：

① 选中需要添加批注的单元格，单击菜单栏“插入”|“批注”命令，或者单击鼠标右键，在快捷菜单中选择“插入批注”命令，在弹出的批注框中输入批注文本，如图 4. 26 所

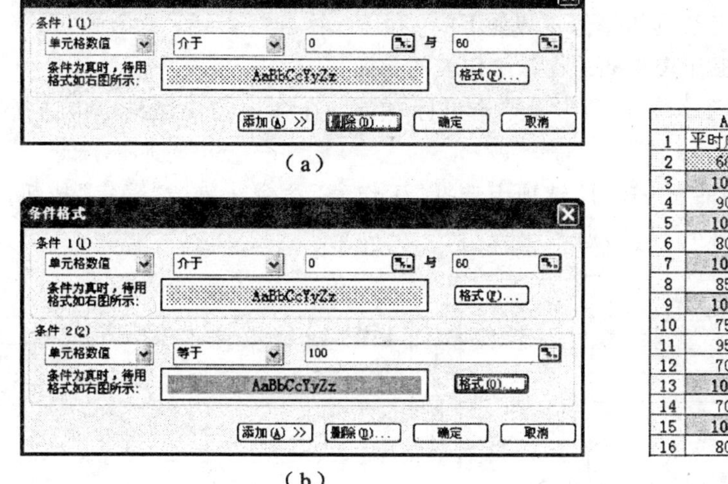

(a)

(b)

	A	B	C	D
1	平时成绩	期末成绩	实验成绩	总评成绩
2	60	44	32	45
3	100	88	91	91
4	90	60	89	72
5	100	91	91	93
6	80	67	85	73
7	100	85	90	89
8	85	70	92	77
9	100	87	92	91
10	75	60	78	67
11	95	40	87	60
12	70	67	85	71
13	100	87	92	91
14	70	36	60	48
15	100	90	90	92
16	80	83	83	82

(c)

图 4.25　设置条件格式

示。输入文本结束后，单击批注外部的工作表区域即可。

② 如果需要修改批注内容，可以单击鼠标右键，在快捷菜单中选择“编辑批注”命令。

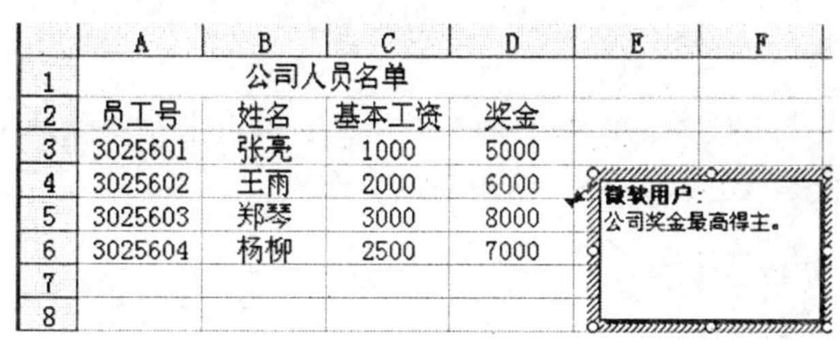

	A	B	C	D	E	F
1	公司人员名单					
2	员工号	姓名	基本工资	奖金		
3	3025601	张亮	1000	5000		
4	3025602	王雨	2000	6000		
5	3025603	郑琴	3000	8000		
6	3025604	杨柳	2500	7000		
7						
8						

图 4.26　输入批注

4.4　工作表的管理

默认情况下，工作簿包括了 3 张工作表，但在实际应用中，所需的工作表数目可能各不相同，用户可根据需要对工作表进行插入、删除、重命名、移动、复制等操作。

4.4.1　选择工作表

在一个工作簿中可能有多张工作表，它们不可能同时显示在屏幕上，只能使用切换的方式将需要的工作表显示出来。单击工作表选项卡，可以选定一张工作表。选定的工作表，即为当前活动的工作表。

4.4.2 插入、删除工作表

向工作簿中添加工作表，具体操作步骤如下：

① 选定工作表(新的工作表将插入在该工作表的前面)。

② 将鼠标指针指向该工作表选项卡，单击鼠标右键，在弹出的快捷菜单中选择“插入”命令，如图 4.27(a)所示。

③ 在弹出的“插入”对话框“常用”选项卡选择“工作表”命令，单击“确定”按钮，插入新的工作表 Sheet4，如图 4.27(b)所示。

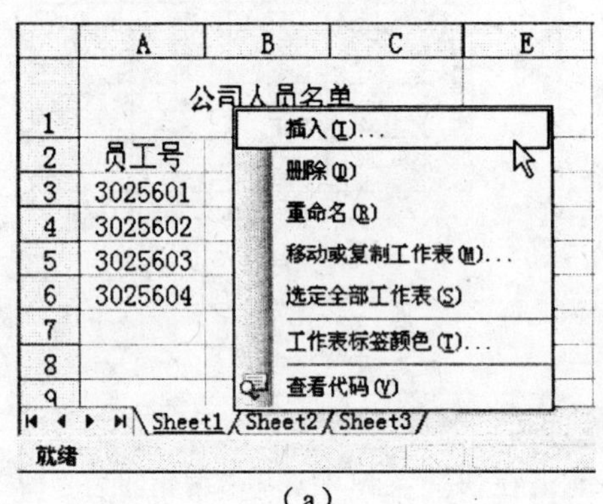

(a)

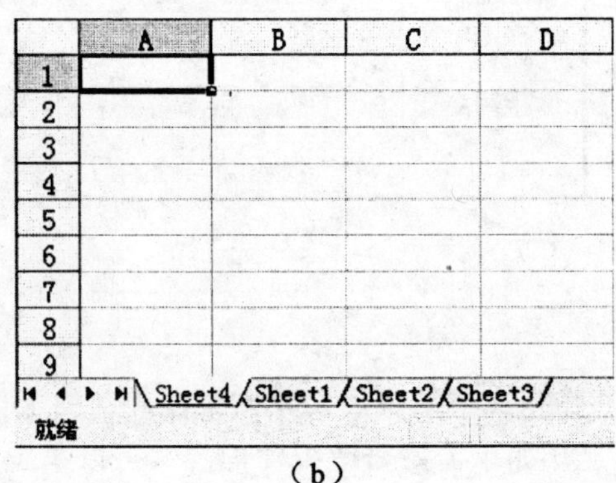

(b)

图 4.27 插入工作表

删除工作表的操作与插入工作表的操作类似，右键点击要删除的工作表的选项卡，在弹出的快捷菜单中选择“删除”命令，则删除该工作表。

4.4.3 移动、复制工作表

工作表可以从一个工作簿移至另一个工作簿，也可以在同一工作簿中移至不同的位置，具体操作步骤如下：

① 单击菜单栏“编辑”|“移动或复制工作表”命令，或者右击工作表选项卡，在弹出的快捷菜单中选择“移动或复制工作表”命令，如图 4.28(a)所示。

② 在弹出的“移动和复制工作表”对话框中，修改“将选定工作表移至工作簿”与“下列选定工作表之前”选项，单击“确定”按钮，即完成移动工作表的操作，如图 4.28(b)所示。如此时勾选“建立副本”复选框，将会完成复制工作表的操作。

4.4.4 重命名工作表

Excel 默认工作表的名称都是以 Sheet 加序号命名，用户可以更改这些工作表的名称。右键点击要重命名的工作表选项卡，在弹出的快捷菜单中选择“重命名”命令，如图 4.29(a)所示；此时工作表选项卡反相显示，变为可编辑状态，输入新的名称即可，如图 4.29(b)所示。

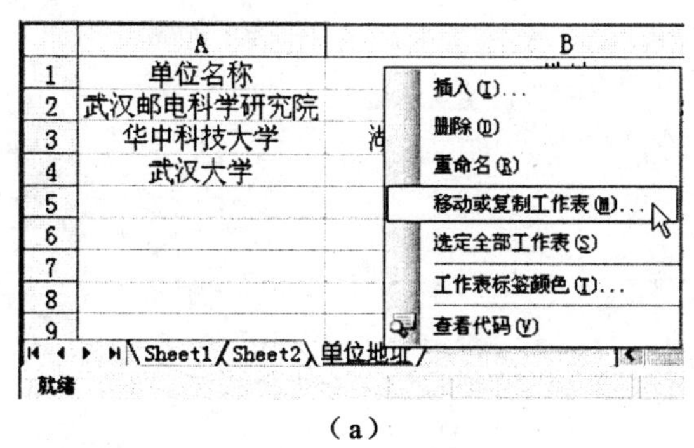

(a)

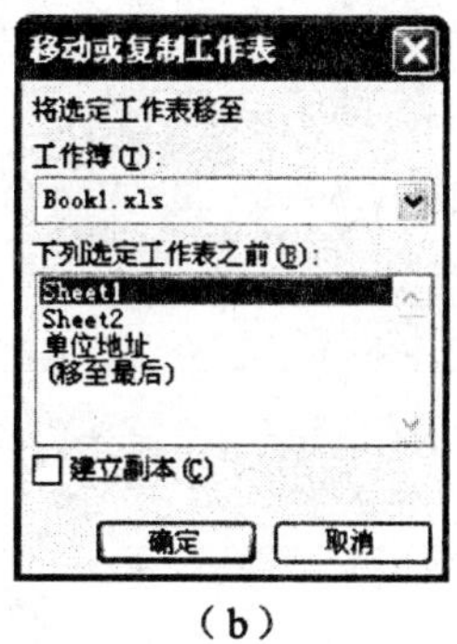

(b)

图 4.28　移动或复制工作表

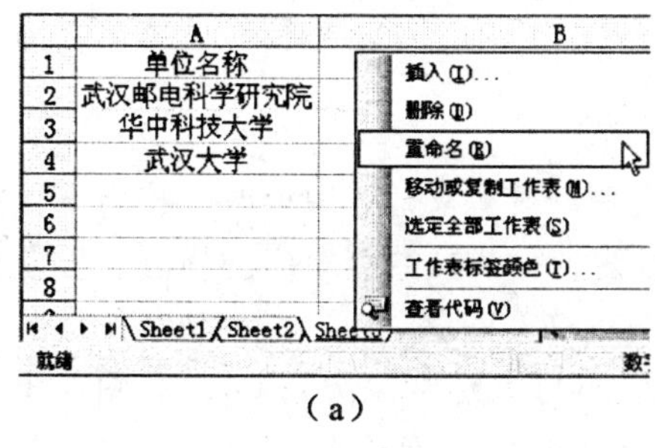

(a)

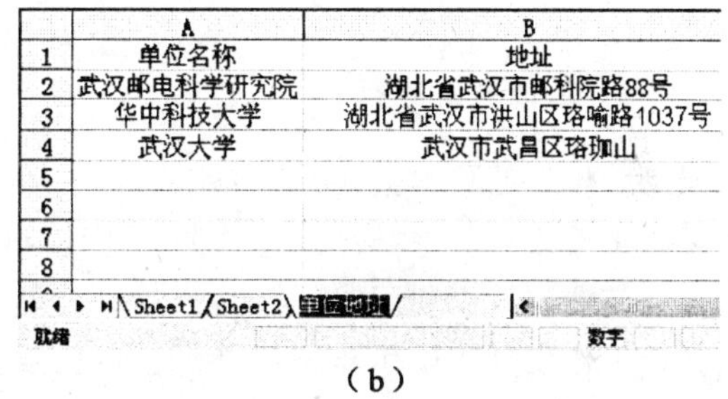

(b)

图 4.29　重命名工作表

4.4.5　工作表的拆分

当工作表的数据量很大时，浏览整个工作表就变得困难，此时可以将 Excel 工作表拆开成为两个(或四个)窗口显示，每个小窗口内数据的滚动不会影响其他窗口，这样就能够在一个文档窗口中同时查看或者编辑工作表的不同部分。

在水平滚动条的右端有一个小方块“纵向拆分框”；垂直滚动条的顶端也有一个小方块“横向拆分框”，如图 4.30(a)所示。

拆分工作表的操作比较简单：将鼠标指针移到“横向拆分框”上，按住左键不放，拖动拆分框到用户满意的位置，释放鼠标左键，即可完成对窗口的横向拆分，横向拆分后的工作表如图 4.30(b)所示；如要取消拆分窗口，可在分割条上双击，或者单击菜单栏“窗口”|“撤销拆分窗口”命令即可。

☞ **提示：**

可使用菜单命令进行窗口的拆分：单击菜单栏“窗口”|“拆分窗口”命令，在当前选中单元格处，工作表将被拆分为 4 个独立的窗格。

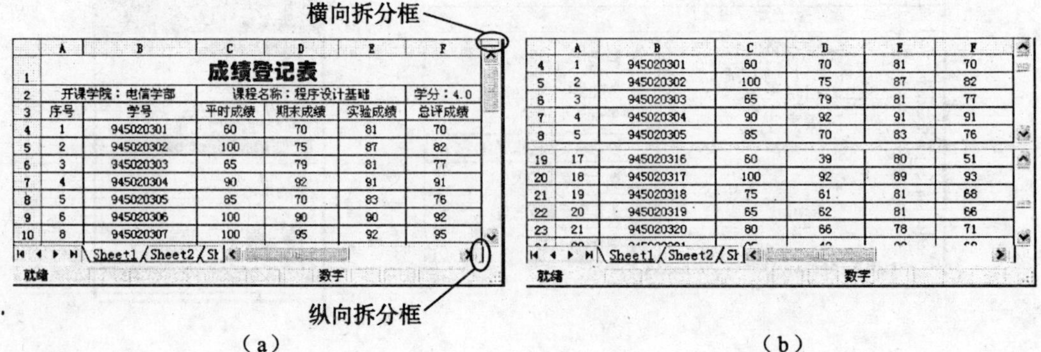

图 4.30　拆分工作表

4.4.6　工作表的冻结

如果工作表的数据很多，当使用垂直滚动条或水平滚动条查看数据时，将出现行标题或列标题跟着滚动。这样在处理数据时往往难以分清各行或列数据对应的标题，使得查看数据很不方便，可以利用“冻结窗格”这一功能来解决这个问题。

冻结工作表具体操作步骤：首先，点击要冻结处的单元格，例如 C4，如图 4.30(a)所示；然后单击菜单栏“窗口”|“冻结窗口”命令，则当前单元格上边和左边的所有单元格都被冻结，一直在屏幕上显示。此时，无论垂直滚动条或水平滚动条如何滚动，工作表的标题行和“序号”、“学号”列将始终显示在屏幕上，如图 4.31 所示。

	A	B	C	D	E	F
1			成绩登记表			
2	开课学院：电信学部		课程名称：程序设计基础			学分：4.0
3	序号	学号	平时成绩	期末成绩	实验成绩	总评成绩
19	17	945020316	60	39	80	51
20	18	945020317	100	92	89	93
21	19	945020318	75	61	81	68
22	20	945020319	65	62	81	66
23	21	945020320	80	66	78	71
24	22	945020321	95	42	80	60
25	23	945020322	90	77	90	82

Sheet1 / Sheet2 / Sh
就绪　数字

图 4.31　冻结工作表

4.4.7　保护工作表和工作簿

当用户打开工作簿以后，可以设置对工作簿的保护，防止未授权用户对文档的访问，避免数据受到破坏和信息发生泄露。Excel 提供了 3 个层次的安全性机制用来限制用户的行为。

1. 保护工作簿

单击菜单栏“工具”|“保护”|“保护工作簿”命令，弹出“保护工作簿”对话框，如图 4.32 所示。根据实际需要选定“结构”或“窗口”选项，若需要口令则在对话框的“密码(可选)”文本框中键入口令，并在“确认密码”对话框中再输入一遍刚才键入的口令，然后单击“确定”按钮。

“保护工作簿”对话框各选项含义如下：

- “结构”选项：是指工作簿内工作表不会被删除、移动、隐藏、取消隐藏或重新命名，也不会被插入新的工作表。但工作表中的数据并不受保护，也就是说其他用户可随时打开这种保护类型的工作簿并修改其中的数据。所以，这种方法最好结合保护工作表同时进行。
- “窗口”选项：防止工作表的窗口被移动、缩放、隐藏、取消隐藏或关闭。

☞ **提示：**

如果自己以后要想将该工作簿中的某些工作表改名、删除，或要插入新的工作表，则要先取消对工作簿的保护。做法是：打开该工作簿，单击菜单栏“工具”|“保护”|“撤销工作簿保护”即可。

2. 保护工作表

为了防止非法用户修改数据，需要对工作表设置密码保护，给工作表设置保护措施方法如下：

单击菜单栏“工具”|“保护”|“保护工作表”命令，弹出对话框如图 4.33 所示。选择各选项，在“取消工作表保护时使用的密码”文本框中输入设置的密码，单击“确定”按钮。操作完成后，当你在这张受保护的工作表中输入新的内容时，系统就会拒绝录入，并给出提示，如图 4.34 所示。

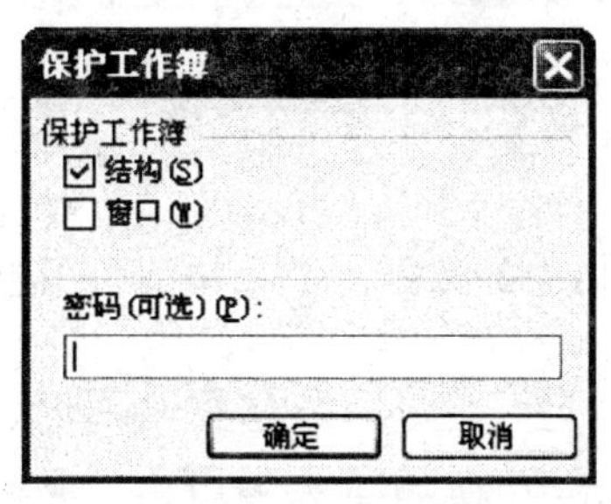

图 4.32　“保护工作簿”对话框

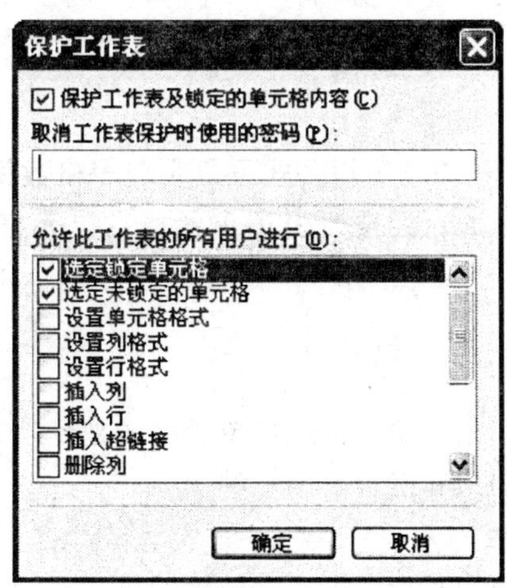

图 4.33　“保护工作表”对话框

图 4.34　拒绝修改保护工作表

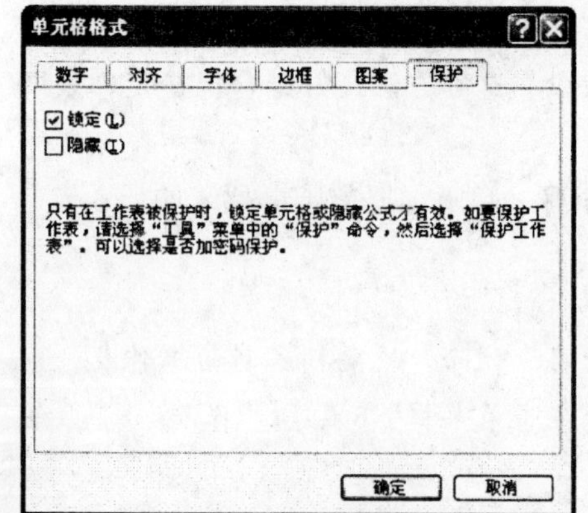

图 4.35　单元格“保护”选项卡

3. 保护单元格

工作表的保护是对工作表中所有单元格或全部对象、方案的保护，而有时仅需要对工作表中的个别单元格进行保护。

选定需要保护的单元格，单击菜单栏“格式”|“单元格”命令，弹出“单元格格式”对话框，选择“保护”选项卡，根据需要选定“锁定”或“隐藏”选项，单击“确定”按钮，如图 4.35 所示。该选项卡各选项含义如下：

- “锁定”选项：工作表受保护后不能更改这些单元格，该选项默认的是勾选状态。
- “隐藏”选项：工作表受保护后隐藏公式。

☞ 提示：

需要特别指出的是，只有在保护工作表的情况下，锁定单元格或隐藏公式才会生效，即“工作表保护”是较为高层的保护机制，而“单元格保护”从属于“工作表保护”。

4.5　公式与函数

在 Excel 中，利用公式可以实现表格数据的自动计算，函数是预定义的公式。在应用公式和函数时，经常要引用单元格，单元格的引用位置告诉 Excel 公式要使用的数据的位置。

4.5.1　引用单元格

单元格的引用是指通过单元格的地址获得单元格中的数据。单元格的引用包括绝对引用、相对引用和混合引用三种。

1. 绝对引用

绝对引用是指引用特定位置的单元格。如果公式中的引用是绝对引用，那么复制或移动时，公式中引用位置不会改变。绝对引用的格式是在列字母和行数字之前加上美元符“$”，即“$列标$行号”。例如：$A $1，$B $10 都是绝对引用。如果用户在复制公式时，不希望公式中的引用地址随之改变，这时就要使用绝对引用。

2. 相对引用

相对引用是指公式复制或移动时，引用位置会随公式所在单元格的位置的变化而发生相对改变的地址。相对引用的格式是“列标行号”。例如：A1，B10 都是相对引用。

例如，在一个工作表中，A1 数据为 10，A2 数据为 20，B1 数据为 50，B2 数据为 60。

① 在 A3 中输入公式 = A1 + A2，公式使用相对引用，按回车键后 A3 显示 30，如图 4.36(a)所示。

② 在 A4 中输入公式 = $A $1 + $A $2，公式使用绝对引用，按回车键后 A4 显示 30，如图 4.36(b)所示。

③ 将 A3 单元格内容复制到 B3 单元格，B3 单元格中显示数值 110，对应编辑栏中显示 = B1 + B2，公式使用相对引用，如图 4.36(c)所示。

④ 将 A4 单元格内容复制到 B4 单元格，B4 单元格中显示数值 30，对应编辑栏中显示 = $A $1 + $A $2，公式使用绝对引用，如图 4.36(d)所示。

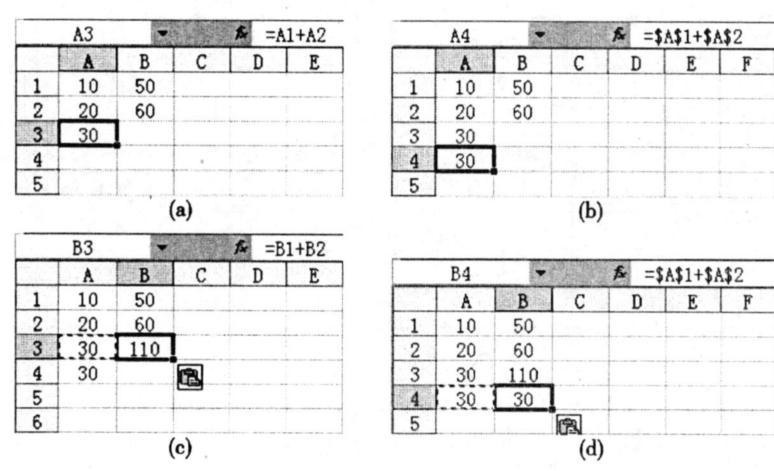

图 4.36　绝对引用与相对引用

3. 混合引用

混合引用是指单元格的引用中，一部分是绝对引用，一部分是相对引用。例如：A $1（相对列绝对行）、$B2（绝对列相对行）。混合引用在进行公式复制等操作时，公式中相对行和相对列部分会随着引用公式单元格地址变化而变化，而绝对行和绝对列部分则保持不变。

☞ **提示：**

在 Excel 引用中，不仅可以引用同一工作表的单元格，而且还能引用不同工作表中的单元格。例如，可以在当前工作表 Sheet1 中引用工作表 Sheet3 中 C6 单元格的数据，引用地址为 Sheet3！C6 。

4.5.2 公式

公式是 Excel 进行数值运算的核心，通过公式可以对工作表中数值进行加、减、乘、除等运算。只要在单元格中输入正确的计算公式及相应的初始数据，就会立即在单元格中显示计算结果。如果工作表中的数据有变化，系统会自动对变化后的结果进行更新。

1. 公式中的运算符

运算符用于对公式中的元素进行特定的运行，包括算术运算符、比较运算符、文本运算符和引用运算符四类。

① 算术运算符和比较运算符

算术运算符可以完成基本的数学运算，如加、减、乘、除等。比较运算符(又称关系运算符)可以比较两个数值，运算的结果是逻辑值，只能是 TURE(真)和 FALSE(假)二者之一。表 4.1 是常用算术运算符和比较运算符及其含义。

表 4.1 **算术运算符及比较运算符**

算术运算符	含义	示例	比较运算符	含义	示例
+	加	A1+3	=	等于	A1=20
-	减	A1-B2	>	大于	A1>B5
*	乘	A2 * B3 * 2	<	小于	A1<B5
/	除	8/2	<>	不等于	A1<>10
-	负号	-A1	>=	大于等于	B2>=C3
%	百分比	80%	<=	小于等于	C4<=C5
∧	乘方	2^3			

② 文本运算符

文本运算符只有一个“&”，它可以将文本连接起来。

例如，在 D2 中输入公式=A2&"喜欢"&B2，按回车键，结果如图 4.37(a)所示。利用 D2 单元格的填充柄自动填充 D3 到 D5 单元格，如图 4.37(b)所示。

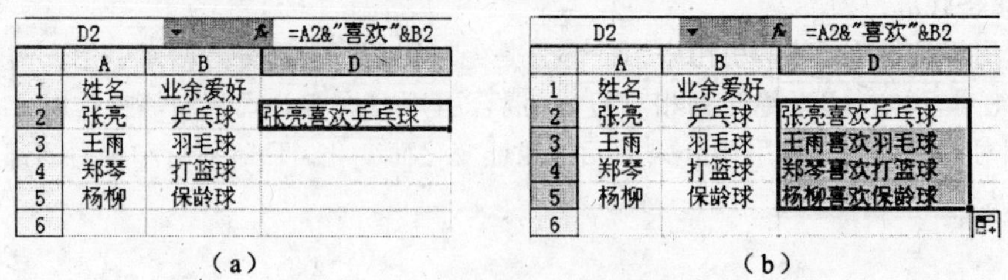

图 4.37 利用文本连接符连接文本

③ 引用运算符

引用运算符可以将不同的单元格区域进行合并计算，表 4.2 是引用运算符及其含义。

表 4.2　　引用运算符

引用运算符	含　义	示　例
:	区域运算符，对两个或两个以上引用之间所有的单元格进行引用	A1 : D7
,	联合运算符，将多个引用合并为一个引用	A1 : D7, E1 : F10
空格	交叉运算符，表示几个单元格区域所重叠的那些单元格	A1 : D7 D1 : E3（重叠的单元格为 D1 : D3）

2. 公式的输入及显示

与普通数据不同，公式必须以一个等号“=”作为开头，其后是参与计算的常数、运算符及引用单元格，公式中所有的符号都是英文半角的符号。在工作表中输入公式后，单元格中显示的是公式的计算结果，而在编辑栏中显示的是公式。

公式输入的操作方法：选定要输入公式的单元格，在单元格中输入一个等号“=”，按照公式的组成顺序依次输入各个部分(可以直接在编辑栏中输入相应的单元格名称，也可以用鼠标选取相应的单元格)，输入完毕后，按回车键或者单击编辑栏上的输入按钮☑。

例如，求某班级总评成绩，其中平时成绩占 20%，实验成绩占 20%，期末成绩占 60%。

① 选中单元格 F4，输入计算总评成绩的公式 =C4 * 0.2+E4 * 0.2+D4 * 0.6，按回车键，结果如图 4.38(a)所示。

② 利用 F4 单元格的填充柄向下拖动自动填充 F 列，如图 4.38(b)所示。

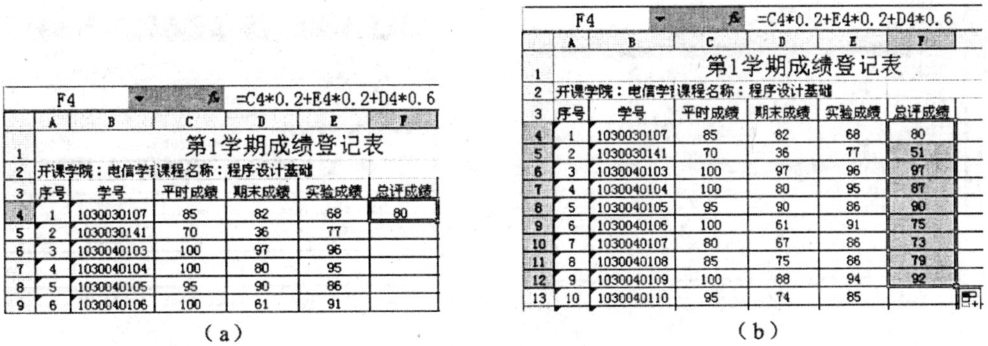

F4　=C4*0.2+E4*0.2+D4*0.6

	A	B	C	D	E	F
1	第1学期成绩登记表					
2	开课学院：电信学	课程名称：程序设计基础				
3	序号	学号	平时成绩	期末成绩	实验成绩	总评成绩
4	1	1030030107	85	82	68	80
5	2	1030030141	70	36	77	
6	3	1030040103	100	97	96	
7	4	1030040104	100	80	95	
8	5	1030040105	95	90	86	
9	6	1030040106	100	61	91	

（a）

F4　=C4*0.2+E4*0.2+D4*0.6

	A	B	C	D	E	F
1	第1学期成绩登记表					
2	开课学院：电信学	课程名称：程序设计基础				
3	序号	学号	平时成绩	期末成绩	实验成绩	总评成绩
4	1	1030030107	85	82	68	80
5	2	1030030141	70	36	77	51
6	3	1030040103	100	97	96	97
7	4	1030040104	100	80	95	87
8	5	1030040105	95	90	86	90
9	6	1030040106	100	61	91	75
10	7	1030040107	80	67	86	73
11	8	1030040108	85	75	86	79
12	9	1030040109	100	88	94	92
13	10	1030040110	95	74	85	

（b）

图 4.38　输入公式

4.5.3　函数

Excel 提供了大量已经定义好的函数，用户可以直接使用。根据函数的功能，将函数分为以下几类：财务、日期与时间、数学与三角函数、统计、查找与引用、数据库、文本、逻辑、信息。

1. 函数的格式

Excel 函数的基本格式：函数名(参数 1，参数 2，…，参数 n)。其中，函数名是每一个函数的唯一的标识，决定了函数的功能和用途。参数是一些可以变化的变量，用圆括号括起来，多个参数之间用逗号进行分隔。

2. 输入函数

对于一些简单的函数，可以采用手工输入的方法。在编辑栏中输入等号“=”，然后直接输入函数本身。对于比较复杂的函数，可以使用函数向导来输入。

例如，利用求和函数 SUM，求某班成绩表中学生各项成绩的总分。

① 选中需要输入函数的单元格 G2，单击菜单栏“插入”|“函数”命令，或者是单击编辑栏中插入函数按钮，弹出“插入函数”对话框，如图 4.39 所示。在“或选择类别”下拉列表框中选择待插入函数的类别“常用函数”，在“选择函数”列表框中选择所需要的求和函数“SUM”。

② 单击“确定”按钮，打开“函数参数”对话框。在 Number1 中，列出了 Excel 对求和单元格的猜测范围。如果猜测的参数不对，可以单击右侧的按钮，将“函数参数”对话框折叠起来，用鼠标选中单元格区域 C2 至 F2，则文本框中自动输入 C2：F2，如图 4.40 所示。

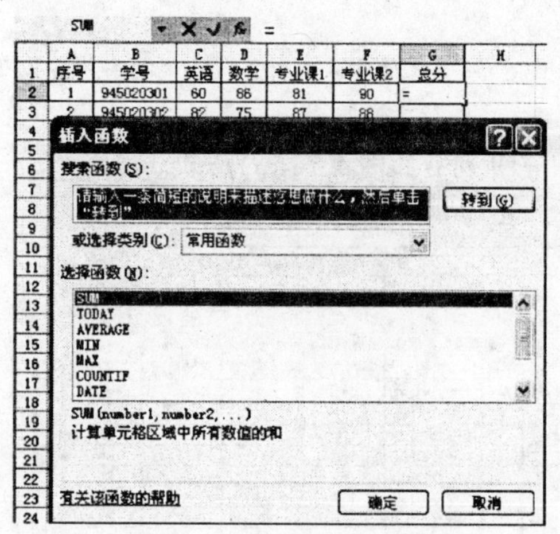

图 4.39 “插入函数”对话框

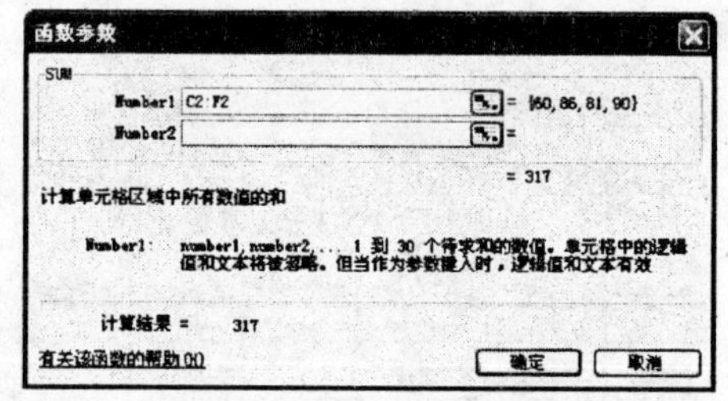

图 4.40 “函数参数”对话框

③ 单击“确定”按钮，即可得到计算结果，如图 4.41(a)所示。

④ 利用 G2 单元格的填充柄向下拖动，自动填充 G 列，如图 4.41(b)所示。

☞ 提示：

一些常用函数可以利用工具栏来输入，首先选中要输入函数的单元格，然后在常用工具栏单击自动求和按钮 Σ 右侧的下三角按钮，会弹出“常用函数”菜单。

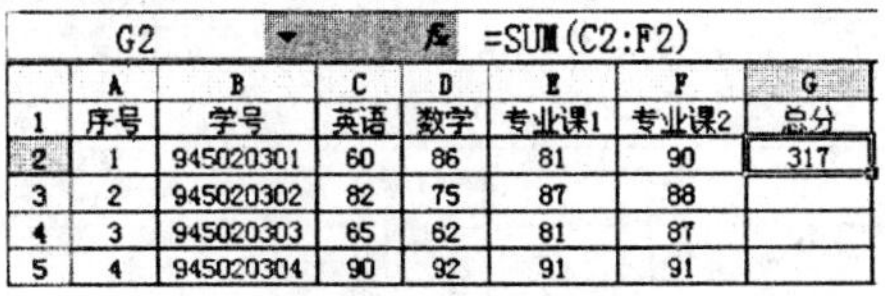

G2　=SUM(C2:F2)

	A	B	C	D	E	F	G
1	序号	学号	英语	数学	专业课1	专业课2	总分
2	1	945020301	60	86	81	90	317
3	2	945020302	82	75	87	88	
4	3	945020303	65	62	81	87	
5	4	945020304	90	92	91	91	

(a)

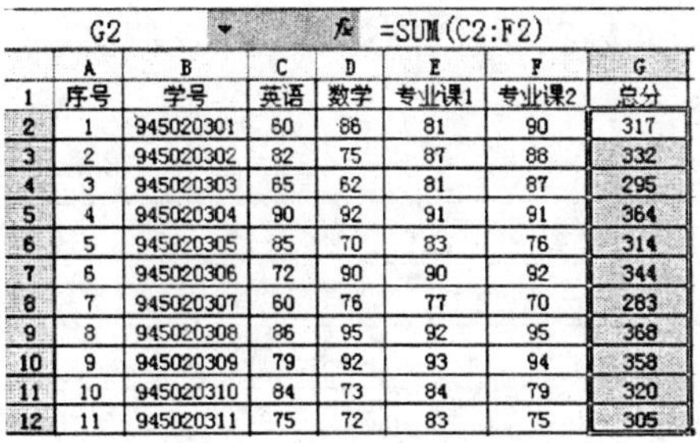

G2　=SUM(C2:F2)

	A	B	C	D	E	F	G
1	序号	学号	英语	数学	专业课1	专业课2	总分
2	1	945020301	60	86	81	90	317
3	2	945020302	82	75	87	88	332
4	3	945020303	65	62	81	87	295
5	4	945020304	90	92	91	91	364
6	5	945020305	85	70	83	76	314
7	6	945020306	72	90	90	92	344
8	7	945020307	60	76	77	70	283
9	8	945020308	86	95	92	95	368
10	9	945020309	79	92	93	94	358
11	10	945020310	84	73	84	79	320
12	11	945020311	75	72	83	75	305

(b)

图 4.41　求和函数示例

4.5.4　常用函数

虽然 Excel 提供了大量的函数，但在日常工作中使用最为广泛的函数是数学函数、统计函数、日期与时间函数。

1. 数学函数

常用数学函数如表 4.3 所示。

表 4.3　常用数学函数

函　　数	功　　能	应用举例	结果
ABS(number)	返回给定数值的绝对值，即不带符号的数值	ABS(-200)	200
MOD(number, divisor)	返回 number / divisor 的余数	MOD(10, 3)	1
SQRT(number)	返回 number 的平方根	SQRT(36)	6
SUM(number1, number2, …)	返回若干个数的和	SUM(1, 2, 3)	6

2. 统计函数

常用统计函数如表 4.4 所示。

表 4.4　常用统计函数

函　　数	功　　能	应用举例
AVERAGE(number1, number2, …)	返回参数中数值的平均值	AVERAGE (A1 : A10)
COUNT(v_1, v_2, …)	返回参数中数值数据的个数	COUNT (B2 : B8)
COUNTIF(range, criteria)	返回区域 range 中符合条件 criteria 的个数	COUNTIF(A1 : A10,">100")
MAX(number1, number2, …)	返回参数中数值的最大值	MAX(A1, B2 : B8, C10)
MIN(number1, number2, …)	返回参数中数值的最小值	MIN(A1 : C11)

3. 日期与时间函数

常用日期与时间函数如表 4.5 所示。

表 4.5　　常用日期与时间函数

函　　数	功　　能	应用举例
TODAY( )	返回系统日期	TODAY( )
NOW( )	返回系统日期和时间	NOW( )
DATE(year, month, day)	返回由年份 year，月份 month，日期 day 设置的日期	DATE(2012, 8, 8)
YEAR(d)	返回日期 d 的年份	YEAR(TODAY( ))
MONTH(d)	返回日期 d 的月份	MONTH(DATE(2011, 7, 9))
DAY(d)	返回日期 d 的天数	DAY(DATE(2011, 7, 9))

4.6　数据图表化

由于图表比数据表格有更好的直观性，因此将数据绘制成图表能更清楚地看到数字之间的关系和变化趋势。Excel 的图表类型包括柱形图、条形图、折线图、饼图和圆柱图等。

4.6.1　创建图表

如果不想对图表作任何特殊的设置，也就是使用默认的设置，则可以使用快捷键或工具栏快速创建图表。选中作为图表数据源的单元格区域，单击菜单栏“视图”|“工具栏”|“图表”命令，弹出“图表”工具栏，如图 4.42 所示。单击该工具栏的图表类型按钮，从弹出的菜单中选择所需图表类型，就会在当前工作表中插入图表。

图 4.42　“图表”工具栏

建立图表时，也可以利用图表向导插入图表，下面用例子说明具体操作步骤。

例如，根据某班级成绩表中总评成绩创建柱形图，如图 4.43 所示。

① 选择图表数据源的单元格范围 F4 : F32。

② 单击常用工具栏的图表向导按钮，或者单击菜单栏“插入”|“图表”命令，弹出“图表向导-4 步骤之 1-图表类型”对话框，如图 4.44 所示。在“图表类型”列表框中选择所需类型，如果用户不确定选择哪一种图表类型比较合适，可以单击“按下不放可查看示例”按钮，即可预览所选择图表的示例。

③ 单击“下一步”按钮，进入“图表向导-4 步骤之 2-图表源数据”对话框，如图 4.45 所示。该对话框默认选择使用图表向导之前用户选择的单元格区域，如需修改，可在“数

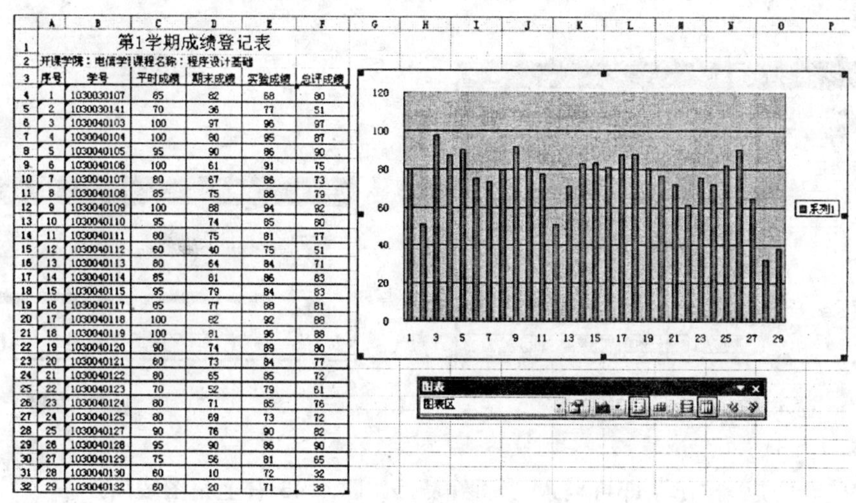

第1学期成绩登记表

开课学院：电信学院　课程名称：程序设计基础

序号	学号	平时成绩	期末成绩	实验成绩	总评成绩
1	1030030107	85	82	68	80
2	1030030141	70	36	77	51
3	1030040103	100	97	96	97
4	1030040104	100	80	95	87
5	1030040105	95	90	86	90
6	1030040106	100	61	91	75
7	1030040107	80	67	86	73
8	1030040108	85	75	88	79
9	1030040109	100	88	94	92
10	1030040110	95	74	85	80
11	1030040111	80	75	81	77
12	1030040112	60	40	75	51
13	1030040113	80	64	84	71
14	1030040114	85	81	86	83
15	1030040115	95	79	84	83
16	1030040117	85	77	88	81
17	1030040118	100	82	92	88
18	1030040119	100	81	96	88
19	1030040120	90	74	89	80
20	1030040121	80	73	84	77
21	1030040122	80	65	85	72
22	1030040123	70	52	79	61
23	1030040124	80	71	85	76
24	1030040125	80	69	73	72
25	1030040127	90	76	90	82
26	1030040128	95	90	86	90
27	1030040129	75	56	81	65
28	1030040130	60	10	72	32
29	1030040132	60	20	71	38

图 4.43　创建图表示例

据区域”文本框中重新输入单元格的引用。其中，“行”单选按钮是指所选区域中的第一行作为 X 轴的刻度单位；“列”单选按钮是指所选区域中的第一列作为 X 轴的刻度单位。

图 4.44　图表向导步骤 1

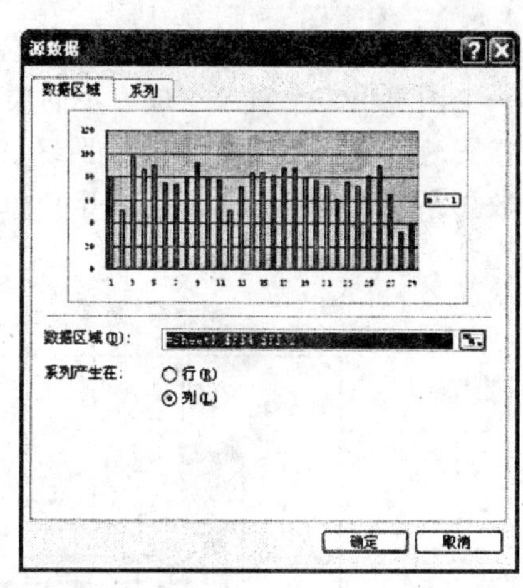

图 4.45　图表向导步骤 2

④ 单击“下一步”按钮，进入“图表向导-4 步骤之 3-图表选项”对话框，如图 4.46 所示。该对话框包括六个选项卡，可以设置图表标题、坐标轴、网格线、图例、数据标志和数据表。如果不是为了突出某方面的数据类型，可以使用默认设置，也可以待作完整个图表后，再更改图表的这些选项。

⑤ 单击“下一步”按钮，进入“图表向导-4 步骤之 4-图表位置”对话框，如图 4.47 所示。此时，如果选中“作为新工作表插入”单选按钮，则会在当前工作簿中插入一个新的工作表放置图表，并在右边的文本框中设置新工作表的名称；如果选中“作为其中的对象

插入"单选按钮，则图表会与数据源放在一个工作表中。

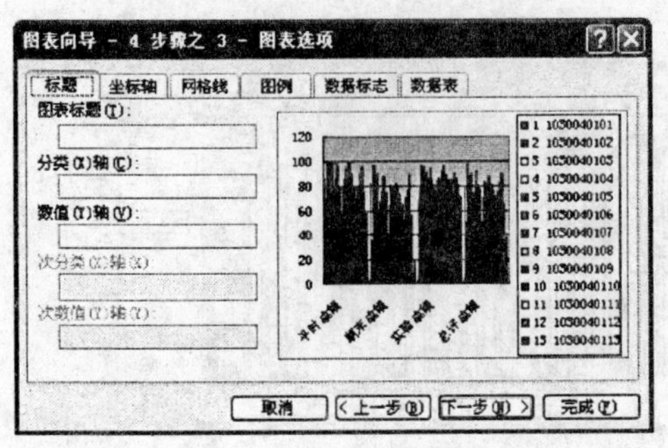

图 4.46　图表向导步骤 3

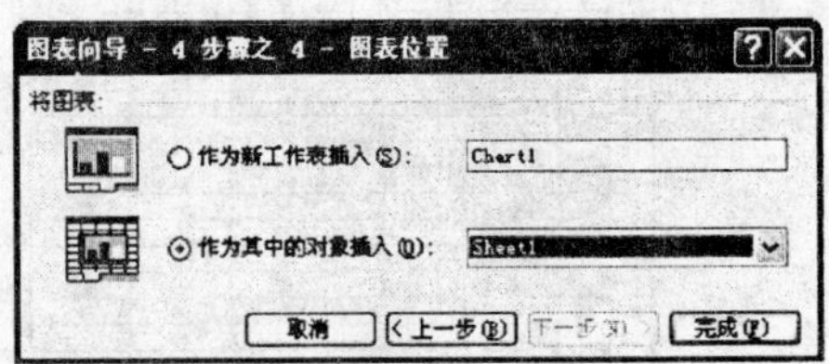

图 4.47　图表向导步骤 4

⑥ 单击"完成"按钮，即可插入一张图表，如图 4.43 右上角图表所示。

☞ 提示：

图表是与生成它的工作表中的数据相绑定的，因此，当工作表中数据发生变化时，图表会自动更新。

4.6.2　编辑图表

一个图表由多个对象组成，不同类型的图表，其组成对象有所不同。例如：一个柱形图包括图表区域、图表标题、绘图区、数值轴、分类轴、图例、数值轴标题、分类轴标题、数据系列、数据点、网络线等，如图 4.48 所示。

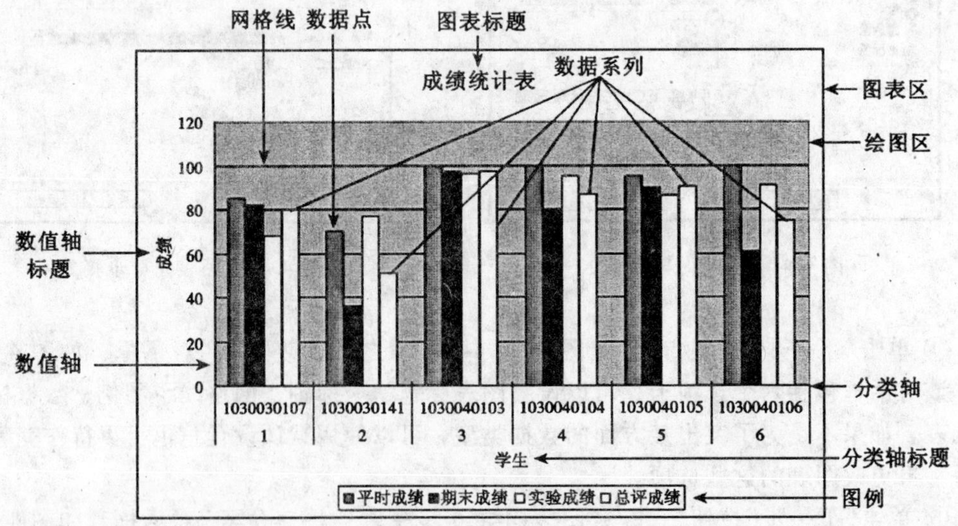

图 4.48　图表的组成

1. 选中图表中的不同部分

图表中内容比较多的情况下，很难用鼠标点击选定某个特定的对象。此时，可利用图表工具栏“图表对象”下拉列表框选择图表中的各个部分，如图 4.49 所示。

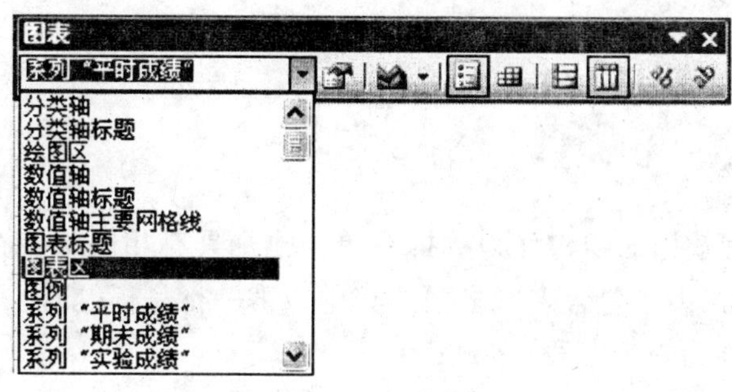

图 4.49　图表工具栏

2. 图表区的编辑

图表区是包含其他对象的一个容器，可以理解为图表的背景。将鼠标移动到图表的空白区域单击右键，弹出快捷菜单，如图 4.50 所示。利用该快捷菜单，可以对图表区进行编辑，其主要选项含义如下：

- 图表区格式：可以修改图表区域的背景图案、填充效果、图表的字体、字号等属性，如图 4.51 所示。
- 图表类型：打开如图 4.44 所示“图表类型”对话框，修改图表的类型。
- 源数据：打开如图 4.45 所示“源数据”对话框，修改图表的源数据。
- 图表选项：打开如图 4.46 所示“图表选项”对话框，修改图表标题、坐标轴、网格线、图例、数据标志和数据表等参数。
- 位置：打开如图 4.47 所示“图表位置”对话框，修改图表插入的位置。

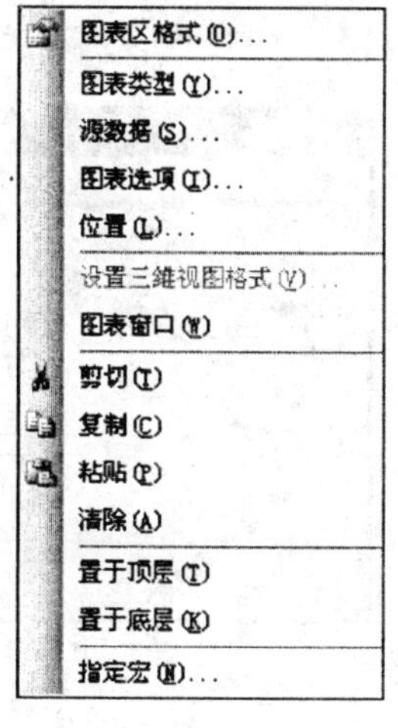

图 4.50　设置图表格式菜单

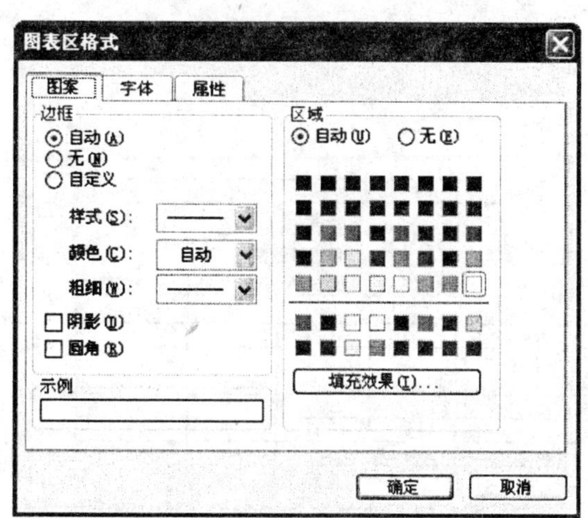

图 4.51　“图表区格式”对话框

4.7 数据的管理和分析

在 Excel 中，可以建立有结构的数据清单。在数据清单中，可以进行数据的查询、排序、筛选、分类汇总和数据透视等操作。

4.7.1 数据清单

Excel 中用来管理数据的结构称为数据清单，他是具有相同结构存储的数据集合。数据清单是一个二维表，表中包含多行多列。其中，第一行是标题行，其他行是数据行(称为一个记录)，每列称为一个字段。

创建数据清单有以下两种方法：

方法一：直接输入字段名和记录，如图 4.52 所示，A3 到 F10 就是一个数据清单。

方法二：在第一行输入字段名后，选中字段名下面第二行中的任何一个单元格，单击菜单栏“数据”|“记录单”命令，出现如图 4.53 所示对话框。在此列出这个数据清单的所有字段名，字段名旁边是输入数据的文本框。在各个文本框中输入数据完毕后，单击“新建”按钮，出现下一条空白记录，依次输入，直到输入所有数据为止。单击“上一条”或“下一条”按钮会显示当前记录的上一条或下一条记录。

创建数据清单应注意以下问题：

- 避免在一张工作表上建立多个数据清单；
- 数据清单应避免留有空白行和列；
- 同一列的数据应具有相同的类型和含义，在同一工作表的数据清单与其他数据之间，至少要留出一个空白行和一个空白列；
- 第一行作为列标记，字段名必须放在此行中。

	A	B	C	D	E	F
1	第1学期成绩登记表					
2	学院：电信学部　课程名称：程序设计语言					
3	序号	学号	平时成绩	期末成绩	实验成绩	总评成绩
4	1	1030040101	85	82	68	80
5	2	1030040102	70	36	77	51
6	3	1030040103	100	97	96	97
7	4	1030040104	100	80	95	87
8	5	1030040105	95	90	86	90
9	6	1030040106	100	61	91	75
10	7	1030040107	80	67	86	73

图 4.52　数据清单示例

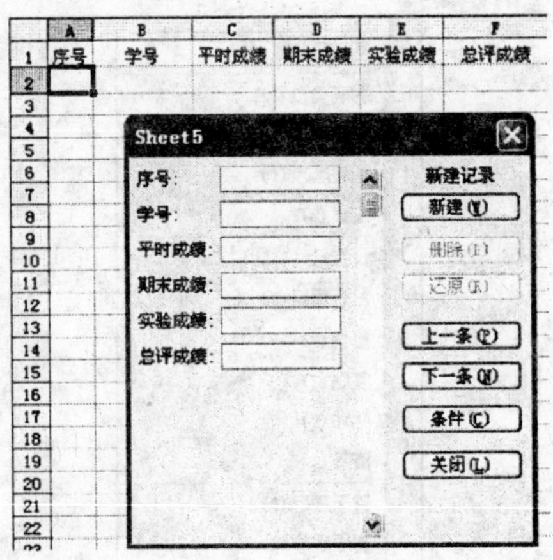

图 4.53　数据清单输入

4.7.2　数据排序

为了更好地分析和查看数据，经常需要将数据按某种顺序重新排列。排序需要指定关键字和指定顺序，顺序可以从小到大或者从大到小。

例如，如图 4.54 所示，成绩单中要对总评成绩由高到低排序；如果总评成绩相同，则按期末成绩从高到低排序；如果总评成绩、期末成绩均相同，则按平时成绩降序排序。

① 选择需要排序数据列中任一单元格，比如 F3 单元格。

② 单击菜单栏“数据”|“排序”命令，打开“排序”对话框。如果排序的要求比较复杂，则可以设置多个关键字，关键字最多为三个。主关键字是首先排序的字段；如果主关键字相同，则以次要关键字排序；如果主关键字和次关键字都相同，则以第三关键字排序。此时，设置如图 4.55 所示。

③ 设置完毕，单击“确定”按钮，即可得到排序结果。

	A	B	C	D	E	F
1	序号	学号	平时成绩	实验成绩	期末成绩	总评成绩
2	1	1030040101	85	68	82	80
3	2	1030040102	70	77	36	51
4	3	1030040103	100	96	97	97
5	4	1030040104	100	95	80	87
6	5	1030040105	95	86	90	90
7	6	1030040106	100	91	61	75
8	7	1030040107	80	86	67	73
9	8	1030040108	85	86	75	79
10	9	1030040109	100	94	88	92
11	10	1030040110	95	85	74	80
12	11	1030040111	80	81	75	77
13	12	1030040112	60	75	40	51
14	13	1030040113	80	84	64	71
15	14	1030040114	85	86	61	83
16	15	1030040115	95	84	79	83
17	16	1030040116	85	88	77	81
18	17	1030040117	100	92	82	88
19	18	1030040118	100	96	81	88
20	19	1030040119	90	89	74	80
21	20	1030040120	80	84	73	77
22	21	1030040121	80	85	65	72
23	22	1030040122	70	79	52	61
24	23	1030040123	80	85	71	76
25	24	1030040124	80	73	69	72
26	25	1030040125	90	90	76	82
27	26	1030040126	95	86	90	90
28	27	1030040127	75	81	56	65
29	28	1030040128	60	72	10	32
30	29	1030040129	60	71	20	38

图 4.54　待排序数据

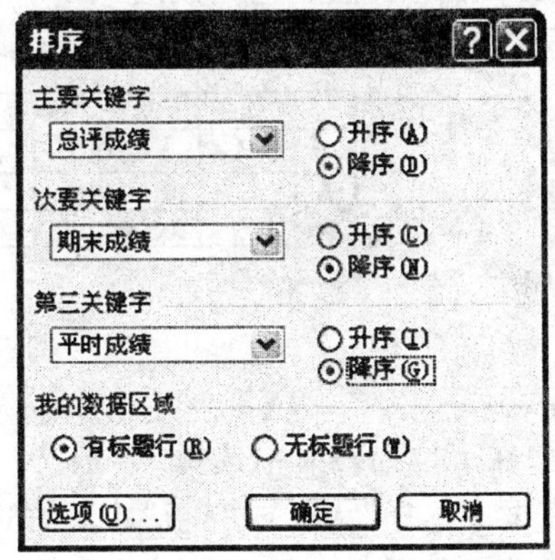

图 4.55　“排序”对话框

☞ **提示：**

排序还可以利用常用工具栏的升序排序按钮 A↓Z 或降序排序按钮 Z↓A 实现。

4.7.3　数据筛选

与排序不同，筛选并不重排清单，只是将原始数据中符合筛选条件的记录显示，而其他记录隐藏起来。Excel 提供自动筛选和高级筛选两种筛选数据的方法供用户选择。

1. 自动筛选

自动筛选适用于简单条件。

例如，采用自动筛选，显示图 4.54 中总评成绩为 90 分的记录；然后显示总评成绩在

80 分与 90 分之间的记录，具体操作步骤如下：

① 将光标定位在数据清单的某个单元格，单击菜单栏“数据”|“筛选”|“自动筛选”命令，进入筛选清单环境。此时，数据清单的列标题右边出现下拉按钮，如图 4.56 所示。

② 单击“总评成绩”右边下拉按钮，出现选择列表，如图 4.57 所示。

	A	B	C	D	E	F
1	序号	学号	平时成	实验成	期末成	总评成
2	1	1030040101	85	68	82	80
3	2	1030040102	70	77	36	51
4	3	1030040103	100	96	97	97
5	4	1030040104	100	95	80	87
6	5	1030040105	95	86	90	90
7	6	1030040106	100	91	61	75
8	7	1030040107	80	86	67	73
9	8	1030040108	85	86	75	79
10	9	1030040109	100	94	88	92
11	10	1030040110	95	85	74	80

图 4.56 自定义筛选后的数据

F
总评成绩
(全部)
(前 10 个...
(自定义...)
32
38
51
61
65
71
72
73
75
76
77
79
80
81
82
83
87

图 4.57 筛选列表

③ 在下拉列表框中选择数值“90”，则筛选后的数据如图 4.58 所示。

	A	B	C	D	E	F
1	序号	学号	平时成	实验成	期末成	总评成
6	5	1030040105	95	86	90	90
27	26	1030040126	95	86	90	90
31						

图 4.58 筛选总评成绩 90 分的记录

④ 如在下拉列表框中选择“自定义”，打开“自定义自动筛选”对话框，在“总评成绩”下拉列表框中选择“大于或等于”，其右边的组合框中输入“80”；条件选择“与”(“与”表示两个条件必须同时满足，“或”表示两个条件满足任何一个即可)；下边的下拉列表框中选择“小于”，其右边的组合框中输入“90”，如图 4.59 所示。单击“确定”按钮，则筛选后的数据如图 4.60 所示。

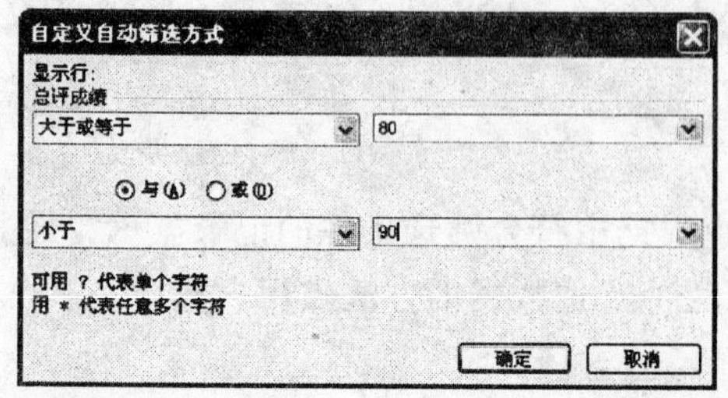

图 4.59 “自定义自动筛选方式”对话框

	A	B	C	D	E	F
1	序号	学号	平时成	实验成	期末成	总评成
5	4	1030040104	100	95	80	87
11	10	1030040110	95	85	74	80
15	14	1030040114	85	86	81	83
16	15	1030040115	95	84	79	83
17	16	1030040116	85	88	77	81
18	17	1030040117	100	92	82	88
19	18	1030040118	100	96	81	88
20	19	1030040119	90	89	74	80
26	25	1030040125	90	90	76	82
31						

图 4.60 总评成绩在 80 分与 90 分之间的记录

2. 高级筛选

用户在使用电子表格数据时，经常需要查询满足多重条件的信息，使用高级筛选功能，通过设置“筛选条件”区域进行组合查询，可以弥补自动筛选功能的不足。

“筛选条件”区域其实是工作表中单元格区域。此区域中第一行必须是数据清单标题行中的字段名，其他行用来输入各种筛选条件。同一行列出的条件是“与”的关系，不同行列出的条件是“或”的关系。需要注意的是：条件区域和数据清单不能相连，必须用空行或空列将其分隔。

例如，利用高级筛选，显示图 4.54 中平时成绩、总评成绩、期末成绩均大于 80 分或者总评成绩小于 60 分的记录。

① 在工作表的 H4 至 J6 单元格区域输入筛选条件，如图 4.61 所示。

	A	B	C	D	E	F	G	H	I	J
1	序号	学号	平时成绩	实验成绩	期末成绩	总评成绩				
2	1	1030040101	85	68	82	80				
3	2	1030040102	70	77	36	51				
4	3	1030040103	100	96	97	97		总评成绩	平时成绩	期末成绩
5	4	1030040104	100	95	80	87		>80	>80	>80
6	5	1030040105	95	86	90	90		<60		
7	6	1030040106	100	91	61	75				

图 4.61　高级筛选的条件区域

② 光标定位在数据清单的某个单元格，单击菜单栏“数据”|“筛选”|“高级筛选”命令，打开“高级筛选”对话框。在“列表区域”文本框中输入数据清单的区域 $A $1∶$F $30，将光标定位在“条件区域”文本框，在工作表中用鼠标选定 H4 至 J6 单元格区域，如图 4.62 所示。

③ 单击“确定”按钮，筛选结果如图 4.63 所示。

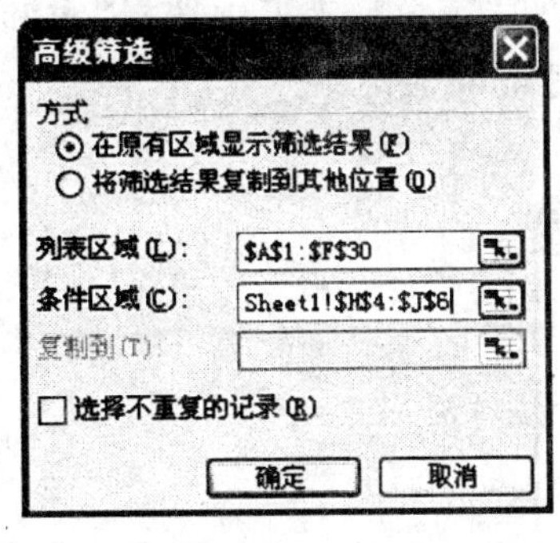

图 4.62　“高级筛选”对话框

	A	B	C	D	E	F
1	序号	学号	平时成绩	实验成绩	期末成绩	总评成绩
3	2	1030040102	70	77	36	51
4	3	1030040103	100	96	97	97
6	5	1030040105	95	86	90	90
10	9	1030040109	100	94	88	92
13	12	1030040112	60	75	40	51
15	14	1030040114	85	86	81	83
18	17	1030040117	100	92	82	88
19	18	1030040118	100	96	81	88
27	26	1030040126	95	86	90	90
29	28	1030040128	60	72	10	32
30	29	1030040129	60	71	20	38

图 4.63　高级筛选结果

☞ **提示：**

对工作表数据清单的数据进行筛选后，为了显示全部的记录，需要撤销筛选。操作方法：单击菜单栏“数据”|“筛选”|“全部显示”命令即可。

4.7.4 分类汇总

分类汇总是将数据清单的数据按列(字段)数据分门别类地归纳在一起，然后再对相同类别的记录按某种要求进行统计或取平均数等汇总。

例如，公司销售产品情况如图4.64所示，统计该公司每月销售物品的总数量及总金额，操作步骤如下：

① 因为要按月份统计，所以分类列为“月份”。首先，选定月份列，对数据列表进行排序，这个步骤使同一个月份的数据排列到一起，如图4.65所示。

	A	B	C	D	E	F
1	月份	日期	物品	数量	单价	金额
2	1月	3日	电视	8	1000	8000
3	3月	4日	洗衣机	2	1500	3000
4	2月	13日	电视	6	1000	6000
5	1月	11日	电视	1	1000	1000
6	1月	21日	洗衣机	4	1500	6000
7	1月	23日	冰箱	8	2000	16000
8	1月	23日	电视	5	1000	5000
9	2月	1日	洗衣机	3	1500	4500
10	2月	4日	洗衣机	2	1500	3000
11	2月	14日	电视	6	1000	6000
12	2月	15日	冰箱	10	2000	20000
13	2月	18日	冰箱	8	2000	16000
14	2月	26日	洗衣机	5	1500	7500
15	3月	4日	冰箱	7	2000	14000
16	1月	15日	冰箱	3	2000	6000
17	1月	17日	洗衣机	2	1500	3000
18	2月	19日	冰箱	6	2000	12000
19	2月	21日	电视	1	1000	1000

图4.64 公司销售情况

	A	B	C	D	E	F
1	月份	日期	物品	数量	单价	金额
2	1月	3日	电视	8	1000	8000
3	1月	11日	电视	1	1000	1000
4	1月	21日	洗衣机	4	1500	6000
5	1月	23日	冰箱	8	2000	16000
6	1月	23日	电视	5	1000	5000
7	1月	15日	冰箱	3	2000	6000
8	1月	17日	洗衣机	2	1500	3000
9	2月	13日	电视	6	1000	6000
10	2月	1日	洗衣机	3	1500	4500
11	2月	4日	洗衣机	2	1500	3000
12	2月	14日	电视	6	1000	6000
13	2月	15日	冰箱	10	2000	20000
14	2月	18日	冰箱	8	2000	16000
15	2月	26日	洗衣机	5	1500	7500
16	2月	19日	冰箱	6	2000	12000
17	2月	21日	电视	1	1000	1000
18	3月	4日	洗衣机	2	1500	3000
19	3月	4日	冰箱	7	2000	14000

图4.65 按月份升序的排序结果

② 插入分类汇总记录。单击菜单栏“数据”|“分类汇总”命令，弹出“分类汇总”对话框，在“分类字段”下拉列表框中选择“月份”，在“汇总方式”下拉列表框中选择“求和”，在“选定汇总项”列表中勾选“数量”、“金额”复选框，如图4.66所示。

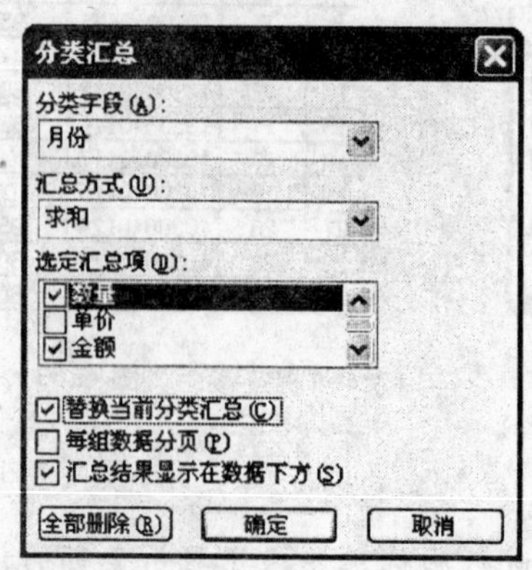

图4.66 “分类汇总”对话框

③ 单击“确定”按钮，分类汇总结果如图 4.67 所示。

	A	B	C	D	E	F
1	月份	日期	物品	数量	单价	金额
2	1月	3日	电视	8	1000	8000
3	1月	11日	电视	1	1000	1000
4	1月	21日	洗衣机	4	1500	6000
5	1月	23日	冰箱	8	2000	16000
6	1月	23日	电视	5	1000	5000
7	1月	15日	冰箱	3	2000	6000
8	1月	17日	洗衣机	2	1500	3000
9	**1月 汇总**			31		45000
10	2月	13日	电视	6	1000	6000
11	2月	1日	洗衣机	3	1500	4500
12	2月	4日	洗衣机	2	1500	3000
13	2月	14日	电视	6	1000	6000
14	2月	15日	冰箱	10	2000	20000
15	2月	18日	冰箱	8	2000	16000
16	2月	26日	洗衣机	5	1500	7500
17	2月	19日	冰箱	6	2000	12000
18	2月	21日	电视	1	1000	1000
19	**2月 汇总**			47		76000
20	3月	4日	洗衣机	2	1500	3000
21	3月	4日	冰箱	7	2000	14000
22	**3月 汇总**			9		17000
23	**总计**			87		138000

图 4.67　分类汇总结果

从上述分类汇总结果可以清晰看到按各月份汇总的物品销售总数量及总金额，还包括总计销售数量及销售金额。在显示分类汇总数据时，左侧自动显示一些级别按钮，一级按钮收拢如图 4.68(a)所示，二级按钮收拢如图 4.68(b)所示。

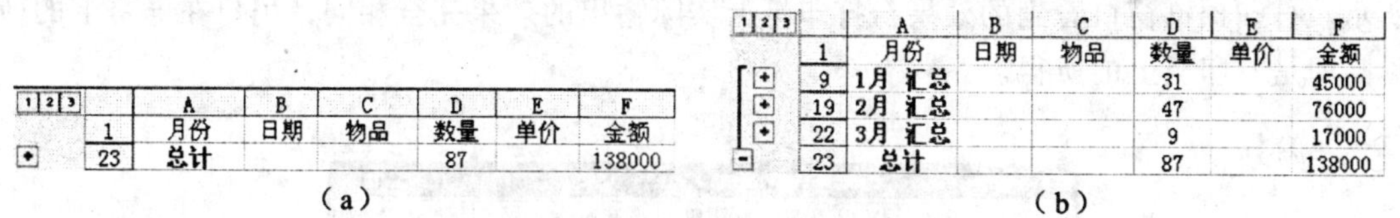

	A	B	C	D	E	F
1	月份	日期	物品	数量	单价	金额
23	总计			87		138000

(a)

	A	B	C	D	E	F
1	月份	日期	物品	数量	单价	金额
9	1月 汇总			31		45000
19	2月 汇总			47		76000
22	3月 汇总			9		17000
23	总计			87		138000

(b)

图 4.68　“分类汇总”分级显示

4.8　文档打印

当用户设计好工作表后，可能还需要将工作表的内容打印出来，Excel 提供了丰富的打印功能：设置打印区域、设置页面、打印预览等。

4.8.1　设置打印区域

在默认状态下，Excel 会选择有文字的最大的行和列区域作为打印区域。如果在打印工作表时，只想打印其中的一部分，只要将这一区域设置为打印区域即可。

首先选定要设置打印的区域，例如选择 A3 到 F13 单元格区域，如图 4.69 所示。单

击菜单栏“文件”|“打印区域”|“设置打印区域”命令，此时，所选区域周围将出现虚线，虚线内部就是所设置的打印部分，如图 4.70 所示。

若想取消打印区域设置，只需单击菜单栏“文件”|“打印区域”|“取消打印区域”命令即可。

	A	B	C	D	E	F
1	第1学期成绩登记表					
2	学院：电信学部		课程名称：程序设计基础			
3	序号	学号	平时成绩	期末成绩	实验成绩	总评成绩
4	1	1030030107	85	82	68	80
5	2	1030030141	70	36	77	51
6	3	1030040103	100	97	96	97
7	4	1030040104	100	80	95	87
8	5	1030040105	95	90	86	90
9	6	1030040106	100	61	91	75
10	7	1030040107	80	67	86	73
11	8	1030040108	85	75	86	79
12	9	1030040109	100	88	94	92
13	10	1030040110	95	74	85	80
14	考试/考查成绩统计					
15	90分以上（优秀）		3人		10.34%	
16	80-89分（良好）		6人		20.69%	
17	70-79分（中等）		9人		31.03%	
18	60-69分（及格）		5人		17.24%	
19	不及格（不及格）		6人		20.69%	
20	其他		0人		0%	
21	合计		29人		100.00%	

图 4.69　选定打印区域

	A	B	C	D	E	F
1	第1学期成绩登记表					
2	学院：电信学部		课程名称：程序设计基础			
3	序号	学号	平时成绩	期末成绩	实验成绩	总评成绩
4	1	1030030107	85	82	68	80
5	2	1030030141	70	36	77	51
6	3	1030040103	100	97	96	97
7	4	1030040104	100	80	95	87
8	5	1030040105	95	90	86	90
9	6	1030040106	100	61	91	75
10	7	1030040107	80	67	86	73
11	8	1030040108	85	75	86	79
12	9	1030040109	100	88	94	92
13	10	1030040110	95	74	85	80
14	考试/考查成绩统计					
15	90分以上（优秀）		3人		10.34%	
16	80-89分（良好）		6人		20.69%	
17	70-79分（中等）		9人		31.03%	
18	60-69分（及格）		5人		17.24%	
19	不及格（不及格）		6人		20.69%	
20	其他		0人		0%	
21	合计		29人		100.00%	

图 4.70　设置打印区域

4.8.2　打印预览

用户可以利用 Excel 提供的打印预览功能预览打印输出效果。单击菜单栏“文件”|“打印预览”命令，或者单击常用工具栏打印预览按钮，打开打印预览窗口，如图 4.71 所示。打印预览窗口看到的效果与打印机上实际输出的效果完全相同，用户在屏幕上的所见，即是打印机上的所得。

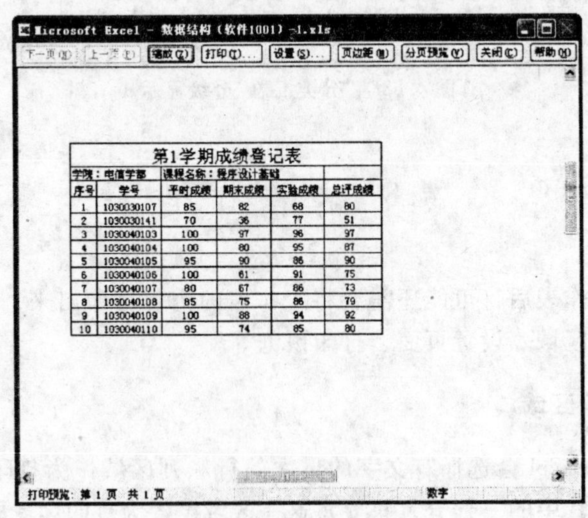

第1学期成绩登记表					
学院：电信学部		课程名称：程序设计基础			
序号	学号	平时成绩	期末成绩	实验成绩	总评成绩
1	1030030107	85	82	68	80
2	1030030141	70	36	77	51
3	1030040103	100	97	96	97
4	1030040104	100	80	95	87
5	1030040105	95	90	86	90
6	1030040106	100	61	91	75
7	1030040107	80	67	86	73
8	1030040108	85	75	86	79
9	1030040109	100	88	94	92
10	1030040110	95	74	85	80

图 4.71　打印预览窗口

4.8.3　打印工作表

如果用户对打印预览窗口的效果满意，就可以开始打印了。单击菜单栏“文件”|“打印”命令，打开“打印内容”对话框，如图 4.72 所示。在该对话框中选定打印机、打印范围、打印内容以及打印份数，点击“确定”按钮即可开始打印。

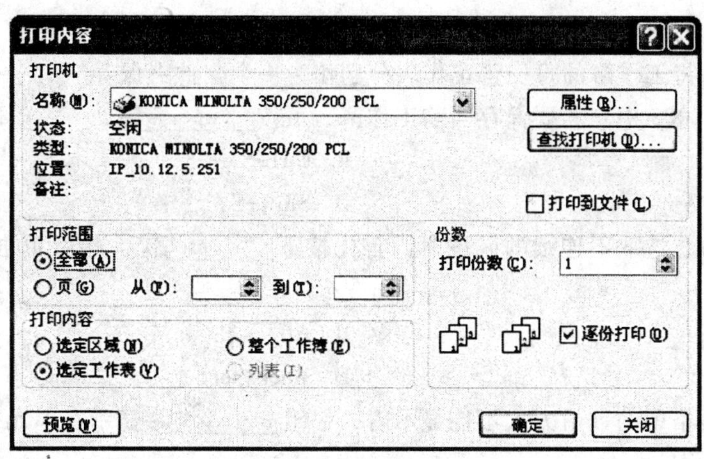

图 4.72　“打印内容”对话框

☞ **提示：**

单击常用工具栏打印按钮，将按照“打印内容”默认选项，直接开始打印。

练　习　题

一、单选题

1. Excel 2003 工作簿文件的缺省类型是________。
   A. .TXT　　B. .DOC
   C. .WPS　　D. .XLS
2. 可以退出 Excel 的方法是________。
   A. 单击菜单栏“文件”|“关闭”命令　　B. 单击菜单栏“文件”|“退出”命令
   C. 单击其他已打开的窗口　　D. 单击标题栏上的“—”按钮
3. Excel 中工作簿的基础是________。
   A. 数据　　B. 图表
   C. 单元格　　D. 工作表
4. 下面说法正确的是________。
   A. 一个工作簿可以包含多个工作表　　B. 一个工作簿只能包含一个工作表
   C. 工作簿就是工作表　　D. 一个工作表可以包含多个工作簿

5. Excel 工作表的默认名是________。

A. DBF5　　B. Book3

C. Sheet4　　D. Document3

6. 下列关于 Excel 的叙述中，正确的是________。

A. Excel 工作表的名称由文件名决定

B. Excel 允许一个工作簿中包含多个工作表

C. Excel 的图表必须与生成该图表的有关数据处于同一张工作表上

D. Excel 将工作簿的每一张工作表分别作为一个文件夹保存

7. 在 Excel 2003 中，若要保存当前工作簿，可按________键。

A. Ctrl+A　　B. Ctrl+S

C. Shift+A　　D. Shift+S

8. 在工作中，选取不连续的区域时，首先按下________键，然后单击需要的单元格区域。

A. Ctrl　　B. Alt

C. Shift　　D. Backspace

9. 如果单元格中的数值太大不能显示时，一组________将显示在单元格内。

A. ?　　B. *

C. ERROR!　　D. #

10. 当删除行和列时，后面的行和列会自动向________或________移动。

A. 下、右　　B. 下、左

C. 上、右　　D. 上、左

11. 在 Excel 文字处理时，强迫换行的方法是在需要换行的位置按________键。

A. Enter　　B. Tab

C. Alt+Enter　　D. Alt+Tab

12. Excel 中单元格的地址是由________来表示的。

A. 列标和行号　　B. 标

C. 行号　　D. 任意确定

13. 在 Excel 中，公式的定义必须以________符号开头。

A. =　　B. ^

C. /　　D. S

14. 公式 SUM(A2:A5)的作用是________。

A. 求 A2 到 A5 四个单元格数值型数据之和

B. 不能正确使用

C. 求 A2 与 A5 单元格之比值

D. 求 A2、A5 两单元格数据之和

15. Excel 中对于建立自定义序列，可以使用菜单栏________命令来建立。

A. “工具” | “选项”　　B. “插入” | “选项”

C. “格式” | “选项”　　　　D. “编辑” | “选项”

16. 绝对地址前面应使用下列________符号。

A. x　　　　B. $

C. #　　　　D. ^

17. 在 Excel 中，下列地址________为相对地址引用。

A. F $1　　　　B. $D2

C. D5　　　　D. $E $7

18. 要把 610031 作为文本型数据输入单元格，应输入________。

A. +610031　　　　B. '610031

C. /610031　　　　D. '610031'

19. 图表是与生成它的工作表数据相连的，因此，当工作表数据发生变化时，图表会________。

A. 自动更新　　　　B. 断开连接

C. 保持不变　　　　D. 随机变化

20. 在进行分类汇总之前，必须对数据清单进行________。

A. 查询　　　　B. 排序

C. 筛选　　　　D. 建立数据库

二、填空题

1. Excel 处理的对象是________。

2. 一个工作簿可由多个工作表组成，在默认状态下，由________个工作表组成。

3. 除直接在单元格中编辑内容外，也可使用________编辑。

4. 在 Excel 工作表中，行标号以________表示，列标号以________表示。

5. 在 Excel 中被选中的单元格称为________。

6. Excel 中，单元格引用分为________、________、________。

7. 单元格中，若未设置特定格式，数值数据会________对齐，文本数据会________对齐。

8. 表示 B2 到 E8 单元格的一个连续区域的表达式是________。

9. 若在 A1 单元格输入 5/10，该单元格显示结果为________。

10. 将 C3 单元格的公式 = A1 + B2 - C1 复制到 D4 单元格，则 D4 单元格中的公式是________。

11. Excel 操作中，将成绩放在 A1 单元格，要将成绩分为优良(大于等于 85)、及格(大于等于 60)、不及格三个级别的公式为________。

12. 将鼠标指针指向某工作表选项卡，按“Ctrl”键拖动选项卡到新位置，则完成________操作；若拖动中不按“Ctrl”键，则完成________操作。

13. 在 Excel 中，数据筛选功能就是将符合条件的数据显示在工作表内，而把不符合条件的数据________起来。

14. 在 Excel 2003 的数据清单中，筛选数据的方法有两种：________和________。

三、简答题

1. 如何选定单元格？如何选定多个不连续的单元格？
2. 如何设置单元格格式？
3. 如何使用公式与函数？
4. 如何保护工作表和工作簿？
5. 如何对数据进行排序与筛选？

第 5 章　演示文稿软件 PowerPoint 2003

【学习目标】

多媒体计算机演示系统是当今各种展示活动中使用效果最理想的放映工具。用计算机演示系统播放的包含文字、图表、图像以及视频、音频等信息的演示文稿，实际上就是一套在计算机屏幕上放映的幻灯片。通过本章学习应掌握：

① 幻灯片的制作和编辑方法；

② 幻灯片的演示方法；

③ 幻灯片制作技巧和提高制作效率的一般方法。

5.1　PowerPoint 2003 基础

PowerPoint 2003 和 Word 2003、Excel 2003 一样，都是 Microsoft Office 2003 办公软件包中的重要成员。PowerPoint 2003 是演示文稿编辑软件，是一个简单的多媒体整合平台。在这个平台上，可以创建超级链接，插入并编辑文本、图形、图像、视频、音频、动画等多媒体信息，并将这些信息整合在一起，以增强演示效果。

5.1.1　PowerPoint 2003 的基本操作

在使用 PowerPoint 2003 制作演示文稿之前，首先应熟悉一下有关的基本操作。

1. 启动 PowerPoint 2003

启动 PowerPoint 2003 应用程序主要有以下三种方法：

① 从开始菜单启动：执行“开始” | “程序” | “Microsoft Office” | “PowerPoint 2003”命令；

② 用桌面快捷方式启动：如果在桌面上建有 PowerPoint 2003 快捷方式图标，只需要双击该图标即可启动 PowerPoint 2003；

③ 通过已有的 PowerPoint 文件启动：通过双击已有的 PowerPoint 文件也可以启动 PowerPoint 2003。

当 PowerPoint 2003 运行后，会弹出如图 5.1 所示的工作界面。

2. 退出 PowerPoint 2003

退出 PowerPoint 2003 也可以有多种方法：

① 单击程序窗口右上角的关闭按钮 ☒ 退出；

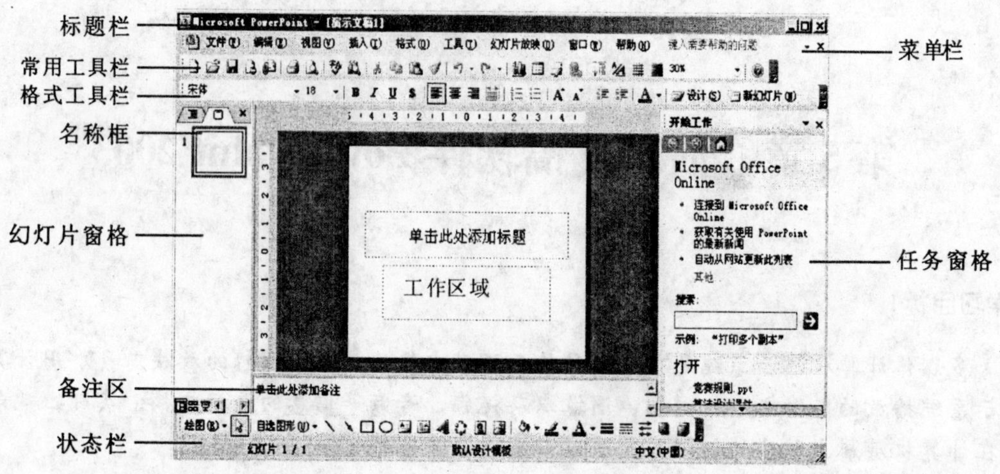

图 5.1　PowerPoint 2003 窗口组成

② 双击程序窗口左上角的程序标志按钮退出；

③ 选择菜单栏的"文件"|"退出"命令退出。

3. 打开已有的演示文稿

如果想打开一个已经存在的文稿，有以下几种方法：

① 选择"文件"|"打开"命令，或者点击工具栏上的打开按钮，在出现的打开对话框中，选择已有文稿，并单击"确定"按钮；

② 在 PowerPoint 的"开始工作"任务窗格中选择"其他"选项，同样会出现"打开"对话框；

③ 在资源管理器中找到要打开的文稿，用鼠标双击它，这样在启动 PowerPoint 2003 的同时也打开了要编辑的文稿。

☞ **提示：**

如果要打开的文档是最近才用过的，那么，在"开始"菜单中的"文档"里，或者在"开始工作"任务窗格中就可以看到该文稿，用鼠标单击它即可打开。

4. 保存演示文稿

选择菜单栏的"文件"|"保存"命令或单击常用工具栏的保存按钮，可对文稿进行保存。如果这是第一次对该文稿执行"保存"操作，系统会弹出"另存为"对话框，要求用户输入文件名、选择保存类型并指定保存位置，如图 5.2 所示。默认的文件名是"演示文稿1"；默认的保存类型是"演示文稿"(文件扩展名为"PPT")；默认的保存位置是"我的文档"，对应的磁盘的文件路径是 C：\Documents and Settings\Administrator\My Documents。这些默认值都可以根据实际需要进行修改。

如果在编辑过程中再次进行保存操作，系统不再弹出"另存为"对话框，直接用第一

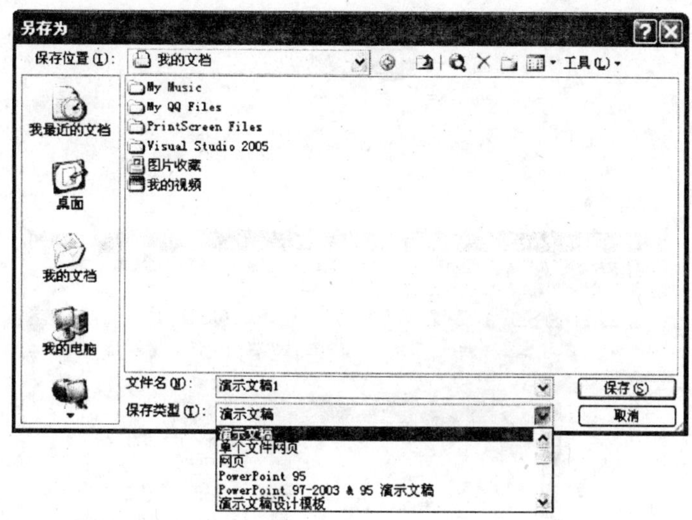

图 5.2　“另存为”对话框

次保存时所起的文件名完成保存操作。如果要对文稿进行备份或把已经修改过的文稿以新的名称保存，可选择菜单栏的“文件”|“另存为”命令，打开另存为对话框，在该对话框中更改文件名和路径，将不覆盖原文件而保存一个新的文件。

5.1.2　PowerPoint 2003 窗口组成

PowerPoint 的窗口界面与 Word、Excel 非常类似，同样由标题栏、菜单栏、工具栏、工作区、状态栏和任务窗格组成。其基本功能也相同，所不同的是 PowerPoint 的主体部分由幻灯片编辑窗格(大纲编辑窗格)、备注窗格和视图切换按钮等组成。

大纲编辑窗格：使用大纲编辑窗格可组织和开发演示文稿中的内容，可以输入演示文稿中的所有文本，然后重新排列项目符号、段落和幻灯片。

幻灯片窗格：可以查看每张幻灯片的内容，用于完成幻灯片的编辑工作。可以在单张幻灯片中添加图形、影片、声音和动画，并为单张幻灯片创建超链接。

备注窗格：备注窗格中可以添加与观众共享的演说者备注信息。

视图切换按钮：单击这些按钮可以完成 PowerPoint 2003 的不同视图方式间的切换。

5.1.3　PowerPoint 2003 视图方式

PowerPoint 2003 提供了 3 种视图方式，包括普通视图、幻灯片浏览视图、幻灯片放映视图。用户可以使用如图 5.3 所示的视图方式切换按钮，根据需要切换不同的视图方式。

1. 普通视图

普通视图是 PowerPoint 2003 最常用也是默认的视图方式，它实际上包括大纲视图窗格和幻灯片视图窗格，可以通过大纲区上方的大纲视图按钮和幻灯片视图按钮切换两种视图。普通视图包含大纲区、幻灯片显示区和备注区 3 个区域，如图 5.4 所示。

图 5.3　视图方式切换按钮

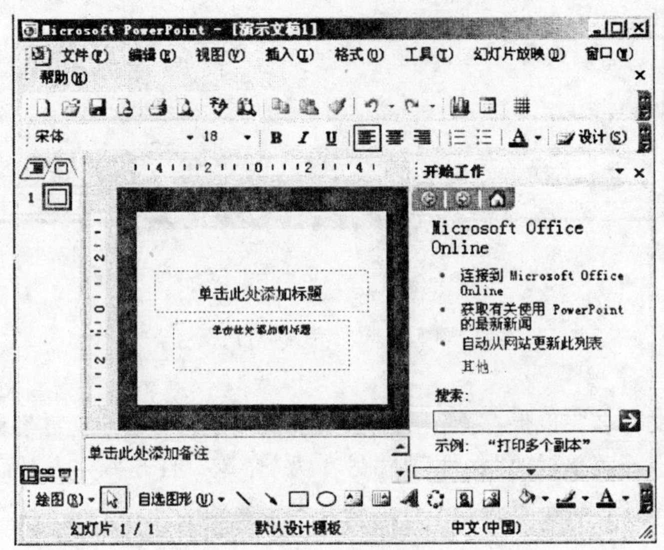

图 5.4　普通视图

2. 幻灯片浏览视图

在幻灯片浏览视图方式下，显示用户创建的演示文稿中所有的幻灯片的缩图，如图 5.5 所示。在该视图方式下，不能修改幻灯片的内容，但可以清楚地观察到整个演示文稿的全貌。

用户可以轻松地添加、删除、移动或复制幻灯片，操作如下：

① 添加幻灯片：选中某张幻灯片，单击格式工具栏的“新幻灯片”按钮 新幻灯片，将在当前幻灯片的后面添加一张新幻灯片。

② 删除幻灯片：选中要删除的幻灯片，按“Del”键即可。

③ 移动幻灯片：选中某张幻灯片，按住鼠标左键不放，将其拖动至新位置即可。

④ 复制幻灯片：在移动幻灯片的同时按住“Ctrl”键即可。

3. 幻灯片放映视图

单击幻灯片放映按钮 可以进入该视图方式，PowerPoint 2003 将从当前幻灯片开始，以全屏方式逐张动态显示演示文稿中的幻灯片。该方式用于实际播放演示文稿。如果想终止放映过程，可以在屏幕上单击右键，从弹出的快捷菜单中选择“结束放映”命令，也可以直接按“Esc”键结束放映。

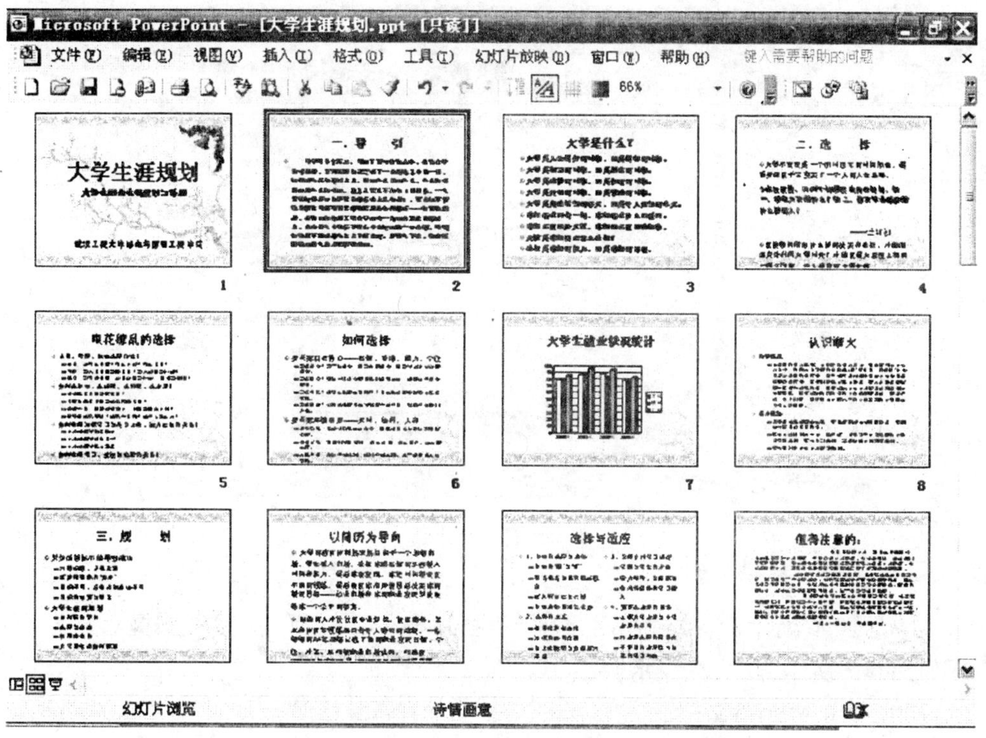

图 5.5　幻灯片浏览视图

5.2　制作和编辑演示文稿

上一节介绍了 PowerPoint 2003 的基本操作、窗口界面的组成、各种视图方式及在不同视图方式下的操作，使读者对 PowerPoint 2003 有了一个初步的认识，本节将详细介绍如何制作具有丰富幻灯片内容的演示文稿。

5.2.1　创建演示文稿

在 PowerPoint 2003 中创建或者编辑的文档叫演示文稿。新建一个演示文稿可以采用创建空演示文稿、根据内容提示向导创建演示文稿和根据设计模板创建演示文稿等多种方式。

1. 创建空演示文稿

选择菜单栏的“文件”|“新建”命令，将打开如图 5.6 所示的“新建演示文稿”任务窗格。在“新建”选项组中选择“空演示文稿”选项，即可创建一个空演示文稿。

2. 根据内容提示向导创建演示文稿

根据内容提示向导创建文稿时，用户可以根据向导提示快速地创建演示文稿。具体操作步骤如下：

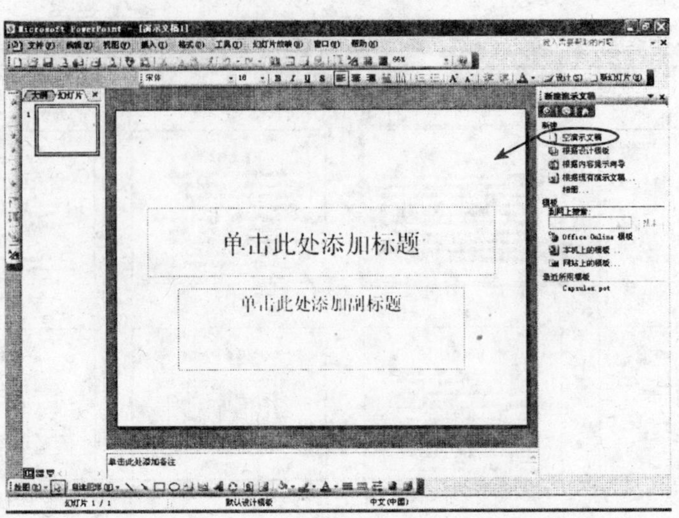

图 5.6　创建一个空演示文稿

① 在如图 5.6 所示的“新建演示文稿”任务窗格中，选择“根据内容提示向导”选项，将出现如图 5.7 所示的“内容提示向导”对话框；

☞ 提示：

如果任务窗格没有打开，选择菜单栏的“视图”|“任务窗格”命令，就可以打开任务窗格。

② 单击图 5.7 中的“下一步”按钮，进入演示文稿类型的对话框，如图 5.8 所示。在该对话框中单击“常规”按钮，此时在右边的列表框中会出现常规情况下的演示文稿类型。

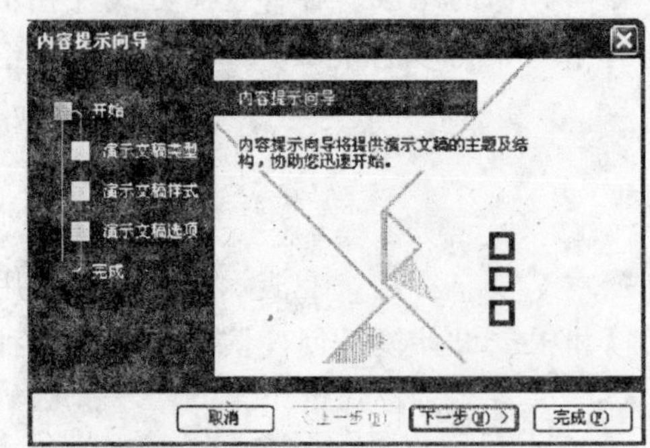

图 5.7　“内容提示向导”第一步

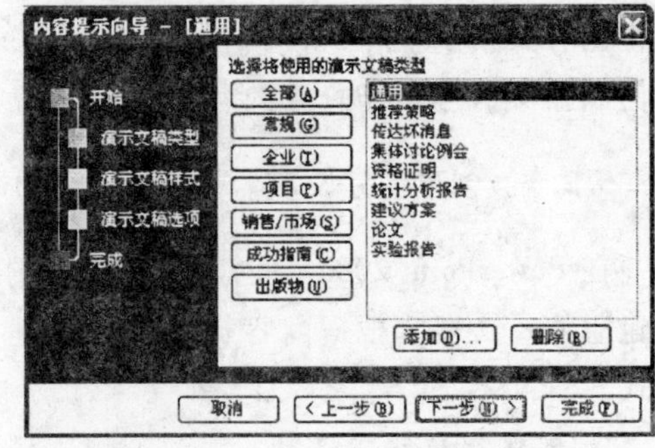

图 5.8　“内容提示向导”第二步

☞ 提示：

在图 5.8 中单击“全部”按钮，右边列表框中会出现所有的演示文稿类型。

③ 选择演示文稿类型，本例中选择“通用”，然后单击“下一步”按钮，“内容提示向

导”将要求用户选择演示文稿的输出类型，如图 5.9 所示。在该对话框中有 5 个单选按钮，可以根据实际需要选择其中一个。本例中选择“屏幕演示文稿”单选按钮，然后单击“下一步”，此时将出现如图 5.10 所示的对话框；

④ 在图 5.10 所示的对话框中可以输入演示文稿的标题，设置演示文稿中每张幻灯片的对象等；

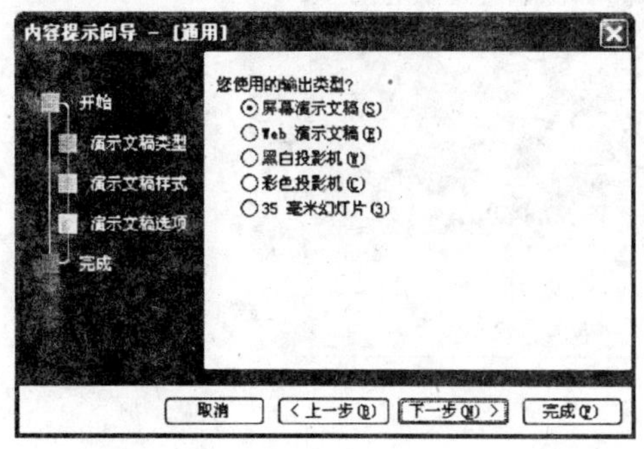

图 5.9 “内容提示向导”第三步

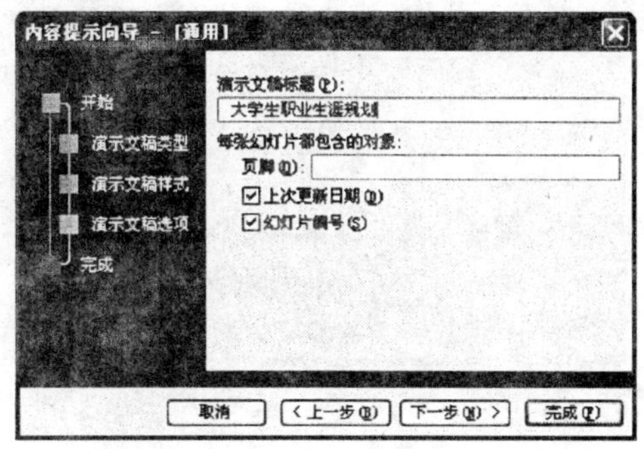

图 5.10 “内容提示向导”第四步

⑤ 完成设计后单击“下一步”按钮，此时会出现如图 5.11 所示的对话框。在此对话框中单击“完成”按钮即可创建一篇新演示文稿。

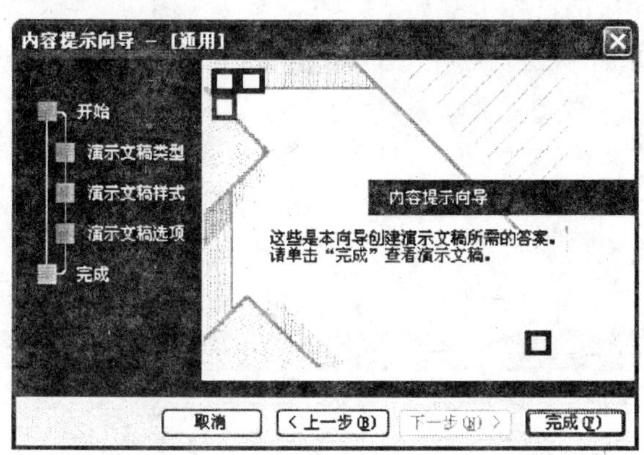

图 5.11 “内容提示向导”第五步

☞ **提示：**

在使用向导创建演示文稿的过程中，可以随时单击“上一步”按钮回到前面的对话框修改相应的设置。

经过以上操作，“内容提示向导”将根据设置建立一组基本的幻灯片，并以普通视图的方式显示这个新建的演示文稿。如图 5.12 所示是用户使用向导建立的“大学生职业生涯规划”幻灯片。可以看到，使用向导创建的演示文稿中许多文字、图形等内容都已经设计好了，用户所要做的只是根据自己的意愿替换文字和修改图形对象。

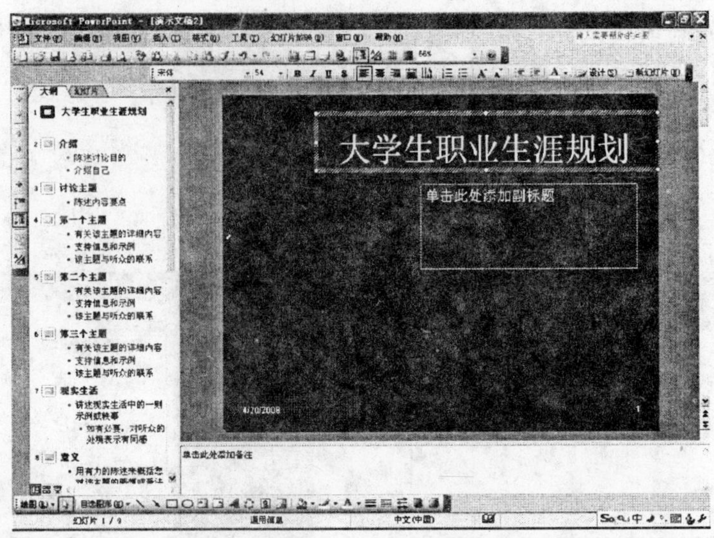

图 5.12　完成的演示文稿

3. 使用设计模板创建演示文稿

根据内容提示向导创建演示文稿，由于演示文稿的格式事先已经约定，并不一定能够满足用户的一些特殊需要，这时可以使用设计模板创建演示文稿。用这种方法创建的演示文稿，不仅可以使演示文稿保持一致的风格，而且内容结构可以由用户自己灵活决定。利用设计模板创建演示文稿的操作步骤如下：

① 在“新建演示文稿”任务窗格中，选择“本机上的模板”选项，弹出“新建演示文稿”对话框。

② 单击“新建演示文稿”对话框中的“设计模板”选项卡，打开如图 5.13 所示的选项卡，可以看到 PowerPoint 2003 为用户提供的几十种模板。这些模板只提供了格式和配色方案，用户可以根据自己的演示主题在其中替换和添加文字。

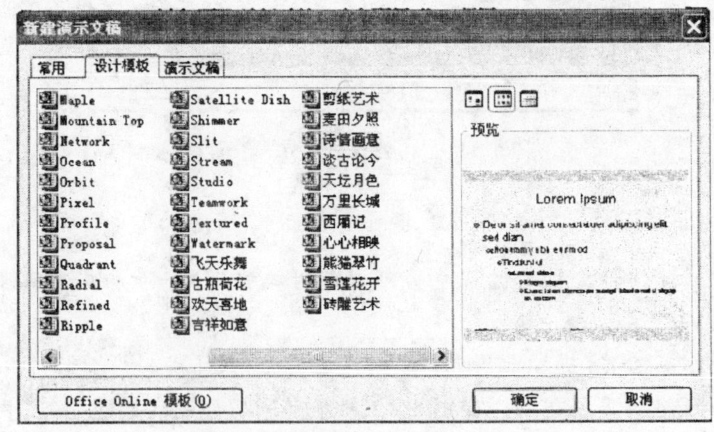

图 5.13　“新建演示文稿”对话框

③ 选中一种版式，本例中选择的版式名为“诗情画意”，然后单击“确定”按钮，该模板就被应用到新的演示文稿中，新建的演示文稿只有一张幻灯片，如图 5.14 所示。

图 5.14　模板应用于新的演示文稿

要对幻灯片进行编辑，只需要单击幻灯片中的占位符即可输入文字。所谓占位符是指幻灯片上的一些虚线框，与文本框、图文框和对象框相似，这些方框为某些对象(如文本、剪贴画、图表等)在幻灯片上占据一定位置，只要单击或者双击占位符即可添加指定的对象，也可以移动或者删除占位符。

5.2.2　输入文本

要在演示文稿中输入文本，一般要借助于文本框或者自选图形框等。输入文本可以在普通视图中进行，也可以在大纲视图中进行，二者的方法是一样的。下面重点介绍在普通视图中添加文本。

在插入新幻灯片时，用户所选择的版式，一般都包含有允许输入文本的占位符，只需要鼠标单击占位符，就可以向该占位符中输入文本了。要在幻灯片的其他空白位置添加文本，可以先在该位置添加一个文本框，然后在其中输入文本。

可按如下步骤进行：

① 在图 5.14 中单击“单击此处添加标题”占位符，将光标定位在随后出现的一个虚框中，输入“大学生涯规划”字样，然后单击工具栏上的“居中显示”按钮，让输入的文本在占位符中以居中形式显示。

② 以同样的方式输入副标题“大学生职业生涯规划与管理”。

③ 选择菜单栏的“插入”|“文本框”|“水平”命令，或者单击绘图工具栏中的文本框按钮，之后，在幻灯片上需要插入文本框的位置点击鼠标左键起始位置，然后拖动鼠标到适当位置并释放，此时光标定位在此文本框的起始位置，向该文本框中输入“武汉工程大学邮电与信息工程学院”。完成后的幻灯片如图 5.15 所示。

图 5.15　输入标题文本

☞ 提示：

如果要改变文本的字体、字号和颜色等，可首先选中该标题文本，然后利用工具栏上提供的按钮或者"格式"菜单中的命令来实现，具体操作与 Word 和 Excel 基本相同。

5.2.3　插入图片对象

虽然文本是演示文稿的主体内容，但图片、图形、图表、艺术字及背景则更能形象地表述内容，使文稿显得更加美观、生动，因此，在 PowerPoint 2003 中，除了要添加必不可少的文字之外，还要插入上述的其他对象。插入的方法是单击菜单栏"插入"|"图片"，出现如图 5.16 所示的菜单选项，根据需要选择图片来源。下面以插入一个来自文件的图片为例来介绍 PowerPoint 2003 中插入图形对象的操作。

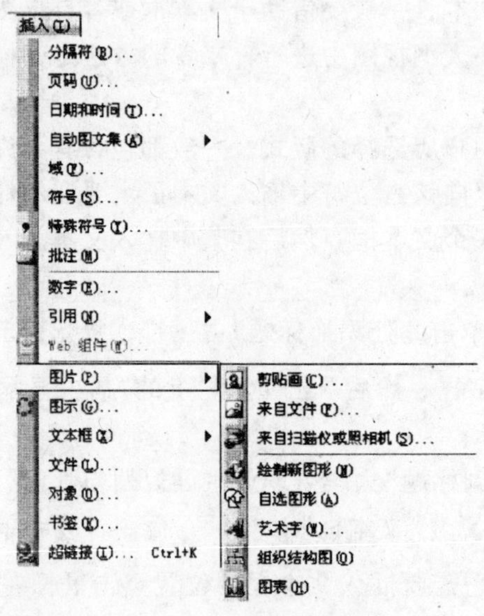

图 5.16　插入图片菜单

① 选择菜单栏的“插入”|“图片”|“来自文件”命令，弹出“插入图片”对话框，在对话框中选择需要插入的图片，如图 5.17 所示。

图 5.17　“插入图片”对话框

② 单击“插入”按钮即可将图片插入到演示文稿中，如图 5.18 所示。

③ 将图片插入到演示文稿后，当鼠标指针变成梅花形时，拖动图片可调整图片的位置；当鼠标指向图片周围的小圆点时，鼠标指针变成双箭头形状，此时拖动图片即可调整图片的大小。

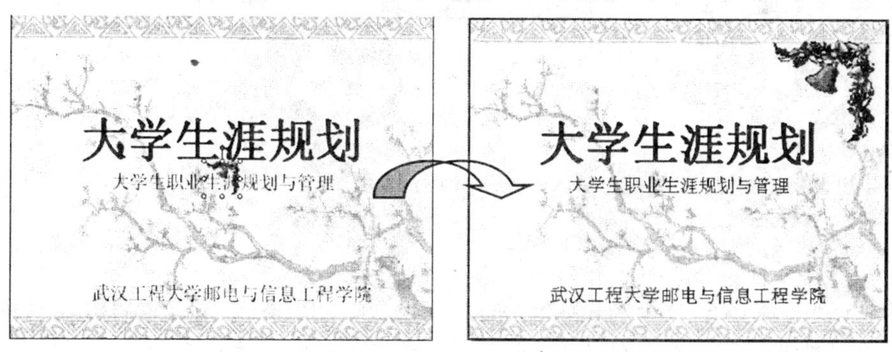

图 5.18　插入图片示例

5.2.4　插入新幻灯片

在制作演示文稿时，一张幻灯片往往不足以表达出全部内容，为此，需要在一个演示文稿中建立多个幻灯片，以便丰富演示文稿的内容，这就需要增加新的幻灯片。增加新幻灯片的操作步骤如下：

① 在普通视图的大纲窗格中，单击要插入幻灯片的位置；

☞ 提示：

如果没有明确指出插入幻灯片的位置，PowerPoint 2003 会将新的幻灯片插到当前幻灯片的后面。

② 单击格式工具栏中的“新幻灯片”按钮 新幻灯片(N)，或者选择菜单栏的“插入”|“新幻灯片”命令，也可以右击定位点，在弹出的快捷菜单中选择“新幻灯片”命令，即可在定位处插入一张新幻灯片，同时会打开“幻灯片版式”任务窗格，如图 5.19 所示，可以对该幻灯片进行各种编辑。

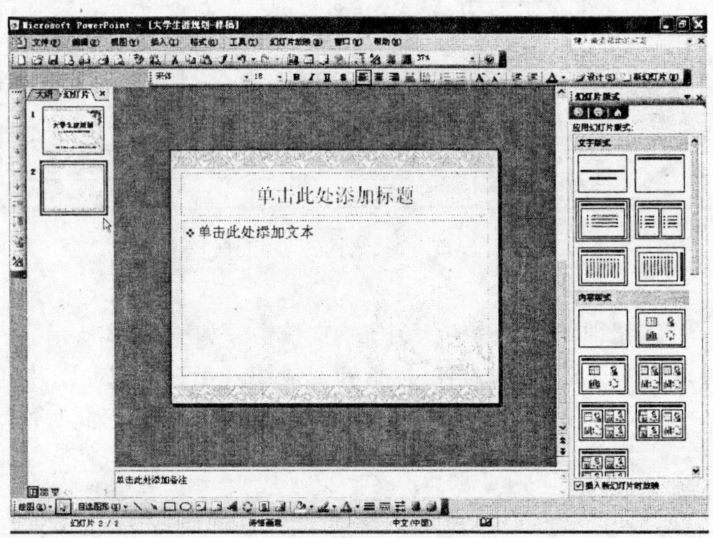

图 5.19 插入新幻灯片

☞ 提示：

按“Ctrl+M”组合键可以快速插入一张新幻灯片。

5.2.5 在幻灯片中插入图表

PowerPoint 中有一个 Microsoft Graph 的图表模块，用它来制作所需的图表，并将其添加到演示文稿的幻灯片中。具体方法如下：

① 切换到普通视图方式，并显示要在其中插入图表的幻灯片。

② 选择菜单栏“插入”|“图表”命令，此时启动 Microsoft Graph，出现一个样表图和一个样表数据表，在样表中输入需要的数据替换原来的数据，本例输入 2004 年到 2007 年的大学生就业情况统计数据，如图 5.20 所示。样本表中数据的编辑与 Excel 中数据的编辑方法相同。

③ 单击样本数据表右上角的“关闭”按钮，或者单击样本数据表窗口之外的任意位置，样本数据表消失，同时在幻灯片中出现一幅图表。

☞ **提示：**

在 PowerPoint 中还可以直接插入 Excel 中创建的图表，具体方法是在 Excel 选中要复制的图表，选择菜单栏“编辑”|“复制”命令，在 PowerPoint 中单击要插入图表的幻灯片，选择菜单栏“编辑”|“粘贴”命令，也可以将该图表插入到幻灯片中去。

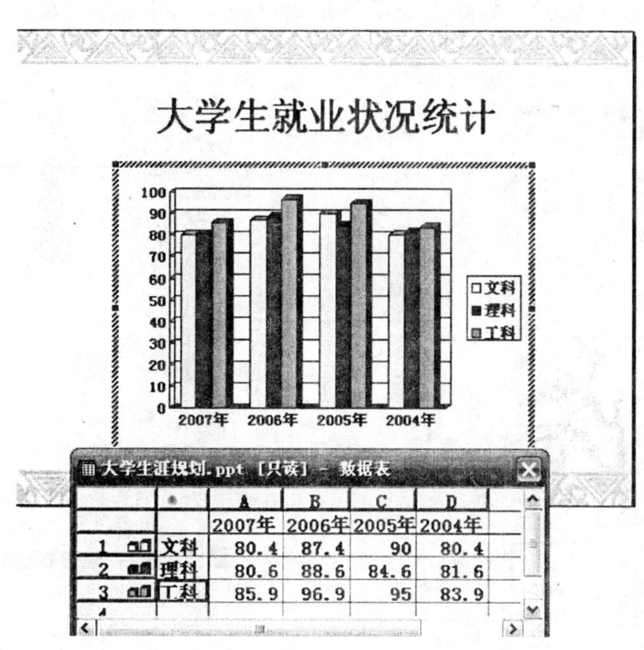

图 5.20　Microsoft Graph 的数据表和图表

5.2.6　插入影片和声音

除了插入各种图形对象外，还可以在幻灯片中插入影片和声音。影片和声音可以选择来自 Microsoft 剪辑库，也可以是磁盘上的影片文件和音频文件。

选择菜单栏“插入”|“影片和声音”|“剪辑管理器中的影片”命令，出现如图 5.21 所示的“剪贴画”任务窗格。选中想要的剪辑影片并双击，这个媒体剪辑就被插入到幻灯片中了。

从“剪贴画”任务窗格中可以看出，系统提供的剪辑是很有限的，往往满足不了实际需要。可选择菜单栏“插入”|“影片和声音”|“文件中的影片”命令，插入文件中的影片。

插入声音的操作与插入影片类似，不再赘述。

5.2.7　设计幻灯片的动画效果

为了增强放映的动感效果，可以为幻灯片中的标题、副标题、文本或图片等对象设置动画效果，在放映时可使它们同时或逐个以不同的动作出现在屏幕上。在 PowerPoint 2003

的菜单中，提供了一些简单的预设动画，使用起来非常方便，其操作步骤如下：

① 将要设置动画效果的幻灯片切换到当前窗口。

② 选择菜单栏"幻灯片放映"|"动画方案"命令，打开"幻灯片设计"任务窗格。

③ 在"应用于所选幻灯片"下拉列表框中选择要应用的动画方案。在这些动画方案中，有的只针对幻灯片本身，有的只能应用于标题，有的只能应用于正文，有的三者兼顾。将鼠标指针指向"升起"样式时，立刻会显示提示信息说明其针对的对象，如图 5.22 所示。

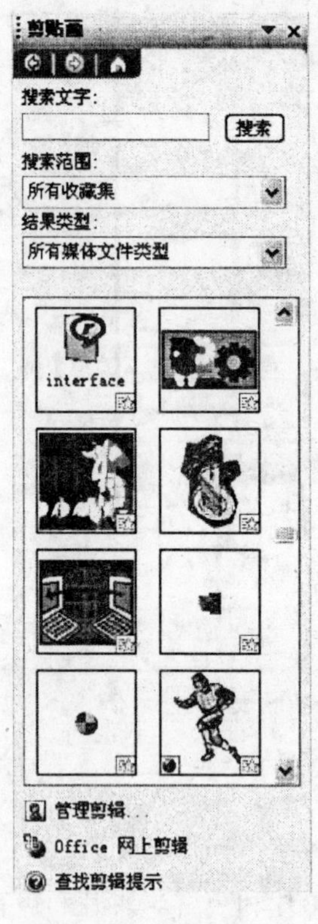

图 5.21 "剪贴画"窗格

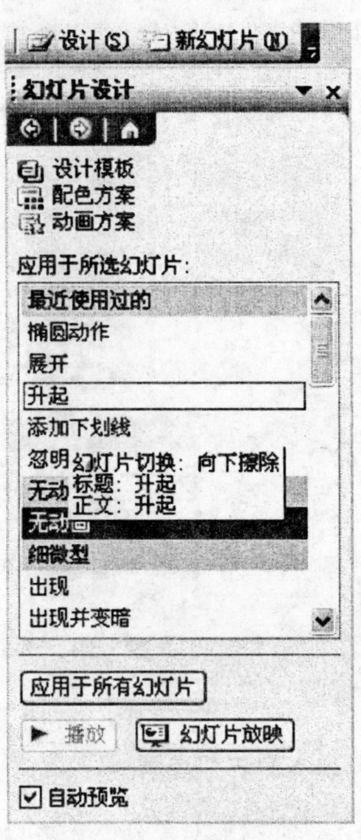

图 5.22 设置动画效果

④ 单击"应用于所选幻灯片"按钮，即可将所选动画方式应用到所有幻灯片中，否则该动画样式只能应用到当前幻灯片上。

⑤ 单击"播放"或者"幻灯片放映"按钮，可预览动画效果。

5.3 设计演示文稿的外观

制作出来的幻灯片还不够美观时，可以通过对演示文稿外观的设置来美化幻灯片。比如，我们可以改变幻灯片的背景，可以对母版、配色方案和应用设计模板进行设置，使演示文稿具有统一的外观等。

5.3.1　调整演示文稿的背景

为了增加演示文稿的个性化效果，可以对演示文稿中的每一张幻灯片设置演示背景，包括背景的颜色、纹理、图案和图片。

1. 设置背景颜色

设置背景颜色的操作步骤如下：

① 选定要设置背景的幻灯片。

② 单击菜单栏“格式”|“背景”命令，打开“背景”对话框，如图 5.23 所示。

③ 单击设置背景色的下拉按钮，在弹出的下拉菜单中选择一种颜色作为背景色；也可以单击“其他颜色…”，进入“颜色”对话框，在对话框中选择“标准”颜色或“自定义”颜色。当选中一种颜色后，可以在预览框中预览或单击“预览”按钮进行整个幻灯片的预览。

④ 选中“忽略母版的背景图形”复选框，若不选，当新背景生效时母版背景上的图形依然存在，否则新背景覆盖整个母版。

⑤ 单击“应用”按钮，选定的颜色作为当前幻灯片的背景色；若单击“全部应用”按钮，则选定的颜色将作为演示文稿中每一张幻灯片的背景色。

2. 设置背景填充效果

设置背景的填充效果包括设置幻灯片背景的过渡色、纹理、图案和图片。方法如下：

① 在“背景”对话框中单击“背景填充”预览区下的下拉列表框，单击“填充效果…”，进入如图 5.24 所示的“填充效果”对话框。

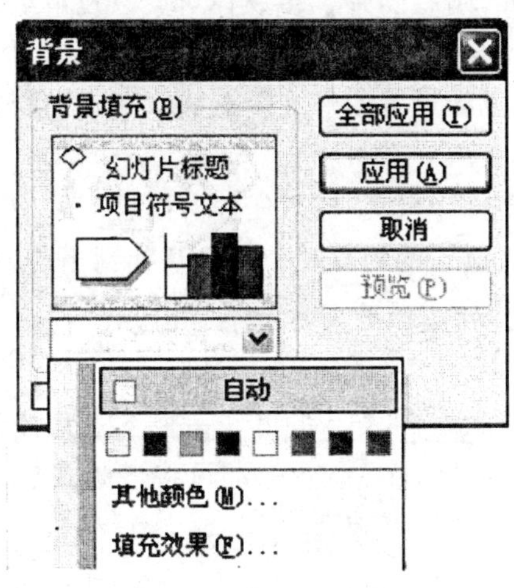

图 5.23　“背景”对话框

图 5.24　“填充效果”对话框

② 在“填充效果”对话框中包括 4 种选项卡：渐变、纹理、图案和图片。

- “渐变”选项卡：用来设置背景的渐变色，使背景从一种颜色渐变到另一种颜色。
- “纹理”选项卡：列出了 PowerPoint 2003 提供的纹理，选择其中某一纹理可直接作为背景，也可以单击“其他纹理”按钮将一个图像文件中的图像设置为纹理。

- "图案"选项卡：提供了一组可供选择的图案填充背景，并可以对图案的前景色和背景色进行设置。
- "图片"选项卡：用来把一幅图片设置为背景。

这里选择"图片"选项卡，单击应用，填充图片效果后的幻灯片如图 5.25 所示。

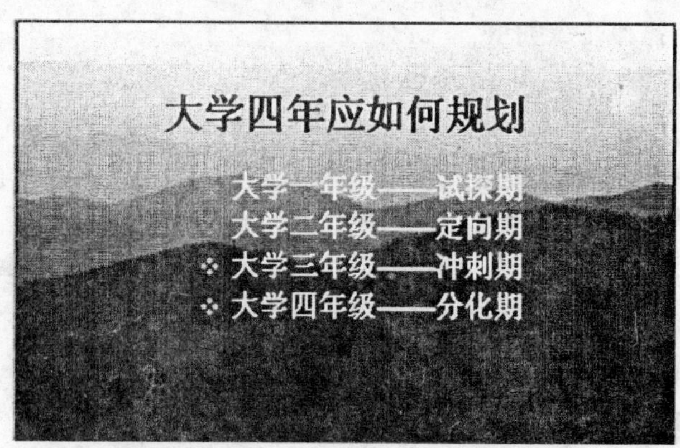

图 5.25　填充了图片效果后的幻灯片

5.3.2　幻灯片版式设计

PowerPoint 2003 提供了多种自动版式模板，不同的模板除了含有不同的占位符外，版式布局也有所不同，有的只带有文本占位符，有的则有图片、多媒体对象以及组织结构图等占位符，利用这些版式可以方便地创建含有不同对象的幻灯片。

用户可以在新建幻灯片时选择版式，也可以重新设置幻灯片的版式。更改幻灯片版式的操作如下：

① 选择菜单栏"视图" | "工具栏" | "任务窗格"命令，打开任务窗格。

② 在左侧的"幻灯片"选项卡中单击需要更改版式的幻灯片，将其切换到当前窗口。

③ 在任务窗格中单击下三角 ▼ 按钮，从打开的菜单中选择"幻灯片版式"命令，打开"幻灯片版式"任务窗格，如图 5.26 所示。

④ 用鼠标指针指向要应用的版式，此时在该版式图表上将出现一个下三角按钮，单击该按钮，在打开的下拉菜单中选择"应用于选定幻灯片"命令，即可将该版式应用到所选幻灯片上。

5.3.3　套用设计模板

PowerPoint 2003 提供了多种设计模板，这些模板都带有不同的背景图案，使用它们可以编辑出各种具有美丽图案的不同风格的幻灯片。套用设计模板的方法如下：

① 在左侧的幻灯片窗格中单击需要应用设计模板的幻灯片，将其切换到当前窗口；

② 打开任务窗格，单击任务窗格右上角的 ▼ 按钮，从打开的菜单中选择"幻灯片设计" | "设计模板"命令，打开"幻灯片设计"任务窗格；

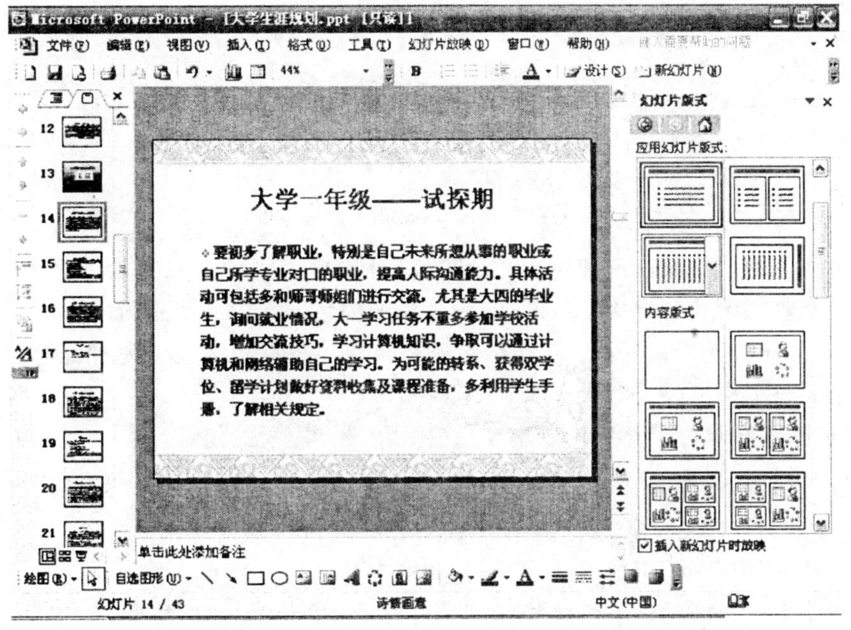

图 5. 26　应用版式

③ 将鼠标指针指向“幻灯片设计”任务窗格中要应用的模板，此时在该模板图标上将出现一个下三角按钮，单击该按钮，在打开的下拉菜单中选择“应用于选定幻灯片”命令，即可将该模板应用到所选幻灯片上，如图 5. 27 所示。

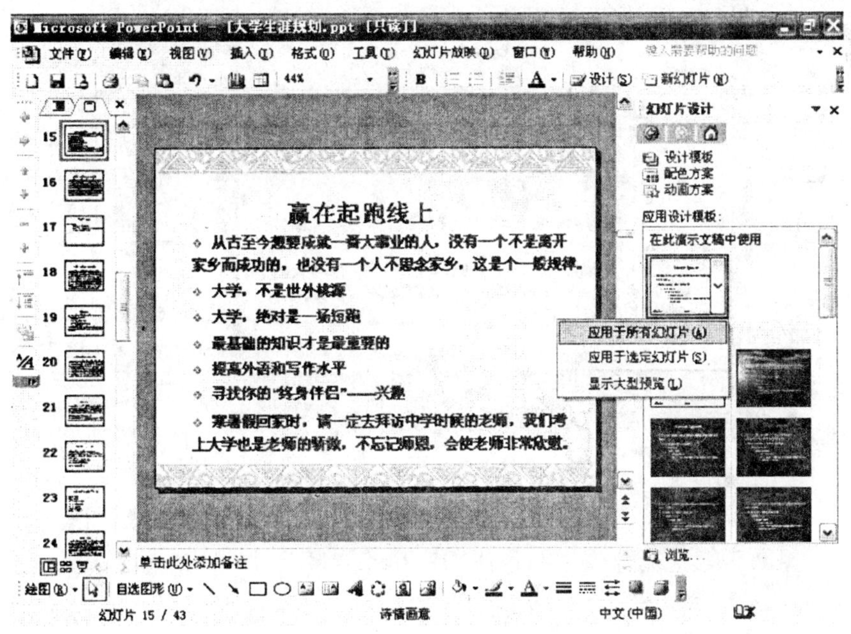

图 5. 27　应用设计模板

☞ 提示：

如果用户希望将该设计模板应用到当前演示文稿的所有幻灯片上，则可在菜单中选择“应用于所有幻灯片”命令。

5.3.4 应用配色方案

配色方案由幻灯片设计中使用的 8 种颜色（分别应用于背景、文本、线条、阴影、标题文本、填充、强调和超链接）组成。演示文稿的配色方案由所应用的设计模板确定。

在 PowerPoint 2003 中，每个幻灯片模板都包含一种配色方案，每种配色方案都可在幻灯片的编辑过程中更改，其操作步骤如下：

① 在左侧的“幻灯片”选项卡中单击需要应用设计模板的幻灯片。

② 单击任务窗格右上部的下三角 ▼ 按钮，从打开的菜单中选择“幻灯片设计”|“配色方案”命令，打开“幻灯片设计”任务窗格。

③ 将鼠标指针指向“幻灯片设计”任务窗格中要应用的配色方案，此时在该方案图标上将出现一个下三角按钮，单击该按钮，在打开的下拉菜单中选择“应用于选定幻灯片”命令，即可将该方案应用到所选幻灯片上，如图 5.28 所示。

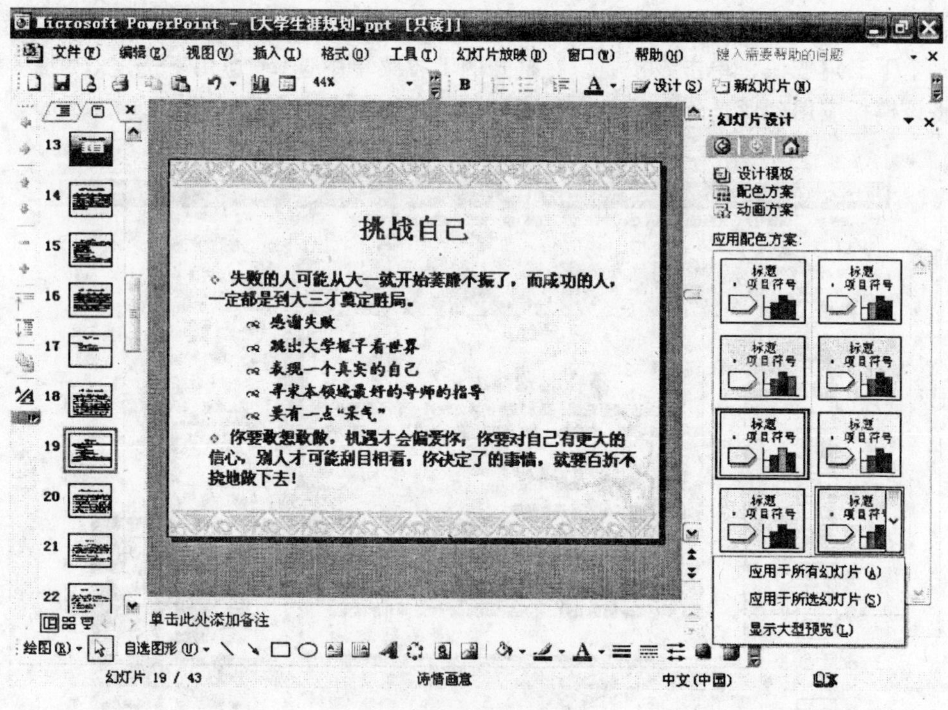

图 5.28 应用配色方案

④ 如果要将该配色方案应用到当前演示文稿的所有幻灯片中，则可在如图 5.28 所示的快捷菜单中选择“应用于所有幻灯片”命令。

5.3.5　使用幻灯片母版

PowerPoint 2003 中有 4 种母版：幻灯片母版、标题母版、备注母版和讲义母版。使用母版的目的是用来设置统一的幻灯片外观。

单击菜单栏“视图”|“母版”，在弹出的子菜单中就可以选择设置某种母版。在母版设置完成后单击母版视图工具栏上的“关闭模板视图”按钮退出母版编辑状态，所有的幻灯片会随着母版设置的改变而改变。

1. 幻灯片母版

利用幻灯片母版可以快速进行全局更改，并使更改应用到演示文稿的每张幻灯片中。每个设计模板都有自己的幻灯片母版，母版上的元素控制着对应的项目。可更改的元素包括背景图片、各元素的位置、标题字号与字形等，其操作步骤如下：

① 打开演示文稿。

② 选择菜单栏“视图”|“母版”|“幻灯片母版”命令，切换到幻灯片母版编辑模式下，同时会出现一个“幻灯片母版视图”工具栏，如图 5.29 所示，幻灯片母版实际上就是一张幻灯片。

图 5.29　编辑母版

③ 单击要更改的占位符，便可改变它的位置和格式。

- “标题区”：用于设置幻灯片的标题文字的格式和位置。
- “对象区”：用于设置幻灯片的正文的格式和位置。
- “日期区”：用于在幻灯片中添加日期。
- “页脚区”：用于在幻灯片底部添加说明文字。
- “数字区”：用于在幻灯片底部添加一些数字信息，比如幻灯片的编号等。

☞ **提示：**

母版中的文字仅用于说明，实际的文字必须在普通视图下输入，而页眉与页脚应在

“页眉和页脚”对话框中输入。

④ 如果用户需要某个图片或者某些文字在每张幻灯片中出现，则可以将其插入到母版中合适的位置。这里将“武汉工程大学邮电与信息工程学院”的标志图片插入到母版的顶部，然后关闭母版视图，则该标志图片在每张幻灯片的顶部都会出现。如图 5.30 所示。

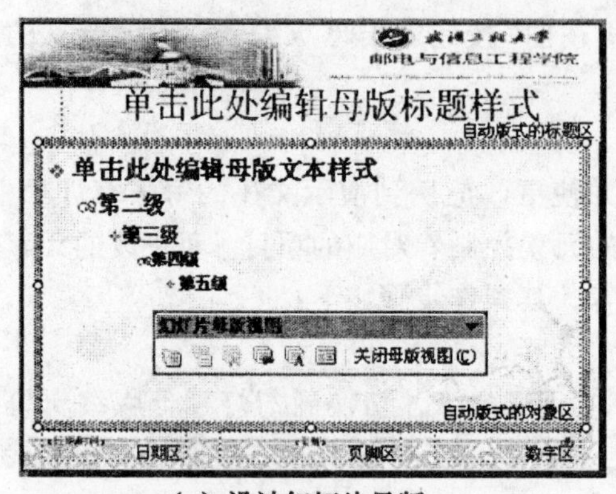

(a) 设计幻灯片母版

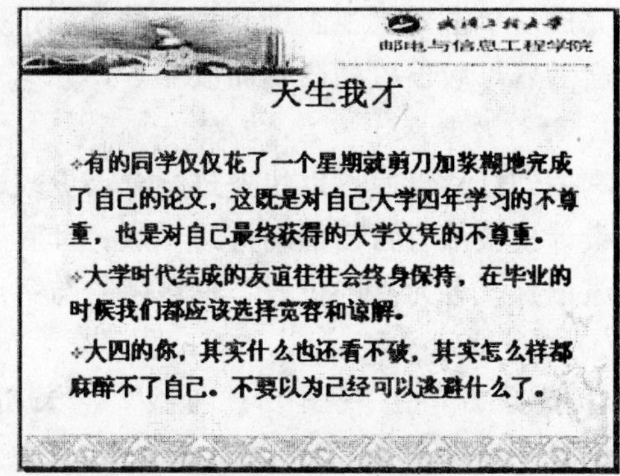

(b) 应用母版的效果

图 5.30 使用幻灯片母版

2. 标题母版

可以通过设计标题母版来改变首张幻灯片，标题母版的改变不会影响其他幻灯片。标题母版与幻灯片母版不同，幻灯片母版是在创建演示文稿后即存在的，而标题母版必须先建立，然后才能使用。创建标题母版的方法如下：

① 打开幻灯片母版；

② 单击菜单栏的“插入”|“新标题母版”命令，即可为当前演示文稿建立标题母版；

③ 标题母版的设计方法与设计幻灯片母版的方法相同，用户可以改变标题母版的背景、配色方案、字体和插入图片等。

3. 讲义母版

讲义母版共分为 5 个区：页眉区、日期区、幻灯片区或大纲区、页脚区和数字区。讲义母版设置的目的是为了让用户能够按讲义的格式打印演示文稿。讲义的每个页面可以包括 1、2、3、4、6 或 9 张幻灯片，要想更改幻灯片的数目，可以使用讲义母版工具栏进行选择。制作讲义的方法如下：

① 选择菜单栏“视图”|“母版”|“幻灯片母版”命令，打开讲义母版，如图 5.31 所示；

② 在讲义母版上添加所需内容，比如页眉、页脚、时间、日期和页码等；

③ 设置完成后单击母版工具栏上的“关闭母版视图”按钮，退出母版编辑状态。

4. 备注母版

备注母版是用来对备注进行格式设置的。我们可以修改幻灯片的备注母版，比如修改幻灯片图像、备注方框的大小和位置，或者在备注母版中添加页眉、页脚、时间和日期等。修改备注母版的操作如下：

① 选择菜单栏“视图”|“母版”|“备注母版”命令，打开备注母版，如图 5.32 所示；
② 在备注母版上添加所需内容，比如页眉、页脚、时间、日期和页码等；
③ 设置完成后单击母版工具栏上的“关闭母版视图”按钮，退出母版编辑状态。

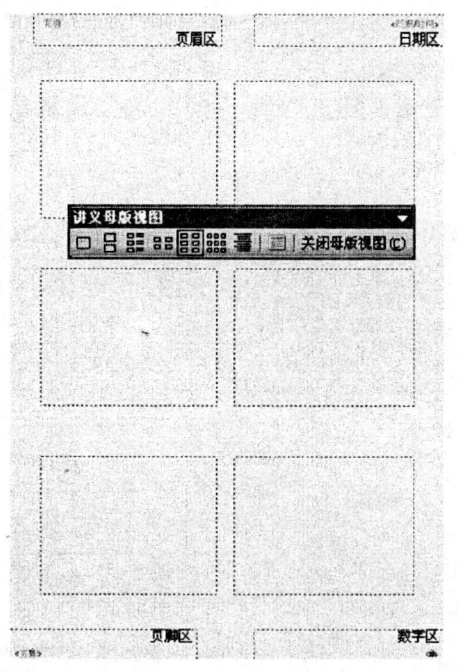

图 5.31　编辑讲义母版

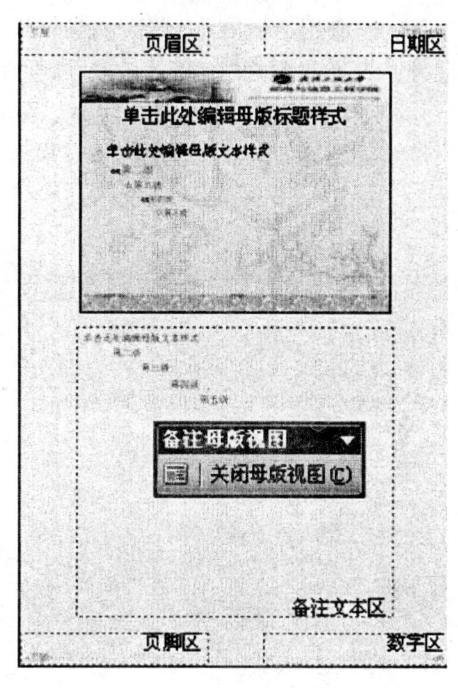

图 5.32　编辑备注母版

☞ **提示：**

可单击菜单栏“视图”|“母版”|“备注母版”命令编辑备注页。同时，可以通过选择菜单栏“格式”|“备注母版版式”、“备注背景”和“备注配色方案”，调整备注页的版式、背景和配色方案。

5.4　幻灯片放映

制作演示文档的目的是为了在屏幕上放映，而利用演示文档进行屏幕演示最大的优点是可以在幻灯片上直接增加美妙动人的切换方式，如擦除、打字、飞人、溶解等。根据演示文档的性质不同，其放映方式也有所不同。如项目清单式的演示文档可按自动渐进方式放映，而交互式的演示文档则需要自己定义放映方式。

5.4.1　设置放映方式

1. 自动放映

有时为了演示的需要，比如某公司在展台上摆出几台计算机，向过往的游客展示其产品。每页幻灯片停留 5 秒钟，自动翻页，这就是自动放映。可以通过以下步骤实现：

① 选择“幻灯片放映”|“幻灯片切换”命令，打开“幻灯片切换”任务窗格；

② 在“换片方式”选项组选中“每隔”复选框，并指定时间间隔 5 秒钟，如图 5.33 所示；

③ 单击“应用于所有幻灯片”按钮。

此外，选择菜单栏“幻灯片放映”|“设置放映方式…”命令，在图 5.34 所示的“设置放映方式”对话框中点击“在展台浏览（全屏幕）”单选按钮，PowerPoint 会自动设置放映，使其不停地循环运行。

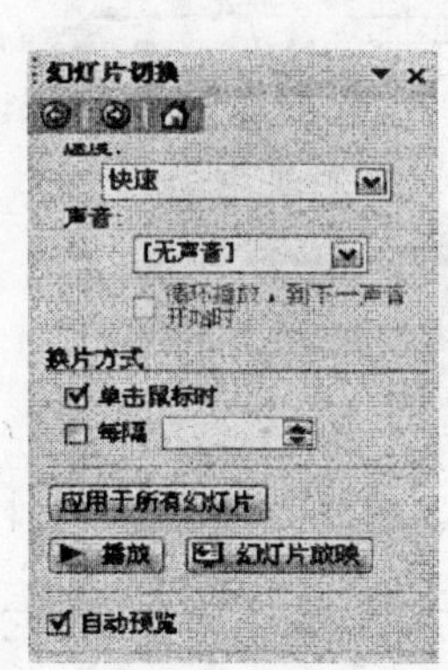

图 5.33 “幻灯片切换”任务窗格

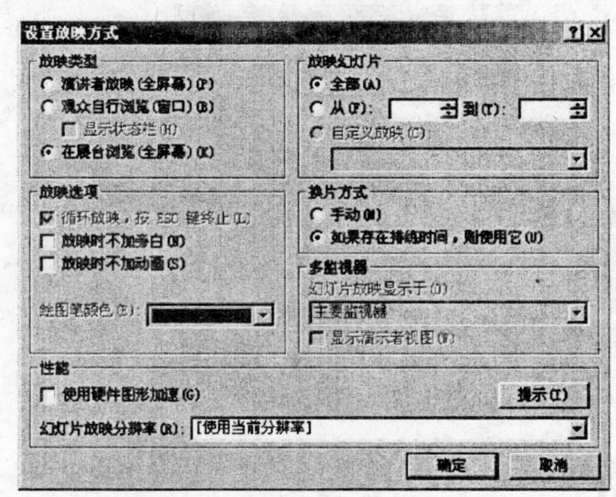

图 5.34 “设置放映方式”对话框

2. 自定义放映

可以把演示文稿分成几个部分，并为各部分设置自定义演示，以针对不同的观众。例如，可以将演示文稿中的组织结构图和图表幻灯片组合起来，创建一个自定义放映，并以“添加特殊对象”命名。其设置方法如下：

① 选择菜单栏“幻灯片放映”|“自定义放映”命令，打开“自定义放映”对话框，如图 5.35 所示。

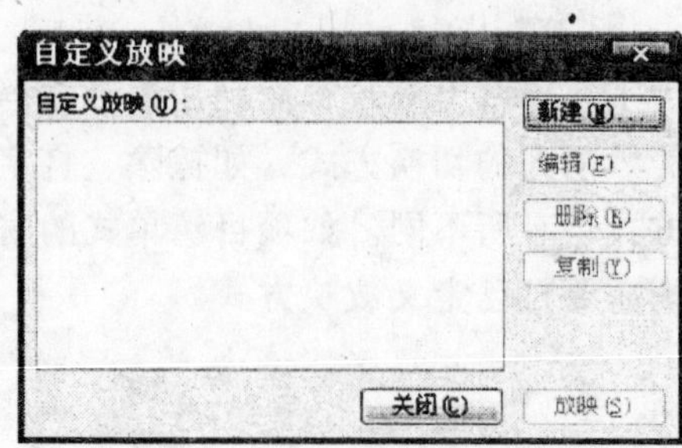

图 5.35 “自定义放映”对话框

② 单击“新建”按钮，弹出“定义自定义放映”对话框，如图 5.36 所示。

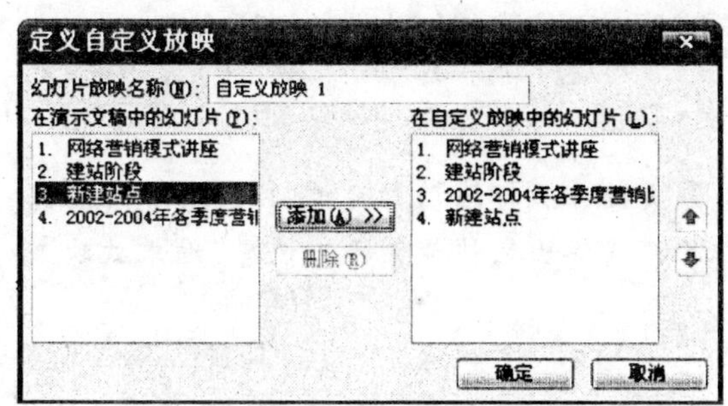

图 5.36　“定义自定义放映”对话框

③ 在“幻灯片放映名称”文本框中输入新建的放映名称。

④ “在演示文稿中的幻灯片”列表中选择要添加到自定义放映中的幻灯片，单击“添加”按钮，将其添加到右侧的“在自定义放映中的幻灯片”列表框中。

⑤ 单击“确定”按钮，返回“自定义放映”对话框，单击“放映”按钮即可放映。

5.4.2　幻灯片放映

编辑完演示文稿后，可先观看放映效果。用户可用 3 种方式启动幻灯片放映：

① 选择菜单栏“视图”|“幻灯片放映”命令；

② 选择菜单栏“幻灯片放映”|“观看放映”命令；

③ 单击窗口左下角的幻灯片放映按钮 。

在演示过程中，如果没有设置自动放映方式，则可通过单击来切换到下一张幻灯片。如果想直接切换到某一张幻灯片，则可单击屏幕左下角的按钮，从弹出的菜单中选择“定位至幻灯片”命令，从弹出子菜单中选择要切换的幻灯片，如图 5.37 所示。

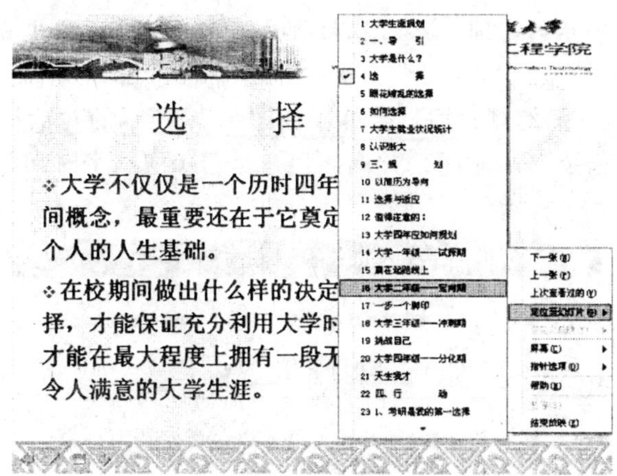

图 5.37　定位幻灯片

通过选择该菜单中的命令，可打开演讲者备注、会议记录以及幻灯片计时器等。还可利用墨迹颜色来标注幻灯片。利用“指针选项”子菜单中的命令可隐藏鼠标指针，或改变绘图笔的颜色，在屏幕菜单中可擦除幻灯片上的标注内容。

☞ 提示：

键盘上的方向键、翻页键、鼠标滚动都可控制幻灯片的播放。另外，如果需要结束放映，可以右键点击幻灯片，在弹出的快捷菜单中选择“结束放映”。

5.4.3 设置排练计时

对于非交互式演示文稿，在放映时可为其设置自动演示功能，即幻灯片根据预先设置的显示时间一张一张自动演示。为设置排练计时，首先应确定每张幻灯片需要停留的时间，根据演讲内容的长短来确定，然后可通过下面的方法来设置排练计时：

① 切换到演示文稿的第 1 张幻灯片。

② 选择“幻灯片放映”|“排练计时”命令，进入演示文稿的放映视图，同时弹出“预演”工具栏，如图 5.38 所示。

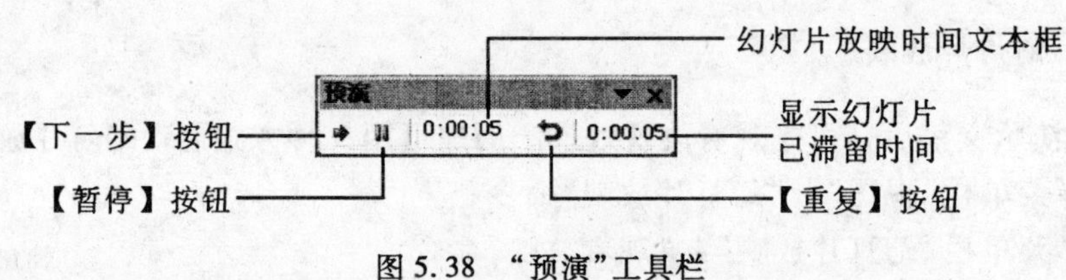

图 5.38 “预演”工具栏

③ 完成该幻灯片内容的演示后，单击“下一步”按钮进行人工进片，继续设置下一张幻灯片的滞留时间。

☞ 提示：

读者也可以估计演示的时间，然后在幻灯片放映时间文本框中直接输入幻灯片的滞留时间。

④ 当设置完最后一张幻灯片后，会弹出如图 5.39 所示的对话框。该对话框显示了演示完全部演示文稿共需要多少时间，并询问用户是否保留这个时间。

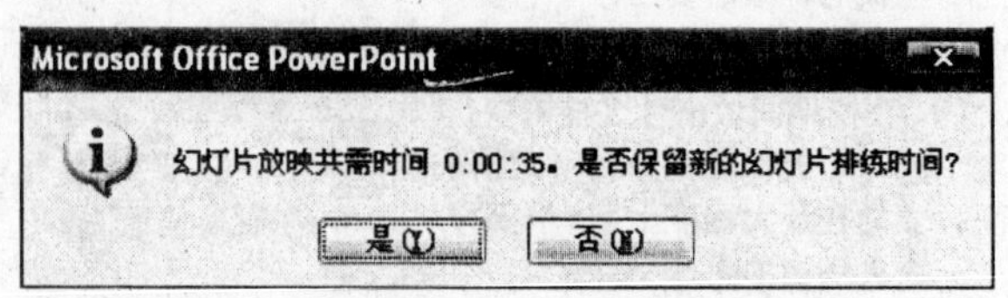

图 5.39 “Microsoft Office PowerPoint”对话框

⑤ 单击“是”按钮完成排练计时，单击“否”按钮取消所设置的时间。

5.4.4　增加幻灯片的切换效果

切换效果是添加在幻灯片上的一种特殊的播放效果，在演示文稿放映过程中，切换效果可以通过各种方式将幻灯片拉入屏幕中，还可以在切换时播放声音。其操作步骤如下：

① 选中要设置切换效果的幻灯片，选择菜单栏“幻灯片放映”|“幻灯片切换”命令，打开幻灯片切换任务窗格，如图 5.40 所示。

☞ **提示：**

也可以直接单击任务窗格右上角的下三角按钮，在打开的菜单中选择“幻灯片切换”命令，切换到“幻灯片切换”任务窗格。

② 在“应用于所选幻灯片”列表框图中选择要应用的切换方式，如“向右下插入”。

③ 在“修改切换效果”选项组中打开“速度”下拉列表框，选择幻灯片的切换速度。

④ 打开“声音”下拉列表框，从中选择切换时伴随的声音。

⑤ 如果要为切换效果设置音效，则可打开“声音”下拉列表框，在其中选择一种声音，如“鼓声”。

☞ **提示：**

选择好声音后，将激活“循环播放，到下一个声音开始时”复选框，如果选中该复选框，所设置的声音将持续播放，直到下一张幻灯片中的声音开始。

⑥ 在“换片方式”选项组中选择幻灯片的切换方式，如果想要手动切换，则可选中“单击鼠标时”复选框；如果要设置自动切换方式，则可选中“每隔”复选框，并在后面的微调框中输入间隔时间，如图 5.41 所示。

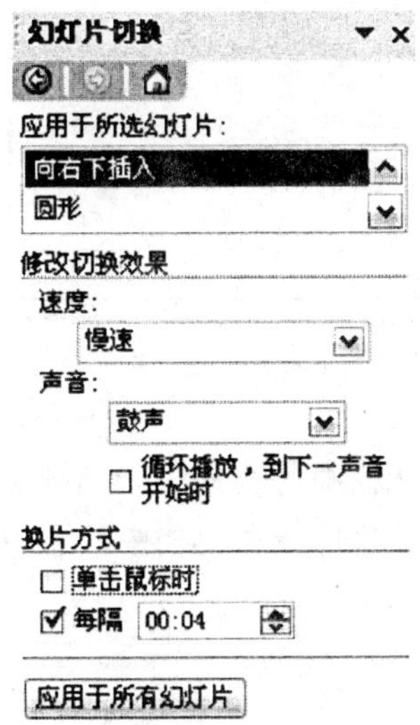

图 5.40　“幻灯片切换”任务窗格

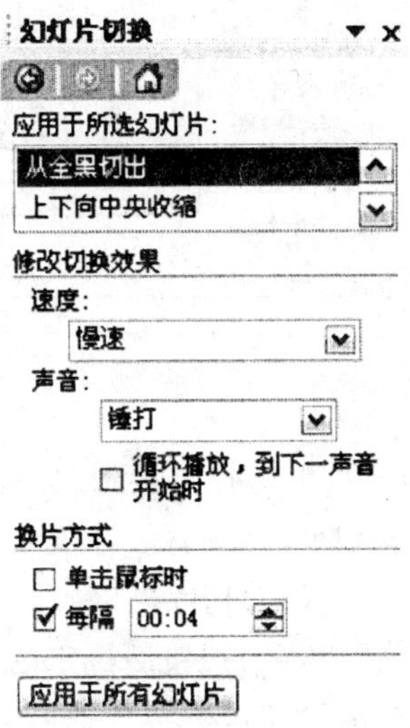

图 5.41　设置切换方式

⑦ 单击“应用于所有幻灯片”按钮，将设置应用到演示文稿中所有的幻灯片上。

⑧ 单击“播放”按钮预览所设置的切换效果。

5.5 高级操作

前面几节介绍了幻灯片的编辑和排版，有的时候根据实际需要，要考虑放映的总体效果。比如用超链接使放映跳转到某一张幻灯片，使用动作按钮实现特殊的功能，将演示文稿打包成 CD 等。

5.5.1 创建超级链接

在演示文稿中创建超级链接，可以在放映幻灯片时，跳转到不同的位置，比如跳转到演示文稿的某一张幻灯片、其他演示文稿、某个 Word 文档或某个 Internet 的地址等。操作步骤如下：

① 选中用于创建超级链接的文本或图形；

② 单击常用工具栏中的“超级链接”按钮或按快捷键“Ctrl+K”，打开“插入超链接”对话框，如图 5.42 所示；

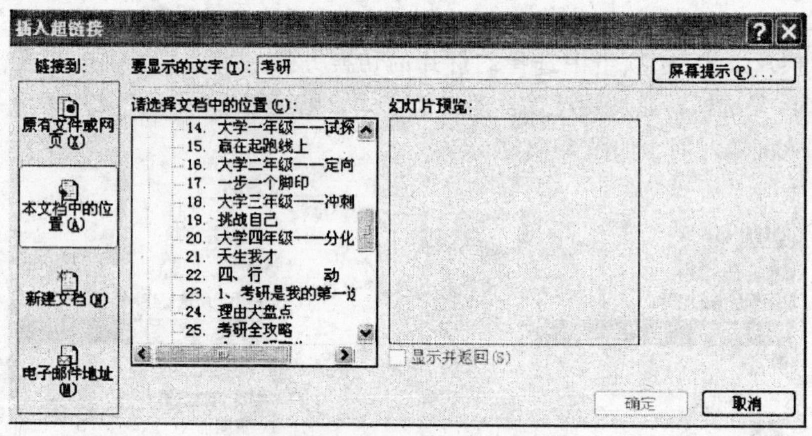

图 5.42 “插入超链接”对话框

③ 用户可以选择链接到“原有文件或网页”、“本文档中的位置”、“新建文档”和电子邮件地址。如果选择的是“本文档中的位置”，那么在“请选择本文档中的位置”列表框中选择链接的目标幻灯片；

④ 单击“确定”按钮后选定的文本或图形便具有了超级链接。

如果要删除超级链接，选中表示超级链接的文字或图形后按快捷键“Ctrl+K”，打开“编辑超级链接”对话框，单击“取消链接”按钮；或者在选中对象的右键快捷菜单中选择“超级链接”|“删除超级链接”。

5.5.2 插入动作按钮

在编辑幻灯片时，可在其中加入一些特殊的按钮，用户在演示过程中可通过这些按钮跳转到演示文稿的其他幻灯片上，也可以播放影像、声音等，还可以用它启动应用程序、链接到 Internet 上。在这里将以设置 Internet 链接为例介绍如何使用动作按钮。其操作步骤如下：

① 打开幻灯片文件，选择菜单栏“幻灯片放映”|“动作按钮”命令，弹出的子菜单如图 5.43 所示。该菜单提供了帮助、信息、文档、声音以及影片等多种不同标记的按钮供选择使用。

② 在菜单中选择一种按钮，如“文档”按钮，然后将鼠标指针移动到幻灯片上单击，弹出“动作设置”对话框，如图 5.44 所示。

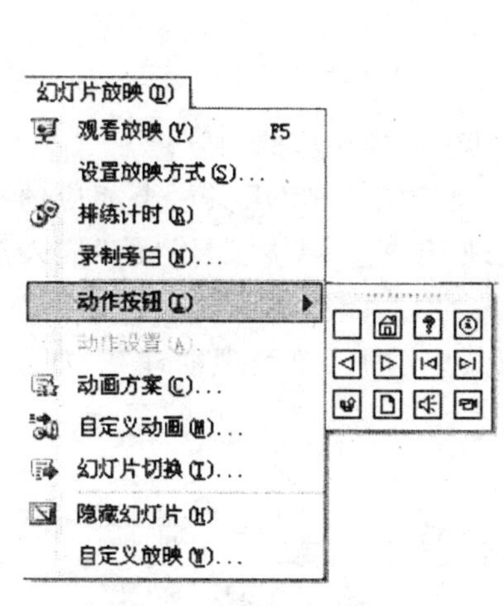

图 5.43 选择动作按钮

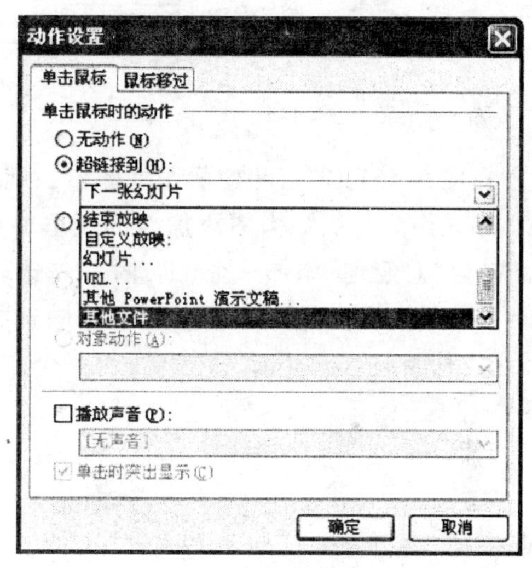

图 5.44 “动作设置”对话框

③ 选择“超链接到”单选按钮，并单击打开下拉列表，在其中选择要链接的对象。

④ 从下拉列表框中选择“其他文件”选项，弹出“超级链接到其他文件”对话框，在“查找范围”下拉列表框中选择要链接的文件，如图 5.45 所示。

⑤ 单击“确定”按钮，回到“动作设置”对话框。在“动作设置”对话框中单击“确定”按钮，完成按钮的动作设置。

5.5.3 插入组织结构图

组织结构图是用来表现组织结构的图表，可以利用该图表表现企业和公司等部门的组织结构关系。选择菜单栏“插入”|“图片”|“组织结构图”命令，就可以插入如图 5.46 所示的组织结构图。在插入的组织结构图旁边会弹出“组织结构图”工具栏，可以利用该工具栏对这个组织结构图进行修改。下面以一个公司的组织结构为例加以介绍。

图 5.45　选择要链接的文件

① 在图 5.46 中单击相应的图框图标，就可以在其中添加相应的内容；

② 如果想为组织结构图添加新的图框，可单击“组织结构图”工具栏上相应的按钮。例如，要为“总经理”添加一个“助理”，先选取“总经理”图框，单击工具栏的“插入形状”按钮的下三角按钮，打开下拉菜单，从中选择要插入的关系级别命令，如“助手”命令，这样会在“总经理”与“下属”之间插入一个图框，在其中添加“总经理助理”，如图 5.47 所示；

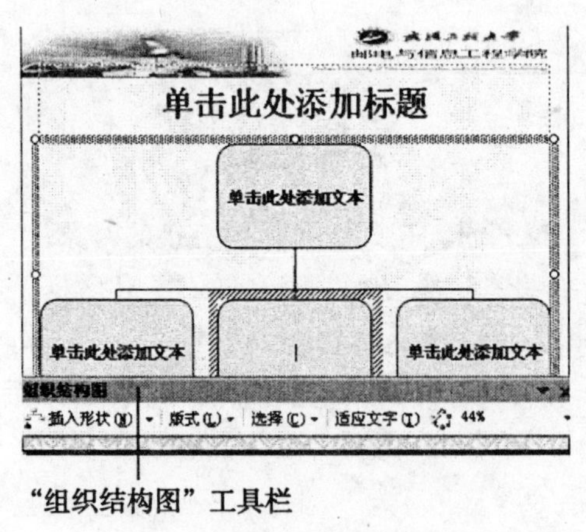

图 5.46　插入组织结构图

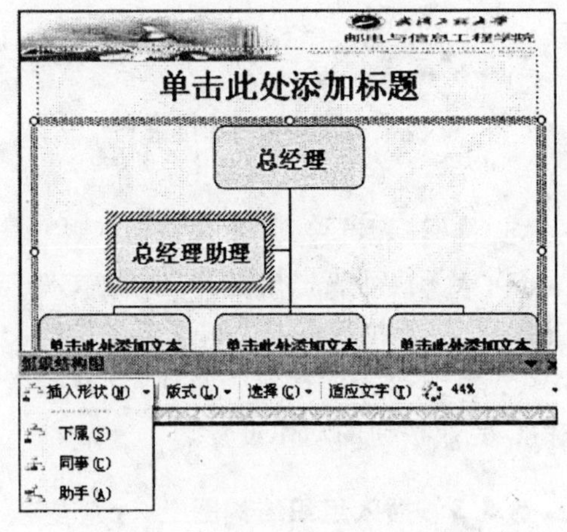

图 5.47　添加“助理”后的结构图

③ 当编辑好组织结构图后，可以对其稍加修饰以适应工作的需要，例如，可以改变组织结构图的版式，对图进行必要的缩放，在组织结构图的样式库中选取样式等。

☞ 提示：

组织结构图跟其他对象一样，也可以对其进行改变大小、移动位置、剪切、复制和粘贴等操作。

5.5.4 打包成 CD

打包成 CD 是 Microsoft Office PowerPoint 2003 较以前版本的新增功能，用于制作演示文稿 CD 并分发，以便在运行 Microsoft Windows 操作系统的计算机上查看。直接从 PowerPoint 中刻录 CD 需要 Microsoft Windows XP 或更高版本。如果用户使用的是 Windows 2000 操作系统，则可将演示文稿先打包到文件夹中，然后使用第三方刻录软件将演示文稿复制到 CD 上。

"打包成 CD"可打包演示文稿和所有支持文件，包括链接文件，并从 CD 自动运行演示文稿。在打包演示文稿时，经过更新的 Microsoft Office PowerPoint Viewer 也包含在 CD 上。因此，没有安装 PowerPoint 的计算机不需要安装播放器就能直接播放。

5.5.5 打印演示文稿

用 PowerPoint 建立的演示文稿，除了可在计算机屏幕上进行展示外，还可以将它们打印出来长期保存。PowerPoint 的打印功能非常强大，它可以将幻灯片打印到纸上，也可以打印到投影胶片上通过投影仪来放映，还可以制作成 35 毫米的幻灯片通过幻灯机来放映。

☞ 提示：

在打印演示文稿之前，应在 Windows 中完成打印机的设置工作。

1. 幻灯片的页面设置

在打印前首先要对幻灯片的页面进行设置。具体操作如下：

① 选择菜单栏"文件"|"页面设置"命令，弹出"页面设置"对话框，如图 5.48 所示；

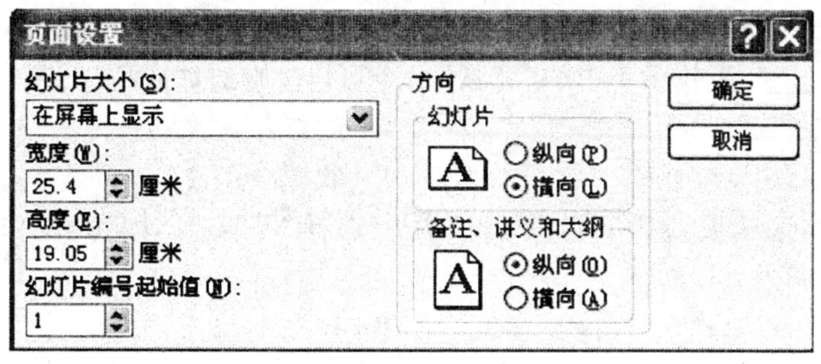

图 5.48 "页面设置"对话框

② 在"幻灯片大小"的下拉列表中，选择幻灯片输出的大小，包括"全屏显示"、"35 毫米幻灯片"(制作 35 毫米的幻灯片)和"自定义"；

③ 如果选择了“自定义”选项，应在“宽度”、“高度”框中键入相应的数值；

④ 若不以“1”作为幻灯片的起始编号，则应在“幻灯片编号起始值”框中输入合适的数字；

⑤ 在“方向”选项中，可以设置幻灯片的打印方向。演示文稿中的所有幻灯片将为同一方向，不能为单独的幻灯片设置不同的方向。备注页、讲义和大纲可以和幻灯片的方向不同。

2. 打印演示文稿

如果对打印机、打印范围等设置完毕，可以直接单击常用工具栏上按钮进行打印。如果需要设置打印时的参数，使用菜单栏“文件”|“打印”命令弹出“打印”对话框，打印时的参数设置与打印 Word 文档类似。不同之处在于可以在“打印内容”栏中选择是打印幻灯片还是讲义、大纲、备注以及每页打印几张幻灯片等多种选项。各种参数设置好后，单击“确定”按钮即开始打印。

练 习 题

一、选择题

1. PowerPoint 演示文稿的扩展名是________。

A. . DOC　　B. . XLS

C. . PPT　　D. . POT

2. 如要终止幻灯片的放映，可直接按________键。

A. “Ctrl+C”　　B. “Esc”

C. “End”　　D. “Alt+F4”

3. 下列操作中，不是退出 PowerPoint 的操作是________。

A. 单击“文件”下拉菜单中的“关闭”命令

B. 单击“文件”下拉菜单中的“退出”命令

C. 按组合键“Alt+F4”

D. 双击 PowerPoint 窗口的“控制菜单”图标

4. 使用________下拉菜单中的“背景”命令可以改变幻灯片的背景。

A. 格式　　B. 幻灯片放映

C. 工具　　D. 视图

5. 打印演示文稿时，如“打印内容”栏中选择“讲义”，则每页打印纸上最多能输出________张幻灯片。

A. 2　　B. 4

C. 6　　D. 9

6. ________不是合法的“打印内容”选项。

A. 幻灯片　　B. 备注页

C. 讲义　　D. 幻灯片浏览

二、填空题

1. 在 PowerPoint 中，可以对幻灯片进行移动、删除、复制、设置动画效果，但不能对单独的幻灯片的内容进行编辑的视图是________。

2. 在 PowerPoint 中，为对幻灯片设置动画效果，可单击________下拉菜单中的________或________命令。

3. 如要在幻灯片浏览视图中选定若干张幻灯片，应先按住________键，再分别单击各幻灯片。

4. 在 PowerPoint 中，在浏览视图下，按住“Ctrl”键并拖动某幻灯片，可以完成________幻灯片操作。

三、问答题

1. PowerPoint 中有哪几种视图？各适用于何种情况？

2. 如何录制旁白和设置放映时间？

3. 如何将一个大而复杂的演示文稿安装到另一台无 PowerPoint 软件的计算机上去演示？

四、操作题

1. 制作毕业论文答辩演讲稿。

   要求：使用版式、背景、设计模板、母版设置，编辑超链接，制作“返回”按钮。

2. 贺卡的制作。

   要求：插入图片、声音、电影，设置动画效果，幻灯片切换，设置放映方式。

3. 制作一个演示文稿，介绍武汉旅游景点，要求能够自动放映。

第6章 Access数据库基础

【学习目标】

为了实现大量数据的保存、查询、维护、统计和发布等操作，往往需要借助数据库管理软件。通过本章学习应掌握：

① 数据库的基本概念；

② 数据库的创建、修改和删除操作；

③ 表的创建和维护；

④ 掌握结构化查询语言 SQL；

⑤ 利用 Access 完成基本的数据处理工作。

6.1 数据库的基本概念

在经济管理的日常工作中，常常需要把某些相关的数据放进这样的“仓库”，并根据管理的需要进行相应的处理。例如，企业或事业单位的人事部门常常要把本单位职工的基本情况(职工号、姓名、年龄、性别、入职时间、籍贯、工资、简历等)存放在表中，这张表就可以看成是一个数据库。有了这个“数据仓库”我们就可以根据需要随时查询某职工的基本情况，也可以查询工资在某个范围内的职工人数等。这些工作如果都能在计算机上自动进行，那我们的人事管理就可以达到极高的水平。此外，在财务管理、仓库管理、生产管理中也需要建立众多的这种“数据库”，使其可以利用计算机实现财务、仓库、生产的自动化管理。

对数据库的定义有多种说法，严格地说，数据库(Database)是“按照数据结构来组织、存储和管理数据的仓库”。数据库的概念实际包括两层意思：第一，数据库是一个实体，它是能够合理保管数据的“仓库”，用户在该“仓库”中存放要管理的事务数据，“数据”和“库”两个概念结合成为数据库。第二，数据库是数据管理的新方法和技术，它能更合理地组织数据、更方便地维护数据、更严密地控制数据和更有效地利用数据。

数据库按其数据模型可分为3种类型：网状数据库、层次数据库和关系数据库。其中关系数据库是一种应用最广泛的数据库。下面简要介绍关系数据库的有关概念。

1. 关系

关系数据库是以关系模型为基础的数据库。关系(Relation)实质上就是一个二维数据表(Table)，也称关系表或表。

2. 表

表通常用于描述一个实体集，每一个表有一个表名。例如，可以为员工基本信息创建一个表命名为“员工表”。如图 6.1 所示。

员工表 : 表

员工号	姓名	性别	年龄	入职时间	家庭住址	电话	工资	部门编号	简历
E002	东方牧	男	20	3/7/2002	五一北路25号	7630349	$2,300.00	D001	1998年毕业
E003	郭文斌	男	22	9/1/2004	公司集体宿舍	2656687	$2,500.00	D002	2004年湖南大学毕
E004	肖海燕	女	30	9/30/2004	公司集体宿舍		$2,300.00	D005	2004年中南大学毕
E005	张明华	男	43	8/16/1994	韶山北路55号		$1,500.00	D002	仓储部主管
E006	李华	女	35	10/11/2008	公司集体宿舍	7789023	$900.00	D001	2005年湖南师大
E007	刘叶	女	60	3/4/2005	公司集体宿舍	8803542	$2,200.00	D002	2006年国防科科大

记录: 4 共有记录数: 6

图 6.1　员工基本信息表

3. 字段

表由若干行和若干列组成。每一列称为字段(Filed)，每个字段都有一个字段名，如“员工表”中的“员工号”、“姓名”等 10 个字段。同一个表的各个字段的名字不能重复，同一字段的必须具有相同的数据类型。

4. 记录

表中的每一行称为记录。每条记录描述现实世界中某一对象的不同属性，如“员工表”中共有 7 条记录。记录中的某个字段值称为数据项。

5. 表的主键和索引

在一个表中，如果某个字段值可以是一个字段，也可以是多个字段的组合，能够唯一确定一个记录，则可以把它作为主键(Primary Key)，或称关键字。主键不允许有重复值和空值(Null)。例如，在“员工表”中，“员工号”字段可以是表的主键，因为每位员工都有唯一的员工号，使用员工号能够唯一地标识一个记录。

为了提高检索数据库记录的速度，需要将数据表中的某些字段的一个字段或多个字段设置为索引(Index)。通过索引快速地找到特定的记录，这与一本书的目录索引相似。例如在“员工表”中，如果以“员工号”为索引字段建立索引，则可按“员工号”快速检索。

6. 数据库

简单地说，数据库(Database)是由一个或多个表组成的数据集合。数据库中的表之间可以用不同的方式相互关联。例如，一个员工数据库由“员工表”和“部门表”组成，这两个表的记录通过“部门编号”字段联系起来，以找到特定员工所在部门的情况。

7. 数据库管理系统

在实际应用中，人们常常把数据库的管理和维护工作交给数据库管理系统(DBMS)。数据库管理系统建立在操作系统的基础上，对数据库进行统一管理和控制。利用数据库管理系统提供的一系列命令，用户可以建立数据库、定义数据库以及对数据库进行添加、删除、更新、查找、输出等操作。此外，数据库管理系统还承担数据库维护的任务。因此，数据库管理系统是数据库系统的核心。

常见的关系型数据库管理系统有甲骨文公司的 Oracle、IBM 公司的 DB2、Microsoft 公司的 SQL Server 等大型的数据库管理系统，也有 Microsoft 公司的 Access、Foxpro 等单机桌面数据库管理系统。前者适用于网络、多用户、安全性要求较高的环境中，后者一般应用于单机或用户数量较少的网络环境中。

8. 关系运算

专门的关系运算包括选择、投影和连接。关系就是一张二维表，可以从行方向和列方向进行运算。如果从表中抽取一些行则称为选择运算；如果从二维表中抽取一些列则称为投影运算；有时，需要同时从多个表中提取信息，这就要对所涉及的表先进行连接运算，将多个表按某种条件整合成为一张表，然后再提取行或者列。

另一方面，关系也可以看成是记录的集合，所有的集合运算都适用于关系，如交、并、差等。

本章主要以 Microsoft Access 2003 数据库管理系统为例介绍数据库的基本操作。

6.2 数据库基本操作

6.2.1 创建数据库

数据库是数据以及其他相关对象的容器。在 Access 中创建数据库的常用方法有两种：一是建立一个空的数据库，然后再添加其他对象；二是使用数据库向导创建一个可以直接使用的数据库，单击 Access 窗口中工具栏上的"新建"按钮，然后单击"新建文件"任务窗格中的"新建"选项组中的相应选项，如图 6.2 所示，即可创建数据库。图 6.3 所示为创建的一个名为"企业基本数据"的空数据库，该操作在磁盘对应位置上生成一个名为"企业基本数据 . mdf"的文件。

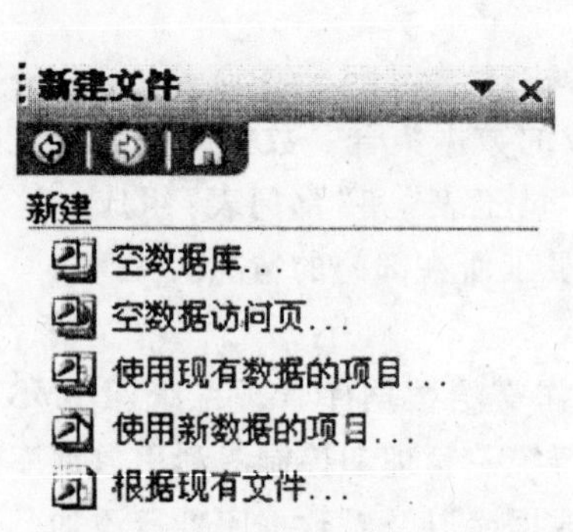

图 6.2 "新建文件"任务窗格

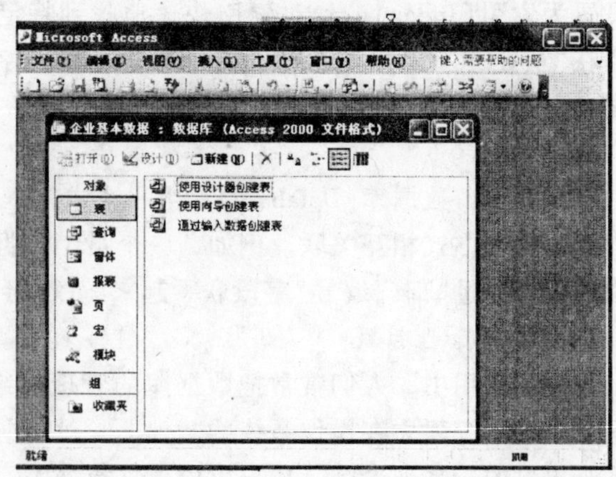

图 6.3 新建的数据库窗口

6.2.2　Access 数据库的对象

如图 6.3 所示，Access 数据库包含表、查询、窗体、报表、页、宏及模块等对象。Access 使用这些对象来组织和表示数据。只要在数据库窗口左边的选项卡列表中选择对象的类型，则这些对象就会显示在数据库窗口右边的窗格中。

1. 表

表是关系数据库的核心和基础，它是实际存储数据的地方。报表、查询和窗体都是从表中获得数据。

2. 查询

查询用于在一个或多个表内查找某些特定的数据，并将其集中起来，形成一个全局性的集合，供用户查看。在设计一个数据库时，为了节省空间，常常把数据分类，并分别放在多个表内，而查询实际上就是将这些分散的数据集中起来。用户可以在 Access 中使用多种查询方式查找、插入和删除数据，例如，简单查询、动作查询、参数查询和交叉表查询等。另外，用户还可以从一个或多个表中选择数据记录来创建一个新表。

查询到的数据记录集合称为查询的结果集，结果集也以二维表的形式显示出来，但它们不同于表，不直接存储数据，而只是记录该查询的查询操作方式，这样，每进行一次查询操作，其结果集显示的都是基本表内当前存储的实际数据。

3. 窗体

窗体可以向用户提供一个交互的图形界面，用来进行数据的输入、显示以及应用程序的执行控制。窗体也可以进行打印。

窗体具有类似于窗口的界面，窗体通过各种控件来显示字段的信息。窗体中的文本框、按钮等统称为控件。控件的外观形式、大小等都可以在窗体中设置。窗体的外观所包含的控件及大小构成窗体的属性。例如，可以通过窗体将员工表中的数据以更容易接受的形式呈现在窗体中，如图 6.4 所示。

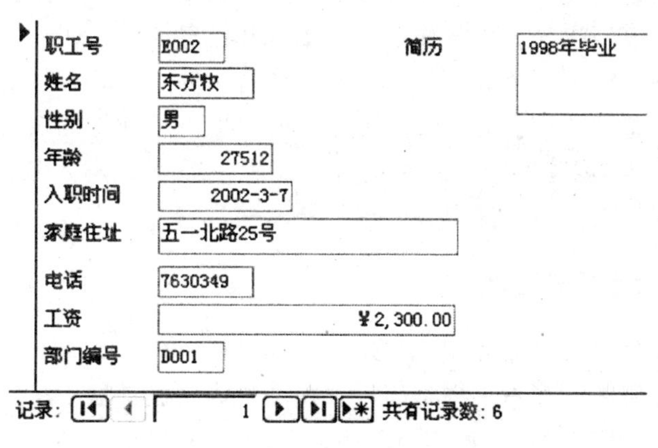

图 6.4　窗体视图

4. 报表

报表是一种十分有用的工具，利用报表设计器可以设计出各种精美的报表。利用报表设计器制成的报表更适于打印，形成书面材料。

报表用来对选定的数据信息进行格式化显示和打印。报表可以基于一个表或多个表，也可以基于查询的结果。报表在打印之前可以进行打印预览。另外，报表也可以进行计算，例如求和、求平均值等。

5. 宏

宏是若干个操作的集合，它用来简化一些经常性的操作。用户可以设计一个宏来控制一系列的操作，当执行这个宏时，就会按照这个宏的定义依次执行相关的操作。宏可以打开并执行查询、打开表、打开新窗体、打印、显示报表、修改数据以及统计信息，也可以允许另一个宏及模块调用。

6. 模块

模块是用 Access 提高的 VBA(Visual Basic for Application)语言编写的程序段。模块有两个基本类型：类模块和标准模块。模块中的每一个过程都可以是一个函数过程或一个子程序。模块可以与报表、窗体等对象结合使用，以建立完整的应用程序。VBA 语言与 Microsoft Visual Basic 语言十分相似。在一般的情况下，Access 不需要创建模块，除非需要建立应用程序来完成宏无法实现的复杂功能。

7. 页

在 Access 中，用户可以直接建立 Web 页，这一功能使 Access 与 Internet 紧密结合起来。通过 Web 页用户可以方便、快捷地将所有文件作为 Web 发布程序存储到指定的文件夹，或者将其复制到 Web 服务器上，在网络上发布信息。

6.3 创建表

表是数据库的基础，是信息的载体。其他对象，例如查询、窗体和报表等，也是将表中的信息以各种形式表现出来，以方便用户使用这些信息。

首先要根据用户的需要创建表，创建表的工作包括确定表名、字段名、字段的数据类型、宽度和数据的完整性约束。Access 的图形界面中提供三种创建表的途径，如图 6.3 所示，分别是“使用设计器创建表”、“使用向导创建表”和“通过输入数据创建表”。由于使用向导创建表的过程比较简单，这里只介绍另外两种。

6.3.1 使用表设计器创建表

表设计器的功能很强大，下面就以“员工”表为例，介绍表设计器的使用方法。表设计器又被称为表设计视图，在本书中将表设计视图称为表设计器。

在数据库窗口中，双击“使用设计器创建表”图标，弹出如图 6.5 所示窗口。

在“字段名称”列的第 1 行中输入第 1 个字段的名称“员工号”，然后按 Enter 键，此时在“数据类型”列中会显示出一个下三角按钮，单击该按钮，在弹出的下拉列表框中选择

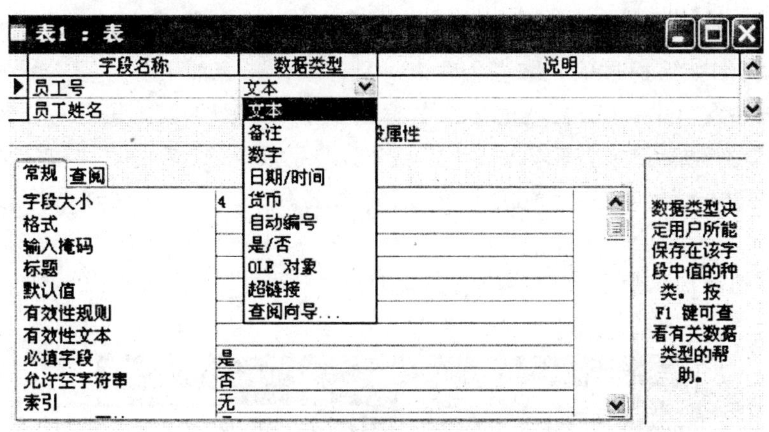

图 6.5　表设计器

“文本”选项，即设置该字段的数据类型为文本。

在“字段属性”选项组的“常规”选项卡中，可以设置字段的大小、格式、标题、默认值等。其中，设置字段大小为 4 表示字节，在“必填字段”文本框中输入“是”，在“允许空字符串”文本框中输入“否”。

用上述方法，继续添加其他各字段的命名，并设置其属性。

设置完成后，单击工具栏的“保存”按钮保存新建的表，并将其命名为“员工表”。此时，系统将询问是否建立一个主键，单击“是”按钮，即可建立一个主键。

回到数据库主窗口，可以看到新建的表，如图 6.6 所示。双击“员工表”，即可将该表打开，然后进行数据录入。

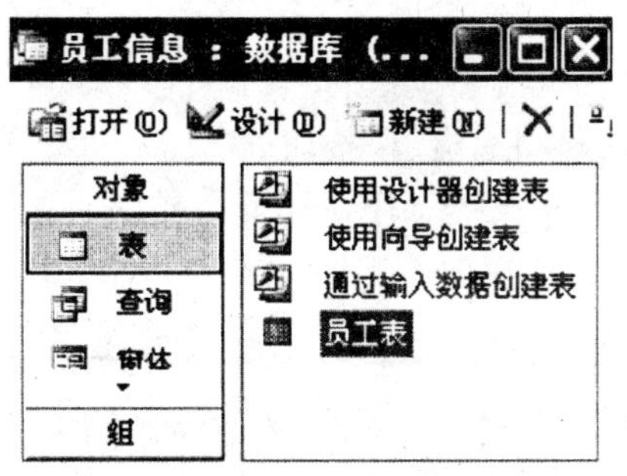

图 6.6　数据库主窗口

6.3.2　通过输入数据创建表

在 Access 中可以通过输入数据创建表，Access 会根据在第一个记录中输入的数据推测该字段中将要保存的数据类型。例如，在一个字段中输入“1”，Access 就会设置该字段的数据类型为“数字”；输入“A”，Access 就会设置其数据类型为“文本”。在输入数据时，也可以为每一个字段命名。利用这种方法创建表方便快捷，但不能实现某些功能。下面以建立表为例，介绍如何通过输入数据创建表。具体操作步骤如下：

① 在数据库窗口中，双击“通过输入数据创建表”图标即可以得到一个表，在该表的顶部依次排列着列的标题：“字段 1”，“字段 2”，“字段 3”等。

② 右击“字段 1”，在快捷菜单中单击“重命名列”命令，然后输入字段名“部门编号”。

③ 用同样的方法，更改其他字段名称，如图 6.7 所示。

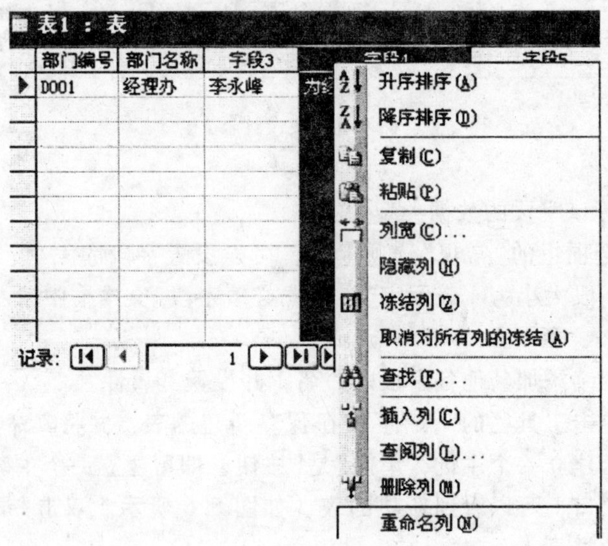

图 6.7 字段重命名

④ 在表中输入记录，然后单击菜单栏的“文件”|“保存”命令，在“表名称”下拉列表框中输入表名“部门表”，然后单击“确定”按钮。

⑤ 此时系统弹出一个对话框，提示用户建立主键。一般情况下要建立一个主键，单击“是”按钮即可。

6.4 修改表的结构

在创建数据库时，有些表可能设计得不够完善。Access 允许在创建表后，甚至在输入数据后修改表的结构。修改表结构包括删除字段、添加字段、改变字段类型、改变字段的查阅方式和字段有效性规则等。对表的修改一般在表设计器中进行。

☞ 提示：

在输入数据后，修改表的结构一定要对数据库进行备份，因为在修改表的结构时可能造成数据的丢失。

6.4.1　删除、添加字段和修改字段

删除、添加字段和改变字段的类型等操作比较简单，具体操作步骤如下：

① 在数据库主窗口中右击要修改结构的表，在弹出的快捷菜单中单击“设计视图”命令；也可以在表窗口中单击“设计”按钮，打开表设计器。在表设计器中，可以直接修改字段的名称和数据类型。

② 右击某一字段，将弹出如图 6.8 所示的快捷菜单。

③ 在快捷菜单中可以单击“删除行”或“插入行”命令来删除或插入字段。

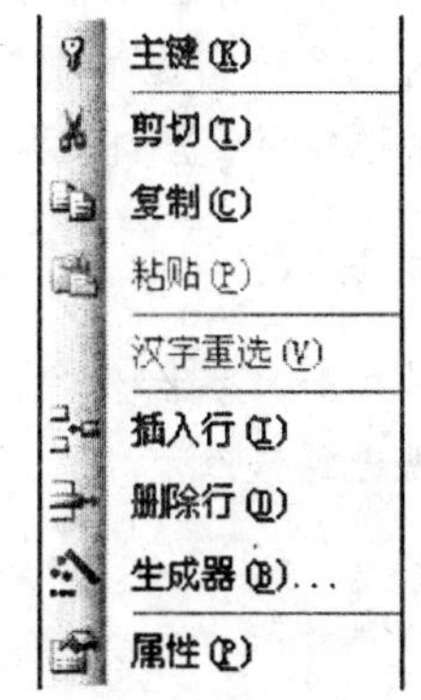

图 6.8　字段快捷菜单

6.4.2　设置表的有效规则

为了保证数据库中的数据的正确性和有效性，Access 提供了有效性规则设置机制。有时要求某些字段的取值有一定的限制，例如在员工表中，“年龄”字段要求在 18 到 65 之间，就是一个有效性规则。在 Access 中，还可以设置表中的每一条记录的有效性规则。例如在“员工”表中的“D001”号部门的员工工资应在 3000 元以上，否则这一条记录为非法数据。下面就以设置“员工表”中的“年龄”字段的有效性规则为例，介绍如何设置表的有效性规则。具体操作步骤如下：

① 打开员工表的设计器。

② 右击“年龄”字段，在快捷菜单中选择“属性”，弹出如图 6.9 所示的“表属性”对话框。

③ 单击“有效性规则”文本框，然后单击其右侧的按钮，打开如图 6.10 所示的“表达式生成器”对话框；

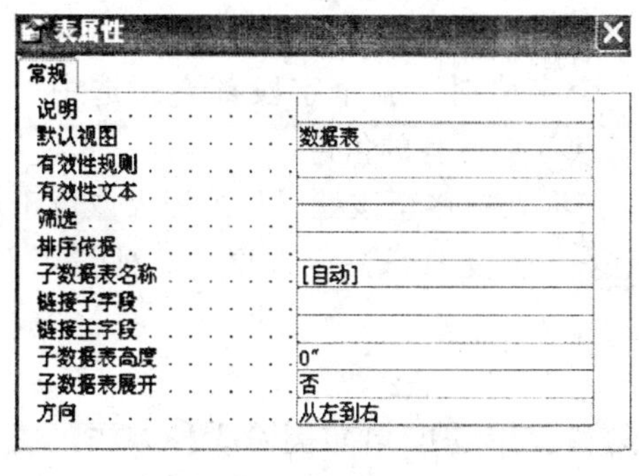

图 6.9　“表属性”对话框

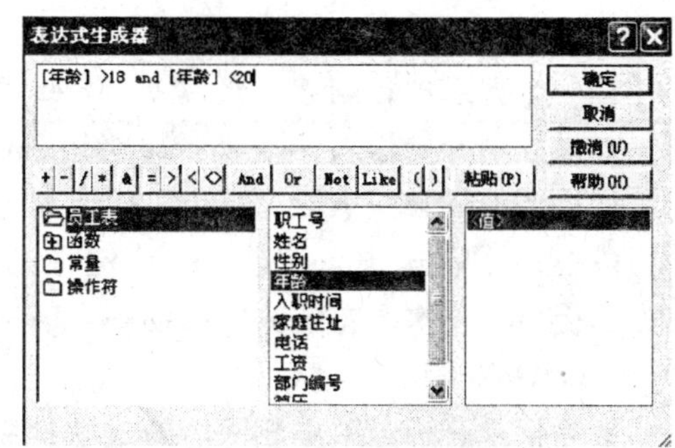

图 6.10　表达式生成器

④ 在对话框中，双击“年龄”选项，然后单击按钮 >，从键盘输入 18，单击 And；双

击"年龄"，单击按钮<，从键盘输入65。单击"确定"按钮。

⑤ 关闭"表属性"对话框，然后单击工具栏中的"保存"按钮，保存对表的修改。此时，系统将提示用户数据完整性规则已经改变，是否对已有的数据进行检查。单击提示对话框中的"是"按钮，让系统对表中的数据进行检测。

☞ 提示：

如果在检查时，发现有些数据不符合新规则的要求，可以先保存新的规则，然后对数据进行修改。

6.5 操作表中数据

类似于 Excel，在 Access 中，对表的操作十分方便，可以浏览表、为表添加和删除记录、编辑记录字段的值，筛选符合条件的记录以及对记录进行排序操作等。

6.5.1 修改表数据

要添加或编辑数据时，首先要打开数据表，在该视图下，工具栏上会出现数据表视图工具栏，如图 6.11 所示。

图 6.11 数据表视图工具栏

1. 添加记录

如果要添加新记录，则单击工具栏上的"新记录"按钮▶*，也可以单击菜单栏中的"插入"|"新记录"命令为表添加一条记录，然后输入数据。按 Tab 键将转至下一个记录。

2. 编辑记录

在一个记录中，当按 Tab 键或 Enter 键移入一个字段时，整个字段都会被选中。这时，如果立刻开始输入，则 Access 会用新输入的信息替换原有的信息。

如果要编辑某一字段，可单击想要编辑的字符，将光标移至该处。如果插入点位于一个字段中，可单击"Home"或"End"键将光标移至这个字段的开头或末尾。此外，用左、右方向键可以一次向左或向右移动一个字符。

3. 删除记录

删除记录有通过菜单删除、通过快捷菜单删除和使用 SQL 语句删除 3 种方法。使用 SQL 语句删除记录的方法将在 6.6 节中介绍，这里主要介绍前两种方法。

通过菜单删除的方法是在行首单击要删除的记录，该行会被选中而变成黑色，选择菜单栏"编辑"|"删除记录"命令即可删除相应的记录。也可以拖选多行，同时选择多条记

录。通过快捷菜单删除记录的方法操作比较方便，选择要删除的记录，点击鼠标右键弹出快捷菜单，在出现的快捷菜单中选择“删除”即可。

☞ **提示：**

Access 中记录的删除是永久性的，一旦删除将不能再次恢复，所以，删除记录操作一定要慎重。

6.5.2 保存表中的数据

与其他文档一样，对数据库的任何修改，都要做保存工作。保存表中数据的方法有以下几种：

方法一：每移至一个新记录，原来记录中的数据即被保存。

方法二：在一个字段中工作很长时间，但又不希望将光标移出去来保存数据，此时可按下“Shift+Enter”组合键来保存数据。

方法三：对记录中的字段进行编辑时，可单击记录选定器上的铅笔图标 来保存改动中的字段，如图 6.12 所示，此时，记录会同时被选中。如果要继续编辑同一个记录中的其他字段，只需单击下一个想要编辑的字段即可。

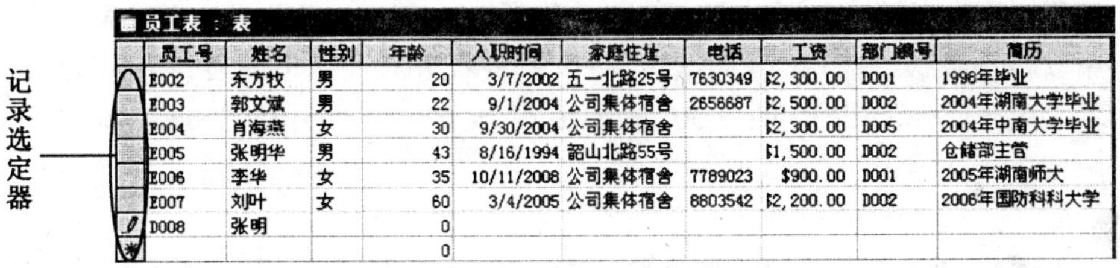

员工表 : 表

记录选定器

员工号	姓名	性别	年龄	入职时间	家庭住址	电话	工资	部门编号	简历
E002	东方牧	男	20	3/7/2002	五一北路25号	7630349	$2,300.00	D001	1996年毕业
E003	郭文斌	男	22	9/1/2004	公司集体宿舍	2656687	$2,500.00	D002	2004年湖南大学毕业
E004	肖海燕	女	30	9/30/2004	公司集体宿舍		$2,300.00	D005	2004年中南大学毕业
E005	张明华	男	43	8/16/1994	韶山北路55号		$1,500.00	D002	仓储部主管
E006	李华	女	35	10/11/2008	公司集体宿舍	7789023	$900.00	D001	2005年湖南师大
E007	刘叶	女	60	3/4/2005	公司集体宿舍	8803542	$2,200.00	D002	2006年国防科科大学
D008	张明		0						
			0						

图 6.12 选定记录器上的铅笔表示

☞ **提示：**

在输入或更改数据后，Access 会根据用户的设置对输入的数据进行检查，如果输入了不合法的数据，系统将提示错误，要求用户修改或放弃输入。

6.5.3 筛选记录

所谓“筛选”，是指根据给定的条件，从表中查找满足条件的记录并且显示出来，不满足条件的记录被隐藏起来。这些条件称为筛选条件。

1. 按选定内容筛选

例如，要在“员工表”中筛选出所有女同志，操作步骤如下：

① 选择菜单栏的“视图”|“数据表视图”；

② 将光标放在“性别”字段中的任意一个字段值为“女”的单元格中，再单击菜单栏的“记录”|“应用筛选/排序”命令，或单击工具栏的按选定内容筛选 按钮。

如果要恢复显示所有记录，可以右击“性别”字段中任意一个字段值为“女”的单元格，在弹出的菜单中点击“取消筛选/排序”命令即可。

2. 按窗体筛选

使用窗体筛选，可以方便地执行较为复杂的筛选。它会打开一个“按窗体筛选”窗格，并允许用户在窗格中指定筛选条件。

例如，需要在“员工表”中筛选出“工资”大于2000，“年龄”在25岁以上的员工信息，此时，应在数据表视图中，单击工具栏中的“按窗体筛选”按钮，系统打开“按窗体筛选”窗口，在“年龄”列输入“>25”，“工资”列输入“>2000”。如图6.13所示。

图6.13 “按窗体筛选”窗格

将所有条件输入后，单击工具栏上的“应用筛选”按钮，完成筛选操作。若要恢复显示所有记录，再次单击按钮即可。

3. 按目标筛选

如果要从“员工基本信息表”中筛选出“年龄”在20到30岁的所有记录，应在数据表视图中，将目标移动到“年龄”一列的任何地方右击，从弹出的快捷菜单“筛选目标”选项中输入表达式“>=20 and <=30”，如图6.14所示，然后按Enter键即可完成筛选操作。

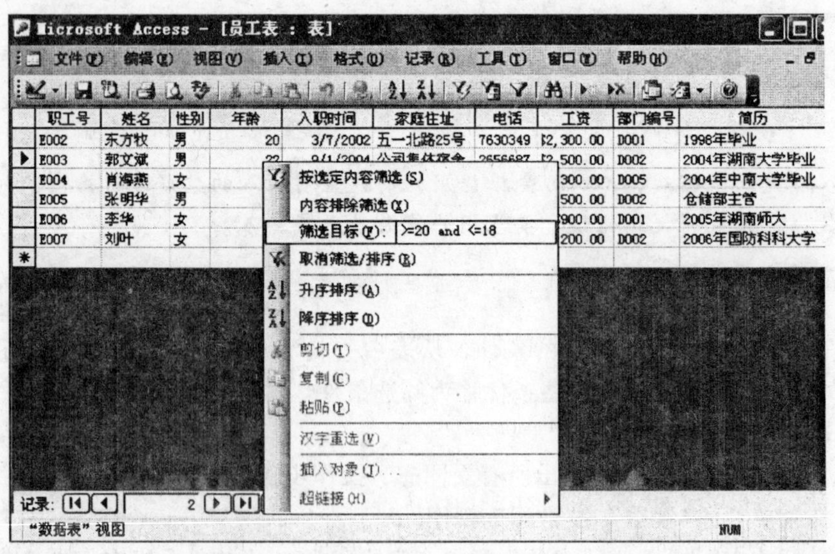

图6.14 筛选目标

6.6　建立查询

数据查询是数据库管理系统的主要功能。Access 将查询作为一种对象，保存符合要求的数据以便进一步的利用。可以从一个或多个表中查找符合某种指定条件的数据，这些数据组成一个新的数据集合，这个数据集合又称为查询结果集。查询结果集本身又可以看成一个表，或者其他数据库操作的数据源。

6.6.1　在设计视图中创建查询

在 Access 中生成的查询办法有两种：使用向导创建表查询和在设计视图中创建查询，使用查询向导只能创建简单的查询，使用设计视图可以设计复杂的查询，可以涉及多个表的查询，还可以指定复杂的查询条件以满足高级的查询要求。

查询视图主要有 3 种：设计视图、数据表视图、SQL 视图。设计视图用于创建和修改查询；数据表视图用于显示查询结果；SQL 视图用于查看或修改查询时所用到的 SQL 语句。

例如，从“企业基本信息 . mdb”数据库中查找工资高于 2000 元且年龄在 40 岁以下的员工姓名和所在部门信息，具体操作步骤如下：

① 打开“企业基本信息 . mdb”数据库。

② 在数据库窗口中，单击“查询”，双击“在设计视图中创建查询”选项，弹出“显示表”对话框，如图 6. 15 所示。

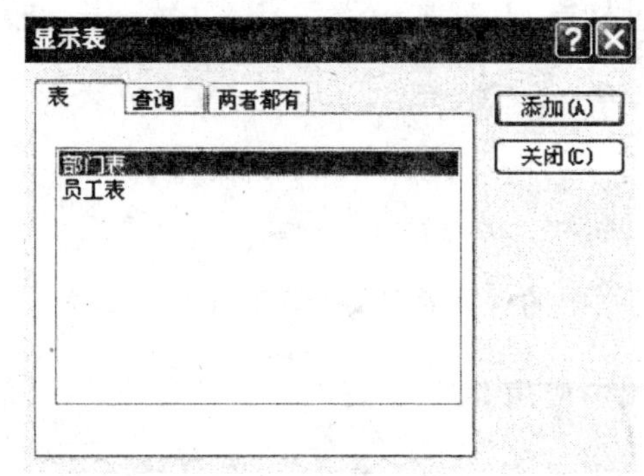

图 6. 15　“新建查询”对话框

③ 在“显示表”对话框中点击“表”选项卡，在左边的列表中选择需要查询的数据所在的表“员工表”，即数据源，并单击“添加”按钮，Access 就会向查询设计器中添加此表。用同样的方式添加部门表。

④ 点击“关闭”按钮。

⑤ 将“员工表”中部门编号拖动到“部门表”中的“部门编号”所在的位置，在对应的字

段之间会出现一条连线，表示连接查询。

⑥ 双击题目要求的“员工号”、“姓名”、“部门名称”等字段名，将这些字段添加到查询设计器下面的表格中。

⑦ 在“工资”列的“条件”行中输入“<2000”；在“年龄”列的条件行中输入“>30”，如图 6.16 所示。

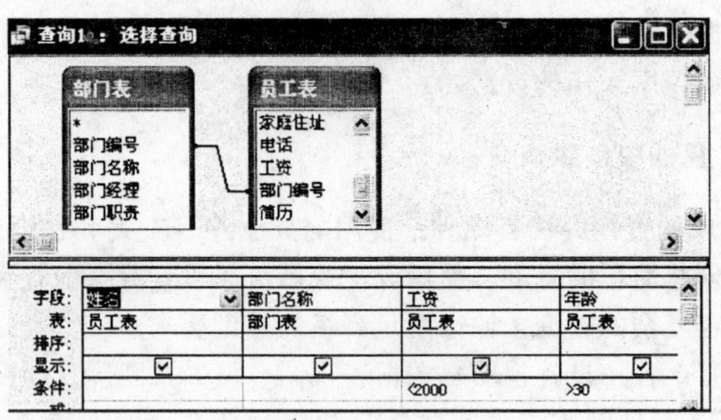

图 6.16 查询设计

⑧ 在设计的查询过程中，如果想查看查询的结果，可直接单击工具栏中的按钮，即可显示查询结果，如图 6.17 所示。单击工具栏中的视图按钮可返回查询设计器。

查询1 : 选择查询

	姓名	部门名称	工资	年龄
▶	张明华	市场部	$1,500.00	43
	李华	销售部	$900.00	35

图 6.17 查询结果

⑨ 完成后，单击工具栏中的保存按钮保存新建的查询。

6.6.2 在 Access 查询中应用 SQL 语言

Access 中的查询对象本质上是一个 SQL 语言编写的命令。当在设计视图中创建一个查询对象后，系统便自动把操作命令转换成相应的 SQL 语言保存起来，为了能够看到查询对象相应的 SQL 语句，只要右击查询设计视图的上半部分，然后单击快捷菜单中“SQL 视图”命令，便可以转换到直接编辑 SQL 语句创建查询的环境，在此环境下可以直接输入 SQL 语句或编辑已有的 SQL 语句，保存结果后同样可以生成一个查询对象。

SQL(Structure Query Language)，即结构化查询语言，是一种用于数据库查询和编程的语言。由于它的功能丰富、使用方式灵活、语言简洁易学，已成为关系数据库语言的国际标准。

SQL 语言功能强大，不仅能够实现数据的增、删、改、查等基本数据库操作，还能够定义数据库以及进行数据的安全性控制。这里主要介绍几个常用的 SQL 语句。

1. SELECT 语句

SELECT 语句是 SQL 语言中最常用的一个语句，实现数据查询的功能。该语句的一般格式如下：

SELECT 字段名列表 FROM 表名 | 视图

[WHERE 查询条件]

[GROUP BY 分组项]

[ORDER BY 排序字段[ASC | DESC]，…]

符号说明：[ ]表示可选项；| 表示二选一；…表示后续可以有相同的项。

功能：从指定的表中查找满足条件的记录。

说明：

①字段名列表：指明要在查询结果中包含的字段名，书写格式为：[表名.]字段名，如果只对一个表进行查询，则可省略表名。多个字段名之间用逗号隔开。当要查询表中所有的字段时，可用"*"代表。

②表名：指出所要查询的表，可以指定多个表，各表名之间用逗号隔开。

③查询条件：指出要查询的条件，它是一个条件表达式。

SQL 条件表达式中经常使用的运算符除了 and，or，not 逻辑运算符以及 =，>，>=，<=，<，< >关系运算符外，还可以使用 like，进行字符串匹配查询。如表 6.1 所示。

表 6.1　常用的条件表达式运算符

运算符	SQL 中的表示	含　义
逻辑运算符	and	两个条件同时成立
	or	两个条件中至少有一个成立
	not	取反
关系运算符	=，>，>=，<=，<，< >	比较大小
字符串	like	字符串匹配

④ GROUP BY 分组项：指出记录按"分组项"进行分组，常用于分组统计。

⑤ ORDER BY 排序字段[ASC | DESC]：指出查询结果按某一字段值排序，ASC 指定按升序排列，DESC 指定按降序排列。默认为升序。

例如，从"员工表"中查找"D001"部门中所有员工的信息，查询结果只包括员工编号、姓名和性别，采用的 SELECT 语句如下：

SELECT 员工编号，姓名，性别 FROM 员工表 WHERE 部门编号="D001"

例如，显示"员工表"中所有男性员工的信息，查询结果按部门编号升序排列，采用的 SELECT 语句如下：

SELECT * FROM 员工表 WHERE 性别="男"ORDER BY 部门编号 ASC

例如，从"员工表"和"部门表"中查找市场部的所有员工信息，查询结果中包括员工编号、姓名、部门名称、部门经理，采用的 SELECT 语句如下：

SELECT 员工表.员工编号，员工表.姓名，部门表.部门名称，部门表.部门经理

FROM 员工表，部门表

WHERE 部门表.部门编号=员工表.部门编号 and 员工表.部门名称 ="市场部"

说明：上述的"部门表.部门编号=员工表.部门编号" 表示通过"部门编号"字段对这两个表进行关联。

2. INSERT 语句

INSERT 语句用于向表中插入一个记录。该语句格式如下：

INSERT INTO 表[(字段名列表)]VALUES(字段值列表)

例如，在部门表中插入两个记录，采用 INSERT 语句如下：

INSERT INTO 部门表(部门编号，部门名称，部门经理) VALUES ("D007"，"后勤处"，"张铁头")

INSERT INTO 部门表 VALUES ("D008"，"研发部"，"张岚"，"技术研发")

说明：当为表中所有字段都提供对应的值时，字段列表可以省略。

3. DELETE 语句

DELETE 语句用于按照指定条件删除表中的记录。该语句格式如下：

DELETE FROM 表名 WHERE 条件

例如，删除员工表中部门编号"D005"的所有记录，采用 DELETE 语句如下：

DELETE FROM 员工表 WHERE 部门编号="D005"

4. UPDATE 语句

UPDATE 语句用于按照指定的条件删除表中的记录。该语句格式如下：

UPDATE 表名 SET 字段名=值，…WHERE 条件

例如，将部门编号为"D002"的员工的工资上涨 500，可以用如下语句完成：

UPDATE 员工表 SET 工资=工资+500 WHERE 部门编号="D002"

6.7 报　　表

报表是打印数据库数据的最佳方式，可以帮助用户以更好的方式显示数据。报表是用户呈现数据的一个定制的查阅对象，既可以输出在屏幕上，也可以传送到打印设备。有了报表，用户就可以控制数据摘要、获取数据汇总，并以所需任意顺序排序。

在 ACCESS 中，报表也作为数据库的对象之一，如同数据库中创建的大多数对象一样，用户可以采用多种方式来创建报表。

在数据库对象窗格中点击"报表"，在工具栏中点击"新建"，弹出如图 6.18 所示的"新建报表"对话框。在对话框中选择"设计视图"，同时在"请选择该对象数据的来源表或

查询”的下拉列表框中选择“员工表”，然后单击“确定”，就弹出如图 6.19 所示的报表设计窗口。

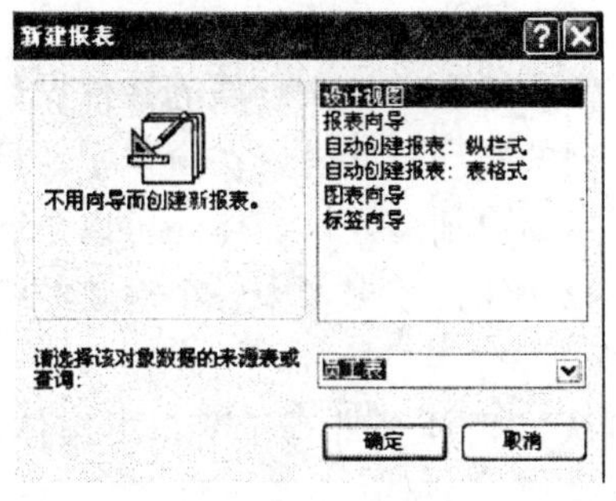

图 6.18　“新建报表”对话框

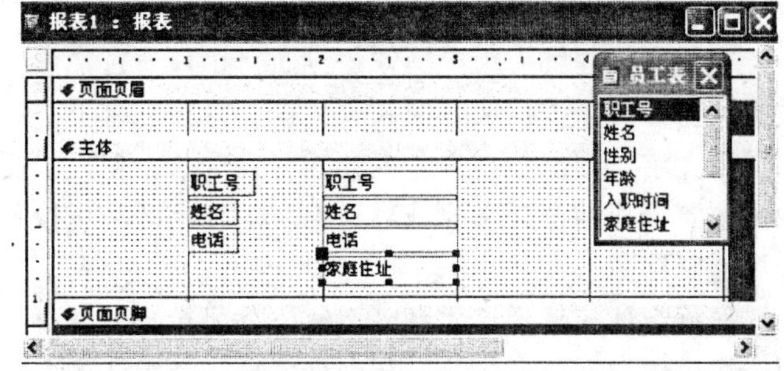

图 6.19　报表设计窗口

该窗口包含页面页眉、主体、页面页脚三部分，将员工表中需要出现在报表中的字段“职工号”、“姓名”、“家庭住址”、“电话”等拖动到主体部分，编辑打印格式；如果需要，可以设置报表的页面和页脚。若要对报表细节做进一步设计，可点击工具栏上的属性按钮，将弹出如图 6.20 所示的报表属性对话框，对报表中的数据、格式、事件等进行详细的设计。设计结束后，可以通过打印预览观察设计效果。对已有报表可以通过双击调出设计视图重新设计。

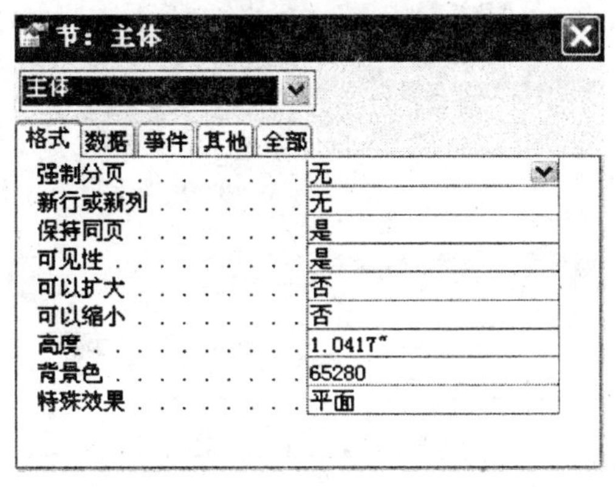

图 6.20　报表属性对话框

☞ **提示：**

报表向导提供了一种灵活的创建报表的方法。利用报表向导，用户只需要回答一系列创建报表的问题，便会得到所需要的报表。与自动报表不同的是，用户可以用报表向导选择要在报表中看到的字段，这些字段可来自多个表或查询，向导最终会按照用户选择的布局和格式建立一个美观的报表。

6.8 创建窗体

窗体可以理解为用户操作的界面，用户通过熟悉的按钮、选项卡、文本框等控件操作数据。窗体可以直接从表中获取数据，并在屏幕上进行合理的布局。此外，在窗体中还可以使用文字、图像、声音、视频等多种对象，使人机交互界面更加友好。窗体还可以与宏或函数等操作结合起来控制数据库应用程序的扩展执行过程，使得数据库中各个对象的结合更加紧密。

根据窗体的显示形式可以把窗体分为单列式窗体、列表式窗体、带有子窗口的窗体、图表式窗体和表式窗体等，其中表式窗体是默认的窗体形式。

创建窗体和创建表、创建查询一样，在设计视图中对窗体进行设计，也可以利用向导来创建新窗体。

下面以“员工信息”数据库为例，介绍使用自动创建窗体创建表格式窗体的方法。具体操作步骤如下。

① 打开数据库，选择“窗体”选项，然后单击工具栏的“新建”按钮，弹出如图6.21所示的“新建窗体”对话框。

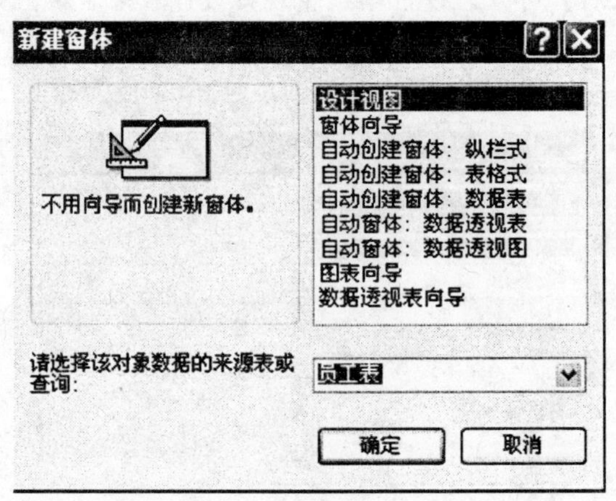

图6.21 “新建窗体”对话框

② 在“新建窗体”对话框中，选择“自动创建窗体：表格式”选项，在对话框下面的下拉列表中选择“员工表”，然后单击“确定”按钮，出现如图6.22所示的窗体。如果窗体中的数据显示不够理想，可以点击工具栏上的编辑按钮对该窗体的布局和其他属性进行编辑。

另外，使用窗体向导来创建窗体也是不错的选择，该方法可以创建格式更加丰富的窗体。

图 6.22　与员工表相关联的窗体

练　习　题

一、单项选择题

1. 在 Access 中，建立的数据库文件的扩展名为________。

A. . dbt　　B. . dbf

C. . mdf　　D. . mdb

2. 在 Access 中，建立查询时可以设置筛选条件，应在________栏中输入筛选条件。

A. 总计　　B. 排序

C. 条件　　D. 字段

3. 在 Access 中通过________可以对报表的各个部分设置背景颜色。

A. 格式菜单　　B. 编辑菜单

C. 插入菜单　　D. 属性对话框

4. 在 Access 的查询中可以使用总计函数，________就是可以使用的总计函数之一。

A. Sum　　B. And

C. Or　　D. +

5. 数据库 DB、数据库系统 DBS、数据库管理系统 DBMS 三者之间的关系是________。

A. DBS 包含 DB、DBMS　　B. DB 包含 DBS、DBMS

C. DBMS 包含 DB、DBS　　D. 三者互不包含

6. 数据库的核心是________。

A. 数据库　　B. 数据库管理员

C. 数据库管理系统　　D. 文件

7. 在 Access 中，在数据表中删除一条记录，被删除的记录________。

A. 不能恢复；

B. 可以恢复到原来位置；

C. 能恢复，但将被恢复为第一条记录；

D. 能恢复，但将被恢复为最后一条记录。

8. Access 数据库类型是________。

A. 层次数据库　　B. 网状数据库

C. 关系数据库　　D. 面向对象数据库

9. 在 Access 中，如果一个字段中要保存长度多于 255 个字符的文本和数字的组合数据，选择________数据类型。

A. 字符　　B. 文本

C. 数字　　D. 备注

10. 数据库中，设置为主键的字段________。

A. 不能设置索引　　B. 可不设置索引

C. 系统自动设置索引　　D. 可设置为“有重复”索引

11. 在 Access 中，窗体上显示的字段为表或________中的字段。

A. 报表　　B. 选项卡

C. 记录　　D. 查询

12. 在 Access 中，建立数据表时，字段的数据类型不可以设置为________。

A. 字符型　　B. 数值型

C. 货币型　　D. 字节型

13. 在 Access 中，数据存储在表中，表的列称之为________。

A. 字段　　B. 数据

C. 标题　　D. 记录

14. 表是以________的格式表现用户的数据的一种方式。

A. 文档　　B. 显示

C. 打印　　D. 视图

15. 在 Access 的表中，常用一个字段来唯一标识该记录，我们将这样的字段称为________。

A. 索引　　B. 主键

C. 主字段　　D. 主索引

二、填空题

1. 对于电话号码这种非计算的类的数据一般为________型；年终总结设为________型。

2. 为数据库的建立，使用和维护而配置的软件是________系统。

3. 查询设计完成后，有多种方式可以观察查询结果，比如可以进入________视图模式，或者单击________按钮。

4. 将文本型数据“13”、“ 4”、“16”、“760”降序排列，顺序是________。

5. Access 数据库管理系统主要使用________对象显示、输入、编辑数据。

6. 窗体的数据来源可以是________数据对象，也可以是________数据对象。

7. 在创建报表时一般都是先用“自动创建报表”或________创建报表，然后切换到视图，对生成的报表进行修改。

三、操作题

在 D 盘根目录下创建“学生成绩”数据库，数据库中包括学生表 S(学号 SNO，姓名 SNAME，系 DEPART，性别 SEX，出生日期 BTTDATE)，课程表 C(课程编号 CNO，课程名称 CNAME，学分 SCORE)和成绩表 SC(学号 SNO，课程号 CNO，成绩 GRADE)。按下列要求进行操作：

1. 复制 C 表，并命名为 C1；
2. 在 C1 表中，增加记录：CNO 为“CS206”，CNAME 为“计算机网络”；
3. 基于 S 表，查询所有 1993-01-01 以后出生的“计算机”系女学生的记录，要求输出全部字段，查询保存为“Q1”；
4. 基于 C 和 SC 表，查询各课程平均分，要求输出 CNO，CNAME，平均分，并按“均分”降序排序，查询保存为“Q2”；
5. 保存数据库“学生成绩 . mdb”。

第7章　计算机网络

【学习目标】

随着Internet的普及，计算机网络正在深刻地改变着人们的工作和生活方式。在政治、经济、文化、科学研究、教育、军事等各个领域，计算机网络获得了越来越广泛的应用。目前，一个国家的计算机网络建设水平，已成为衡量其科技能力、社会信息化程度的重要指标。通过网络互联，人们可以在全球范围内进行数据通信，共享资源。通过本章学习应掌握：

① 计算机网络的定义、结构与功能；

② 分层模型的概念以及计算机网络的体系结构；

③ Internet中IP地址、子网掩码、域名服务等的工作机制以及Internet的主要应用；

④ IE浏览器的使用、搜索引擎的使用、电子邮件的收发等。

7.1　计算机网络概述

7.1.1　计算机网络的形成与发展

1946年世界上第一台电子工业数字计算机ENIAC在美国诞生后，由于军事方面的需要，美国的半自动地面防空系统(Semi-Automatic Ground Environment，SAGE)开始了计算机技术与通信技术相结合的尝试。SAGE系统把远程雷达和其他测控设备的信息经由线路汇聚至一台IBM计算机上进行集中处理与控制。而世界上公认的、最成功的第一个远程计算机网络是在1969年，由美国高级研究计划署(Advanced Research Projects Agency，ARPA)研制成功的，被称为ARPANET，它就是现在Internet的前身。

因特网的基础结构大体上经历了三个阶段的演进，但这三个阶段在时间划分上并非截然分开而是有部分重叠的，这是因为网络的演进是渐变的。

第一阶段是从单个网络ARPANET向互联网发展的过程。1969年美国国防部创建的第一个分组交换网ARPANET最初只是一个单个的分组交换网(并不是一个互联的网络)，所有要连接在ARPANET上的主机都直接与就近的节点交换机相连。但到了20世纪70年代中期，人们已认识到不可能仅用一个单独的网络来满足所有的通信问题。于是ARPA开始研究多种网络互联的技术，这就导致后来互联网的出现。这样的互联网就成为现在的因特网(Internet)的雏形。1983年TCP/IP协议成为ARPANET的标准协议，使得所有遵循

TCP/IP 协议的计算机都能利用互联网相互通信，因而人们就把 1983 年作为因特网的诞生时间。1990 年 ARPANET 正式宣布关闭，因为它的实验任务已经完成。

第二阶段的特点是建成了三级结构的因特网。从 1985 年起，美国国家科学基金会 NSF(National Science Foundation)就围绕六个大型计算机中心建设计算机网络，即国家科学基金网 NSFNET。它是一个三级计算机网络，分为主干网、地区网和校园网(或企业网)。这种三级计算机网络覆盖了全美主要的大学和研究所，并且成为因特网中的主要组成部分。1991 年，NSF 和美国的其他政府机构开始认识到，因特网必将扩大其使用范围，不应仅限于大学和研究机构。世界上的许多公司纷纷接入到因特网，使网络上的通信量急剧增大，以致因特网的容量已满足不了需要。于是美国政府决定将因特网的主干网转交给私人公司来经营，并开始对接入因特网的单位收费。

第三阶段的特点是逐渐形成了多层次 ISP 结构的因特网。从 1993 年开始，由美国政府资助的 NSFNET 逐渐被若干个商用的因特网主干网替代，而政府机构不再负责因特网的运营。这样就出现了一个新的名词：因特网服务提供者 ISP(Internet Service Provider)。许多情况下，ISP 就是一个进行商业活动的公司，因此 ISP 又常译为因特网服务提供商。ISP 拥有从因特网管理机构申请到的多个 IP 地址(因特网上的主机都必须有 IP 地址才能进行通信)，同时拥有通信线路(大的 ISP 自己建造通信线路，小的 ISP 则向电信公司租用通信线路)以及路由器等联网设备，因此任何机构和个人只要向 ISP 交纳规定的费用，就可从 ISP 得到所需要的 IP 地址，并通过该 ISP 接入到因特网。我们通常说的“上网”就是指通过某个 ISP 接入到因特网，这主要是因为 IP 地址的管理机构不会把 IP 地址分配给单个用户(不“零售”IP 地址)，而是把一批 IP 地址有偿分配给经审查合格的 ISP，即只“批发”IP 地址，可见现在的因特网已不是单个组织所拥有而是全世界无数大大小小的 ISP 所共同拥有的。图 7.1 说明了用户上网与 ISP 的关系。

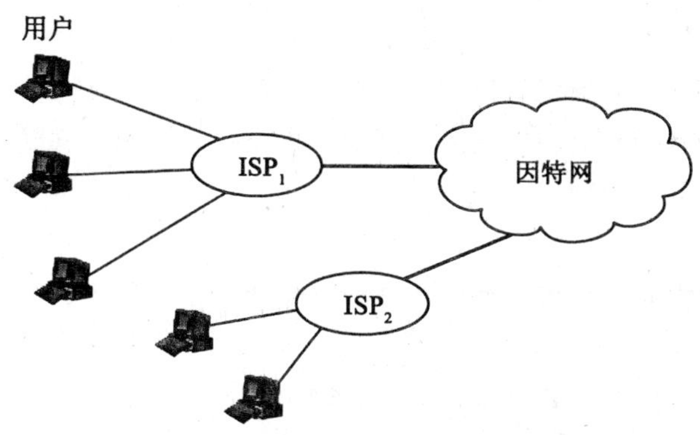

图 7.1　用户通过 ISP 接入因特网

7.1.2　计算机网络的定义与功能

1. 计算机网络的定义

在计算机网络发展的不同阶段，人们因为对计算机网络的理解和侧重点不同而提出了不同的定义。从计算机网络现状来看，以资源共享观点将计算机网络定义为：将相互独立的计算机系统以通信链路相连接，按照全网统一的网络协议进行数据通信，从而实现网络资源共享的计算机系统的集合。

从计算机网络的定义可以看出，计算机网络必须具有数据与数据通信两种能力。从这个前提出发，计算机网络可以从逻辑上划分成两个部分：资源子网与通信子网，其基本结构如图 7.2 所示。

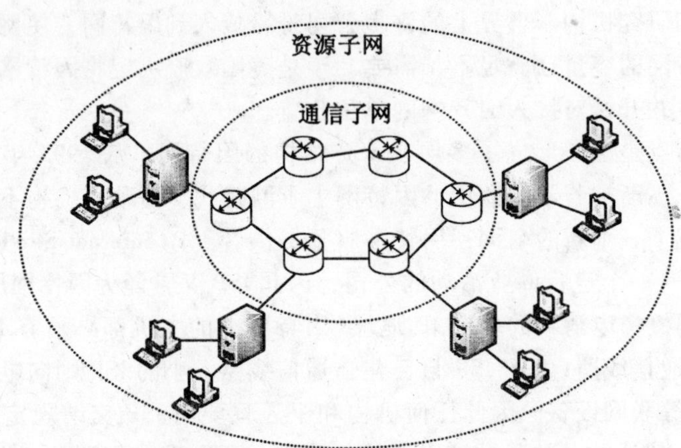

图 7.2　计算机网络的基本结构

(1)资源子网

资源子网由主计算机系统、终端、终端控制器、联网外设、各种软件资源与信息资源等组成。资源子网负责全网的数据处理业务，负责向网络用户提供各种网络资源与网络服务。主计算机系统简称为主机(host)，它可以是大型机、中型机、小型机工作站或微型计算机。主机是资源子网的主要组成单元，它通过高速通信线路与通信子网的通信控制处理机相连。主机要为本地用户访问网络上的其他主机设备与资源提供服务，同时要为网中远程用户共享本地资源提供服务。

(2)通信子网

通信子网由通信控制处理机、通信线路与其他通信设备组成，完成网络数据传输、转发等通信处理任务。

通信控制处理机在网络拓扑结构中被称为网络节点。一方面，它作为与资源子网的主机、终端的连接接口，将主机与终端联入网中；另一方面，它作为通信子网中的分组存储转发节点，完成分组的接收、校验、存储、转发等功能，实现将源主机报文准确发送到目的主机的作用。

通信线路为通信控制处理机与通信控制处理机、通信控制处理机与主机之间提供通信信道。计算机网络采用多种通信线路，例如电话线、双绞线、同轴电缆、光缆、无线通信信道、微波与卫星通信信道等。

2. 计算机网络的功能

(1)资源共享

计算机网络最主要的功能是实现了资源共享。这里说的资源包括计算机的硬件、软件和信息。从用户的角度来看，网中用户既可以使用本地的资源，又可以使用远程计算机上的资源，如通过远程作业提交的方式，可以共享大型机的 CPU 和存储器资源。至于在网络中设置共享的外部设备，如打印机等，更是常见的硬件资源共享的例子。

(2)数据通信

网络中的计算机与计算机之间交换各种数据和信息，这是计算机网络提供的最基本的功能。

(3)分布式处理

利用计算机网络的技术，将一个大型复杂的计算问题分配给网络中的多台计算机，在网络操作系统的调度和管理下，由这些计算机分工协作来完成。此时的网络就像是一个具有高性能的大、中型计算机系统，能很好地完成复杂的处理，但费用比大、中型计算机低得多。

(4)提高计算机的可靠性和可用性

在网络中，当一台计算机出现故障无法继续工作时，可以调度另一台计算机来接替完成任务，很显然，比起单机系统来，整个系统的可靠性大为提高。当一台计算机的工作任务过重时，可以将部分任务转交给其他计算机处理，实现整个网络各计算机负担比较均衡，从而提高了每台计算机的可用性。

7.1.3 计算机网络的分类

计算机网络的分类标准很多，常见的有按计算机网络的拓扑结构分类、按网络的交换方式分类、按网络协议分类、按数据的传输方式分类等。这些分类标准只能从某一方面反映网络的特征，一般而言，按网络覆盖的地理范围(距离)进行分类是最普遍的分类方法，它能较好地反映出网络的本质特征。

1. 按网络的覆盖范围与规模分类

(1)局域网

局域网(Local Area Network，LAN)是一种在小区域内使用的网络，其地域范围一般不超过几十公里。局域网的规模相对于城域网和广域网而言较小，常在公司、机关、学校、工厂等有限范围内，将本单位的计算机、终端以及其他的信息处理设备连接起来，实现办公自动化、信息汇集与发布等功能。

(2)广域网

广域网(Wide Area Network，WAN)也叫远程网，它可以覆盖一个地区、国家，甚至横跨几个洲而形成国际性的广域网络。目前大家熟知的因特网就是一个横跨全球的广域网络。除此之外，许多大型企业以及跨国公司和组织也建立了属于内部使用的广域网络。

(3)城域网

城域网(Metropolitan Area Network，MAN)所覆盖的地域范围介于局域网和广域网之间，一般是从几十公里到几百公里的范围。城域网是随着各单位局域网的建立而出现的。

同一个城市内各个局域网之间需要交换的信息量越来越大，为了解决它们之间进行信息高速传输的问题，提出了城域计算机网络的概念，并为此制定了城域网的标准。

值得注意的是，计算机网络因其覆盖地域范围的不同，它们所采用的传输技术也是不同的，因而形成了各自不同的网络技术特点。

2. 按网络的拓扑结构分类

拓扑学是几何学的一个分支，它是从图论演变过来的。拓扑学首先将实体抽象成与大小、形状无关的点，将连接实体的线路抽象成线，并进而研究点、线、面之间的关系。计算机网络拓扑是通过网中节点与通信线路之间的几何关系表示网络结构，以反映出网络中各实体之间的结构关系。

计算机网络的拓扑结构有很多种，下面介绍最常见的几种：

(1)星型结构

星型结构是最早的网络拓扑结构形式，其中每个站点都通过连线与主控机相连，相邻站点之间的通信都通过主控机进行，这种结构对主控机可靠性有较高要求，是一种集中控制的结构。星型结构的优点是结构简单，控制处理也较为简便，增加工作站容易；缺点是一旦主控机出现故障，会引起整个系统的瘫痪，可靠性较差，如图 7.3(a)所示。

(2)环型结构

网络中各工作站通过中继器连接到一个闭合的环路中，信息沿环型路单向(或双向)传输，由目的站点接收。环型网适合那些数据不需要在中心主控机上集中处理而主要在各自站点进行处理的情况。环型结构的优点是结构简单，缺点是可靠性低，如图 7.3(b)所示。

(3)总线型结构

网络中各个工作站经一条总线相连，信息可沿两个不同的方向由一个站点传向另一站点。这种结构的优点是：工作站连入或从网络中卸下都非常方便；系统中某工作站出现故障也不会影响其他站点之间的通信，系统可靠性高；结构简单，成本低，因而在目前网络中获得普遍应用。如图 7.3(c)所示。

(4)树型结构

在树状拓扑结构中，顶端有一个根节点，它带有分支，每个分支还可以有子分支，其几何形状像一棵倒置的树，故得名树型结构，如图 7.3(d)所示。其特点是：天然的分级结构，易于扩展；易进行故障隔离，可靠性高；对根节点的依赖性大，一旦根节点出现故障，将导致全网瘫痪；电缆成本高。

(5)网状结构

网络节点与通信线路互联成不规则的形状，节点之间没有固定的连接形式。一般每个节点至少与其他两个节点相连，也就是说每个节点至少有两条链路连到其他节点，如图 7.3(e)所示。这种结构的优点是可靠性高，缺点是管理复杂。因此，一般在大型网络中采用这种结构。

(6)混合型结构

随着网络技术的发展，各种网络结构经常交织在一起使用，即在一个局域网中包含多

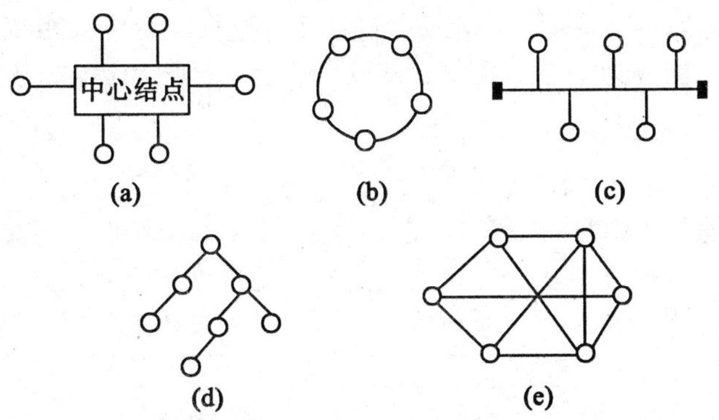

图 7.3　网络拓扑结构图

种网络结构形式。如：星型-总线型结构是星型结构和总线型结构相结合的产物，它同时具有这两种结构的优点，是构筑局域网应用最广泛的结构。

7.2　计算机网络的体系结构

7.2.1　网络体系结构的概念

计算机网络由多个互联的节点组成，节点之间要不断地交换数据与控制信息。要做到有条不紊地交换数据，每个节点都必须遵守一些事先约定好的规则。如同两个人要对话，就需要使用双方都能理解的语言一样。我们把在计算机网络中用于规定信息的格式以及如何发送和接收信息的一套规则称为网络协议或通信协议。

1. 协议的三要素

这些规则明确地规定所交换数据的格式和时序，主要由以下 3 个要素组成：

① 语义：用于解释比特流的每个部分的意义，它规定了需要发出何种控制信息，以及完成何种动作与作出响应；

② 语法：是用户数据与控制信息的结构与格式，以及数据出现顺序的意义；

③ 时序：是对事件实现顺序的详细说明。

人们形象地把它们描述为：语义表示要做什么，语法表示要怎么做，时序表示要什么时候做。

2. 协议分层

计算机网络具有复杂性，很难使用一个单一的协议来为网络中的所有通信制定一套完整规则。因此，通常的做法是将通信问题划分为许多小问题，然后为每个小问题设计一个单独的协议，从而使每个协议的设计都变得容易。这就是网络体系结构设计中采用的分层思想。

如果仔细考察现实生活中的邮政系统的结构、运行过程，将会对网络体系结构与协议有直观的理解。图 7.4 给出了邮政系统的信件发送与接收过程。首先，一个邮政系统是由用户(写信人和收信人)、邮政局、邮政运输部门和邮政运输工具组成，因此，我们可以将邮政通信系统按功能分为 4 层：用户、邮政局、运输部门和运输工具。

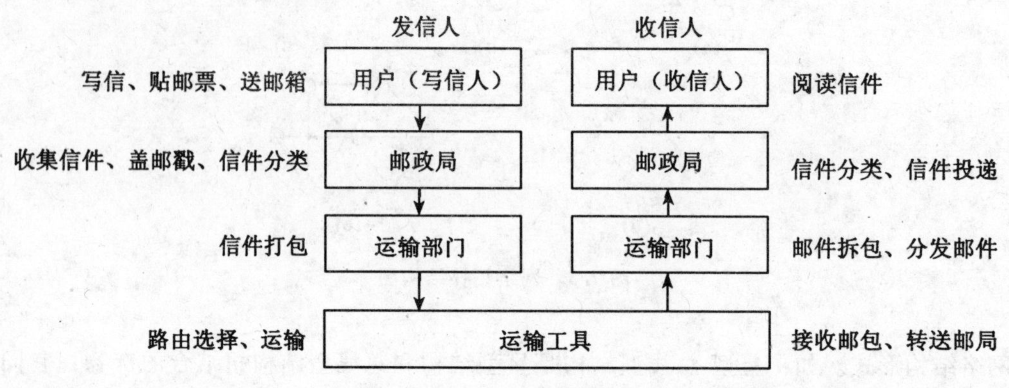

图 7.4　邮政系统的分层模型

分层之后，还需要在同层之间约定一些通信的规则，即“对等层协议”。例如，通信的双方写信时，约定信件的格式和采用的语言。只有这样，对方收到信后，才可以看懂信中的内容，知道是谁写的，什么时候写的。另外，一个邮局将用户的信件收集后，要进行分类和打包等操作，而这些分类、打包的规则必须在邮局之间事先协商好，这就是邮局层的协议。同样，在运输部门之间也有相应的协议。

当信写好之后，必须将信按邮局要求封装并交由邮局寄发，这样，寄信人和邮局之间就要有规定，这些规定就是所谓的相邻层之间的“接口”，用户和邮局之间的接口主要规定信封写法以及如何贴邮票。邮局将信件打包后交付运输部门进行运送，如航空信交给民航、平信交给铁路或公路运输部门等，这时，邮局和运输部门之间也存在“接口”问题。信件运送到目的地后进行相反的过程，最终将信件送到收信人手中，收信人依照约定的格式读懂信件，从而完成一次通信的过程。

从上述过程可以看出，虽然两个用户、两个邮政局、两个运输部门分处两地，但它们都分别对应同等机构，即所谓的“对等层实体”；而同处一地的不同机构则是上下层的关系，存在着服务与被服务的关系。很显然，这两种约定是不同的，前者是相同部门内部的约定，称为协议；而后者是不同部门之间的约定，称为接口。

在计算机网络环境中，两台计算机中两个进程之间进行通信的过程与邮政通信的过程十分相似。用户进程对应于用户，计算机中进行通信的进程对应于邮局，通信设施对应于运输部门和运输工具。

计算机网络体系结构就是指计算机网络的分层模型以及各层功能的精确定义。1974 年，IBM 公司提出世界上第一个网络体系结构——系统网络体系结构(System Network Architecture，SNA)。此后，许多公司纷纷提出各自的网络体系结构。这些网络体系结构的共同点都是采用分层技术，但层次划分、功能分配以及所采用的技术不同。在这些体系结构中，国际标准化组织(International Standards Organization，ISO)提出的开放系统互联参考模型(Open System Internet/Reference Model，OSI/RM)，简称 OSI 参考模型，已经被业界所广泛认同。

7.2.2　OSI/RM 网络体系结构

1977 年，ISO 下设了一个专门委员会 SC16，它在 ISO 的主持及赞助下制定了一个模块化的分层网络体系结构。该体系结构支持通信系统之间全面的开放互联。所谓开放系统是指任何信息系统只要遵循这一国际标准进行构造，就可以与世界上所有遵循这一标准的其他系统互联和互通。1984 年，OSI 参考模型被提出后，开放系统互联领域的标准化成果诞生了。

OSI/RM 模型采用七层结构，它为开放式互联网络系统提供了一种功能性的框架。该模型分层结构如图 7.5 所示，各层的功能如下：

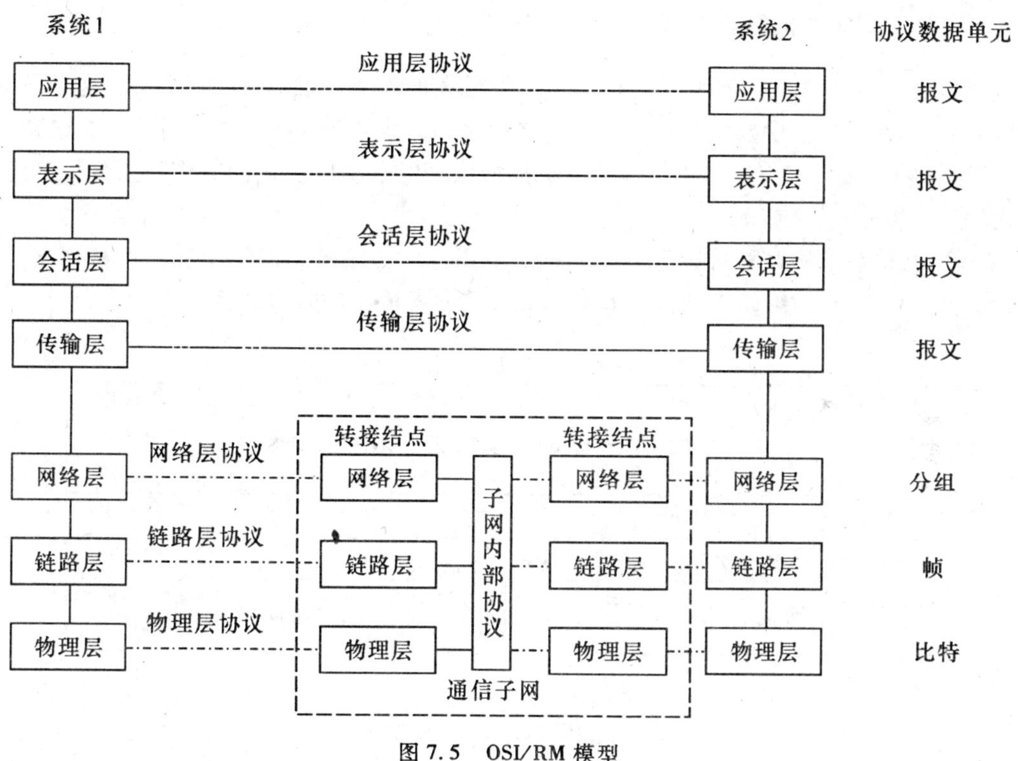

图 7.5　OSI/RM 模型

① 物理层。物理层考虑的是如何在通信信道上传输原始比特，即保证在一方发送的是“1”的情况下，对方收到的也是“1”而不是“0”。因此，物理层的主要功能是利用传输介质为通信的网络节点之间建立、管理和释放物理连接，实现比特流的透明传输，为数据链路层提供数据传输服务。物理层的数据传输单元是比特(bit)。

② 数据链路层。数据链路层的主要功能是在物理层提供服务的基础上，在通信双方建立数据链路连接。传输以帧为单位的数据包，并采用差错控制与流量控制方法，使有差错的物理线路变成无差错的数据链路。

③ 网络层。网络层的主要功能是通过路由选择算法为分组通过通信子网选择最合适的路径。网络层传输的数据传输单元是分组(packet)。

④ 传输层。传输层的主要功能是向用户提供可靠的端到端服务。传输层向高层屏蔽了下层数据通信的细节。

⑤ 会话层。会话层的主要功能是负责维护两个节点之间会话连接的建立、管理、终止以及数据的交换。

⑥ 表示层。表示层主要用于处理在两个通信系统中交换信息的表示方式，包括数据格式变换、数据加密与解密、数据压缩与恢复等。

⑦ 应用层。应用层为应用程序提供网络服务。应用层需要识别并保证通信对方的可用性，使得协同工作的应用程序之间同步，建立传输错误纠正与保证数据完整性控制机制。

7.2.3 TCP/IP 网络体系结构

TCP/IP 协议自 1974 年问世以来，得到了很大的发展。目前，“TCP/IP”这个概念，既指 Internet 采用的分层模型，即 TCP/IP 体系结构，也指 Internet 中所用的一整套协议，即 TCP/IP 协议栈。它们虽然不是 OSI 的标准协议，但事实证明它们工作得很好，已经被公认为是事实上的标准。

TCP/IP 体系结构将网络模型分为四层：应用层、传输层、网络层和网络接口层。图 7.6 给出了 TCP/IP 网络体系结构及其与 OSI 七层参考模型的对应关系。

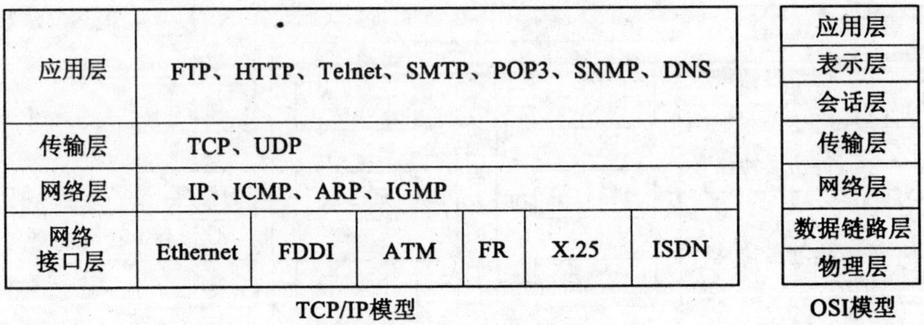

应用层	FTP、HTTP、Telnet、SMTP、POP3、SNMP、DNS					
传输层	TCP、UDP					
网络层	IP、ICMP、ARP、IGMP					
网络接口层	Ethernet	FDDI	ATM	FR	X.25	ISDN

TCP/IP模型

应用层
表示层
会话层
传输层
网络层
数据链路层
物理层

OSI模型

图 7.6 TCP/IP 与 OSI 参考模型

1. 网络接口层

作为 TCP/IP 网络模型的最低层，网络接口层负责数据帧的发送和接收。这一层从网络层接收 IP 数据报并通过网络发送它，或者从网络上接收物理帧，抽出 IP 数据报，交给网络层。TCP/IP 模型没有对该层的设备作过多的说明，任何可以传送 IP 数据报的设备都可以成为该层的设备，即所谓的“IP over everything”。

2. 网络层

网络层将传输层数据封装成 IP 分组，注入网络中，运行必要的路由算法使数据报独立到达目的地。对用户来说，信件的传递是透明的。本层的中心工作就是 IP 分组的路由选择，这是通过路由协议和路由器进行的。另外，本层也进行流量控制。

3. 传输层

传输层在计算机之间提供可靠的端到端通信。传输层主要的传输协议分别是面向连接的传输控制协议(TCP)和无连接的用户数据报协议(UDP)。

4. 应用层

在 TCP/IP 参考模型中，应用层是参考模型的最高层。应用层包括了所有的高层协议，而且还不断地有新的协议加入。目前，应用层协议主要有：远程登录协议(TELNET)、文件传送协议(FTP)、域名系统(DNS)、超文本传送协议(HTTP)等。

7.3　Internet

Internet 是人类历史发展中一个伟大的里程碑，它是未来信息高速公路的雏形，人类正由此进入一个前所未有的信息化社会。人们用各种名称来称呼 Internet，如国际互联网、因特网、网际网等，它是一个全球性的、巨大的计算机网络体系，把全球数万个计算机网络、数千万台主机连接起来，包含了难以数计的信息资源，向世界提供信息服务。它缩短了人们的生活距离，把世界变小了。

7.3.1　Internet 概述

简单地说，Internet 是通过路由器将世界不同地区、规模大小不一、类型不同的网络互相连接起来的网络，是一个全球性的计算机互联网络。

Internet 始于 1968 年美国的 ARPANET 网络计划，最初只有 4 台主机。此后 TCP/IP 协议的提出，为 Internet 的发展奠定了基础。1985 年美国国家科学基金会(NSF)发现了 Internet 在科学研究上的重大价值，投资支持 Internet 和 TCP/IP 的发展，将美国五大超级计算机中心连接起来，组成 NSFNET，推动了 Internet 的发展。1992 年美国网络和服务公司 ANS 组建了广域网 ANSNET，成为目前 Internet 的主干网。

20 世纪 80 年代，由于 Internet 的发展和巨大成功，世界先进工业国家纷纷接入 Internet，使之成为全球性的互联网络。1991 年以前，无论在美国还是在其他国家，Internet 的应用被严格限制在科技与教育领域。后来由于其开放性和具有信息资源的共享和交换能力，吸引了大批的用户，其应用领域也突破原来的限制，扩大到文化、政治、经济、商业等各领域。

我国于 1994 年 4 月正式接入 Internet，从此中国的网络建设进入大规模发展阶段。到 1996 年初，中国的 Internet 已形成了中国科技网(CSTNET)、中国教育和科研计算机网络(CERNET)、中国公用计算机互联网(CHINANET)和中国金桥信息网(CHINAGBN)四大具有国际出口的网络体系。前两个网络主要面向科研和教育机构，后两个网络向社会提供 Internet 服务，以经营为目的，属于商业性组织。

7.3.2 Internet 的物理结构

当两个收发主机端点之间的距离较远，例如，相隔几十公里或几百公里，甚至几千公里时，局域网显然就无法完成主机之间的通信任务了，这时就需要另一种结构的网络，即广域网。广域网的通信子网功能一般都由公用数据通信网来承担。常见的公用数据通信网包括：公用电话交换网(PSTN)、公用分组交换数据网(X.25 网)、帧中继网(FRN)、数字数据网(DDN)、综合业务数字网(ISDN)。公用数据通信网由政府的电信部门来建立和管理，任何单位可以向数据通信服务提供商租用。我国电信部门组建的公用数据通信网有：公用电话交换网(PSTN)、中国公用分组交换网(CHINAPAC)、中国公用帧中继宽带网(CHINAFRN)、中国数字数据网(CHINADDN)。

广域网由一些节点交换机以及连接节点交换机的链路组成。广域网与局域网都是单个网络。因特网则是将许多的广域网和局域网互相连接起来构成一个世界范围内的互联网络，如图 7.7 所示。

网络中常见的互联设备有中继器、交换机、路由器和调制解调器。使用的传输介质有双绞线、同轴电缆、光缆、无线媒体。路由器最主要的功能是路由选择，因为因特网中的路由器可能有多个连接的出口，如何根据网络拓扑的情况，选择一个最佳路由，以实现数据的合理传输是十分重要的。局域网和广域网的连接必须使用路由器。路由器也常用于多个局域网的连接。

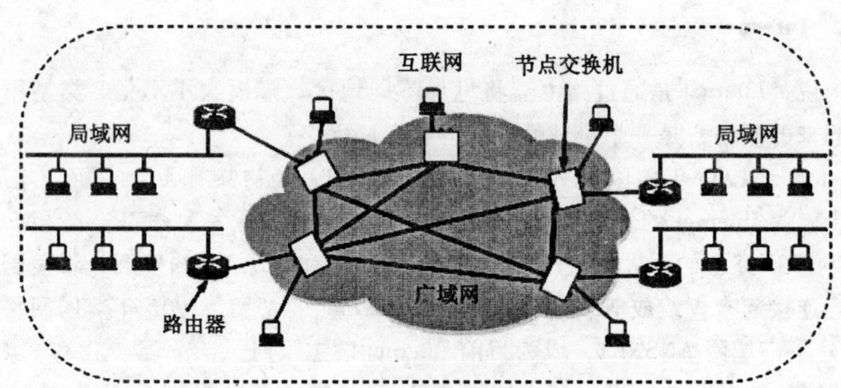

图 7.7　局域网通过广域网实现互联

7.3.3 Internet 的接入方式

目前因特网的接入技术发展迅速，各种新颖的接入技术不断出现。就接入技术而言，主要有针对家庭、小型企事业单位的小规模用户因特网接入技术和针对政府部门或大型企事业单位用户因特网接入技术两类。

1. 小规模用户因特网接入技术

一般将计算机接入 Internet 的方法主要有以下几种：

① 局域网接入。用户计算机通过网卡，利用数据通信专线(如电缆或光纤等)连接到

某个已与 Internet 相连的局域网(例如校园网等)上。

② 拨号接入。一般家庭使用的计算机可以通过电话线拨号上网。采用这种方式，用户计算机必须装上一个调制解调器，并通过电话线与 ISP 的主机连接。

③ ISDN 方式接入。ISDN(综合业务数字网)是一种先进的网络技术。它使用普通的电话线，采用数字方式，能在电话线上提供语音、数据和图像等多种通信业务服务。

④ 宽带 ADSL 方式接入。ADSL(非对称数字用户环路)是利用既有的电话线实现高速、宽带上网的一种方法。所谓“非对称”是指与 Internet 的连接具有不同的上行和下行速度。目前 ADSL 上行可达 1 Mb/s，下行最高可达 8 Mb/s。采用 ADSL 接入，需要在用户端安装 ADSL Modem 和网卡。

⑤ 无线方式接入。无线接入是指从用户终端到网络交换节点采用无线手段的接入技术。无线接入 Internet 的技术分为两类，一类是基于移动通信的无线接入，另一类是基于无线局域网的技术。进入 21 世纪后，无线接入 Internet 已经逐渐成为接入方式的一个热点。

2. 大规模用户因特网接入技术

目前大规模用户因特网接入技术主要针对大、中规模局域网接入因特网应用，例如：政府网、企业网、校园网、ISP 网络，主要有 X. 25 公共分组交换网接入技术、帧中继网接入技术、光纤接入技术等。

7.3.4　IP 地址

为了能将信息准确传送到网络的指定站点，像每一部电话具有一个唯一的电话号码一样，各站点的主机(包括路由器)也必须有一个唯一的可以识别的地址，这个地址称为 IP 地址。IP 地址在整个 Internet 中是唯一的。

IP 地址由网络号和主机号两部分组成。其中，网络号就是网络地址，用于标识某个网络。主机号用于标识在该网络上的一台特定的主机。位于相同物理网络上的所有主机具有相同的网络号。IP 地址的长度为 32 个比特(4 个字节)，采用点分十进制数表示，即每个地址被表示为 4 个以小数点隔开的十进制整数，每个整数对应 1 个字节，其范围是 0 ~ 255，如 192. 168. 1. 100。如图 7. 8 所示。

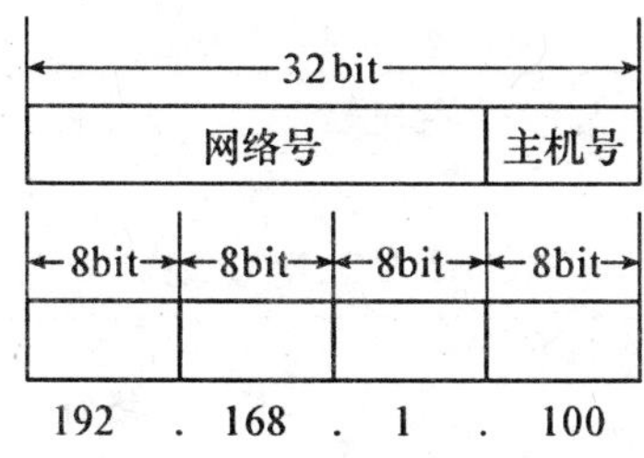

图 7. 8　IP 地址的表示

1. IP 地址的分类

为了适应于不同规模的物理网络，IP 地址分为 A、B、C、D、E 五类，但在 Internet

上可分配使用的 IP 地址只有 A、B、C 三类。D 类地址被称为组播地址，组播地址可用于视频广播或视频点播系统，而 E 类地址作为保留地址尚未使用。

不同类别的 IP 地址的网络号和主机号的长度划分不同，它们所能识别的物理网络数不同，每个物理网络所能容纳的主机个数也不同，如图 7.9 所示。

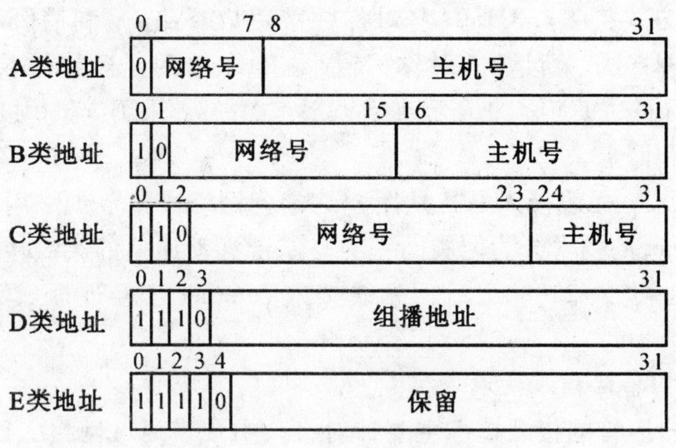

图 7.9 IP 地址格式与分类

A 类地址的第一个字节的最高位为“0”，网络号占 1 个字节(8 位)，主机号占 3 个字节(24 位)。A 类地址可识别 128 个不同的网络，网络地址数量较少，但每个网络可容纳 1600 多万台主机，适用于大型网络。

B 类地址的第一个字节的前 2 位为“10”，网络号占 2 个字节(16 位)，主机号占 2 个字节(16 位)。B 类地址可识别 16 384 个网络，每个网络所能容纳的计算机为 6 万多台，适用于中等规模的网络。

C 类地址的第一个字节的前 3 位为“110”，网络号占 3 个字节(24 位)，主机号占 1 个字节(8 位)。C 类地址可识别 200 多万个不同的网络，每个网络最多只能包含 254 台计算机，适用于小规模的局域网。

D 类地址的前 4 位为“1110”，E 类地址的前 5 位为“11110”。

根据 A、B、C、D、E 的高位数值，可以总结出它们的第一个字节的取值范围，如 A 类地址的第一个字节的数值为 1～126。表 7.1 中列出了 A、B、C 类地址第一个字节取值范围、最大网络数及每个网络中最多的主机数目。

表 7.1 **A、B、C 三类 IP 地址**

地址类别	高位	第一个字节的十进制数	最大网络数	每个网络中的最大主机数
A	0	1～126	2^7-2(126)	$2^{24}-2$(16 777 214)
B	10	128～191	$2^{15}/2-2$(16 382)	$2^{16}-2$(65 534)
C	110	192～223	$2^{23}/4-2$(2 097 150)	2^8-2(254)

2. 子网及子网掩码

由于 A 类和 B 类地址的每个网络都包容了大量的主机地址。一方面，一个包容 1 600 多万台(A 类)或 6 万多台(B 类)主机的单一物理网络是不现实的。另一方面，也易造成主机号的大量浪费。在 Internet 迅速发展的今天，IP 地址已经成为极为珍贵的资源。为了解决以上两个问题，提出了子网(subnet)的概念。

通过将 IP 地址的主机号部分进一步划分为子网号和主机号的方法，把一个包含大量主机的网络划分成许多小的网络，每个小的网络就是一个子网。每个子网都是一个独立的逻辑网络。这样，原来的 IP 地址结构变成以下三层结构，如图 7.10 所示。

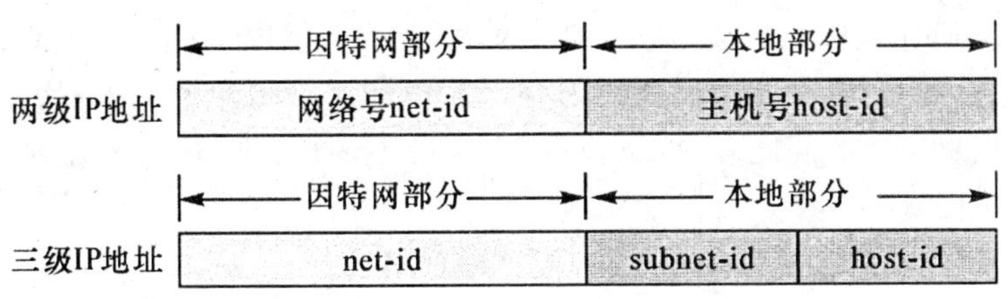

图 7.10　两级 IP 地址与三级 IP 地址的关系

子网掩码是一个与 IP 地址对应的 32 位数字，其中若干位为“1”，另外的位为“0”。IP 地址与子网掩码中为“1”的位相对应的部分是网络地址和子网地址，与为“0”的位相对应的部分则是主机地址。子网掩码原则上“0”与“1”可以任意分布，不过一般在设计子网掩码时，多数是将子网掩码开始连续的几位设为“1”。三级 IP 地址与子网掩码的关系如图 7.11 所示。

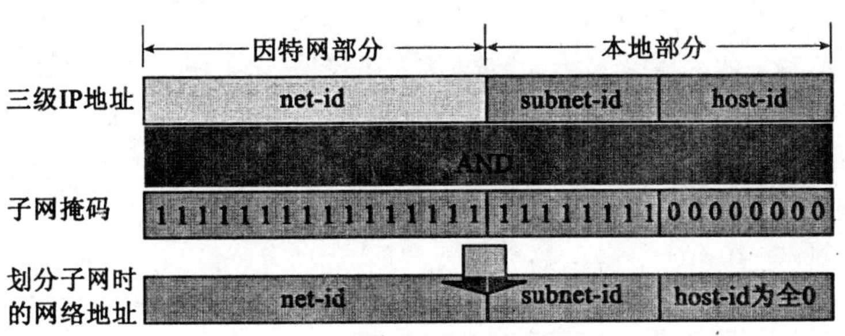

图 7.11　IP 地址与子网掩码

表 7.2 为 A、B、C 三类 IP 地址默认子网掩码，其中值为 1 的位用来定出网络的 ID 号，值为 0 的位用来定出主机 ID。例如，如果某台主机的 IP 地址 192. 168. 2. 100，通过分析可以看出它属于 C 类网络，所以其默认子网掩码为 255. 255. 255. 0，将这两个数据作逻辑与(AND)运算，结果为 192. 168. 2. 0，所得出的值中非 0 位的字节即为该网络的 ID。默认子网掩码用于不划分子网的 TCP/IP 网络。

表 7.2　　**A、B、C 三类 IP 地址默认子网掩码**

地址类别	子网掩码	子网掩码的二进制表示
A	255.0.0.0	11111111 00000000 00000000 00000000
B	255.255.0.0	11111111 11111111 00000000 00000000
C	255.255.255.0	11111111 11111111 11111111 00000000

7.3.5　下一代网际协议 IPv6

IP 协议是因特网的核心协议。现在使用的 IP 协议(即 IPv4)是在 20 世纪 70 年代末期设计的，无论从计算机本身发展还是从因特网规模和网络传输速率来看，现在 IPv4 已很不适应了。这里最主要的问题就是 32 位的 IP 地址不够用，出现了所谓的“IP 地址耗尽”问题。解决这一问题一般而言有以下三项措施：

① 采用无分类编址，使 IP 地址的分配更加合理；

② 采用网络地址转换方法，可节省许多 IP 地址；

③ 采用具有更大地址空间的新版本 IP 协议。

尽管上述前两项措施的采用使得 IP 地址耗尽的日期推后了不少，但却不能从根本上解决 IP 地址即将耗尽的问题。因此，要从根本上解决 IP 地址不够用的问题，必须更新 IP 协议。目前已提出并在试用的是 IPv6。

IETF 早在 1992 年 6 月就提出要制定新一代的 IP，即 IPng(IP next generation)，后来将其正式命名为 IPv6。IPv6 已成为正式标准，其 RFC 文档为 RFC2460 ~ RFC2463。IPv6 仍然是无连接的分组传送协议，主要对 IPv4 的地址格式与长度以及 IP 分组的格式做了改变。

① 更大的地址空间。IPv6 将 IP 地址从 32 比特增大到 128 比特，使地址空间增大了 296 倍。这么大的地址空间在可预见的未来是不可能被消耗完的。巨大的地址空间，也为 IP 地址划分为更多的层次，即具有扩展的地址层次结构奠定了基础；

② 更好的首部格式；

③ 新的选项；

④ 允许扩充；

⑤ 支持资源分配；

⑥ 支持更多的安全性。

7.3.6　域名及域名服务

由于 IP 地址是用一串数字表示，用户很难记忆，为此使用了一种便于记忆的地址，称为域名(又称为域名地址)。域名(Domain Name)的实质就是用一组具有助记功能的英文简写名代替 IP 地址。

为了避免重名，主机的域名采用层次结构，各层次的子域名之间用圆点“.”隔开，从右至左分别为第一级域名(也称最高级域名)、第二级域名直至主机名(最低级域名)。即其结构形式为：主机名．……第二级域名．第一级域名。

例如，清华大学的主机域名为：

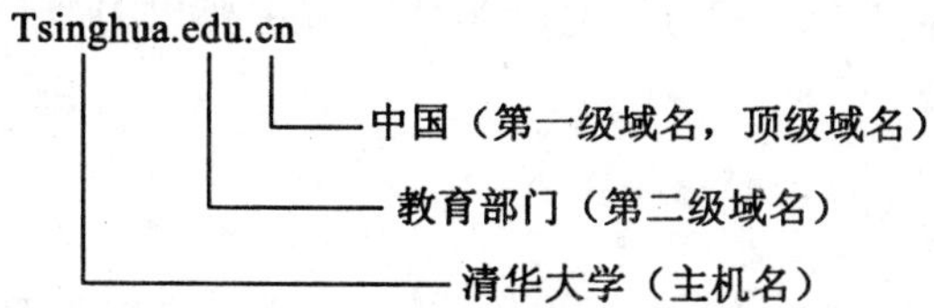

域名尾部的一级域名代表某个国家、地区或大型机构的节点；二级域名代表部门系统或隶属于一级区域的下级机构；而三级及其以上的域名是本系统、单位名称；最前面的主机名是计算机的名称。较长的域名表示是为了唯一地标识一个主机，需要经过更多的节点层次，与日常通信地址的国家、省、市、区很相似。

根据各级域名所代表含义的不同，可以分为地理性域名和机构性域名，掌握它们的命名规律，可以方便地判断一个域名和地址名称的含义及该用户所属网络的层次。表 7.3 中给出了部分机构性质域名代码，表 7.4 为部分地理性域名的代码。

表 7.3　　组织性顶级域名的标准

域　　名	含　　义	域　　名	含　　义
com	商业机构	mil	军事机构
edu	教育机构	net	网络服务提供者
gov	政府机构	org	非营利组织
int	国际机构(主要指北约组织)		

表 7.4　　地理性顶级域名的标准(部分)

代　　码	国家或地区	代　　码	国家或地区
cn	中国	de	德国
au	澳大利亚	sg	新加坡
uk	英国	jp	日本
fr	法国	us	美国

7.4　浏览 Internet

WWW 是 World Wide Web（环球信息网）的缩写，也可以简称为 Web，中文名字为“万维网”。WWW 是 Internet 上提供的一项服务，主要以 Web 服务器发布网页的形式对外提供服务，用户端用浏览器进行信息浏览。

浏览器是硬盘上的一个应用软件，就像字处理程序（如 Microsoft Word）一样。互联网上浏览网页离不开浏览器，现在大多数用户使用的是微软公司提供的IE浏览器(Internet Explorer)，当然还有其他一些浏览器，如腾讯TT浏览器、遨游浏览器(Maxthon Browser)、火狐(Firefox)浏览器、谷歌(Google)浏览器等。本节主要以IE浏览器为例，介绍浏览器的主要功能。

7.4.1 IE浏览器

Internet Explorer(以下简称IE)是微软公司推出的免费浏览器。IE最大的好处在于，浏览器直接绑定在微软的Windows操作系统中，当用户电脑安装了Windows操作系统之后，无需专门下载安装，即可利用IE实现网页浏览。

启动IE浏览器主要有以下两种方法：

① 从开始菜单启动：执行“开始”|“程序”|“Internet Explorer”命令。

② 桌面快捷方式：双击桌面上的Internet Explorer图标，启动IE。

打开IE浏览器窗口后，默认网页自动打开，如图7.12所示。该窗口由标题栏、菜单栏、工具栏、地址栏、主窗口和状态栏等组成。

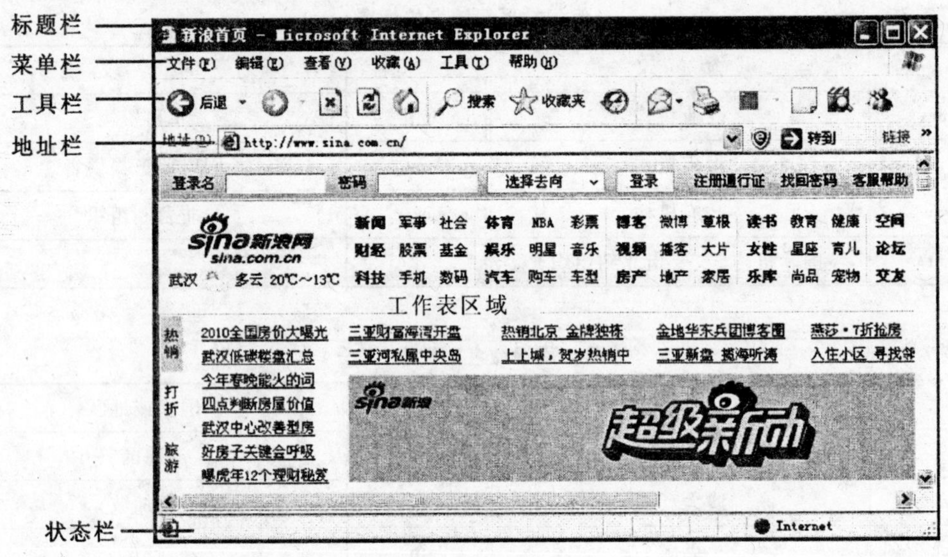

图7.12 Internet Explorer

标题栏：显示当前正在浏览页面的标题，右侧有“最小化”、“最大化”和“关闭”按钮。

菜单栏：包含了IE的全部命令，最常用的命令显示在工具栏上。

工具栏：提供IE中常用的命令，每个命令均以按钮形式呈现。

地址栏：用于输入URL地址。

主窗口：用于浏览页面，通过单击超链接对象，可以实现网页间的跳转。右侧的滚动条可拖动页面，使其显示在主窗口中。

状态条：显示当前任务进行的情况，例如正在执行什么任务、进度如何等。

7.4.2　IE 的基本操作

1. 工具栏中的常用按钮

“后退”按钮：刚打开浏览器时，这个按钮呈灰色不可用状态。当访问了网页后，按钮呈黑色可用状态，单击此按钮将返回访问过的最后一页，单击“后退”按钮旁边的下三角箭头，可查看刚才访问的网页列表。

“前进”按钮：刚打开浏览器时，这个按钮呈灰色不可用状态。当使用了后退功能后，按钮呈黑色可用状态。单击此按钮可查看在单击“后退”按钮前查看的网页。单击“前进”按钮旁边的下三角箭头，可查看刚才访问的网页列表。

“停止”按钮：单击此按钮将立即终止浏览器对某一链接的访问。当单击了某个错误的链接，或者查看的网页打开速度太慢时，都可以单击此按钮进行终止。

“刷新”按钮：如果收到网页无法显示的消息，或者想获得最新版本的网页，可以单击此按钮。

“主页”按钮：单击此按钮将返回到默认的起始页面。选择一页经常浏览的网页作为主页，例如 http：//www. baidu. com，则在浏览过程中，单击此按钮可返回该页面。

“收藏夹”按钮：IE 浏览器的收藏夹如同手机的电话本。利用收藏夹功能，可以将某个需要的页面地址保存下来，而不必记忆该页面的 URL。若需再次浏览该页面，则单击该收藏项即可。可以将需要频繁访问的网页添加到收藏夹列表中，以便以后轻松访问。

如果你想收藏网页，单击此按钮，或者单击 IE 菜单栏中的“收藏”|“添加到收藏夹”，马上就会出现如图 7. 13 所示的对话框，点击“确定”按钮将网址收藏到“收藏夹”的根目录(如图 7. 13 中虚线框所示)。如果想把网址分类，可以选择“新建文件夹”按钮创建相关的子目录，再点击“确定”即可。

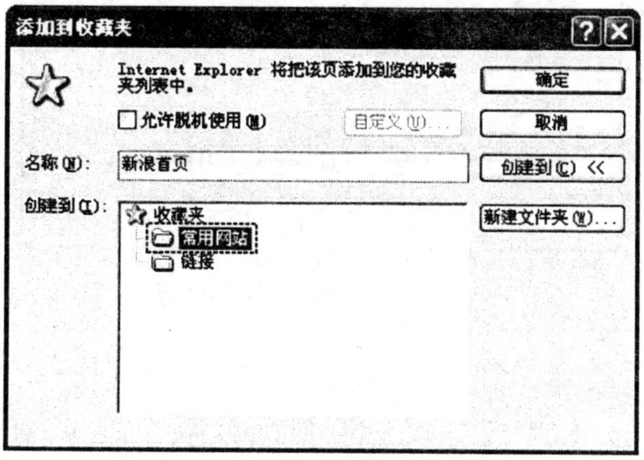

图 7. 13　“添加到收藏夹”对话框

"历史"按钮：历史记录列出了最近访问过的网页。点击此按钮，窗口的左侧就会弹出浏览过的历史记录的小窗口，其中包含了最近几天或几星期内访问过的网页和站点的链接。选择相应的日期之后下拉菜单，会有浏览过的网页记录。当然，前提是浏览者并没有删除过历史记录，因为选中目标，单击右键选择删除，是可以将浏览记录删除掉的。

2. 地址栏

地址栏是输入和显示网页地址的地方。当用户需要浏览某网站时，则首先在浏览器的地址栏中输入想要访问的网页地址 URL，然后按回车键即可。如果不知道某网站的网页地址，则可以直接从地址栏搜索，只需键入一些普通的名称或单词，IE 浏览器便会自动调用搜索引擎，并列出最匹配或者是类似的站点。用户根据需要单击相关链接，就可以访问相关网站。

7.4.3 IE 的常用设置

单击菜单栏"工具"|"Internet 选项"，打开如图 7.14 所示的"Internet 选项"对话框，切换到"常规"选项卡。该选项卡有 3 个选项组："主页"、"Internet 临时文件"和"历史记录"。

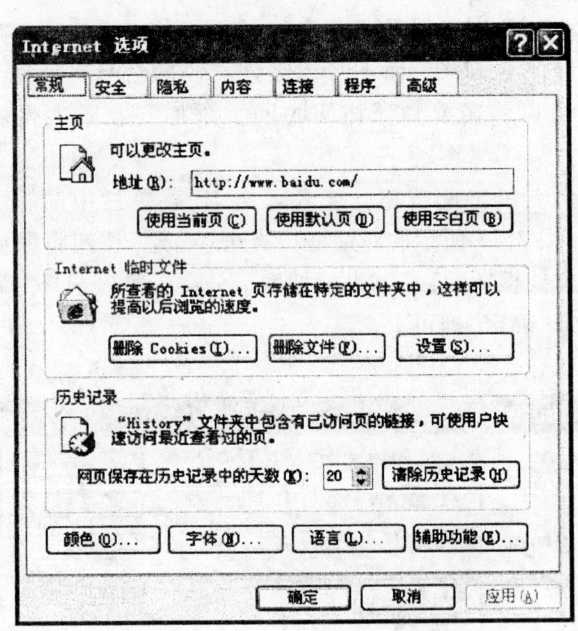

图 7.14 "Internet 选项"对话框

1. 主页

主页就是每次打开 IE 浏览器时默认显示的页面，在"地址"一项中输入新的网页，则将这个输入的网页作为主页；点击"使用当前页"将当前访问的页面设置为主页；而点击"使用空白页"，则每次启动 IE 时，都不打开任何主页。设置完毕后，点击右下角的"应用”按钮完成主页的设置。以后每次启动 IE 浏览器或者是单击“主页”按钮，都会打开这个设置的主页。

2. Internet 临时文件

在 IE 中查看网页和文件时，系统会自动在用户硬盘上保存一个当前页的拷贝，即 Internet 临时文件。增加该文件夹可以更快地显示以前访问过的网页，但由此减少了计算机上的存储空间。

可以设置该文件夹的大小或将其清空，以控制它所使用的硬盘空间大小。将网页设置为脱机浏览后，Internet 文件将同时存储在计算机上。这样，不必连接到 Internet 就可以查看和显示这些文件。单击“设置”按钮可以修改相关信息，如图 7.15 所示。

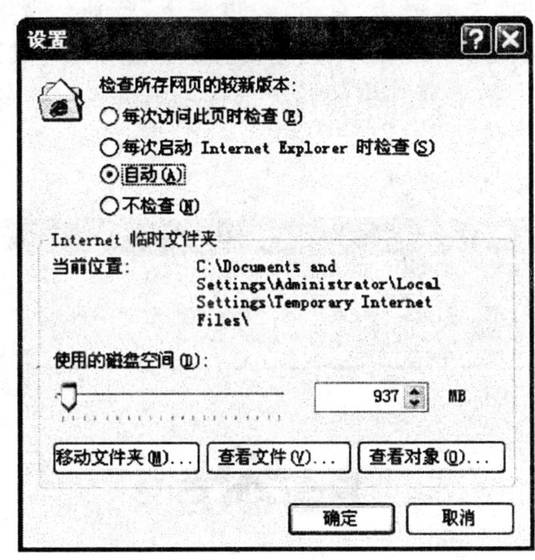

图 7.15　“Internet 临时文件”设置

3. 历史记录

在“历史记录”区域，可以在“网页保存在历史记录中的天数”一栏更改在列表中保留网页的天数。指定的天数越多，保存该信息所需的磁盘空间就越多。点击“清除历史记录”按钮，可以清空本地硬盘上全部的历史记录。

7.4.4　搜索引擎

随着 Internet 的迅速发展，网上信息量以爆炸性的速度不断增长。为了能在数亿个网站中快速、准确地查找信息，Internet 提供了一种称为“搜索引擎”的服务。

搜索引擎(Search Engine)是指根据一定的策略、运用特定的计算机程序搜集互联网上的信息，对信息进行组织和处理，并将处理后的信息显示给用户，为用户提供检索服务的系统。

常用的中文搜索引擎有 Google、百度、搜狐、雅虎、新浪、网易等，其网址分别如表

7.5 所示。

表 7.5　中文搜索引擎网站

搜索引擎	网　址	搜索引擎	网　址
Google	http://www.google.com	雅虎	http://www.yahoo.com
百度	http://www.baidu.com	新浪	http://www.sina.com
搜狐	http://www.sohu.com	网易	http://www.163.com

在地址栏键入“http://www.baidu.com”，出现如图 7.16 所示页面。在搜索框内输入需要寻找的相关内容(即关键字)，点击“百度一下”按钮，搜索引擎开始搜索与关键字相关网站的信息。当状态条右边的绿色进度指示条显示“完成”的时候，窗口中将显示搜索的网站列表。单击结果列表中的超级链接，则进入对应的网页，获得所需的查询结果。

图 7.16　百度搜索引擎页面

7.4.5　常用网址介绍

1. 门户网

网络信息门户之所以被称之为门户，是因为将在网上可能用到的众多内容与服务都集中到一个站点中，体现在其站点主页上，使上网者能够通过这个主页“大门”进入精彩的网络世界，去寻找所需的一切。表 7.6 列出了一些国内比较有名的网站。

表7.6 常用网址

网站中文网名	网址
新浪	http：//www. sina. com. cn
搜狐	http：//www. sohu. com
网易	http：//www. 163. com
中华网	http：//www. china. com
CSDN	http：//www. csdn. net
中国IT实验室	http：//www. chinaitlab. com
土豆网	http：//www. tudou. com
华军软件园	http：//www. onlinedown. net
天空软件站	http：//www. skycn. com
淘宝网	http：//www. taobao. com/

2. 收集网址网站

有一些网站专门收集一些常用网址，用户可以在这些网站中寻找需要的网址或相关内容的网站。也可以查询日常生活中的信息，例如IP归属地查询、电话号码/手机号码归属地查询、全国天气查询、火车/飞机时刻查询等，如表7.7所示。

表7.7 收集网址的网站

网站中文网名	网址
好123网址之家	http：//www. hao123. com
265上网导航	http：//www. 265. com/
好东西网址	http：//www. haodx. com/
百度网址大全	http：//site. baidu. com/

7.5 Internet提供的服务

作为世界上最大的信息资源数据库和最廉价的通信方式，Internet为用户提供了许多服务，其中最常见的有：万维网(WWW)、电子邮件(E-mail)、文件传输(FTP)、远程登录(Telnet)等。

7.5.1 万维网(WWW)

万维网(World Wide Web，WWW)，又称为环球信息网、全球网或Web网。

1. WWW服务

WWW将位于全世界互联网上不同网址的相关数据信息有机地编织在一起，通过浏览器提供一种友好的查询界面。用户仅需要提出查询要求，而不必关心到什么地方去查询及如何查询，这些均由 WWW 自动完成。WWW 为用户带来的是世界范围的超级文本服务，只要操作鼠标，就可以通过互联网获得希望得到的文本、图像和声音等信息。

人们利用 WWW 可以快速地交流信息，从天气预报、班机时刻到股市行情，从政府公报、学术成果到企业产品，几乎应有尽有。因此，互联网的迅速流行，在很大程度上应归功于 WWW。利用 WWW，人们还可以建立自己的 Web 站点（也称 Web 网站），在网上向全世界发布信息，宣传自己。

2. WWW 工作模式

WWW 采用客户机/服务器工作模式，当用户连接到 Internet 后，如果在自己的计算机中运行 WWW 的客户端程序（一般称为 Web 浏览器，例如 Internet Explorer），提出查询请求，这些请求信息就会通过网络介质（例如线路和路由器等）传送给 Internet 上相应站点的 Web 服务器（远程服务程序的计算机），然后服务器做出“响应”，再通过网络介质把查询结果（网页信息）传送给计算机。

3. 网页

在 WWW 中，信息是以网页的方式来组织的，每个 Web 站点都通过 Web 服务器提供一系列精心设计制作的网页。在这些网页中，有一个起始页称为主页（Home Page）。主页是其他页的根。进入一个 Web 站点时，一般都是先进入它的主页，然后再一步步进入其他页面。如果把 WWW 比作 Internet 上的大型图书馆，则每个 Web 站点就是一本书，而每个网页就是一张书页，主页就是书的封面和目录。

网页是采用超文本标记语言（Hyper Text Markup Language，HTML）来制作的。其内容除了普通文本、图形和声音等之外，还包含某些链接，这些链接可以指向另外一个网页（可以是 Internet 某一站点上的网页）。用户浏览时，若鼠标指针指向该链接所在的区域（例如一个词或图标等）时，鼠标指针形状将变成手指形，提示用户单击该链接，可以将所指向的网页打开，从而实现从当前的页面跳转到另一个页面。这就是所谓的“超链接”功能，借助这一功能，可以把 Internet 上各站点的网页链接在一起而构成一个庞大的信息网。

4. URL

WWW 的信息分布在各个 Web 站点，要找到所需信息就必须有一种确定信息资源位置的方法。统一资源定位符（Uniform Resource Locate，URL）就是用来确定各种信息资源位置的，俗称“网址”。一个完整的 URL 包括访问方式（通信协议）、主机名、路径名和文件名。

下面是一个 URL 示例：http：//www. sina. com. cn/。其中：http 是超文本传输协议的英文缩写，：//表示其后跟着的是 Internet 上站点的域名。

7.5.2 电子邮件服务（E-mail）

电子邮件（Electronic Mail）亦称 E-mail，类似于日常邮政信件的服务，只是它的传输是在 Internet 上。使用电子邮件可以发送多媒体信息，包括文字、图像、软件和声音等。

1. 电子邮件地址

为了接收电子邮件，需要向 ISP(例如新浪、网易等网络服务商)申请一个电子信箱，这个电子信箱就是电子邮件地址，每个用户的电子邮件地址是唯一的。

电子邮件地址由两部分组成：用户名和域名。

例如，zhangfei@126.com，这个电子邮件地址用一个特别的符号"@"将其分成前缀和后缀两部分。前缀是用户名，后缀是邮件服务器的主机域名。符号"@"读音为 at。这个邮件地址的意思就是：在"126.com"这台主机上的名为"zhangfei"的用户。

2. 电子邮件的收发方式和协议

收发电子邮件有两种方式。一种是 Web 方式，首先登录到提供电子服务的站点(例如新浪、网易等)，再通过站点收发邮件。这种方法不需要进行设置，只需知道邮箱账号和密码就可以进行。另一种是使用 Outlook、Foxmail 等专门的电子邮件软件。用户使用这些软件收发电子邮件必须首先要设置好电子邮件地址(在电子邮件软件里也称为"用户")，然后借助这种专门的软件，完成电子邮件的收发。

不管用哪种方式，通过 Internet 收发电子邮件都需要服务器的帮助。发送电子邮件时，需要一台发信服务器(SMTP)，电子邮件将通过 Internet 先发送给这个服务器，发信服务器再把邮件发到目的地；接收电子邮件时，需要一台收信服务器(国内一般是 POP3)。

3. 电子邮箱的申请

下面以网易电子邮箱的申请过程为例，介绍申请个人电子邮箱的方法。操作步骤如下：

① 启动 IE，在地址栏输入网易电子邮箱主页(http://email.163.com)，如图 7.17 所示。

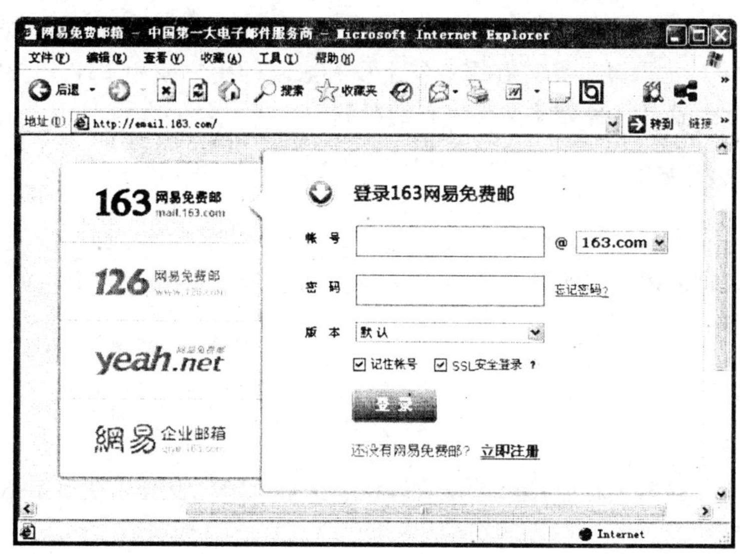

图 7.17　网易电子邮箱主页

② 单击"立即注册"按钮，打开注册新用户页面，填写个人信息后，单击"创建账号"按钮，提示注册成功，即可以拥有一个电子邮箱。

③ 用创建的用户名与密码再次登录相应的邮箱即可。

7.5.3 文件传输服务(FTP)

在 Internet 上进行文件传输，是 Internet 上的一个非常重要的、应用非常广泛的功能。通过 FTP(File Transfer Protocol)，Internet 上的用户不仅可以从服务器上下载有用的资料，而且可以将自己的文件上传到服务器上。

使用 FTP 几乎可以传送任何类型的文件，如文本文件、二进制文件、声音文件、图像文件等。目前，分布在 Internet 的许多计算机上，存放着丰富的文档资源，包括最新技术标准、学术论文、研究报告等，还有大量的计算机软件。如果这些计算机提供了 FTP 服务，则 Internet 上的其他用户在被允许的前提下，可以通过 FTP 获取这些资源。

与大多数 Internet 服务一样，FTP 也是一个客户机/服务器(Client/Server)系统。当本地主机与远程主机之间进行文件传输时，用户首先将通过本地主机上运行的一个 FTP 客户程序(比如 FlashFXP)，连接到远程主机上运行的 FTP 服务器程序。

所谓远程主机，不是指实际距离的远近，而是为了区分用户使用的计算机(本地计算机)，即用户要登录的非本地计算机称为远程主机。实际上，一台远程主机可能就和本地系统近在咫尺。

在 FTP 的使用当中，用户经常遇到两个概念：下载(Download)和上传(Upload)。下载文件就是从远程主机拷贝文件至本地计算机上；而上传文件就是将文件从本地计算机中拷贝至远程主机上。

在进行文件传输时，远程 FTP 服务器一般要求验证用户的身份，也就是说，用户想与 Internet 上的某个 FTP 服务器进行文件传输，必须提交在这个服务器上注册的用户名和密码。但是，在 Internet 上还有许多数据服务中心提供一种称为"匿名文件传输(Anonymous FTP)"的服务，允许在服务器上没有账号的用户使用 FTP 服务。这种匿名文件传输服务实际上就是一种公共文件发布的服务。

7.5.4 其他服务

除了以上的服务外，Internet 还可以提供 IP 电话、IP 视频会议、网上教育、电子商务、网上娱乐、即时通信等服务。随着网络技术的进步，Internet 上提供的服务将会更加丰富多彩。

网 络 黑 客

电脑黑客总是戴着神秘的面纱，没有人能看清他们的真面目，就好像小说中的冷面杀手，令人防不胜防。

黑客(hacker)，源于英语动词 hack，意为"劈，砍"，引申为"干了一件非常漂亮的工作"。在早期麻省理工学院的校园俚语中，"黑客"则有"恶作剧"之意，尤指手法巧妙、技术高明的恶作剧。通常，他们具有计算机硬件和软件的高级知识，并有能力通过创新的方法剖析系统。因此，“黑客”一方面能使更多的网络趋于完善和安全，他们以保护网络为目的，而以不正当侵入为手段找出网络漏洞；另一方面，又有相当多的入侵者是那些利用网络漏洞破坏网络的人，这些群体又称为“骇客”。

一般认为，黑客起源于 20 世纪 50 年代麻省理工学院的实验室中，他们精力充沛，热衷于解决难题。20 世纪六七十年代，“黑客”一词极富褒义，用于指那些独立思考、奉公守法的计算机迷，他们智力超群，对电脑全身心投入，从事黑客活动意味着对计算机的最大潜力进行智力上的自由探索，为电脑技术的发展做出了巨大贡献。正是这些黑客，倡导了一场个人计算机革命，倡导了现行的计算机开放式体系结构，打破了以往计算机技术只掌握在少数人手里的局面。现在黑客使用的侵入计算机系统的基本技巧，例如破解口令(password cracking)、开天窗(trapdoor)、走后门(backdoor)、安放特洛伊木马(Trojan horse)等，都是在这一时期发明的。从事黑客活动的经历，成为后来许多计算机业巨子简历上不可或缺的一部分，苹果公司创始人之一乔布斯就是一个典型的例子。

正是由于黑客在计算机技术方面的才华，有些公司和政府机构邀请黑客为他们检验系统的安全性，甚至还请他们设计新的保安规程。在两名黑客连续发现网景公司设计的信用卡购物程序的缺陷并向商界发出公告之后，网景修正了缺陷并宣布举办名为“网景缺陷大奖赛”的竞赛，那些发现和找到该公司产品中安全漏洞的黑客可获 1 000 美元奖金。

但是，也有一些黑客为了达到个人的目的，满足个人的贪欲，通过一些黑客软件，如“木马”等程序软件，控制着一些存在着安全漏洞的计算机，进而非法窃取他人重要信息或商业秘密等。如菲裔美籍人士 Jeanson Ancheta，2005 年利用经过修改的“rxbot”特洛伊木马程序控制数千台含有安全漏洞的计算机来获取个人的不法利益，最终他受到了法律的制裁。

练　习　题

一、选择题

1. 计算机网络是计算机技术与________技术高度发展、密切结合的产物。

　A. 交换机　　　B. 软件

　C. 通信　　　　D. 自动化

2. 随着微型计算机的广泛应用，大量的微型计算机通过局域网连入广域网，而局域网与广域网的互联通过________来实现。

　A. 通信子网　　B. 路由器

　C. 城域网　　　D. 电话交换网

3. 在计算机网络术语中，WAN 的中文意思是________。

　A. 城域网　　　B. 广域网

　C. 互联网　　　D. 局域网

4. 电子邮件地址用一个特别的符号________将其分成前缀和后缀两部分。

A. %　　　　B. @

C. #　　　　D. &

5. IEEE802 为以太网制定的标准是________。

A. IEEE802. 1　　　　B. IEEE802. 11

C. IEEE802. 3　　　　D. IEEE802. 10

6. 下列关于计算机网络的叙述中不正确的是________。

A. 把多台计算机通过通信线路连接起来，就是计算机网络

B. 建立计算机网络的主要目的是实现资源共享

C. 计算机网络是在通信协议控制下实现的计算机之间的连接

D. Internet 也称为国际网、因特网

7. 制定各种传输控制规程(即协议)OSI 的国际组织是________。

A. INTEL　　　　B. IBM

C. ARPA　　　　D. ISO

8. OSI 将计算机网络体系结构的通信协议规定为________。

A. 5 层　　　　B. 6 层

C. 7 层　　　　D. 8 层

9. IP 地址与子网掩码进行________运算，得到网络 ID 与主机 ID。

A. 与　　　　B. 或

C. 非　　　　D. 异或

二、填空题

1. 计算机网络从逻辑功能上可以分为资源子网和________。

2. 由美国研制成功的，被称为________，它就是现在 Internet 的前身。

3. ISP 的中文是________。

4. 建立计算机网络的基本目的是实现数据通信和________。

5. 网络的拓扑结构主要有星型、环型、________、________、________、________。

6. 网络协议主要由语法、语义、________三要素组成。

7. 传输协议数据单元，物理层为________、数据链路层为________、网络层为________。

8. TCP/IP 协议中传输层协议为面向连接的 TCP 与________。

9. DNS 的中文是________。

10. IP 地址由网络号和________两部分组成。

11. 给每一个连接到 Internet 上的主机分配的唯一的 32 位地址称为________。

12. C 类网络最多只能包含________台计算机。

三、问答题

1. 简述计算机网络的组成部分。

2. 计算机网络采用层次结构有何好处？

3. 简述 OSI/RM 与 TCP/IP 分层参考模型的层次结构及相互关系。

4. 简述常见计算机网络的拓扑结构及其特点。

5. 如果某台主机的 IP 地址为 192.168.3.100，其子网掩码为 255.255.255.192，试计算其网络号与主机号。

6. 简述 Internet 提供的服务。

第8章　计算机安全防护

【学习目标】

计算机的安全操作及常见故障的排除是计算机正常运行的保证，了解计算机信息安全、计算机病毒及其防治方法是在这个病毒横行的电脑时代所不可缺少的。通过本章学习应掌握：

① 计算机的安全操作及一些常见故障的排除方法；

② 计算机信息安全及其相关技术；

③ 计算机病毒的基本概念、产生机理、预防及清除的方法。

8.1　计算机的使用与维护

计算机已成为人们生活中不可缺少的助手，为了让计算机能够更好地工作，作为计算机的使用者，应当掌握一些计算机的日常维护知识，了解一些计算机的常见故障及其检测方法，以便在自己的计算机出现问题时能第一时间解决。

8.1.1　计算机安全操作

1. 计算机对环境的要求

① 理想的温度。计算机在运行时的理想温度为5～35℃，计算机的安放位置应尽可能地远离热源。

② 合适的湿度。30%～80%的相对湿度是计算机最适合的，太高会影响配件的性能发挥，甚至引起一些配件的短路，太低则易产生静电。

③ 环境清洁。灰尘侵入计算机内部，经过长期的积累后，会导致内部散热困难，容易引起软驱、光驱的读写错误，严重时还会造成电路的短路，故计算机在运行一段时间后，应进行相应的清洁工作。

④ 远离电磁干扰。计算机经常放置在磁场较强的环境下，有可能造成硬盘上数据的损失，甚至这种强磁场还会使电脑出现一些莫名其妙的现象，如显示器可能会产生花斑、抖动等。

⑤ 稳定的电源。如果市电电压不够稳定，最好考虑给电脑配备一台稳压电源，当市电中断时，稳压电源能立即给计算机供电，以保护软、硬件不受损坏，并保证计算机正常工作。

2. 计算机的日常保养和维护

保养和维护好一台计算机、最大限度地延长其使用寿命是非常重要的。就像我们每天都要洗脸刷牙一样，计算机也需要每天对它予以维护。一般的电脑维护有以下几点：

① 正常开关机，开机的顺序是：先打开外部设备(如显示器、打印机和扫描仪等)的电源，再打开主机电源。关机顺序则相反：先关闭主机电源，再关闭外设电源。

② 不要频繁地开关机。

③ 定期清洁电脑。

④ 无电操作，即在增加或拔除电脑的硬件设备时，必须要先断电，并确认自身身体不带静电时才可以进行操作。这包括上面提到的清洁操作。

⑤ 在接触电路板时，不应用手直接触摸电路板上的铜线及集成电路的引脚，以免人体所带的静电击坏这些器件。

⑥ 电脑在加电之后，不应随意移动和震动电脑，以免由于震动而造成硬盘表面的划伤，以及其他意外情况发生。

8.1.2 计算机常见故障及排除

计算机故障常见的检测方法有：

① 清洁法。对于机房使用环境较差，或使用较长时间的机器，应首先进行清洁。可用毛刷轻轻刷去主板、外设上的灰尘。另外，由于板卡上一些插卡或芯片采用插脚形式，震动、灰尘等其他原因，常会造成引脚氧化，接触不良。可用橡皮擦擦去表面氧化层，重新插接好后开机检查故障是否排除。

② 观察法。主要通过看、听、闻、摸来判断故障原因。“看”即观察系统板卡的插头、插座是否歪斜，电阻、电容引脚是否相碰，表面是否烧焦，芯片表面是否开裂，主板上的铜箔是否烧断。还要查看有无异物掉进主板的元器件之间(造成短路)，也可以看看板上是否有烧焦变色的地方，印刷电路板上的走线(铜箔)是否断裂等；“听”即听电源风扇、软/硬盘电机或寻道机构、显示器变压器等设备的工作声音是否正常。另外，系统发生短路故障时常常伴随着异常声响。监听可以及时发现一些事故隐患和帮助在事故发生时及时采取措施；“闻”即辨闻主机、板卡中是否有烧焦的气味，便于发现故障和确定短路所在部位；“摸”即用手按压管座的活动芯片，看芯片是否松动或接触不良。另外，在系统运行时用手触摸或靠近 CPU、显示器、硬盘等设备的外壳，根据其温度可以判断设备运行是否正常；用手触摸一些芯片的表面，如果发烫，则该芯片很可能已损坏。

③ 拔插法。PC 机系统产生故障的原因很多，主板自身故障、I/O 总线故障、各种插卡故障等均可导致系统运行不正常。采用拔插法是确定故障在主板或 I/O 设备的简捷方法。该方法就是关机将插件板卡逐块拔出，每拔出一块板卡就开机观察机器运行状态，一旦拔出某块板卡后主板运行正常，那么故障原因就是该插件板故障或相应 I/O 总线插槽及负载电路故障。若拔出所有插件板卡后系统启动仍不正常，则故障很有可能就在主板上。拔插法的另一个含义是：一些芯片、板卡与插槽接触不良，将这些芯片、板卡拔出后再重新正确插入可以解决因安装时接触不当引起的微机部件故障。

④ 交换法。将同型号插件板或总线方式一致、功能相同的插件板与同型号芯片相互

交换，根据故障现象的变化情况判断故障所在。此法多用于易拔插的维修环境，例如内存自检出错时，可交换相同的内存芯片或内存条来判断故障部位，若交换后故障现象变化，则说明交换的芯片中有一块是坏的，可进一步通过逐块交换而确定故障部位。如果能找到相同型号的微机部件或外设，使用交换法可以快速判定是不是元件本身的质量问题导致的计算机故障。

⑤ 升温、降温法。人为升高微机运行环境的温度，可以检验微机各部件(尤其是CPU)的耐高温情况，便于及早发现事故隐患。人为降低微机运行环境的温度时，如果微机的故障出现率大为减少，说明故障出在高温或不能耐高温的部件中，此举可以帮助缩小故障诊断范围。事实上，升温、降温法采用的是故障促发原理，以制造故障出现的条件来促使故障频繁出现以观察和判断故障所在的位置。

⑥ 程序测试法。随着各种集成电路的广泛应用，焊接工艺越来越复杂，同时，随机硬件技术资料较缺乏，仅靠硬件维修手段往往很难找出故障所在。而通过随机诊断程序、专用维修诊断卡，或者根据各种技术参数(如接口地址)，自编诊断程序来辅助硬件维修，则可达到事半功倍之效。程序测试法的原理就是用软件发送数据、命令，并通过读线路状态及某个芯片(如寄存器)状态来识别故障部位。此法往往用于检查各种接口电路及具有地址参数的各种电路的故障。但此法应用的前提是 CPU 及总线基本运行正常，能够运行有关诊断软件，能够运行装于 I/O 总线插槽上的诊断卡等。编写的诊断程序要严格、全面、有针对性，能够让某些关键部位出现有规律的信号，能够对偶发故障进行反复测试及能显示和记录出错情况。软件诊断法要求具备熟练的编程技巧、熟悉各种诊断程序与诊断工具(如 Debug、DM 等)、掌握各种地址参数(如各种 I\O 地址)以及电路组成原理等，尤其要掌握各种接口单元正常状态的各种诊断参考值，这些是有效运用软件诊断法的前提基础。

要注意的是，平时常见的计算机故障现象中，有很多并不是真正的硬件故障，而是由于某些设置或系统新特性不为人知而造成的假故障现象。认识一些微机假故障现象有利于快速确认故障原因，避免不必要的故障检索工作。以下是一些常见的假故障成因：

① 电源问题。很多外围设备都是独立供电的，运行微机时只打开计算机主机电源是不够的。例如：显示器电源开关未打开，会造成“黑屏”和“死机”的假象；外置式 MODEM 电源开关未打开或电源插头未插好则不能拨号、上网、传送文件，甚至连 MODEM 都不能被识别。碰到独立供电的外设故障现象时，首先应检查设备电源是否正常、电源插头/插座是否接触良好、电源开关是否打开。

② 连线问题。外设跟计算机之间是通过数据线连接的，数据线脱落、接触不良均会导致该外设工作异常。如显示器接头松动会导致屏幕偏色、无显示等；又如打印机放在计算机旁并不意味着打印机连接到了计算机上，应亲自检查各设备间的线缆连接是否正确。

③ 设置问题。例如显示器无显示很可能是行频调乱、宽度被压缩，甚至只是亮度被调至最暗；音箱放不出声音也许只是音量开关被关掉；硬盘不被识别也许只是主、从盘跳线位置不对等。详细了解外设的设置情况，并动手试一下，有助于发现一些原本以为必须更换零件才能解决的问题。

④ 系统新特性。很多“故障”现象其实是硬件设备或操作系统的新特性。如带节能功

能的主机，在间隔一段时间无人使用计算机或无程序运行后会自动关闭显示器、硬盘的电源，在你敲一下键盘后就能恢复正常。如果你不知道这一特征，就可能会认为显示器、硬盘出了毛病。

8.2 信息安全

随着社会的不断发展，信息资源对于国家和民族的发展，对于人们的工作和生活都变得至关重要。信息已经成为国民经济和社会发展的战略资源，信息安全问题也已成为亟待解决、影响国家大局和长远利益的重大关键问题。正是由于信息及信息系统的重要，才使它成为被攻击的目标。因此，信息安全已成为信息系统生存和成败的关键，也构成了 IT 界一个重要的应用领域。

本节简要介绍什么是信息安全，信息安全威胁及有哪些主要的信息安全技术。

8.2.1 信息安全的定义

信息安全有两层含义：数据(信息)的安全和信息系统的安全。数据安全是指保证所处理数据的机密性、完整性和可用性。而信息系统的安全则是指构成信息系统 3 大要素的安全，即信息基础设施安全、信息资源安全和信息管理安全。

我国信息安全学者、信息战学科奠基人沈伟光教授指出：“信息安全是指人类信息空间和资源的安全。”他指出，信息安全威胁主要来自以下三个方面：

① 信息基础设施：由各种通信设备、信道、终端和软件等构成，是信息空间存在、运作的物理基础。

② 信息资源：各种类型、媒体的信息数据。

③ 信息管理：有效地管理信息，可以增强信息的安全程度，反之可能增大安全隐患，甚至动摇社会经济基础。

由于信息具有抽象性、可塑性、可变性以及多效性等特征，使得它在处理、存储、传输和使用中存在严重的脆弱性，很容易被干扰、滥用、遗漏和丢失，甚至被泄露、窃取、篡改、冒充和破坏。因此，信息安全将面临上述三个方面的挑战。

8.2.2 安全威胁

安全是针对威胁的一种保障。计算机系统中的信息，面临着来自各个方面的安全威胁，信息安全就是研究如何保障信息在各种威胁之下，其安全性不被破坏。所以，了解安全威胁对于理解信息安全是必要的，也是决定信息安全策略的前提。

人为因素和非人为因素都可以对信息安全构成威胁，但是精心设计的人为攻击威胁最大。而人为攻击又可分为被动攻击和主动攻击。

1. 被动攻击

被动攻击不会导致对系统中所含信息的任何改动，而且系统的操作和状态也不会被改变。因此，被动攻击主要威胁信息的保密性，常见的被动攻击手段有：

① 偷窃：用各种可能的合法或非法的手段窃取系统中的信息资源和敏感消息。例如，对通信线路中传输的信号进行搭线监听，或者利用通信设备在工作过程中产生的电磁泄漏截获有用信息等。

② 分析：通过对系统进行长期监视，利用统计分析方法对诸如通信频度、通信的信息流向、通信总量的变化等参数进行研究，从而发现有价值的信息和规律。

2. 主动攻击

主动攻击的目的是篡改系统中的信息，或者改变系统的状态和操作。因此，主动攻击主要威胁信息的完整性和可用性。常见的主动攻击手段有：

① 冒充：非法用户通过欺骗系统（或用户）冒充合法用户，或者特权小的用户冒充特权大的用户。

② 篡改：改变信息内容，删除其中的部分内容，用假消息代替原始消息，或者将某些额外消息插入其中，目的在于使被攻击方误认为修改后的信息合法。

③ 抵赖：这是一种来自合法用户的攻击，该用户否认或者谎报自己做过的某些行为，如否认自己曾经发布过的某条消息、伪造一份对方来信、修改来信等。

④ 其他：如非法登录、非授权访问、破坏通信规程和协议、拒绝合法服务请求、设置陷阱和重传攻击等。

要保证计算机系统信息的安全，就必须想办法在一定程度上克服以上的种种威胁。需要指出的是，无论采取何种防范措施，都不可能保证计算机系统的绝对安全。安全是相对的，不安全才是绝对的。在具体实用过程中，经济因素和时间因素是影响安全性的重要指标，换句话说，如果使得攻击的代价大于攻击获得的利益，那么就是安全的，过时的“成功”攻击和“赔本”的攻击都被认为是无效的。

8.2.3 信息安全技术

从广义上讲，凡是涉及信息的安全性、完整性和可用性的相关技术都是信息安全所要研究的领域。目前所有正在使用的计算机系统都或多或少地存在着技术漏洞以及可以被人利用的技术弱点，这些技术弱点或漏洞，有些限于当今的技术能力而无法克服，有些是属于系统的基本属性而无法改变。理想的信息安全技术是能够彻底地根除这些安全隐患，确保信息内容绝对安全的技术。但以目前的技术水平，信息安全技术还无法达到这种功能，只能通过使用信息安全技术措施在效能上高于信息破坏措施的手段来达到信息保护的目的。

现今流行的信息安全技术有很多，例如信息加密技术、计算机病毒防治技术等。新的信息安全技术也在不断出现，本小节只介绍其中几种具有代表性的技术，其中病毒防治技术将在下一节重点讲述。

1. 信息保密技术

信息的保密性是信息安全的一个重要方面，保密的目的是防止未经许可用户破译机密信息，加密是实现信息保密的一个重要手段。所谓加密，就是使用数学方法来重新组织数据，使得除了合法的接收者之外，任何其他非经授权用户不能恢复原先的“消息”或读懂变化后的“消息”。加密前的信息称为“明文”，加密后的信息称为“密文”，将密文变为明文的过程称为解密。

信息加密是保障信息安全的最基本、最核心的技术措施和理论基础。信息加密也是现代密码学的主要组成部分。信息加密过程由形形色色的加密算法来具体实施，它以很小的代价提供很大的安全保护。在多数情况下，信息加密是保证信息机密性的唯一方法。

加密技术可使一些主要数据存储在一台不安全的计算机上，或可以在一个不安全的信道上传送。只有持有合法密钥(可以认为是生成/解开密文的“钥匙”)的一方才能获得“明文”。在对明文进行加密时所采用的一组规则称为加密算法；类似地，对密文进行解密时所采用的一组规则称为解密算法。加密和解密算法的操作通常都是在一组密钥控制下进行的，分别称为加密密钥和解密密钥。

据不完全统计，到目前为止，已经公开发表的各种加密算法多达数百种。如果按照收发双方密钥是否相同来分类，可以将这些加密算法分为常规密码算法和公钥密码算法。

在常规密码算法中，收信方和发信方使用相同的密钥，即加密的密钥和解密的密钥是相同或等价的。

在公钥密码算法中，收信方和发信方使用的密钥互不相同，而且几乎不可能由加密密钥推导出解密密钥。

当然，在实际应用中，人们通常是将常规密码和公钥密码结合在一起使用的。

2. *信息认证技术*

信息认证技术通过严格限定信息的共享范围来防止信息被非法伪造、篡改和假冒，是实现信息的完整性的重要保证。

一个安全的信息认证方案应该能使：① 合法的接收者能够验证他收到的消息是否真实；② 发信者无法抵赖自己发出的消息；③ 除合法发信者外，别人无法伪造消息；④ 发生争执时可由第三方进行仲裁。

按照具体应用目的，信息认证技术可分为消息确认、身份确认和数字签名。消息确认使约定的接收者能够验证消息是不是由约定发送者送出的，并且是在传输过程中未被篡改过的。身份确认使得用户的身份能够被正确判定。最简单但却最常用的身份确认方法有：个人识别号、口令(密码)、个人特征(如指纹)等。数字签名与日常生活中的手写签名效果一样，它不但能使消息接收者确认消息是否来自合法方，而且可以为仲裁者提供发信者对消息签名的证据。

3. *身份识别技术*

计算机系统的安全性常常取决于能否正确识别用户或终端的身份。身份识别技术使合法用户能够向对方证明自己的真正身份，确保其自身的合法权益。

在传统方式下，自然人和法人的确立、申报、登记、注册，国家的户籍管理、身份证制度，单位机构的证件和图章等，这些都是社会责任的体现和社会管理的需要。有了这些传统的识别信息，人们面对法律，才能进行行为的社会公证、审计和仲裁。

随着社会的信息化，某些机构试图采用电子化的、唯一的生物识别信息，如指纹、掌纹、声纹等，进行身份识别。但是，由于代价高，存储空间大，而且准确性较低，不适合计算机读取和判别，只能作为辅助措施应用。而使用密码技术，特别是公钥密码技术，能够设计出安全性高的识别协议。

身份识别方式主要有两种：通行字方式和持证方式。实现身份识别的方法主要有访问控制技术和安全协议。

(1)访问控制技术

访问控制技术允许用户对其常用的信息库进行受限的访问，限制其随意删除、修改或拷贝信息文件。访问控制技术还可以使系统管理员跟踪用户在网络中的活动，及时发现并拒绝“黑客”的入侵。访问控制采用最小特权原则，即在给用户分配权限时，根据每个用户的任务特点使其获得完成自身任务的最低权限，不给用户赋予其工作范围之外的任何权力。

(2)安全协议

整个网络系统的安全强度实际上取决于所使用的安全协议的安全性。安全协议的设计和改进有两种方式：其一，对现有网络协议(如 TCP/IP)进行修改和补充；其二，在网络应用层和传输层之间增加安全子层，如安全协议套接子层(SSL)、安全超文本传输协议(SHTTP)和专用通信协议(PCP)。安全协议实现身份鉴别、密钥分配、数据加密、防止信息重传和不可否认等安全机制。

4. 入侵检测技术

入侵检测技术是指主动从计算机网络系统中的若干关键点收集信息并分析这些信息，看网络中是否有违反安全策略的行为和遭到袭击的迹象，并有针对性地进行防范的一种技术。它能够帮助系统对付网络攻击，扩展系统管理员的安全管理能力(包括安全审计、监视、进攻识别和响应)，提高信息安全基础结构的完整性。

入侵检测技术按检测策略可分为以下四种：

① 基于应用的监控技术：主要特征是使用监控传感器在应用层收集信息。由于这种技术可以更准确地监控用户某一应用的行为，因此在日益流行的电子商务中越来越受到注意，缺点是有可能降低技术本身的安全。

② 基于主机的监控技术：主要特征是使用主机传感器监控本系统的信息。这种技术可以用于分布式、加密、交换的环境中监控，缺点在于主机传感器要和特定的平台相关联，加大了系统的负担。

③ 基于目标的监控技术：主要特征是针对专有系统属性、敏感数据和攻击进程结果进行监控。这种技术不依据历史数据，系统开销小，可以准确地确定受攻击的部位，受到攻击的系统容易恢复，缺点是实时性较差，对目标的检验数依赖较大。

④ 基于网络的监控技术：主要特征是由网络监控传感器监控包监听器收集信息，该技术不需要任何特殊的审计和登录机制，不会影响其他的数据源，缺点是如果数据流进行了加密就不能审查其内容，对主机上执行的命令也感觉不到。

8.3 计算机病毒及其防治

计算机病毒(Computer Virus)是计算机安全中的一大毒瘤，可以在瞬间损坏文件系统，使计算机陷入瘫痪。计算机病毒的产生是计算机技术和以计算机为核心的社会信息化进程发展到一定阶段的必然产物。

8.3.1　计算机病毒的概念及特征

1. 计算机病毒的概念

任何可执行的、会自动复制自己、影响计算机正常运行或者给系统带来故障的指令代码序列都被称作计算机病毒。

计算机病毒是人为设计的小程序，其设计目的就是对计算机系统造成影响，这种影响一般是有害的。有的病毒类似一种恶作剧，但更多的病毒对计算机系统有破坏作用，轻则造成系统运行速度下降或者破坏数据的正确与完整，重则造成软件系统的崩溃甚至是硬件系统的损毁。

计算机中毒后，会表现出下面一些症状：

① 屏幕显示异常或出现异常提示：这是有些病毒发作时的症状；

② 计算机执行速度越来越慢：这是由于病毒在不断传播、复制，消耗系统资源；

③ 原来可以执行的一些程序无故不能执行了：病毒破坏致使这些程序无法正常运行；

④ 计算机系统出现异常死机：病毒感染了计算机系统的一些重要文件，导致死机；

⑤ 文件夹中无故多了一些重复或奇怪的文件：如 Ninda 病毒，它通过网络传播，在感染的计算机中会出现大量扩展名为“. eml”的文件；

⑥ 硬盘指示灯无故闪亮，或突然出现坏块和坏道，或不能开机；

⑦ 存储空间异常减少：病毒在自我繁殖过程中，产生出大量垃圾文件，占据磁盘空间；

⑧ 网络速度变慢或者出现一些莫名其妙的网络连接：这说明系统已经感染了病毒或特洛伊木马程序，它们正通过网络向外传播；

⑨ 电子邮箱中有来路不明的邮件，这是电子邮件病毒的症状。

计算机中毒的症状还有很多，平时要养成良好的使用计算机的习惯，经常扫描检查病毒。一般来说，病毒发现得越早，其造成的损害就越小。

2. 计算机病毒的特性

① 可执行性。计算机病毒都是可执行的，它可以是一个完整的程序，通过修改系统参数、利用系统漏洞等途径在系统运行的时候执行，也可以是一段寄生代码，寄生在其他可执行的程序上。只有当运行后，计算机病毒才具有传染性和破坏性，所以，在确保不运行计算机病毒的前提下，计算机中存在的计算机病毒并不会影响计算机系统。

② 传染性。计算机病毒之所以被称为“病毒”，原因之一就是因为其和某些生物病毒一样，具有传染性，即其具有把自身复制到其他程序中的特性。计算机病毒能够通过各种渠道从已经感染的计算机扩散到未被感染的计算机。计算机病毒和一般的程序的一个重要区别在于，一般的程序不会强行将自己复制到其他系统中，而计算机病毒可以通过各种可能的渠道，如软盘、硬盘、可移动磁盘、计算机网络等将自己强行复制到所有能够“进入”的计算机系统中。

③ 潜伏性。某些计算机病毒进入计算机系统后并不会立刻发作，如同某些生物病毒一样，会在计算机系统中隐藏一段时间(几天、几周、几年)。在潜伏期，计算机病毒虽

然不破坏计算机系统，但是仍然在不停地传染能够“达到”的计算机系统。潜伏期表现在：第一，潜伏期间，计算机病毒对系统的运行不会造成很明显的影响；第二，计算机病毒往往有一种触发条件，当触发条件满足时，病毒运行，其破坏性立刻显现。例如著名的 CIH 病毒，其触发条件就是计算机系统日期为 4 月 26 日（其变种病毒触发条件为每月 26 日），一旦条件满足，所有感染了 CIH 病毒的计算机系统同时遭到破坏，这种影响是突然的、大面积的，造成的损失是巨大的。

④ 破坏性。这个特征是所有的计算机病毒所共有的，无论这种“破坏”是否真正对计算机系统造成了不良影响，即使是恶作剧，也影响到计算机用户对计算机的正常使用，更不用说那些以毁坏计算机系统为目的的计算机病毒了。计算机病毒对计算机系统造成的破坏常见的是占用计算机系统资源，造成系统运行速度的降低，或者是破坏计算机系统中的数据等。总之，“破坏”就是计算机病毒产生的原因。

⑤ 隐蔽性。隐蔽是病毒的本能特性，为了逃避被觉察，病毒制造者总是想方设法地使用各种隐藏术。病毒一般都是些短小精悍的程序，通常依附在其他可执行程序体或磁盘中较隐藏的地方，因此用户很难发现它们。往往发现它们时，病毒已经发作了。

⑥ 病毒的不可预见性。从对病毒的检测方面来看，病毒还有不可预见性。病毒相对反病毒软件永远是超前的。新一代计算机病毒甚至连一些基本的特征都隐藏了，有时病毒利用文件中的空隙来存放自身代码，有的新病毒则采用变形来逃避检查，这也成为新一代计算机病毒的基本特征。

3. 计算机病毒的种类

① 网络病毒。网络病毒是在网络上运行并传播、破坏网络系统的病毒。该类病毒利用网络不断寻找有安全漏洞的计算机，一旦发现这样的计算机，就趁机侵入并寄生于其中，这种病毒的传播媒介是网络通道，所以网络病毒的传染能力更强，破坏力更大。例如，它非法使用网络资源，发送垃圾邮件，占用网络带宽等。新的网络病毒主要攻击网络服务器，并向控制他人的计算机和造成受控计算机的泄密的方向发展。

② 邮件病毒。邮件病毒主要是利用电子邮件软件（如 Outlook Express）的漏洞进行传播的计算机病毒。常见的传播方式是将病毒依附于电子邮件的附件中。当接收者收到电子邮件，打开附件时，即激活病毒。例如，SirCam 病毒会让用户收到无数陌生人的邮件（垃圾邮件），在这些邮件中附带有病毒文件，可以进一步感染别的计算机。它寻找受害者通讯录中的邮件地址，还可以在系统中搜寻 HTML 文件中的邮件地址，从而去感染这些邮件地址的计算机。

③ 文件型病毒。文件型病毒是以感染可执行文件（.com、.exe、.ovl 等）而著称的病毒。这种病毒把可执行文件作为病毒传播的载体，当用户执行带病毒的可执行文件时，病毒就获得了控制权，开始其破坏活动。

④ 宏病毒。宏病毒是一种寄生于文档或模板的宏中的计算机病毒。它主要是利用软件（如 Word、Excel 等）本身所提供的宏能力而设计的。一旦打开这样的文档，宏病毒就会被激活，转移到计算机上，并驻留在 Normal 模板中。以后，所有自动保存的文档都会“感染”上这种宏病毒，而且如果其他用户打开了感染病毒的文档，宏病毒又会转移到其他计算机上。

⑤ 引导型病毒。引导型病毒是利用系统启动的引导原理而设计的。系统正常启动时，是将系统引导程序装入内存，而病毒程序则修改引导程序，先将病毒程序装入内存，再去引导系统。这样就使病毒驻留在内存中，待机滋生繁衍，进行破坏活动。引导型病毒在 MS-DOS 时代特别猖獗。

⑥ 变体病毒。这是一类高级的文件型病毒，其特点是每次进行传染时都会改变程序代码的特征，以防止杀毒软件的追杀。此类病毒的算法比一般病毒复杂，甚至用数学算法为病毒程序加密，使病毒程序每次都呈现不同的形态，让杀毒软件检测不到。

⑦ 混合型病毒。混合型病毒是指兼有两种以上病毒类型特征的病毒，例如有些文件型病毒同时也是网络型病毒。

8.3.2　计算机病毒的预防与清除

1. 计算机病毒的预防措施

预防计算机病毒是安全使用计算机的要求，计算机病毒的预防措施主要包括以下几个方面：

① 建立良好的安全习惯。例如，对一些来历不明的邮件及附件不要打开，不要上一些不太了解的网站，不要执行从 Internet 下载后未经杀毒处理的软件，不要访问安全受到威胁的网站等，这些必要的习惯会使您的计算机更安全。

② 关闭或删除系统中不需要的服务。默认情况下，许多操作系统会安装一些辅助服务，如 FTP 客户端、Telnet 和 Web 服务器。这些服务为攻击者提供了方便，而又对用户没有太大用处，如果删除它们，就能大大降低被攻击的可能性。

③ 经常升级安全补丁。据统计，有 80% 的网络病毒是通过系统安全漏洞进行传播的，故应定期到微软网站去下载最新的安全补丁，以防患于未然。

④ 迅速隔离受感染的计算机。当发现病毒或异常情况时应立刻断开网络，以防止计算机受到更多的感染，或者成为传播源，感染其他计算机。

⑤ 了解一些病毒知识。这样就可以及时发现新病毒并采取相应措施，在关键时刻使自己的计算机免受病毒破坏。

⑥ 安装专业的防毒软件进行全面监控。在病毒日益增多的今天，使用防毒软件进行防毒，是越来越经济的选择，不过用户在安装了防毒软件之后，应该经常进行升级，将一些主要监控经常打开，遇到问题要上报，这样才能真正保障计算机的安全。

⑦ 坚决杜绝使用来路不明的移动存储设备。不要把他人的移动存储设备随便放进自己的计算机中，也不要把自己的移动存储设备随便借给他人使用。如不得已要使用他人的移动存储设备，一定要先对移动存储设备进行杀毒。

2. 计算机病毒的清除

① 使用正版杀毒软件清除病毒。如今，各种计算机病毒的发作日益频繁，杀毒软件的使用成为计算机用户日常工作中不可或缺的工作内容之一。一定要使用正版杀毒软件（如 Norton AntiVirus、KV3000、金山毒霸、瑞星等），因为正版杀毒软件能确保正确及时地升级。安装杀毒软件后，要正确使用杀毒软件，很好地设置杀毒软件的相关功能，比如开启实时防护、查杀未知病毒等多项功能，将整个系统置于随时监控之下。

② 使用防火墙隔离病毒。安装个人防火墙，有效地监控任何网络连接，通过过滤不安全的服务，可极大地提高网络安全和减少计算机被攻击的风险，使系统具有抵抗外来非法入侵的能力，保护系统和数据的安全。开启防火墙后能自动防御大部分已知的恶意攻击。

③ 人工处理。有些情况下也可以人工清除计算机中的病毒，如将有毒文件删除、将有毒磁盘重新格式化等。

8.3.3 防火墙技术

防火墙是一种允许内部系统接入外部网络，但同时又能识别和抵抗非授权访问的网络安全技术。

1. 什么是防火墙

使用防火墙技术的网络安全产品被称为防火墙，一般来说，防火墙是网络中的一种网络硬件设备。

防火墙扮演的是网络中的“交通警察”角色，指挥网上信息合理有序地安全流动，同时也处理网上的各类“交通事故”。

防火墙能增强机构内部网络的安全性。防火墙系统决定了哪些内部服务可以被外界访问，外界的哪些人可以访问内部的服务以及哪些外部服务可以被内部人员访问。防火墙必须只允许授权的数据通过，而且防火墙本身也必须能够免于渗透。

☞ **提示：**

某些软件也被称为“防火墙”，只是说明这些软件通过程序实现防火墙设备的某些功能。但是，防火墙技术是网络安全保障技术，这就决定了防火墙是作为网络中的一个角色来保障网络的信息安全。所以，那些软件“防火墙”并不是真正的防火墙。

2. 防火墙的功能

① 允许网络管理员定义一个中心点来防止非法用户进入内部网络；

② 可以很方便地监视网络的安全性并报警；

③ 可以作为部署网络地址变换(Network Address Translation，NAT)的地点，利用 NAT 技术，将有限的 IP 地址动态或静态地与内部的 IP 地址对应起来，用来缓解地址空间短缺的问题；

④ 是审计和记录 Internet 使用费用的一个最佳地点。网络管理员可以在此向管理部门提供 Internet 连接的费用情况，查出潜在的带宽瓶颈位置，并能够依据本机构的核算模式提供部门级的计费；

⑤ 可以连接到一个内部的网络上，将内部网络与外部网络隔开，并可以在内部网络中部署服务器向外部网络提供网络服务。从技术角度来讲，内部网络就是所谓的“停火区”。

3. 防火墙的分类

尽管防火墙的发展经历了几代，但是按照防火墙对内外来往数据的处理方法，大致可以将其分为两大体系：包过滤防火墙和代理防火墙(应用层网关防火墙)。前者以以色列的 Checkpoint 防火墙和 Cisco 公司的 PIX 防火墙为代表，后者以美国 NAI 公司的 Auntlet 防火墙为代表。

按照防火墙所处的位置，防火墙可分为外部防火墙和内部防火墙。前者在内部网络和外部网络之间建立起一个保护层，从而防止“黑客”的侵袭，其方法是监听和限制所有进出通信，挡住外来非法信息并控制敏感信息被泄露；后者将内部网络分隔成多个局域网，从而限制外部攻击造成的损失。

4. 防火墙的缺陷

① 防火墙不能防范不经由防火墙的攻击。例如，如果允许从受保护的内部网不受限制地向外拨号，一些用户可以形成与 Internet 的直接连接，从而绕过防火墙，形成一个潜在的攻击渠道。

② 防火墙不能防止感染了病毒的软件或文件的传输。反病毒的任务只能由反病毒软件完成。

③ 防火墙不能防止数据驱动式攻击。当有些表面看来无害的数据被邮寄或复制到 Internet 主机上并被执行而发起攻击时，就会发生数据驱动攻击。

因此，防火墙只是一种整体安全防范政策的一部分，这种安全政策必须包括公开的安全准则、职员培训计划以及规范网络行为的相关政策。

8.3.4　杀毒软件

通过计算机网络传播是病毒感染计算机的途径之一，随着计算机网络的飞速发展和普及，计算机感染病毒的可能性也随之增加。现在的计算机病毒种类越来越多，危害范围也越来越大。因此，防毒、杀毒软件的更新等就成了使用计算机不可忽视的问题。目前，微型计算机常用的杀毒软件有金山毒霸、瑞星、卡巴斯基(如 KV3000)、诺顿(Norton)等。本小节以瑞星杀毒软件为例简要介绍杀毒软件的使用。

瑞星杀毒软件(Rising Anti-Virus Software)简称 RAV，是用于计算机病毒的查找和清除、恢复被病毒感染的文件和系统的计算机病毒清除工具。在本地计算机系统中安装好瑞星杀毒软件后，可用如下步骤查杀病毒：

① 启动瑞星杀毒软件。单击“开始”|“程序”|“瑞星杀毒软件”选项，打开瑞星杀毒系统窗口，如图 8.1 所示。由图可知，瑞星杀毒软件除了可以杀毒外，还具有监控、防御、安监等一系列功能，可依次选择某一功能选项卡，查看其相应的功能。

② 在“查杀目标”选项卡或者“快捷方式”选项卡中指定待杀毒的目标区域，默认情况下是对所有硬盘驱动器、内存、引导区和邮件进行杀毒。

③ 杀毒的目标区域选定后，可在右边的“设置”界面中的“发现病毒时”下拉列表框中选择发现病毒时的处理方式，病毒处理方式分为四种：询问我、清除病毒、删除染毒文件和不处理；还可在“杀毒结束时”下拉列表框中选择杀毒结束时要执行的动作，如返回、退出、重启和关机。

④ 单击瑞星杀毒软件窗口界面上的“开始查杀”按钮，即开始扫描所选目标上的所有

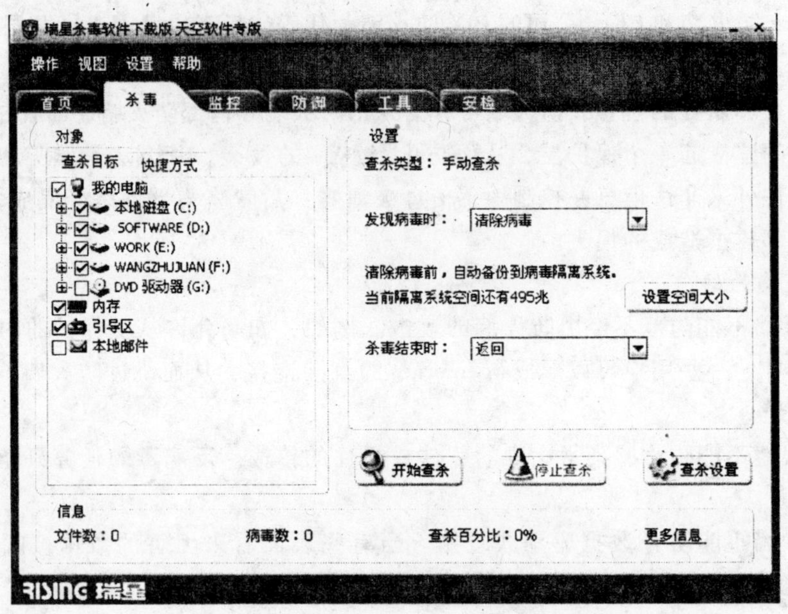

图 8.1　瑞星杀毒软件窗口界面

对象，进行杀毒检测，若在③ 中选择的是“询问我”，则系统在发现病毒时会提示用户作进一步的处理，如图 8.2 所示。

图 8.2　瑞星杀毒软件发现病毒时发出的提示信息

⑤ 扫描过程中可根据需要随时选择“暂停杀毒”按钮暂停当前操作，单击“继续杀毒”按钮则可继续中断的操作，也可以单击“停止查杀”按钮终止当前操作。

⑥ 扫描结果的相关信息可从窗口下方的信息栏中获得，如已扫描的文件数、已发现的病毒数等。

⑦ 操作结束后，可按照“杀毒结束时”的选择退出瑞星杀毒软件或者直接选择“操作”|“退出”菜单来退出瑞星杀毒软件。

说明：扫描病毒的过程可能需要花费几十分钟甚至几个小时的时间，这取决于系统中文件数量的多少。

熊猫烧香：新型犯罪挑战公共信息安全

2006 年底，我国互联网上大规模爆发“熊猫烧香”病毒及其变种，该病毒通过多种方式进行传播，并将感染的所有程序文件改成熊猫举着三根香的模样，所以被称为“熊猫烧香”病毒。该病毒具有盗取用户游戏账号、QQ 账号等功能，而且传播速度快，危害范围广。截至案发为止，已有上百万个人用户、网吧及企业局域网用户遭受感染和破坏，引起社会各界高度关注。《瑞星 2006 安全报告》将其列为十大病毒之首，在《2006 年度中国内地电脑病毒疫情和互联网安全报告》的十大病毒排行中一举成为“毒王”。

熊猫烧香病毒其实是一种蠕虫病毒的变种，而且是经过多次变种而来的。电脑中毒后可能会出现蓝屏、系统频繁重启以及系统硬盘中数据文件被破坏等现象。同时，该病毒的某些变种可以通过局域网进行传播，进而感染局域网内所有计算机系统，最终导致企业局域网瘫痪，无法正常使用。

湖北省公安厅网监在浙江、山东、广西、天津、广东、四川、江西、云南、新疆、河南等地公安机关的配合下，侦破了制作传播“熊猫烧香”病毒案，抓获李俊(男，25 岁，武汉市新洲区人)、雷磊(男，25 岁，武汉市新洲区人)等 6 名犯罪嫌疑人。这是我国破获的国内首例制作计算机病毒的大案。

李俊还于 2003 年编写了“武汉男生”病毒、2005 年编写了“武汉男生 2005”病毒及“QQ 尾巴”病毒。李俊等人的落网，并不意味着“熊猫”风波就此结束。自“熊猫烧香”病毒在网上传播以来，反病毒专家已连续截获了“金猪报喜”和“灯泡男子”等多个变种病毒。

几年前的病毒制造者通常是为了炫耀技术而编写病毒，而最近几年，利用病毒来非法牟利的情况却越来越普遍。2007 年出现的新电脑病毒数量达到 234 211 个，其中 90% 左右的电脑病毒都是通过盗窃数据或网上欺诈以获取经济利益为目的。“熊猫烧香”正是这其中的一个典型案例。

可见，无论是从破坏程度，还是从犯罪动机看，类似“熊猫烧香”这样的计算机犯罪属于新型犯罪的一种。《计算机信息系统安全保护条例》第 23 条、第 24 条和《中华人民共和国刑法》第 285 条、第 286 条对此类犯罪有严格界定和惩处办法。

以下内容摘自熊猫烧香第一版作者的警示信：

“熊猫走了，是结束吗？不是的，网络永远没有安全的时候，或许在不久，会有很多更厉害的病毒出来！所以我在这里提醒大家，提高网络安全意识，并不是你应该注意的，而是你必须懂得和去做的一些事情！”

练 习 题

一、选择题

1. 下列哪种属于错误的计算机使用方法？________。

A. 定期清洁电脑　　B. 开机时，先打开外设的电源
C. 不频繁地进行开关机　　D. 开机状态下，移动主机

2. 下列攻击中，________属于主动攻击。
A. 无线截获　　B. 搭线监听
C. 拒绝服务　　D. 流量分析

3. 不属于信息认证技术的是________。
A. 消息确认　　B. 身份确认
C. 访问控制　　D. 数字签名

4. 不属于计算机中毒症状的是________。
A. 屏幕出现异常显示　　B. 计算机执行速度变慢
C. 文件夹中多了一些重复或奇怪的文件　　D. 显示器不亮

5. 下面哪个不是计算机病毒的特性？________
A. 传染性　　B. 可预见性
C. 潜伏性　　D. 破坏性

6. 下列哪种方法不能清除病毒？________。
A. 用杀毒软件杀毒　　B. 使用防火墙隔离病毒
C. 关机重启　　D. 人工处理

二、填空题

1. 计算机对环境的要求包括____________、____________、____________、____________和____________。
2. 计算机常见故障产生的原因有________、________、________和________。
3. 人为攻击可分为________和________。
4. 在信息保密技术中，我们将加密前的信息称为 ________，加密后的信息称为 ________。
5. 信息认证技术可分为________、________和________。
6. 实现身份识别的方法主要有________和________。
7. 防火墙可分为________和________两大体系。
8. 按照防火墙所处的位置，防火墙可分为________防火墙和________防火墙。

三、问答题

1. 计算机故障常见的检测方法有哪些？
2. 什么是信息安全？
3. 常见的信息安全技术有哪些？
4. 什么是入侵检测技术？按检测策略可分为哪几种？
5. 什么是计算机病毒？计算机中毒后有哪些症状？
6. 计算机病毒的特性有哪些？
7. 计算机病毒的种类有哪些？

8. 计算机病毒的预防措施有哪些？

9. 什么是防火墙技术？其功能有哪些？

10. 防火墙的缺陷有哪些？

四、操作题

1. 启用 Windows 系统自带的防火墙，并完成防火墙相应的设置。

2. 设置瑞星杀毒软件，并对自己的计算机进行杀毒。

3. 设置并启用瑞星杀毒软件的病毒实时检测功能。

第9章 常用工具软件

【学习目标】

除了各种针对学习、工作、娱乐的专业软件之外，还有另一类称为工具软件的软件。工具软件功能强大、针对性强、实用性好且使用方便，能有效帮助用户方便、快捷地操作计算机。本章将对一些常用的工具软件进行概括性介绍，让用户掌握常用工具软件的基本使用方法，使计算机能够发挥更大的功能。通过本章的学习应掌握：

① WinRAR 压缩软件、Daemon Tools 虚拟光驱软件等系统工具软件的使用；

② CuteFTP、快车下载、Foxmail 电子邮件等网络工具软件的使用；

③ 暴风影音、酷狗音乐等影音播放软件的使用；

④ 金山词霸、Adboe Reader 等翻译阅读软件的使用。

9.1 系统工具软件

9.1.1 压缩软件 WinRAR

压缩软件是使用压缩算法对文件或文件夹进行压缩，使文件体积更小，便于数据存储和传输的一种工具软件。当需要对某些文件、数据等进行备份时，可以利用压缩软件对文件或文件夹进行压缩，从而节约磁盘空间，便于存储。最常用的压缩软件有 WinRAR 和 WinZip。本小节以 WinRAR 为例，介绍压缩软件的使用方法。

WinRAR 是一款功能强大的压缩软件，在 WinRAR 的官方网站 http://www.rarsoft.com 上可以下载到 WinRAR 的最新简体中文版。简体中文版的界面非常友好，对不熟悉英文的用户来说，是一个很好的选择。文件或文件夹通过 WinRAR 压缩后即生成小于原文件的压缩包，扩展名为 .rar，通常称此过程为打包。

WinRAR 的功能特点为：采用高精密度的压缩算法，通常情况下比 WinZip 的压缩率高得多；应用针对多媒体数据优化的特殊压缩算法；使用“固实”压缩算法，比类似的工具压缩性能更佳；自解压缩包及分卷压缩(SFX)；具有修复物理损坏压缩包的能力；具有锁定、密码、文件顺序列表、文件功能等功能。它提供了 .rar 和 .zip 格式文件的完整支持，能释放 .arj、.cab、.lzh、.ace、.rar、.gz、.uue、.bz2、.jar、.iso 等格式的文件。WinRAR 的功能主要包括压缩、分卷、加密、自动释放模块等。

启动 WinRAR 后，界面如图 9.1 所示，菜单中命令和工具栏上的按钮一目了然。在菜单栏和工具栏按钮下面，是一个类似 Windows 资源管理器的窗口，其中列出了某个文件夹下面的所有文件。

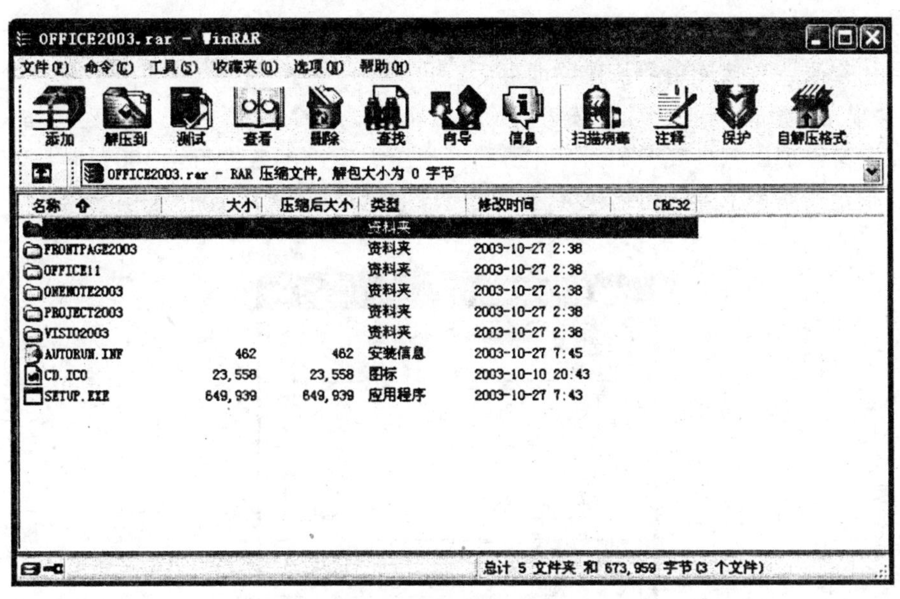

图 9.1　WinRAR 的操作界面

1. 建立新压缩文件

使用 WinRAR 建立压缩文件的操作步骤如下：

① 安装 WinRAR 以后，选中要压缩的一个或多个文件或文件夹，单击鼠标右键，在弹出的如图 9.2 所示的快捷菜单中选择“添加到压缩文件”选项，出现如图 9.3 所示的“压缩文件名和参数”对话框。

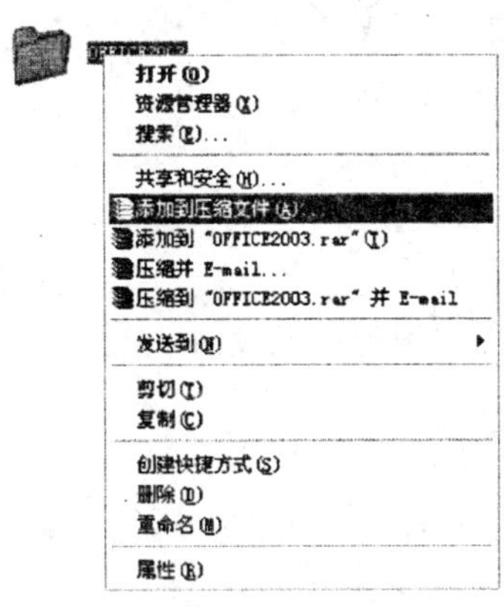

图 9.2　通过快捷菜单新建压缩文件

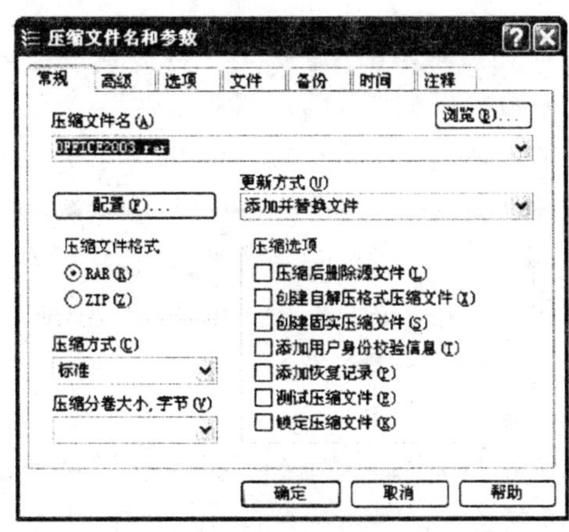

图 9.3　设置压缩文件名和相关参数

② 在"压缩文件名"输入栏中输入要建立的压缩文件的路径和名称，默认为当前路径和选中的文件夹(文件)名称，如本例中的"OFFICE2003. rar"。也可单击"浏览"按钮，在打开的对话框中，选择要存放的路径并输入文件名称。

③ 根据需要，在"压缩文件名和参数"对话框中进行有关压缩的各项参数设置。一般情况下不用修改，直接使用默认设置即可。

④ 设置完毕后，单击"确定"按钮开始压缩文件，这时会出现"正在创建压缩文件"对话框，显示文件的压缩进度，如图 9.4 所示。当压缩率进度条进行至 100% 时，表示压缩完成，在指定的路径下生成压缩包并自动关闭该对话框。

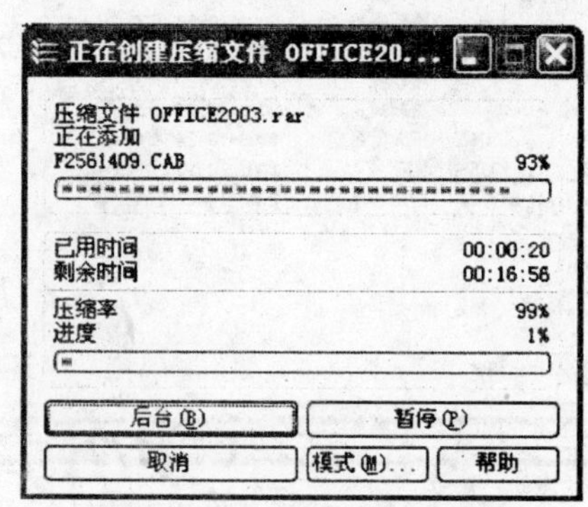

图 9.4　WinRAR 压缩文件过程

2. 解压缩文件

解压缩文件是压缩文件的逆过程，是对已有压缩包中的文件进行释放操作的过程。在安装有 WinRAR 的计算机上，直接使用 WinRAR 打开一个压缩文件，就可以进行解压缩操作。具体操作步骤如下：

① 双击鼠标打开压缩文件，在打开如图 9.5 所示的窗口中选择要解压缩的文件或文件夹；

② 单击菜单栏的"命令"|"释放到指定文件夹"选项，或单击工具栏上的"解压到"按钮，打开如图 9.6 所示的对话框；

③ 在"解压路径和选项"对话框中，选择文件解压的路径，如"D:\"；

④ 根据需要，在对话框中进行有关解压缩的各项参数设置；

⑤ 单击"确定"按钮，开始对压缩文件进行解压缩。

也可在选中压缩文件后，使用右键快捷菜单中的"解压到当前文件夹"或"解压到…"选项，直接进行解压缩操作。

3. 创建自解压文件

有时将 . rar 文件复制到另外一台没有安装 WinRAR 的计算机上，将会出现无法打开压缩文件的情况。为解决此问题，需要创建自解压文件，这样就可以随时随地使用压缩文件，而不需要压缩软件的支持。

创建自解压文件的方法非常简单，在如图 9.3 所示的"压缩文件名和参数"对话框中，

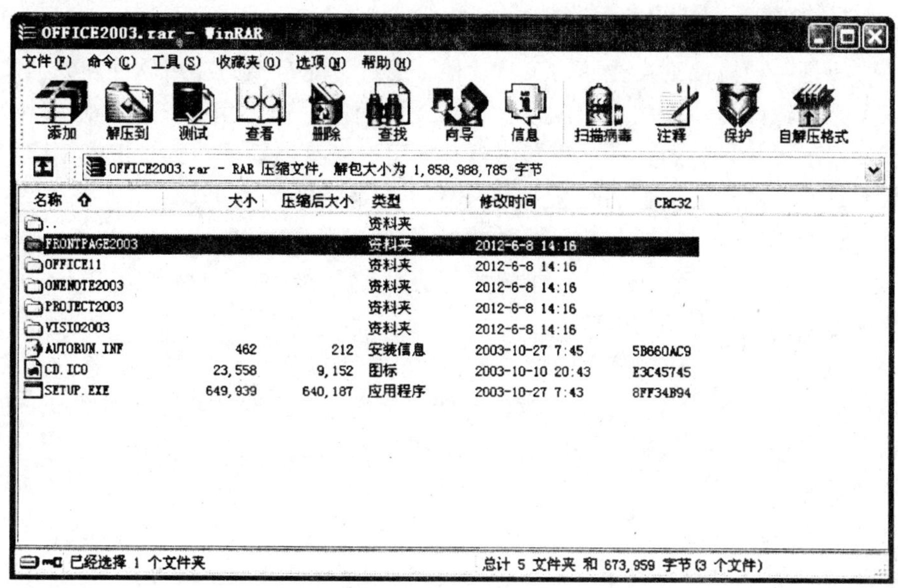

图 9.5　打开压缩文件

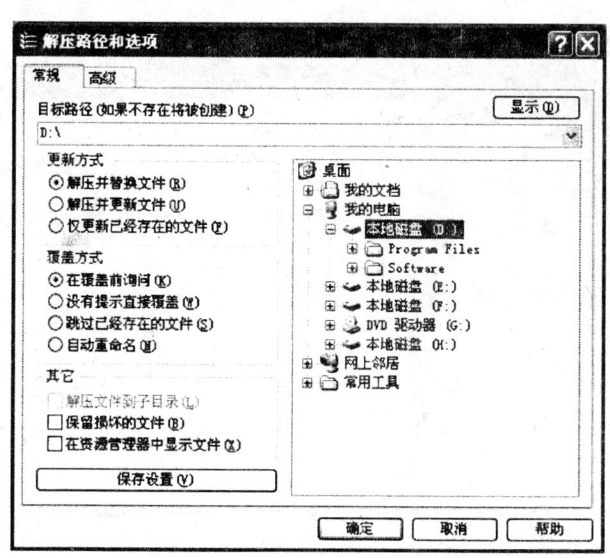

图 9.6　文件解压缩

选中“创建自解压格式压缩文件”选项建立压缩文件即可。

4. 修复损坏的压缩文件

从网上下载的 .rar、.zip 等类的文件往往因受损等问题而不能打开，使用 WinRAR 可以修复大部分损坏不是很严重的压缩文件。在如图 9.5 所示的 WinRAR 工作界面窗口中选中要修复的压缩文件，单击菜单栏的“工具”|“修复压缩文件”选项即可。

9.1.2 虚拟光驱 Daemon Tools

虚拟光驱是一种模拟真实光驱的工具软件，通过将光盘上的应用软件和数据文件压缩制作成一个光盘镜像文件存放在硬盘上，当需要使用时，通过虚拟光驱软件来加载使用。它也是一种用于代替光驱的软件，以解决没有光驱、光盘损坏无法读取或光驱读取速度过慢等问题。目前，网络上提供的很大一部分软件都是扩展名为 ISO、CUE 或 CCD 的镜像文件，要在计算机上安装或使用这些软件则必须使用虚拟光驱软件如 Daemon Tools、Virtual Drive、FantomCD 等，这些软件的使用方法都很简单。本小节以 Daemon Tools 为例，介绍虚拟光驱软件的使用方法。

Daemon Tools 是一款功能强大的虚拟光驱软件，可以从免费的网络上获得，目前的最新版本是 4.45.4，它提供了对中文语言的支持，使用起来非常方便。此外，Daemon Tools 支持市场上几乎全部的光盘镜像文件格式，包括 ISO、CCD、CUE、MDS 等。

具体使用方法如下：

1. 安装和配置 Daemon Tools

① Daemon Tools 的安装很简单，双击安装程序 Daemon Tools. exe 后，只需根据提示就可以完成安装，安装界面如图 9.7 所示。需要注意的是，Daemon Tools Lite 4.45 支持“免费”和“付费”两种许可模式，对于普通用户，在安装时选择“免费”许可即可。

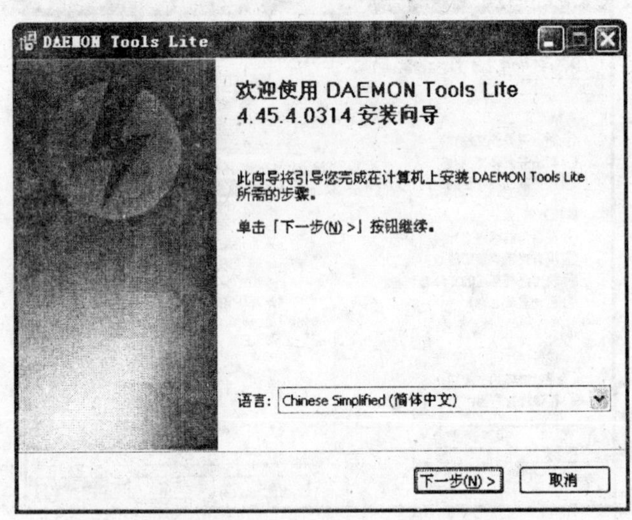

图 9.7 Daemon Tools Lite 4.45 的安装界面

② 安装完成后，Daemon Tools 会自动启动。与以往直接在任务栏的通知区内显示 Daemon Tools 的程序图标不同，Daemon Tools Lite 4.45 具有操作界面，如图 9.8 所示。如要显示托盘图标，可单击工具栏的“参数选择”图标按钮，在打开的“参数选择”窗口中，勾选“常规”选项下的“使用托盘代理”选项。这时，在任务栏的通知栏内才会出现 Daemon Tools 的程序图标。

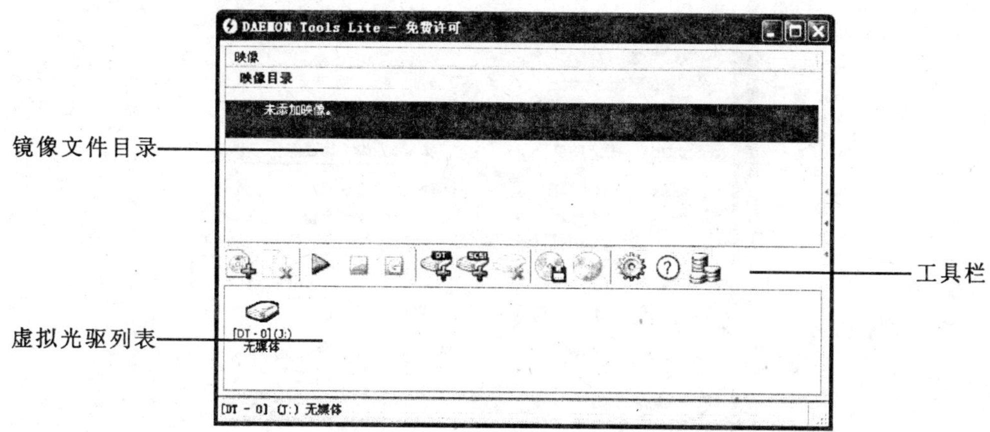

图 9.8　Daemon Tools Lite 4.45 的操作界面

2. 设置虚拟驱动器数量

在使用虚拟光驱之前，需要设置一下虚拟光驱的数量，Daemon Tools 支持最多 4 个虚拟光驱，一般情况下设置一个就足够了。Daemon Tools 在安装完成后，默认提供了一个虚拟光驱。

① 右键单击 Daemon Tools 的程序图标，如图 9.9 所示，在弹出的快捷菜单中选择"添加虚拟光驱"选项。也可单击操作界面工具栏上的"添加虚拟光驱"图标按钮。

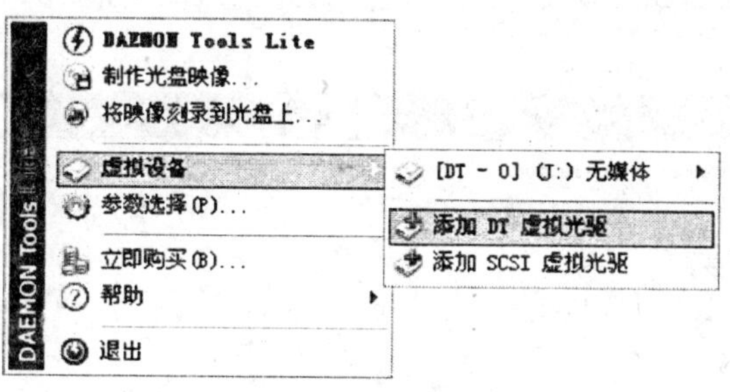

图 9.9　添加新的虚拟光驱

② 这时，会出现"正在添加虚拟设备"提示对话框。添加成功后，可在 Daemon Tools 操作界面的"虚拟光驱列表"窗口中看到新添加的虚拟光驱，同样在托盘右键快捷菜单中，也会看到新增加的虚拟光驱。

③ 如果需要删除多余的虚拟光驱，可以在 Daemon Tools 的快捷菜单或操作界面中使用"移除虚拟光驱"选项对选中的虚拟光驱进行删除，如图 9.10 所示。

3. 加载镜像文件

① 右键单击任务栏通知区内的 Daemon Tools 图标，在弹出的快捷菜单中，选择"虚拟设备"|"[DT-0]　(J:) 无媒体"|"载入映像..."选项，如图 9.11 所示。

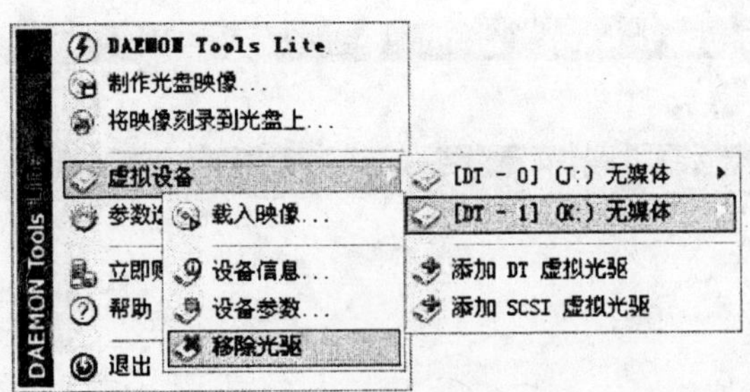

图 9.10　移除选中的虚拟光驱

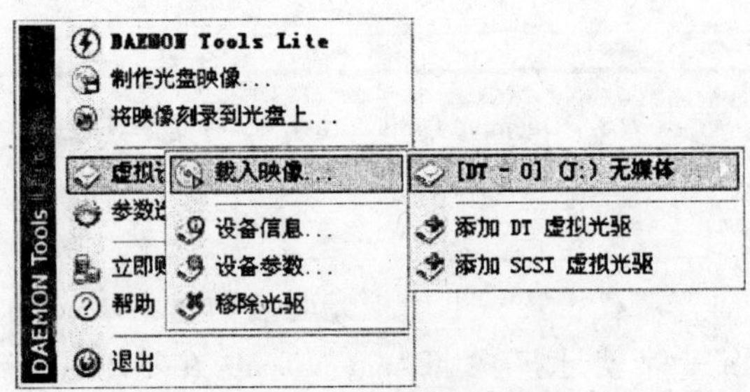

图 9.11　加载镜像文件

② 在打开的"选择映像文件"对话框中找到镜像文件所在的文件夹，并选中要加载的镜像文件，如"OFFICE2003. ISO"，然后单击"打开"按钮，如图 9.12 所示。

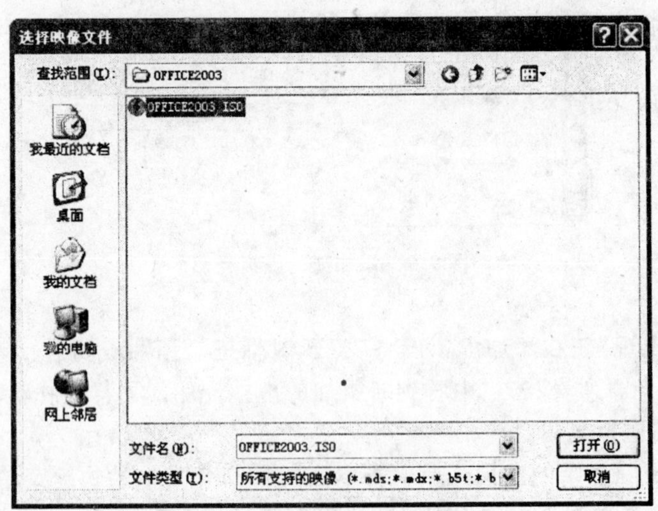

图 9.12　选择要加载的镜像文件

③ 如果镜像文件中有光盘自启动安装文件 Autorun. inf，则会弹出安装窗口，用户可根据需要选择对文件的操作方式。在"我的电脑"窗口中，双击虚拟光驱的盘符，打开虚

拟光驱里的镜像文件，如图 9.13 所示，这时就可以像使用其他文件一样对这些文件进行操作了。

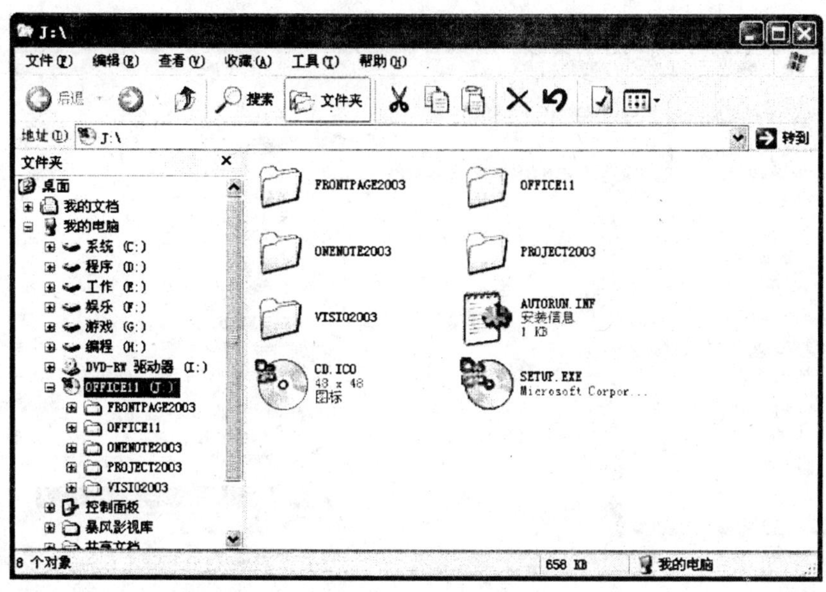

图 9.13　虚拟光驱中的文件

4. 卸载镜像文件

在使用完镜像文件完后，Daemon Tools 不会自动卸载原有文件，需要用户自行进行卸载。在卸载镜像文件时，用户可以通过下列两种方式卸载：

① 右键单击任务栏通知区内的 Daemon Tools 图标，在弹出的快捷菜单中选择“虚拟设备”|“[DT - 0] (J:)”|“卸载映像”选项，如图 9.14 所示。也可以在 Daemon Tools 的操作界面，选中要卸载的虚拟光驱，单击工具栏上的“卸载”或“卸载所有光驱”图标按钮进行卸载。

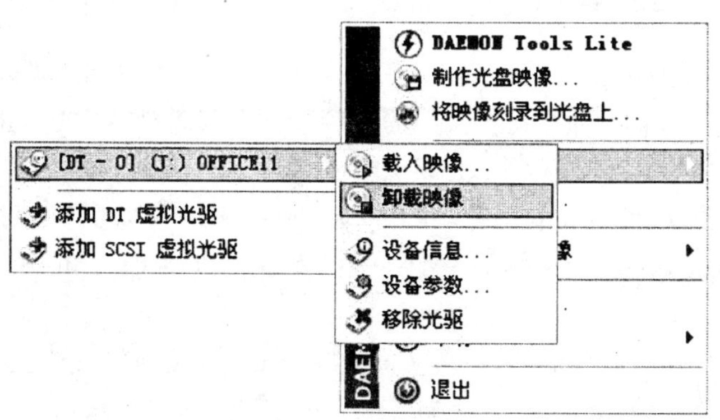

图 9.14　卸载镜像文件

② 在“我的电脑”窗口，右键单击虚拟光驱的盘符，在弹出的快捷菜单中选择“弹出”选项卸载镜像文件，如图 9.15 所示。

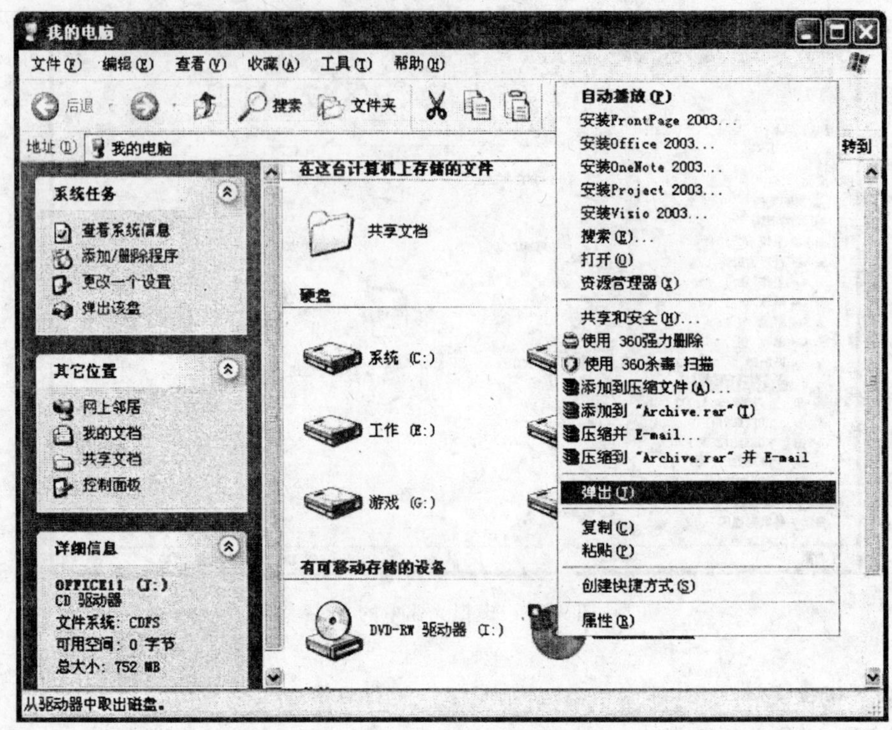

图 9.15　弹出盘片

9.2　网络工具软件

9.2.1　CuteFTP 上传和下载

CuteFTP 是最流行的 FTP 软件之一，它具有十分友好的界面，即使用户不完全了解 FTP 协议，也能够使用 CuteFTP 进行文件的上传和下载。另外，它还支持断点续传，操作方便简捷。本小节以 CuteFTP 为例，介绍 FTP 上传下载工具软件的使用。

在 CuteFTP 的官方网站 http：//www.globalscape.com/可以免费下载到 CuteFTP 的最新版本。下载后按照安装向导的提示一步一步操作就可以将 CuteFTP 成功安装到 Windows 系统中。

安装完成后，CuteFTP 会自动启动。CuteFTP Pro 8.3 支持中文语言，启动程序后，程序界面如图 9.16 所示。也可以单击菜单栏的“查看”|“切换到经典界面”选项，切换到 CuteFTP 经典界面，如图 9.17 所示。

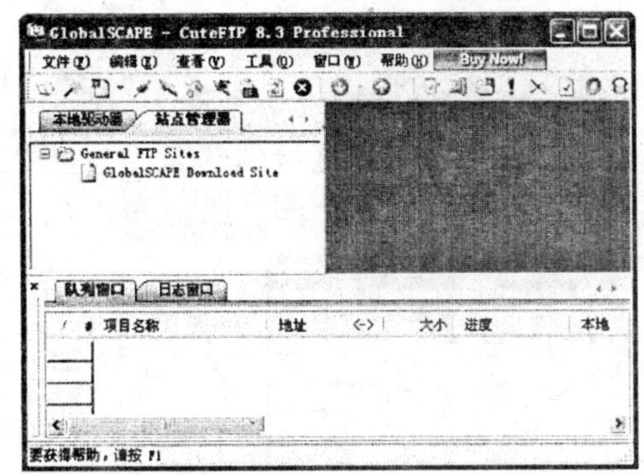

图 9.16　CuteFTP 专业界面

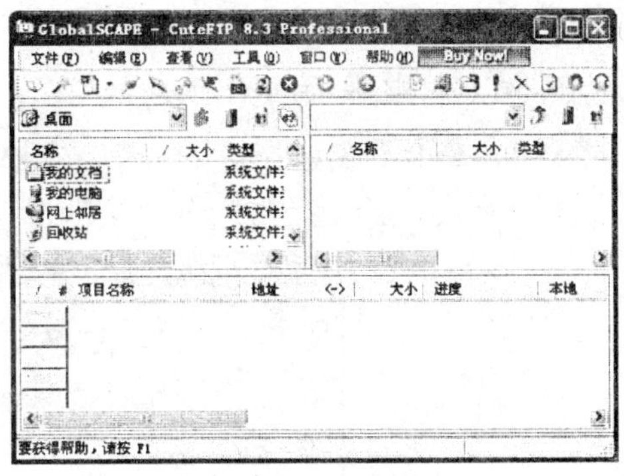

图 9.17　CuteFTP 经典界面

1. 建立 FTP 站点

在使用 CuteFTP 进行上传和下载操作之前需要使用“站点管理器”建立站点，建立站点是为了更好地对常用的站点进行集中管理，方便以后从这些站点上传和下载文件。也可以单击工具栏的“快速连接”按钮，在打开的快速连接栏中对临时访问、不需要保存在站点管理列表的站点进行连接。

使用 CuteFTP 建立站点的具体操作步骤如下：

① 单击菜单栏的“文件”|“新建”|“FTP 站点”选项或直接按 Ctrl+N 快捷键，打开“站点属性”编辑窗口，如图 9.18 所示。

② 在“站点属性”窗口的“一般”选项卡中，填写登录信息后点击“确定”，即可完成站点的建立。对于一般用户而言，只需要填写站点选项卡和主机地址两项就可以了。站点选项卡用于标记这个站点的名称，以方便记忆和识别。主机地址是该站点的 IP 地址或域名。如果需要使用账户和密码进行登录，则在用户名和密码栏填入相应的账户和密码。

按照以上操作建立站点后，站点选项卡就会出现在“站点管理器”的站点管理列表中，如图 9.19 所示。如果需要对站点信息进行编辑，可在选中该站点后单击鼠标右键，在弹出的快捷菜单中选择“属性”选项，在打开的“站点属性”窗口进行编辑修改。

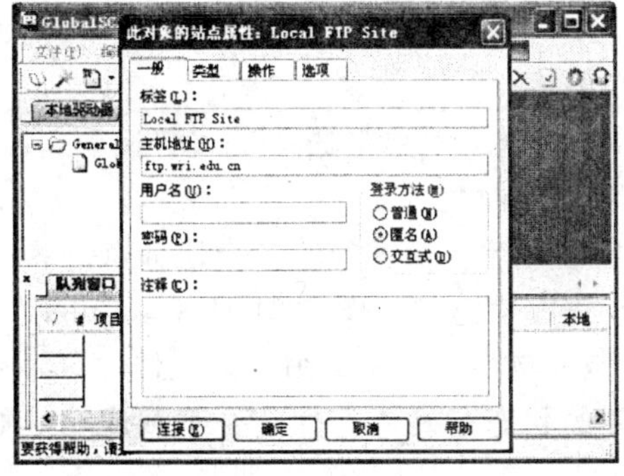

图 9.18　建立新站点

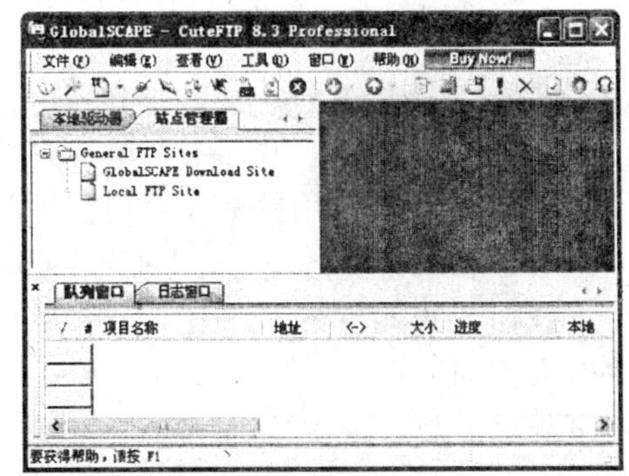

图 9.19　站点管理列表

2. 连接 FTP 站点

在"站点管理器"窗口中选择一个站点后，双击站点名称或单击工具栏上的"连接"按钮，CuteFTP 开始连接这个站点。在右侧的日志窗口中可以看到连接的状态。

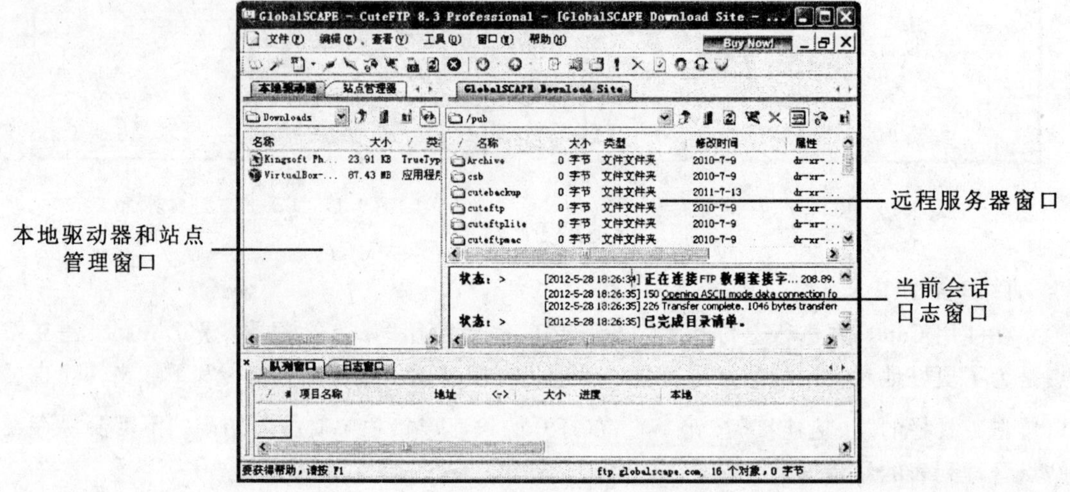

图 9.20 连接到 FTP 站点

连接成功后，CuteFTP 工作界面的中间区域被分为两个区域。左侧为本地驱动器和站点管理器窗口，右侧为远程服务器窗口，显示远程服务器上的文件、目录列表。

如果由于某些原因，与 FTP 站点间的连接被中断，可以单击工具栏上的"重新连接"按钮或者选择菜单栏的"文件"|"连接"|"重新连接"选项，重新登录 FTP 站点，打开刚断开连接的远程文件夹。

3. 下载文件

在与站点建立连接后，可在远程服务器窗口选择需要下载的文件或文件夹。类似于 Windows 系统资源管理器中的多选操作，可在选取文件时，按下 Ctrl 键选中不连续的多个文件，或按住 Shift 键选择连续的多个文件。

选中要下载的文件或文件夹后，可以通过以下三种方法进行下载操作：

① 单击工具栏上的"下载"按钮。

② 在选中的文件、文件夹上单击右键，在弹出的快捷菜单中选择"下载"选项。

③ 将选中的文件用鼠标移动到左边的本地驱动器窗口。

执行下载操作后，在"队列窗口"可以看到正在执行下载任务的多个任务队列，查看每个下载任务的项目名称、地址、大小、进度等状态信息，如图 9.21 所示。CuteFTP 支持多个文件同时自动下载，不必等待一个文件下载完毕后，再下载另一个文件。

下载完成后，可在"队列窗口"查询下载任务的状态，确认文件是否下载成功。如图 9.22 所示。

4. 上传文件

与下载文件的操作相似，在建立连接后，可采用以下三种方式进行文件上传操作：

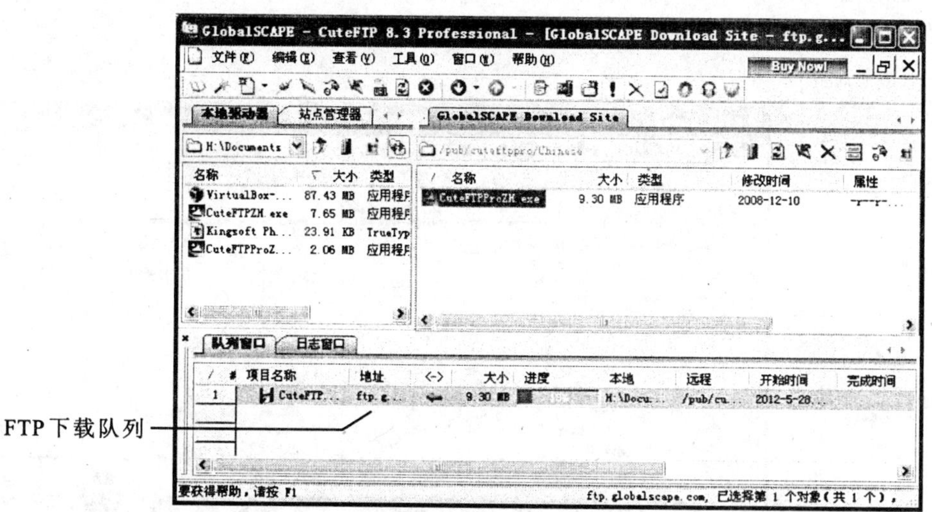

图 9.21　使用 CuteFtp 下载文件

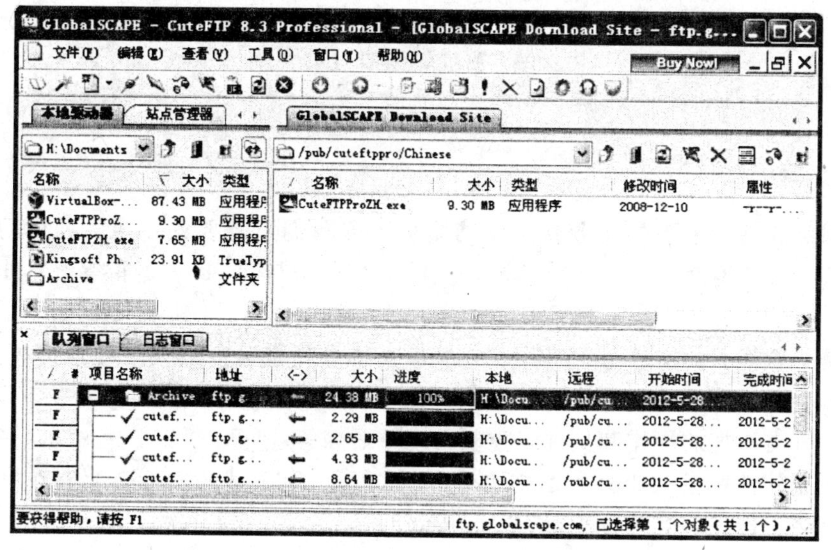

图 9.22　查看并确认下载队列的传输状态

① 在本地驱动器窗口选中要上传的文件，单击工具栏上的“上传”按钮。

② 在选中的文件、文件夹上单击右键，在弹出的快捷菜单中选择“上传”选项。

③ 将选中的文件用鼠标移动到右边的远程服务器窗口。

进行文件上传操作时，一般需要使用具有上传权限的远程服务器账户，建立连接时要用账户和密码登录，而不能使用匿名登录，并且通常只有指定的目录下才允许进行文件上传操作。

执行上传操作后，在“队列窗口”将显示正在进行上传的文件任务队列，如图 9.23 所示。仔细观察会发现，在“队列窗口”中，上传文件的任务队列的绿色箭头指向右，而下载文件的任务队列的箭头指向左。

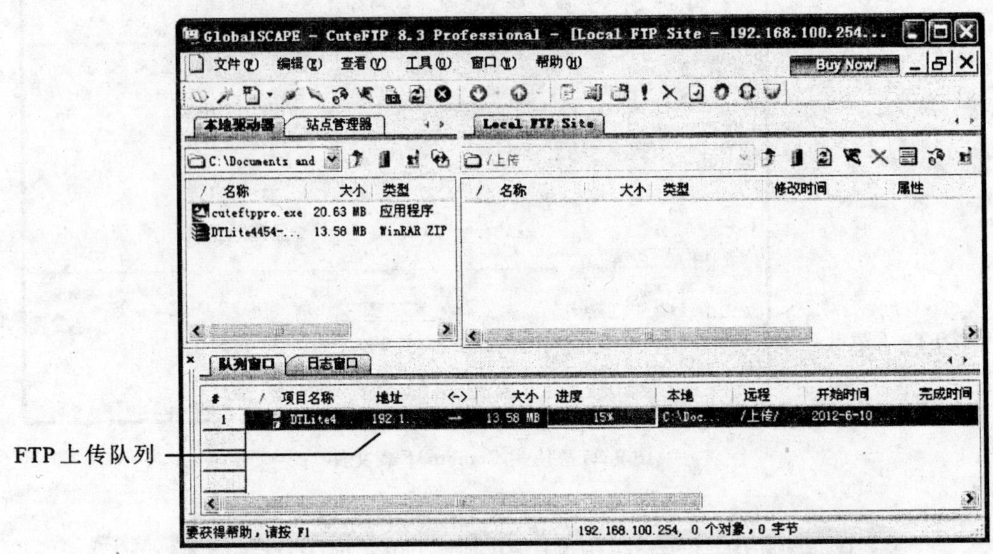

图 9.23　使用 CuteFTP 上传文件

9.2.2　快车下载

网络下载软件最主要的任务就是从网络上下载我们所需要的资源，如学习资料、电影、歌曲等。目前网络下载软件众多，常用的有快车(FlashGet)、迅雷等。本小节将以快车下载软件为例，介绍下载软件及其下载过程。

快车是一款优秀的文件下载工具，它的最大特点就是可以最大限度地提高下载速度，它通过把一个文件分成几个部分同时下载，使下载速度成倍地提高。同时，它还有完善的管理功能，并支持拖放操作和文件名重复自动重命名等功能。

启动快车软件，显示如图 9.24 所示的工作界面。所下载的文件会存储在“完成下载”目录中，这个文件夹的默认位置是“C：\ Downloads”。

启动快车后，程序默认在桌面上显示一个正方形的小窗口，称为“悬浮窗”，用于显示下载状态，也可以将下载链接拖放到窗口中开始下载。

1. 下载文件

使用快车下载文件非常简单，操作步骤如下：

① 打开浏览器，访问 Internet 网站，找到要下载文件的下载链接。

② 在下载链接上单击鼠标右键，从弹出的快捷菜单中选择“使用快车下载”选项，打开“新建任务”对话框，如图 9.25 所示。

③ 快车会自动识别下载链接，并根据下载文件的类型，设置文件名、分类和下载路径。如果需要更改这些设置，直接在相应的栏目中进行操作即可。

④ 单击“立即下载”按钮后，快车开始下载文件。这时，新建的下载任务会出现在任

图 9.24　快车下载的操作界面

图 9.25　新建下载任务

务栏的“正在下载”目录中。在下载过程中，可以在工作界面中的任务状态窗口查看文件的下载状况。如图 9.26 所示，任务列表中显示着各个下载文件的状态，包括文件名、大小、进度、速度、剩余时间等信息。

⑤ 任务下载完成后，下载任务将显示在“完成下载”目录中。

快车可以同时进行多个下载任务。在下载过程中，可以根据需要对选中的下载任务进行暂停、删除或者调整先后次序等操作。

2. 文件管理

对下载文件进行归类整理，是快车另一项重要和实用的功能。快车使用了分类的概念来管理下载的文件，每种分类可指定一个磁盘目录，所有指定了分类的下载任务，下载的文件就会保存到相应的磁盘目录中。

图 9.26 任务下载窗口

快车为已下载的文件预设了 4 个分类：软件、音乐、影视、种子文件。下载文件时，快车会自动根据预设的分类规则，自动进行归类操作，也可以由用户自行根据文件类别选择分类。方法是在“新建任务”对话框中点击“分类”栏的下拉列表框，在打开的下拉列表中选择相应分类，然后继续其他下载操作。

如果需要，可以创建新的分类，操作步骤如下：

① 在快车工作界面左侧的任务目录中，用鼠标右键单击“完成下载”目录，在弹出的快捷菜单中，选择“新建分类”选项，打开“新建分类”对话框，如图 9.27 所示。

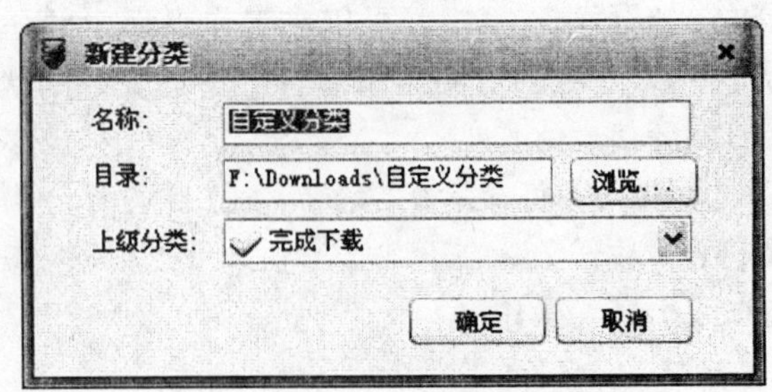

图 9.27 新建分类对话框

② 在“名称”栏中输入新分类名称。

③ 在“目录”栏中输入该分类的目录路径，或者单击右侧的“浏览…”按钮，在打开的“浏览文件夹”对话框中选择具体路径。

④ 在“上级分类”栏中，通过下拉列表选择该分类的父级分类，如“完成下载”，单击“确定”按钮。

9.2.3　Foxmail 收发电子邮件

电子邮件客户端软件除了支持全部的 Internet 电子邮件功能以外，相比网页邮件系统，一般都提供了更为全面的功能、更快的邮件收发速度，能够同时支持多个邮箱账户和多种邮件服务协议，并且可以离线查看和阅读已发送和已接收的邮件。正是由于电子邮件客户端软件的种种优点，它已经成为人们工作和生活上进行交流必不可少的工具。常见的电子邮件客户端软件有 OutLook Express、Foxmail 等。本小节以 Foxmail 为例，介绍电子邮件客户端工具软件的使用。

Foxmail 是一款国内著名的中文电子邮件客户端软件，提供了更为完善的电子邮件功能，能够建立多个邮箱账号，支持多种邮件服务协议，并且具有快速回复、地址簿管理、全文邮件搜索、附件预览、日程管理等多种人性化的服务功能。除此之外，Foxmail 软件界面设计十分优秀，操作非常便捷。在 Foxmail 的官方网站 http://www.foxmail.com.cn/ 上可以免费下载到最新版本。下载后双击安装程序，按照安装向导操作就可以将 Foxmail 安装到系统上。

1. 建立新的账号

安装成功后，Foxmail 会自动启动。首次运行 Foxmail 时，系统会自动启动“新建账号向导”程序，引导用户建立第一个邮箱账号，如图 9.28 所示。也可以在启动程序后，通过菜单栏的“工具”|“账号管理”选项，在打开的“账号管理”窗口中，单击“新建”按钮，进行“新建账户向导”操作。

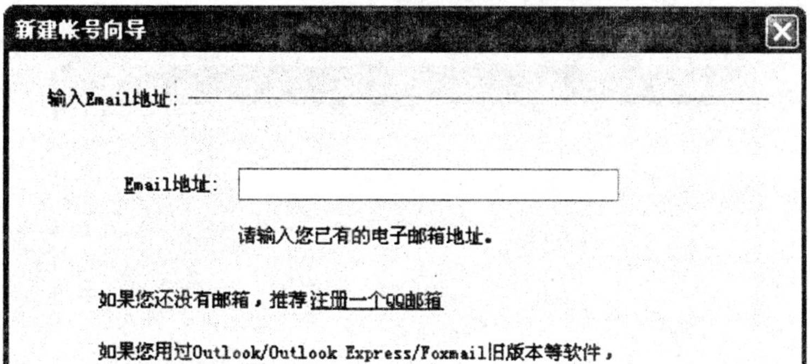

图 9.28　新建账号向导的操作界面

使用 Foxmail 新建账号的具体操作步骤如下：

① 打开“新建账号向导”窗口后，在 Email 地址栏中输入您已有的电子邮箱地址，单击“下一步”按钮，如图 9.29 所示。

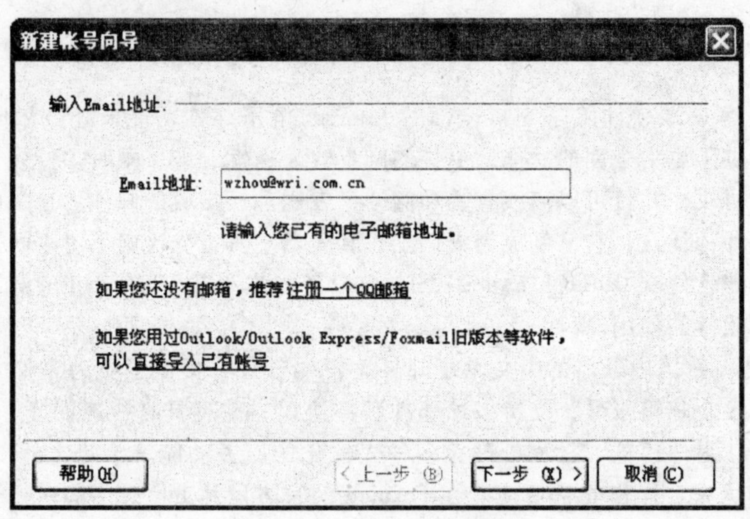

图 9.29　输入 Email 地址

② 单击“下一步”按钮后，进入账号设置界面。Foxmail 会根据上一步用户输入的 Email 地址自动识别出电子邮箱的“邮箱类型”，并填写“账号描述”。邮箱类型是指用于接收邮件的邮件服务器类型，通常为 POP3。账号描述是用于标识当前邮箱，以区别于其他多个邮箱的账号名称。对于一般用户而言，不需要修改“邮箱类型”和“账号描述”，直接使用默认值即可。在“密码”框中输入用户的电子邮箱登录密码，勾选“记住密码”选项，单击“下一步”按钮，完成账号设置，如图 9.30 所示。

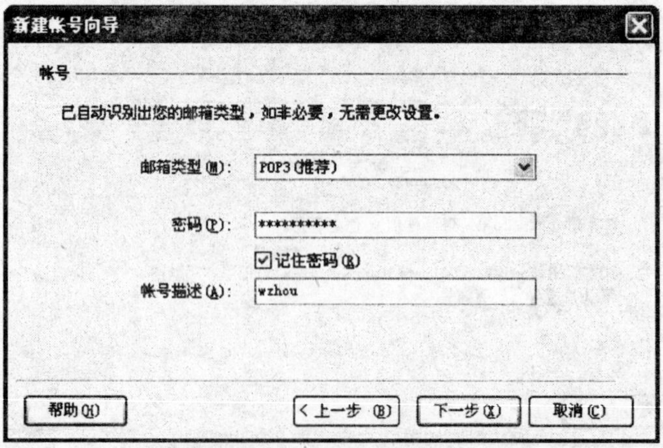

图 9.30　账号设置界面

③ 账号设置完毕后，进入“完成”界面，可看到新建账号的详细信息，如图9.31所示，点击“完成”按钮，即可完成“新建账号向导”操作。

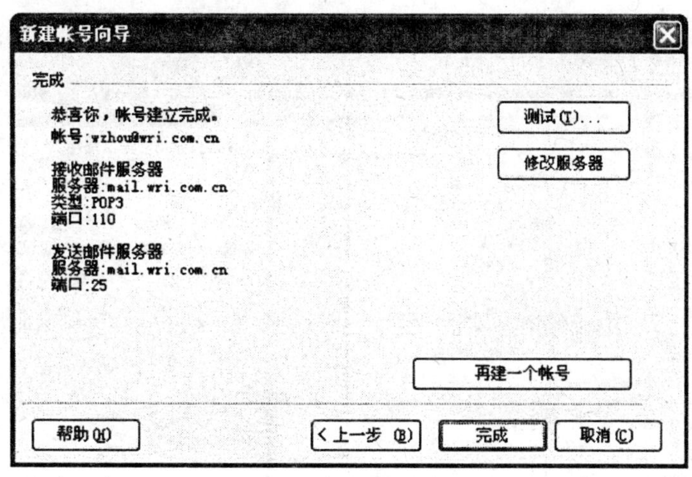

图9.31 完成新建账号

☞ **提示：**

在执行“完成”操作之前，最好测试下新设置的邮箱账号是否设置正确。单击“测试”按钮，进行账号测试，如图9.32所示。如果测试不通过，或需要修改接收和发送的邮件服务器，可单击“修改服务器”按钮，在“服务器设置”界面进行操作。

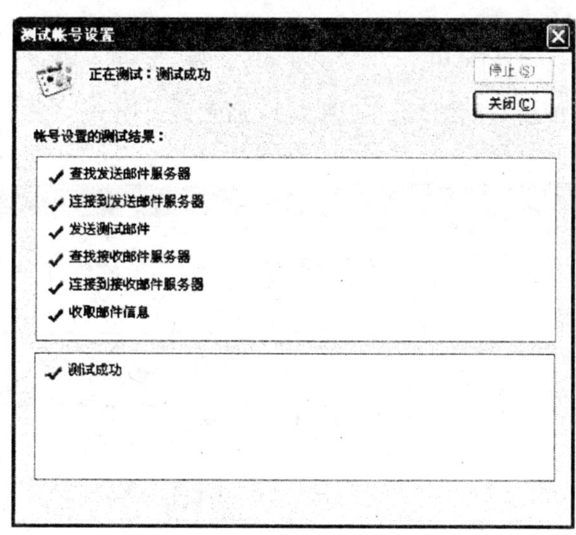

图9.32 测试账号设置

按照以上操作新建账号后，新建的电子邮箱账号选项卡就会出现在Foxmail邮件管理窗口左侧的“邮件”栏，如图9.33所示。如果需要对电子邮箱账号进行进一步的设置，可在选中该电子邮箱账号后单击鼠标右键，在弹出的快捷菜单中选择“属性”选项，在打开的“账号管理”窗口进行相关设置。

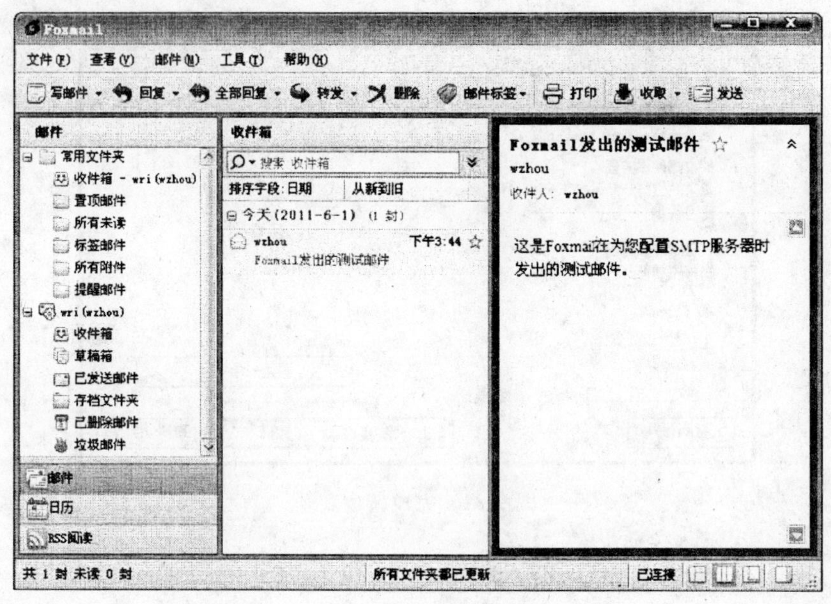

图 9.33　Foxmail 邮件管理窗口

2. 发送邮件

Foxmail 的邮件管理窗口很简洁，许多操作直接利用工具栏就可以完成。使用 Foxmail 发送邮件的具体操作步骤如下：

① 单击工具栏上“写邮件”按钮，或选择“文件”|“写新邮件”，打开“未命名-写邮件”窗口，进行新邮件的撰写和编辑，如图 9.34 所示。

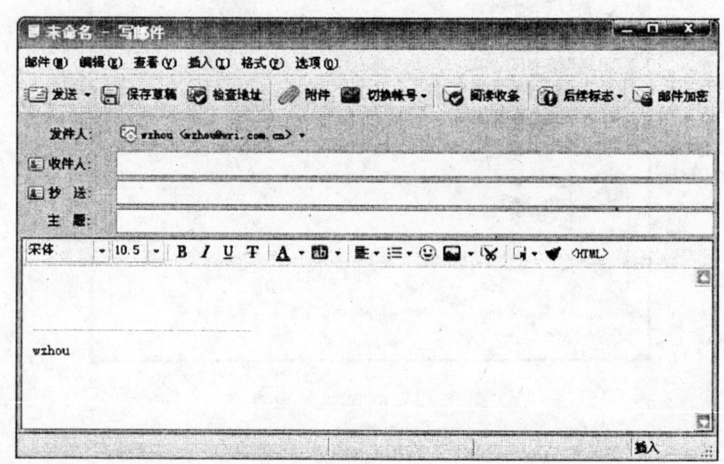

图 9.34　撰写新邮件

② 检查发件人的地址，是否为正确的发送邮箱地址。如果需要使用其他邮箱账号发送邮件，可单击工具栏的“切换账号”按钮，切换发件人地址为其他账号的邮箱地址。也可以直接单击当前发件人的地址选项卡，在弹出的下拉列表中选择新的发送人地址。

③ 在“收件人”栏中，输入收件人地址。如果想将一封信同时发给多个接收者，可以在“收件人”栏中以“;”隔开，输入多个收件人地址。也可通过添加抄送人的方式设置多个邮件接收者。Foxmail 支持地址簿管理，如果在地址簿中已添加了多个联系人，可直接单击“收件人”按钮，通过地址簿输入一个或多个收件人的地址。

④ 在“主题”栏中输入邮件主题，并在正文区编辑邮件正文，如图 9. 35 所示。

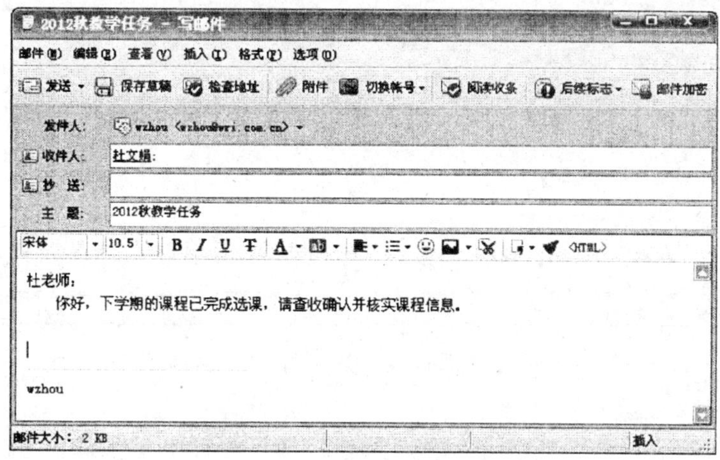

图 9. 35　编辑新邮件

⑤ 如果需要在邮件中插入附件，可单击工具栏的“附件”按钮，在弹出的“打开”对话框中找到并选中要插入为附件的文件，单击“打开”按钮，如图 9. 36 所示。

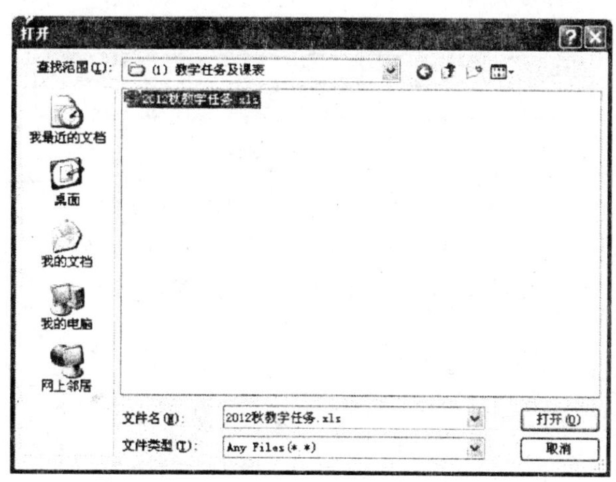

图 9. 36　选择要插入为附件的文件

⑥ 附件插入成功后，在“主题”栏下方会出现“附件”栏，显示插入附件的类型图标和文件名称，如图 9.37 所示。对于附件栏的位置，默认是显示在主题下方，可通过菜单栏的“查看”|“附件栏位置”|“在正文区下方”选项，更改显示在正文区下方。如果要插入多个附件，可重复上一步插入附件操作，依次插入多个附件。

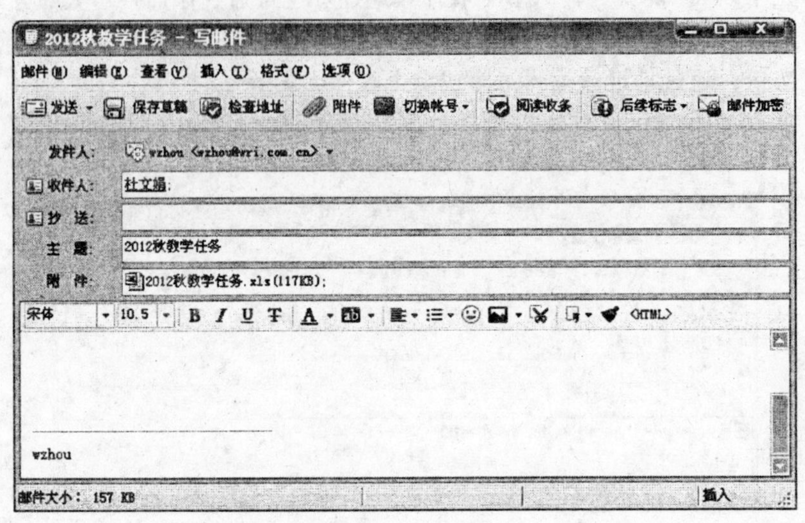

图 9.37　插入附件

⑦ 写好邮件后，单击工具栏的“发送”按钮，即可立即发送邮件，这时会出现“发送邮件”对话框，显示正在发送邮件的名称和发送的进度，如图 9.38 所示。

图 9.38　发送邮件

3. 收取邮件

使用 Foxmail 收取邮件非常简单，只要选中某个邮箱账号后，单击工具栏上的“收取”按钮，或选择菜单栏的“文件”|“收取当前邮箱的邮件”选项，就会出现“收取邮件”对话框，如图 9.39 所示。如果设置账号时，没有勾选“记住密码”选项，系统会提示输入邮箱密码。在收取过程中会显示进度条和邮件信息提示。如果不能收取邮件，请检查邮箱账号的设置。

正确收取邮件后，用鼠标单击邮件列表栏中的一封邮件，邮件内容就会显示在邮件预览栏，如图 9.33 所示。用鼠标拖动两个框之间的边界，可以调整它们的大小。双击邮件

图 9.39　收取邮件

标题，将以邮件阅读窗口显示邮件。

☞ **提示：**

Foxmail 具有自动收取新邮件的功能。默认每隔 15 分钟，Foxmail 会自动检查并收取邮件，并将最新的邮件优先显示在邮件列表的最上方。用户可以在“账号管理”窗口的“服务器”选项卡中，对自动收取新邮件的时间间隔进行调整。

9.3　影音播放软件

9.3.1　暴风影音播放软件

视频播放软件是使用计算机播放各类视频文件的必备软件。随着互联网媒体的快速发展，网络上出现了数量越来越多、内容越来越丰富的各种视频资源，如果需要下载到本地或在线观看视频，需要安装各种视频播放软件，以提供对各类视频媒体文件的支持。常见的视频播放软件有 RealPlayer、暴风影音、KmpPlayer 等。本小节以暴风影音为例，介绍视频播放软件的使用方法。

暴风影音是一款十分优秀的视频播放软件，支持目前主流的多种视频媒体格式，不仅提供了本地媒体和流媒体文件的播放功能，还支持在线视频点播、高清播放、画质增强等多种视频服务。除了功能强大以外，暴风影音的界面设计简洁，操作十分方便。在暴风影音的官方网站 http：//www.baofeng.com/上可以免费下载到最新版本。下载软件后，双击安装程序，按照安装向导操作就可以将暴风影音安装到系统上。

安装成功后，暴风影音会自动启动，打开程序界面如图 9.40 所示，并自动关联多种影音媒体格式。

1. 播放本地视频

① 点击暴风影音主菜单，选择“文件”|“打开文件”选项，在弹出的“打开”对话框中找到并选中要播放的媒体文件，单击“打开”按钮，如图 9.41 所示。也可以直接在媒体文件所在的目录下，双击文件名或使用鼠标右键快捷菜单打开该文件。

② 暴风影音会自动将选择的媒体文件添加到播放列表并进行播放。用户可以通过工

图 9.40　暴风影音主界面

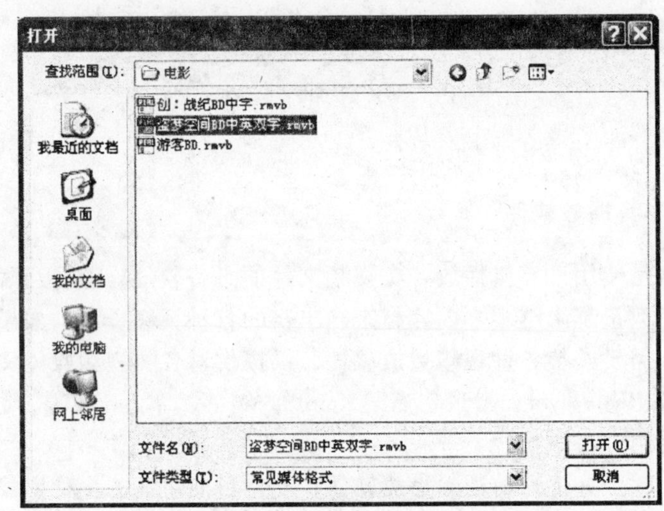

图 9.41　选择要播放的本地视频文件

具栏的“停止”、“暂停”等按钮对播放进行控制，也可以直接拖动时间条选择要进行播放的时刻。

③ 在“正在播放”列表可以添加多个要播放的媒体文件，并可对播放列表进行管理。除了使用工具栏的按钮添加文件至播放列表外，暴风影音还支持用拖拽方式添加播放文件。

2. 点播在线视频

暴风影音提供了在线视频点播服务，具体的操作步骤如下：

① 在暴风影音主界面右侧的“在线影视”窗口列表中，选择喜欢的电影、电视剧等各

类在线视频，双击即可进行在线播放，如图 9.42 所示。需要注意的是，由于是在线播放，播放的速度取决于本地网络的访问速度。

图 9.42　在线影视列表

② 点击“在线影视”窗口时，暴风影音会自动打开“暴风盒子”窗口。用户可在该窗口浏览和搜索要观看的在线视频并进行在线视频点播操作，如图 9.43 所示。

图 9.43　暴风盒子窗口界面

③ 点播在线视频后，在线视频文件会被自动加入“正在播放”窗口列表，并进行播放。

用户可以采用管理本地视频文件的方式对播放列表中的在线视频文件进行管理和播放控制。

暴风影音采用先进的P2P架构，能够实现快速下载和同步播放，并对正在进行播放的在线视频进行自动缓存管理。单击暴风影音主菜单的“高级选项”选项，在打开的“高级选项”窗口的“常规设置”选项卡中，单击“缓存与设置”|“缓存设置”选项，可对在线视频的缓存路径进行设置，如图9.44所示。

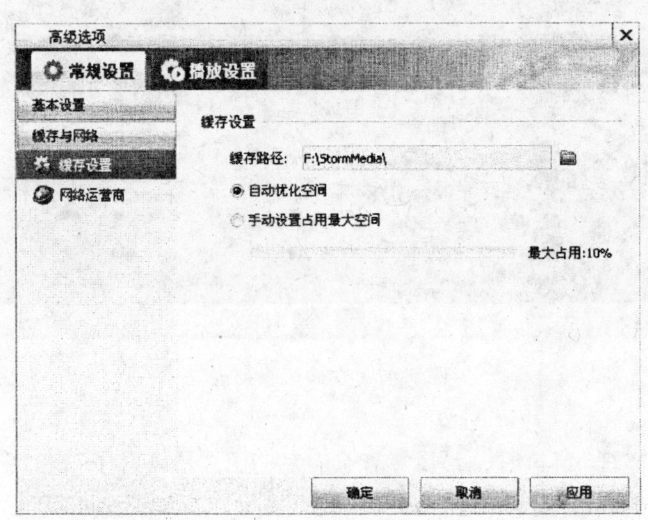

图9.44　设置缓存路径

除了提供视频播放功能以外，暴风影音还提供了多种视频处理工具，能够满足用户基础的视频处理需要，如截图、转码、下载管理等，如图9.45所示。

图9.45　暴风工具箱

9.3.2　酷狗音乐播放软件

随着互联网的快速发展，在线收听音乐的方式也越来越为广大用户所接受和欢迎。常见的音频文件格式有 MP3、WMA、WAV 等，如果需要收听这些音频文件，并获得良好的播放音质，必须使用专业的音乐播放软件。目前，随着网络和多媒体技术的发展，仅仅支持多种音频文件格式，提供高保真的音质播放，已不再是衡量优秀音乐播放器的重要指标。流行的音乐播放器必须具备个性化的播放界面和操作方式，支持在线音乐的搜索与下载，具备智能音乐推荐、本地音乐管理、歌曲信息及歌词下载与关联等功能。常见的音乐播放软件有 Winamp、酷狗音乐、千千静听等。本小节以酷狗音乐为例，介绍音乐播放软件的使用。

酷狗音乐是一款专业的音乐播放软件，集成了优秀的音乐播放功能和多种在线音乐服务，使用起来十分方便，用户不需要专门学习，就可以轻松上手和操作。在酷狗音乐的官方网站 http：//www. kugou. com/上可以免费下载到最新版本。酷狗音乐的安装十分简单，双击安装程序后，根据安装向导一步一步进行操作就可以将软件安装到系统上，安装界面如图 9. 46 所示。

图 9. 46　酷狗音乐的安装界面

安装完毕后会自动打开酷狗音乐的主界面，如图 9. 47 所示。

1. 播放本地音乐

使用酷狗音乐播放本地硬盘上的音乐文件，具体操作方法如下：

① 在播放列表窗口中，选择“本地列表”选项卡，在“默认列表”中点击“往列表添加歌曲”命令，从弹出的如图 9. 48 所示的快捷菜单中选择“添加歌曲文件”选项，打开添加歌曲文件的“打开”对话框，如图 9. 49 所示。

图 9.47　酷狗音乐主界面

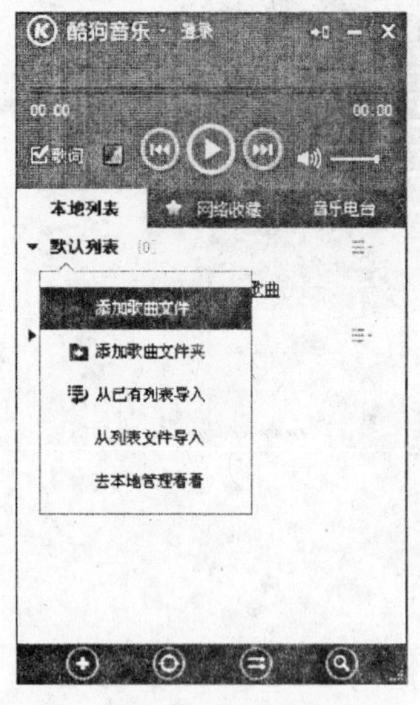

图 9.48　添加歌曲文件

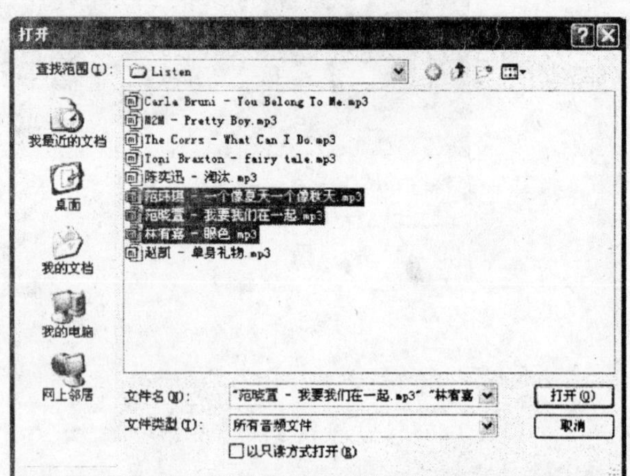

图 9.49　选择要添加到播放列表的歌曲文件

② 在弹出的“打开”对话框中，选择要添加到播放列表的歌曲文件，单击“打开”按钮，所选中的歌曲文件就添加到当前正在编辑的“默认列表”中，如图 9.50 所示。

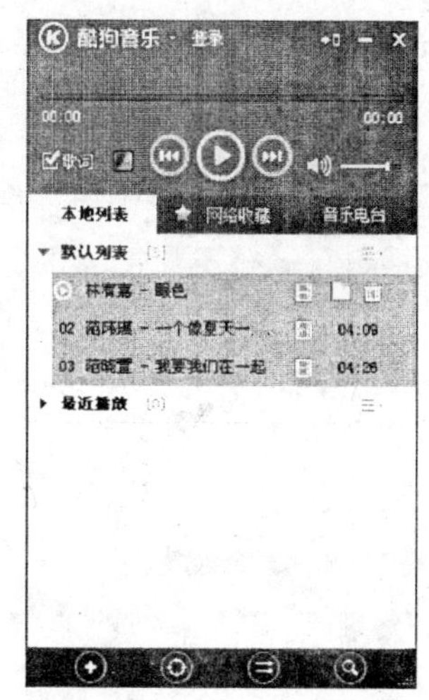

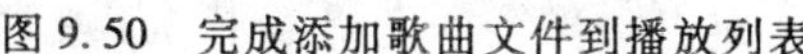
图 9.50　完成添加歌曲文件到播放列表

图 9.51　播放本地歌曲

③ 添加歌曲文件成功后，单击播放控制界面上的“播放”按钮，即可按照当前播放列表中的顺序进行播放。也可以单击所选中的歌曲列表文件左侧的快捷“播放”按钮，或直接双击播放列表中的一个歌曲列表文件开始播放，如图 9.51 所示。

除了提供高品质的音乐播放效果，酷狗音乐在进行歌曲播放时，会自动搜索并显示歌曲的相关信息，例如歌手图片、歌词等，提供更良好的用户体验。

☞ **提示：**

酷狗音乐也提供了拖拽方式来添加歌曲文件，使用鼠标将要播放的歌曲文件或文件夹直接拖放在“本地列表”栏即可。

2. 搜索和播放在线音乐

酷狗音乐不仅可以播放本地硬盘上的音乐，也提供了便捷的网络音乐搜索和在线收听功能，具体操作步骤如下：

① 在酷狗音乐主界面右侧的快捷搜索栏中，输入要搜索的歌曲或歌手名称，并选择合适的音频格式类型，如 MP3，搜索界面如图 9.52 所示。

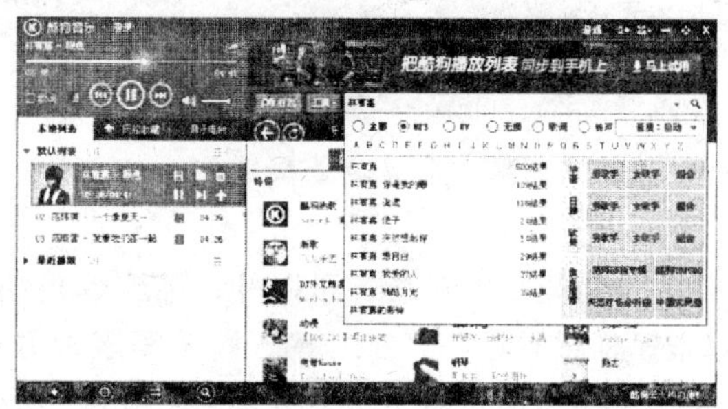

图 9.52　使用酷狗音乐搜索在线歌曲

② 单击搜索栏右侧的“搜索”按钮开始进行搜索，搜索结果如图 9.53 所示。

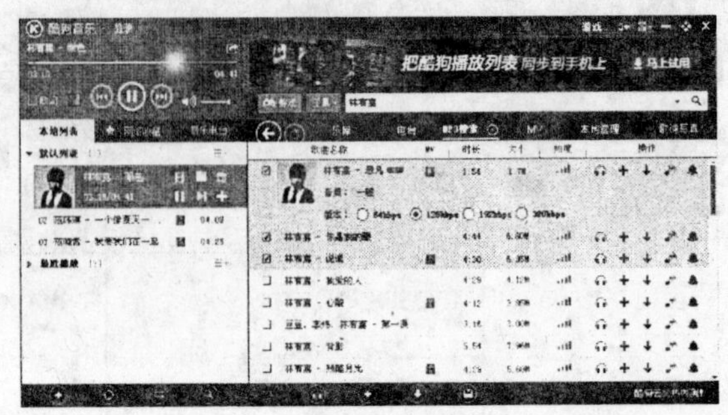

图 9.53　酷狗音乐搜索结果

③ 勾选搜索结果列表中的一首或多首歌曲，点击酷狗音乐主界面下方工具栏中的“播放”图标按钮，选中的歌曲将添加到当前的播放列表中并开始进行播放，如图 9.54 所示。也可以点击工具栏上的“添加”图标按钮将歌曲添加到播放列表，或直接点击“下载”图标按钮将歌曲下载到本地。

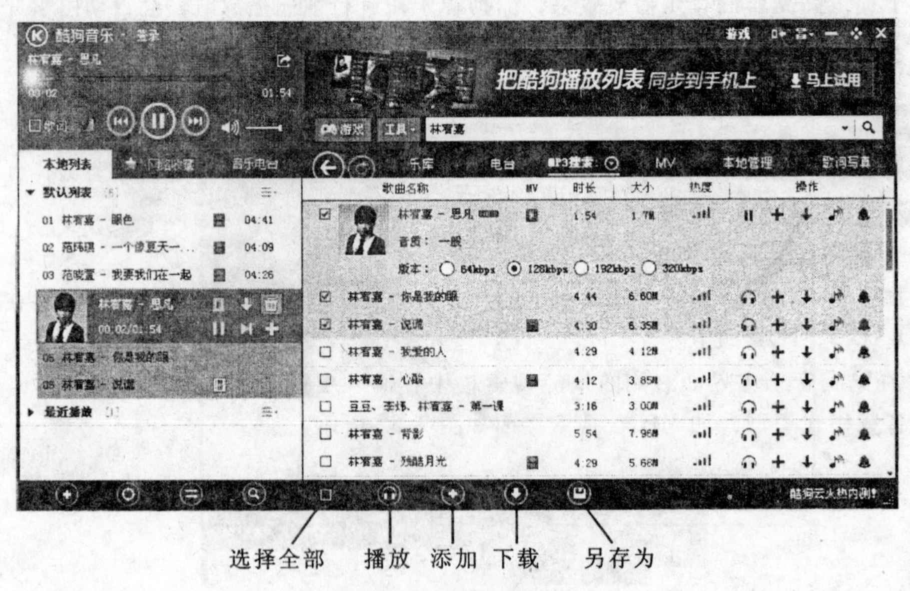

图 9.54　播放在线歌曲

除了使用酷狗音乐的搜索功能搜索在线音乐以外，酷狗音乐还提供了更为强大的“乐库”功能，用户可以根据乐库提供的推荐、排行榜、歌手等多种方式更便捷地查找和收听最新、最热门的在线音乐。另外，用户也可以直接使用“电台”功能，随意收听各种类型的网络电台播放的优质音乐，免去查找和下载音乐的苦恼。

9.4　翻译阅读软件

9.4.1　金山词霸翻译软件

金山词霸是目前最好用的在线电子词典软件之一，提供了中英文词典、在线翻译、句库搜索、生词本等众多功能，是中英文学习不可多得的好帮手。经过 16 年的锤炼，金山词霸已成为上亿用户的必备选择，它最大的亮点是内容海量权威，收录了 141 本版权词典，32 万真人语音，17 个场景 2000 组常用对话。最新版本还支持离线查词，即使不联网也可以使用。本小节以金山词霸为例，介绍电子词典软件的使用。

在金山词霸的官方网站 http：//ciba. iciba. com/上可以免费下载到金山词霸最新版本。安装完成后，启动金山词霸的主界面，如图 9. 55 所示。

图 9. 55　金山词霸主界面

1. 查询中英文单词

金山词霸具备中英文词典功能，支持中英文单词的查询。操作步骤如下：

① 启动金山词霸后，单击金山词霸主界面上方的“词典”选项卡，打开如图 9. 55 所示的“词典”操作界面。

② 在“词典”操作界面的输入栏中输入要查询的英文单词，如“ability”，单击“查一下”按钮或直接按 Enter 键，在操作界面下方的查询结果栏中将会出现该英文单词的详细解释，如图 9. 56 所示。

图 9.56　查询英文单词

③ 在输入栏中输入中文词语，如“能力”，在操作界面下方将给出该中文词语的英文释义和相对应的英文单词：ability、capacity，以及词组习语、同反义词等详细解释，如图 9.57 所示。

图 9.57　查询中文词语

☞ 提示：

金山词霸内置了多部词典，在进行中英文单词查询时，可通过查询结果栏的多本词典进一步获得更准确的解释。此外，金山词霸还支持真人语音发声，并可将单词添加到生词本中进行管理。

2. 中英文互译

金山词霸支持中英文翻译功能，具体操作步骤如下：

① 单击金山词霸主界面上方的“翻译”选项卡，打开“翻译”操作界面。

② 在上方的输入栏中输入要翻译的英文或中文语句，单击“翻译”按钮或直接按 Ctrl+Enter 快捷键，在下方的翻译结果栏中将显示该语句的翻译结果，如图 9.58 所示。

图 9.58　中英文互译

3. 使用取词与划译功能

在阅读英文资料时，如果遇到陌生的单词和语句可以使用金山词霸的取词和划译功能，快速查询单词或进行即划即译，具体操作步骤如下：

① 单击金山词霸主界面右下角的“取词”按钮，启用屏幕取词功能。

② 金山词霸支持多种屏幕取词方式，选择主菜单的“设置”|“功能设置”|“取词划译”选项，在打开的如图 9.59 所示的设置界面可进行“取词方式”设置。金山词霸默认为“鼠标悬停取词”，移动鼠标至要查询的中、英文单词时，就会自动显示单词的简单解释，如图 9.60 所示。

③ 划译的启用方式与“取词”相同，单击金山词霸主界面右下角的“划译”按钮，即可

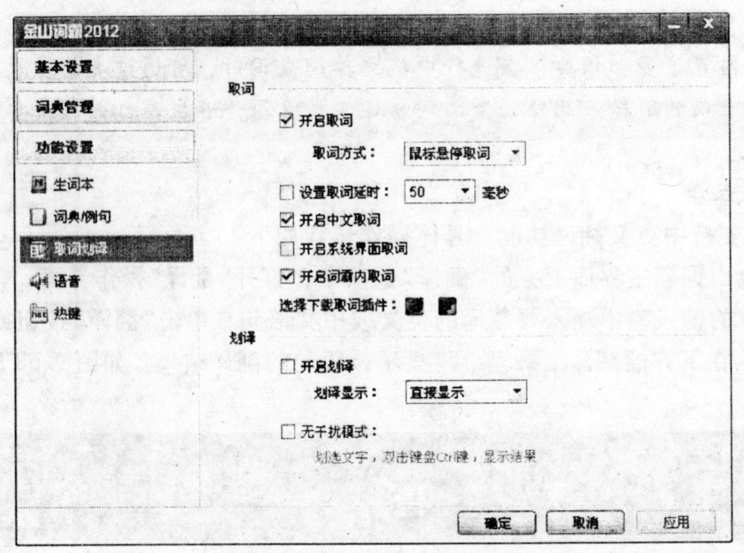

图 9.59　设置取词划译方式

启用屏幕划译功能。

④ 同样地，金山词霸也支持多种划译方式，在图 9.59 所示的设置窗口中，也可对划译方式进行设置。使用鼠标选中一段中、英文语句后，金山词霸会自动进行翻译显示出划译结果，如图 9.61 所示。

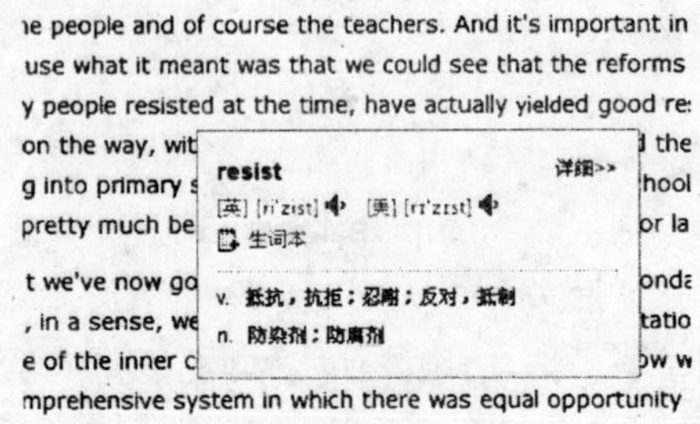

图 9.60　屏幕取词效果

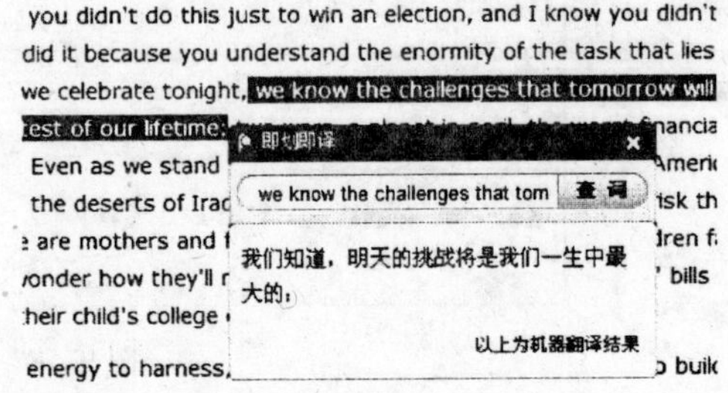

图 9.61　即划即译效果

4. 使用生词本记单词

生词本可以记录查过的单词或词组，而且备用生词卡片和测试功能，用户可以随时进行复习，并设置生词本记录和测试方式，具体操作步骤如下：

① 单击金山词霸主界面右上方的“生词本”按钮，打开“生词本”窗口，如图 9.62 所示。

② 在“生词本”窗口中，单击工具栏中的“浏览”按钮，可对当前生词本中的单词按照查词时间、对单词的熟悉程度进行浏览。

③ 单击“制卡”按钮，选择需要制作成卡片的单词，可将单词制作成便于携带的卡片，

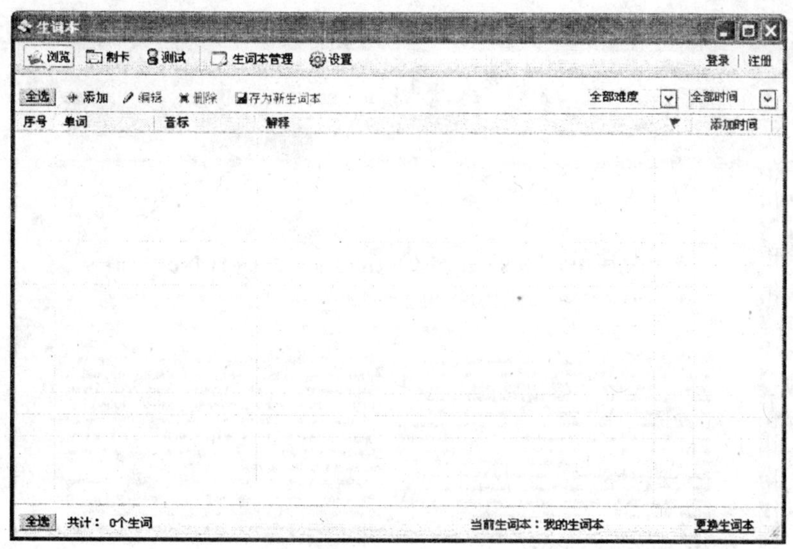

图 9.62　生词本窗口

打印出来方便用户随时记忆。

④ 单击“测试”按钮，设定测试的范围、题型和顺序后，可进行单词测试。

9.4.2　Adobe Reader 阅读工具软件

近年来，随着互联网规模的不断扩大，很多书籍由传统的纸质化向电子化迈进，如 PDF(Portable Document Format，可移植文件格式)文档、CAJ 文档、PDG 文档等。书籍的电子化不仅节省了大量资源，而且方便携带，可加快人们获取更多知识的进程。

当然，阅读电子书籍需要使用专门的电子图书浏览工具软件，目前浏览电子图书的浏览工具软件有很多，如 Adobe 公司的 Adobe Reader(也被称为 Acrobat Reader)就是一个专用于打开 PDF 文件并进行阅读、浏览和打印的工具软件，CAJView 是专用于打开 CAJ 文件并进行阅读、浏览和打印的工具软件，SSReader 是专用于打开 PDG 文档并进行阅读、浏览和打印的工具软件。本小节以 Adobe Reader 为例介绍电子书籍阅读软件的使用。

Adobe Reader 的主界面如图 9.63 所示。

1. 浏览 PDF 文档

启动 Adobe Reader 后，可以用它来浏览 PDF 文档，操作步骤如下：

① 执行“文件”|“打开”命令，打开指定路径下的 PDF 文档；

② 打开 PDF 文档后，可以使用“导览工具”工具栏中的命令来实现页面翻转；

③ 当文档在一页之内不能完全显示时，可使用界面上的手形指针移动页面查看文档的其余部分。

2. 复制 PDF 文档中的文字或图片

当发现正在阅读的 PDF 文档中的某段文本或某张图片有用时，可以通过选择复制文字或图片方式来获取文本或图片。操作步骤如下：

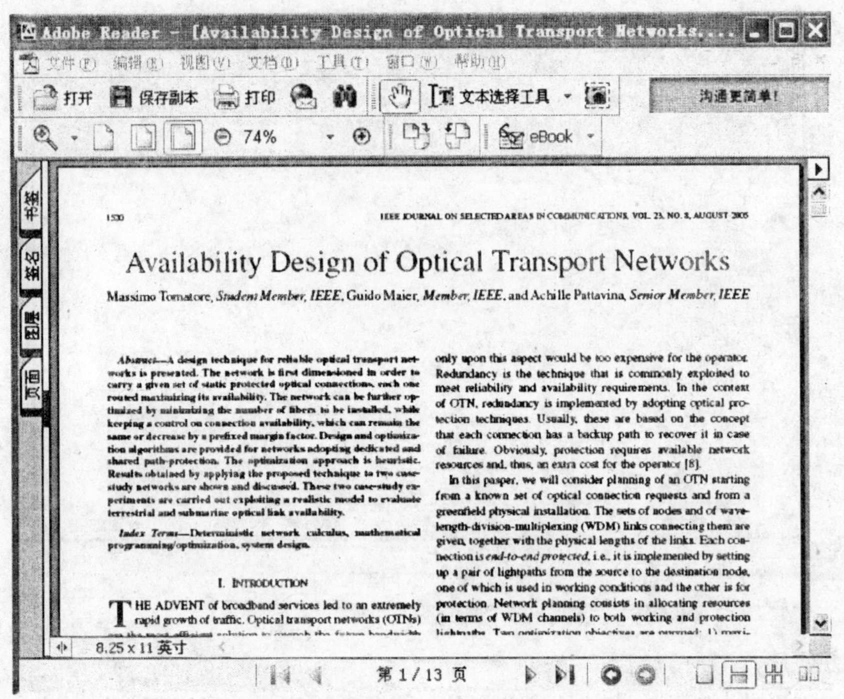

图 9.63　Adobe Reader 主界面

① 选择菜单“工具”|“基本工具”|“文本选择工具”或“选择图像工具”命令，然后从起始位置拖动鼠标，选择所需的一段文字或一张图片；

② 选择菜单“编辑”|“复制”命令，或者使用快捷键“Ctrl+C”，即可把选择的文字或图片复制到剪贴板中；

③ 打开 Microsoft Word 程序，粘贴文字或图片，进行相应的编辑、保存等操作。

3. 使用 Adobe Reader 的书签工具

使用 Adobe Reader 的书签工具可以用来设置阅读标记，其操作步骤如下：

① 单击 Adobe Reader 工作界面左侧的“书签”选项卡，显示当前文档中的所有书签。单击其中任何一书签可以切换至书签指定的某页面；

② 单击工作界面左侧的“书签”选项卡可以关闭书签的窗口。

4. 使用 Adobe Reader 的缩略图工具

单击 Adobe Reader 工作界面左侧的“页面”选项卡，会显示出当前文档中所有页面的缩略图，如图 9.64 所示，通过单击缩略图可以在不同页面间切换。

9.4.3　Visio 图表设计软件

Visio 是微软公司出品的一款图表设计软件，它有助于使用者轻松地可视化、分析和交流复杂信息。它能够将难以理解的复杂文本和表格转换为一目了然的 Visio 图表。使用 Visio 中的各种图表可了解、操作和共享组织系统、资源和流程的有关信息。Visio 有两种

图 9.64　缩略图工具

独立版本：Visio Standard 和 Visio Professional。Standard 与 Professional 的基本功能相同，但前者包含的功能和模板是后者的子集。Visio 提供了各种模板，如业务流程的流程图、网络图、数据库模型图和软件图，这些模板可用于可视化和简化业务流程、跟踪项目和资源、绘制组织结构图、映射网络、绘制建筑地图以及优化系统。本小节以 Visio Professional 2003 为例介绍图表设计软件相关子模块的使用。

Visio 的主界面如图 9.65 所示。

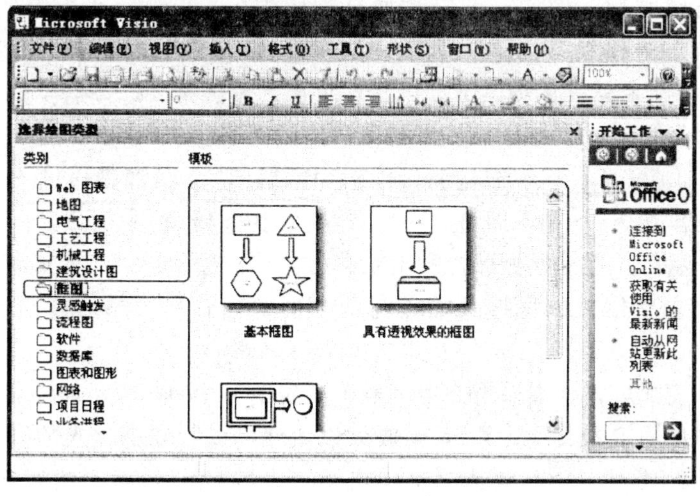

图 9.65　Visio 的主界面

1. 使用 Visio 的模板和模具创建流程图

启动 Visio 后，可通过打开一个模板来创建 Visio 图表，方法是在 Visio 主界面下选择“文件”|“新建”|“流程图”。模板在绘图页的左侧打开一个或多个模具。模具包含创建图表所需的形状。模板还包括创建特定的图表类型所需的所有样式、设置和工具。例如，打开流程图模板时，它打开一个绘图页和包含流程图形状的模具。模板还包含用于创建流程图的工具(例如为形状编号的工具)以及适当的样式(例如箭头)。基本流程图的工作界面如图 9.66 所示。

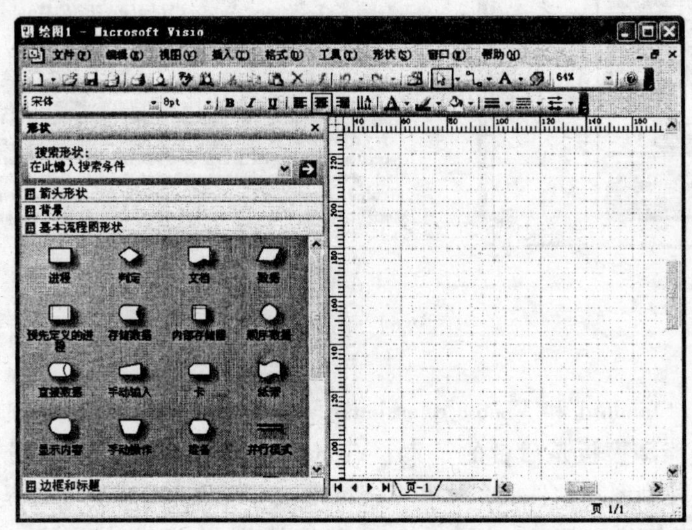

图 9.66 基本流程图工作界面

打开基本流程图模板后，从模具中将形状拖到绘图页上来创建图表。模具上的形状专门用于特定的绘图类型。例如，可以添加流程图中的“进程”、“判定”、“文档”、“数据”、“预先定义的进程”、“存储数据”、“顺序数据”、“内部数据”、“显示内容”、“准备”和“终结符”等。将所需的模具放置到工作界面的方法是，选择需要的形状，然后拖进工作区。放置好“准备”、“进程”、“判定”和“终结符”的工作界面如图 9.67 所示。

各种图表(如流程图、组织结构图、框图和网络图)之间都是通过连接线来表达其输入和输出关系的。在 Visio 中，通过将一维形状(称为连接线)附加或黏附到二维形状来创建连接。移动形状时，连接线会保持黏附状态。例如，移动与另一个形状相连的流程图形状时，连接线会调整位置以保持其端点与两个形状都黏附。添加连线后的流程图如图 9.68 所示。

在连线添加完成后，就需要用文本来表示图表中形状的内容。向形状添加文本时，只需单击某个形状然后键入文本；Visio 会放大以便你可以看到所键入的内容。单击绘图页上的第一个“准备”形状，然后键入 A。单击第二个“进程”形状，然后键入 B。单击“判定”形状，然后键入 C。单击“终结符”形状，然后键入 D。单击绘图页的空白区域或按 Esc 键便可退出文本模式。添加文本内容后的流程图如图 9.69 所示。

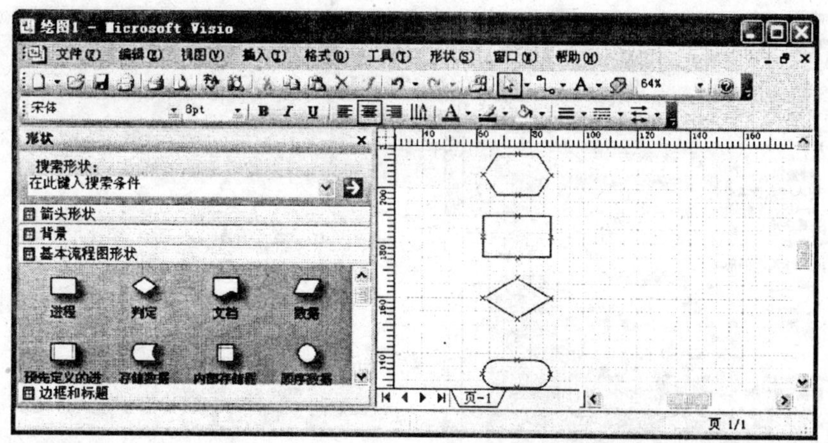

图 9.67　形状放置完成的流程图

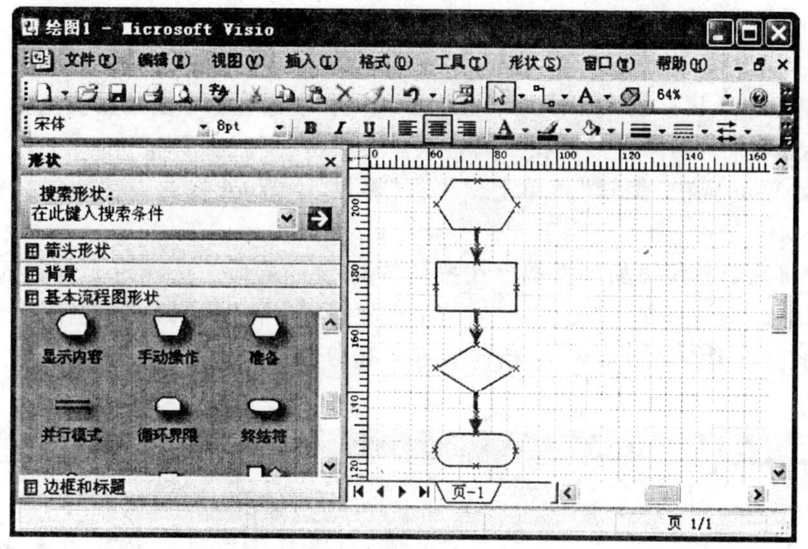

图 9.68　添加连线后的流程图

完成图表的创建后，可以如同保存在任何 Microsoft Office 系统程序中创建的文件那样来保存图表。在“文件”菜单上，单击“另存为”。在“文件名”框中，键入“我的流程图”，然后单击“保存”。

2. 将 Visio 图表添加到 Office 文件中

可以将 Visio 图表添加到在其他 Office 系统程序中创建的文件，例如 Word 文档、Excel 工作簿、PowerPoint 演示文稿、Outlook 电子邮件等。这一节主要介绍在 Word 文档中使用 Visio 图表，可以使用类似的步骤在其他 Office 文件中添加和修改 Visio 图表。使用复制和粘贴操作便可将整个 Visio 图表或几个形状添加到 Word 文档中。将整个 Visio 图表添加到 Word 文档的方法如下：

① 选择图表中的所有形状，在“编辑”菜单上单击“全选”。

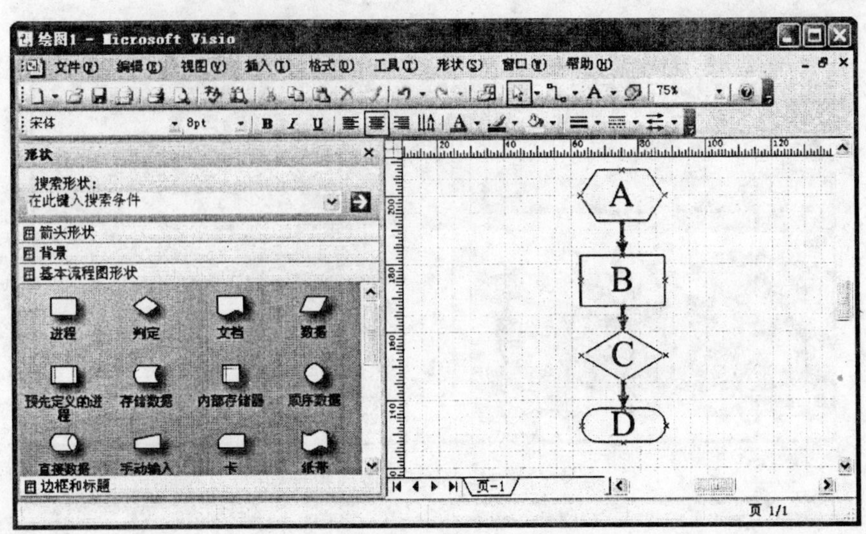

图 9.69　添加文本内容后的流程图

② 复制这些形状，在“编辑”菜单上单击“复制”。也可以单击绘图页上的某个空白区域以确保不选取任何对象，然后在“编辑”菜单上单击“复制绘图”。

③ 启动 Word。在“编辑”菜单上，单击“粘贴”。Word 将图表粘贴到文档中单击的位置。

另外，将几个形状添加到文档，在按住 Shift 键的同时，选择想要复制的若干形状。然后，在“编辑”菜单上单击“复制”。在 Word 文档中，在“编辑”菜单上单击“粘贴”。将图 9.69 中的流程图添加到 Word 文档，如图 9.70 所示。

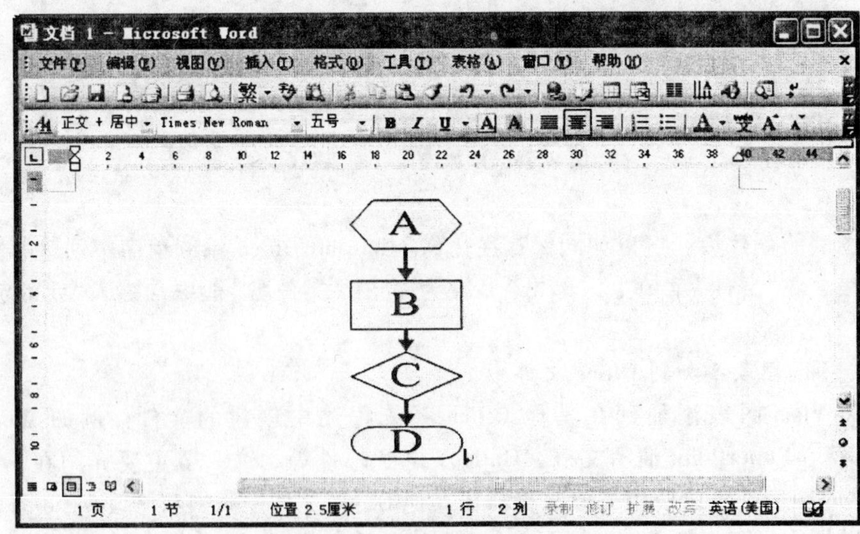

图 9.70　Word 文档中添加的 Visio 图表

练 习 题

一、选择题

1. 以下不属于压缩软件的是________。

A. WinRAR　　B. WinZip

C. WinAce　　D. Visio

2. 以下不属于镜像文件格式的是________。

A. .ISO　　B. .CUE

C. .UUE　　D. .CCD

3. 下列软件中能够进行文件上传操作的是________。

A. 迅雷　　B. FlashGet

C. CuteFTP　　D. Foxmail

4. 在以下选项中，快车下载(FlashGet)不具有的功能是________。

A. 断点续传　　B. 多点连接

C. 镜像功能　　D. 提高网速

5. 不属于视频文件格式的是________。

A. avi　　B. rmvb

C. wav　　D. mp4

6. 以下对金山词霸的描述不正确的是________。

A. 支持真人发音　　B. 可以离线查词和翻译

C. 可以查中文词语　　D. 可以查英文单词

二、填空题

1. WinRAR 是一款________软件，提供了对________和________格式文件的完整支持。

2. 虚拟光驱是一种________的工具软件，将光盘上的应用软件和数据文件压缩制作成一个________文件存放在硬盘上，当需要使用时，通过虚拟光驱软件来加载使用。

3. 网络上提供的很大一部分软件都是扩展名为________、________、________的镜像文件，要在计算机上安装或使用这些软件则必须使用虚拟光驱软件。

4. CuteFTP 是一个基于________协议，用于从提供该种协议服务的站点上浏览、下载和________文件的软件。

5. 快车下载提供了________功能，能够根据文件类别，自动将任务下载到指定目录。

6. Foxmail 是一款________软件。在使用 FoxMail 发送邮件时，如果有多个收件人，则在“收件人”栏中________隔开，输入多个收件人地址。

7. 除了提供视频播放功能以外，暴风影音还提供了如________、________、________等多种视频处理工具。

8. 金山词霸支持________和________功能，能够快速查询单词或进行即划即译。

9. PDF 是一种常见的电子文档格式，一般使用________来查看。

三、问答题

1. 简述 WinRAR 压缩软件的使用方法。
2. 什么是虚拟光驱？为何要使用虚拟光驱？
3. 什么是文件传输协议？如何使用 CuteFTP 上传文件？
4. 快车下载支持哪些下载协议？下载软件时，如何进行分类管理？
5. 简述 Foxmail 电子邮件的账号设置和邮件收发方法。
6. 如何使用暴风影音搜索和点播在线视频？如何管理播放列表？
7. 如何使用酷狗音乐下载并播放音乐？如何显示和关闭歌词？
8. 如何使用金山词霸翻译选中的中英文内容？
9. 常见的电子图书格式有哪些？

四、操作题

1. 使用快车下载从网络上下载 WinRAR 压缩软件和 Daemon Tools 虚拟光驱软件。
2. 安装下载下来的 WinRAR 软件，并对某一文件夹进行压缩/解压缩操作。
3. 安装下载下来的 Daemon Tools 虚拟光驱软件，加载并使用某一镜像文件。
4. 下载安装 CuteFTP 软件，连接浏览某 FTP 服务器站点，并进行文件上传操作。
5. 下载安装金山词霸软件，并使用金山词霸翻译一篇英文短文。
6. 下载安装 Adobe Reader 软件，并用此软件打开某一 PDF 文件进行阅读。
7. 用 Visio 画图软件画出下列流程图。

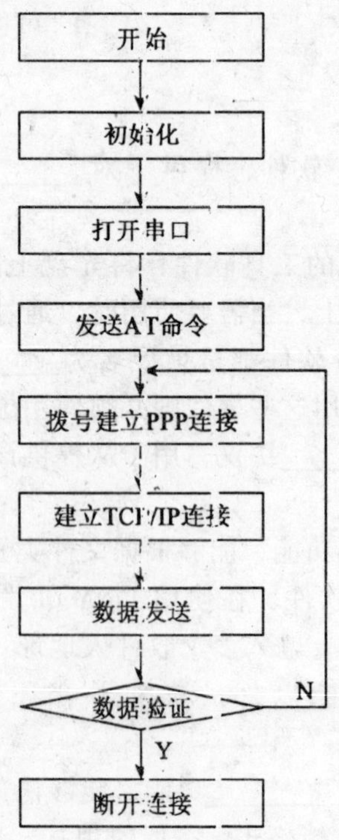